JN163539

Macrofungi of Aomori

青森県産
きのこ図鑑

監修：長澤 栄史
著者：工藤 伸一
写真：手塚 豊 他

アクセス21出版

青森県産きのこ図鑑の発刊を祝す

青森県きのこ会　顧問　原田幸雄

　数々のきのこ図鑑をだされてきた工藤伸一氏が新たな図鑑を準備中とお聞きしていたが、このたびほぼ編集をおえた段階でその概要をうかがった。掲載種は解説と写真730種、種の紹介のみ50種、合計780種にのぼり、本県で発生が確認されている種をほぼ網羅しているという。青森県きのこ会設立25周年記念事業の一つとして進められてきたもので、5年の歳月をかけ30周年を迎えるにあたって刊行の運びとなったわけであるが、関係者の熱意と努力に敬意を表する。

　工藤伸一氏は1970年以来青森県教育庁に勤務されるかたわら、県内外の菌類（きのこ・かび）研究者と連携して青森県産きのこの調査研究に励まれた。1983年秋、成田傳蔵氏が発起人になって青森県の温川温泉（現平川市）に東北6県からきのこ研究者の有志が集まり日本菌学会東北支部を発足させたが、工藤氏は設立メンバーの一人として参加されている。1988年青森県きのこ会が設立、初代会長は成田傳蔵氏、1989年に工藤晃会長に交代、2003年から工藤伸一氏が会長を務めておられる。また工藤伸一氏は、広大なブナ林をかかえる八甲田山をフィールドにきのこ研究母体として1989年甲蕈塾、次いで2001年伊藤進氏らとともに菌蕈研究会を発足させた。氏のきのこ研究にかける並々ならぬ情熱をうかがうことができる。

　きのこは古くから人々の食文化と密接にかかわってきたことが想像される。最近青森県内の縄文遺跡からきのこの形をした土製品が発見された。これらの土製品を調べた工藤伸一氏（2000）はそのリアルな表現に接して、「食べられるきのこの再現を試み、採集するときの見本とし、毒きのこによる中毒を防ぐ目的があったのではないか」、と述べておられる。地域住民のきのこへの強いこだわりが貴重な学術的発見をもたらす場合もある。青森県におけるバカマツタケの発見やヤチヒロヒダタケの日本における再発見などはその好例であろう。一方で、きのこ研究者の知識経験を市民に還元普及することも社会から求められている。青森県きのこ会は独自にきのこ鑑定員制度を設け、市民から要望のあったきのこの鑑定だけでなく、ボランティアで市場などのパトロールもおこない、きのこによる中毒防止に協力している。このような全国的にもまれな先駆的制度の確立に工藤氏は中心となって取り組まれた。

　今回の図鑑掲載種の典拠は「青森県産きのこ目録」（工藤伸一、2010）から知ることができる。写真は青森県きのこ会会員にもひろく提供をよびかけ一層の質の向上をはかられた。これまでの図鑑ではあまりみられない青森県ゆかりの新種、希産種、国内新産種などの珍しい写真も多々含まれており、県内外のきのこ研究者、一般のきのこ愛好者の便に資するところが大きいと思われる。青森県生物誌の菌類部門に新たな労作の加わったことを心から喜びたい。

（弘前大学　名誉教授）

序

(一財) 日本きのこセンター菌蕈研究所特別研究員　長　澤　栄　史

　青森県はその名前が示す通り全国でも有数の森林県である。特に八甲田山地および秋田県にまたがる白神山地には、冷温帯落葉広葉樹林の極相林であるブナ林が東アジア最大級の面積で分布しており、青森県の森林を特徴づけている。ブナ林は他の森林に比べて生物の多様性に富んだ森林として知られているが、きのこにおいても例外ではなく、北半球の冷温帯地域に広く分布する種類（ブナシメジ、ムキタケ、カワキタケ、ツリガネタケなど）に加えて、ツキヨタケ、ナメコ、ミイロアミタケ、クチキトサカタケなどのような東アジアあるいは日本において特有な種類が分布している。きのこは「木の子」とも言われるように森林との結びつきが強い。優先する樹種などにおいて異なった植生を持つ森林が多いほどきのこの種類も多いと考えられるが、青森県にはブナ林の他、落葉広樹林としてコナラ-クリ林やミズナラ林などの2次林が内陸部の平地および丘陵地帯に広く分布し、ブナ林地帯の渓谷沿いには今は希少な渓谷林となったトチノキ-カツラ林がまだ小面積ながら残っている。針葉樹林も亜高山帯林としてのオオシラビソ-コメツガ林が八甲田山に、高山帯を特徴づけるハイマツ林が八甲田山や白神山の山頂一帯にみられ、ブナ林地帯の下部の山地にはブナを交えたヒノキアスナロ林が局部的ではあるが分布している。また、他の地方にも広くみられるが海岸の砂丘には植林されたクロマツ林が、内陸部にはアカマツ林や人工林であるスギ林やカラマツ林といった針葉樹林もあり変化に富んでいる。このように多様な森林をようする青森県には一体どの様なきのこが分布しているのであろうか？

　本書は、この疑問に応えるべく著者の工藤伸一氏ら青森県きのこ会の会員諸兄姉が中心となり、30年以上の長きにわたって青森県内のきのこを調査研究された成果の1つと言ってよいものである。青森県からはすでに「青森県のきのこ」（成田伝蔵著、初版昭和54年、増補改訂版昭和58年、東奥日報）、「続青森県のきのこ」（成田伝蔵著、昭和60年、東奥日報）、「新版青森県のきのこ」（成田伝蔵著、平成2年、東奥日報）、「青森のきのこ」（工藤伸一・手塚豊・米内山宏著、平成10年、グラフ青森）の4冊のきのこ図鑑が出版されており、本書は青森県からのきのこ図鑑としては5冊目のものとなるが、最近の調査研究の結果に基づいて多くの国内新産種および新種と考えられる種類が追加され、解説されている種類は730種、コメントの中で触れられた種類を含め

ると780種と大幅に増加している。これらはもちろん青森県内に分布しているきのこの全てではないが、少なくとも一般的に目に触れやすいきのこのほとんどを網羅しており、本書は「青森県きのこ図鑑」としての役割を十分果たしていると言ってよいであろう。種類的には青森県の森林相の特徴を反映して、ブナ−ミズナラ林に発生するものが多く掲載されているが、その様な森林のない、あるいは稀な地方の人にとって本書は貴重な勉強の機会を提供してくれるはずである。また、青森県は本州の北端に位置しており、本書から得られる情報は国内におけるきのこの分布や生態を知る上で貴重である。

　国内の一般的なきのこ図鑑には、きのこ（子実体）の写真を掲げて種類の特徴を解説するといったものが多いが、本書では多くの種類で胞子やシスチジアといった顕微鏡的特徴の写真が掲げられており、従来の図鑑には無い新鮮な印象を受ける。ツキヨタケは例年食中毒事故の多い日本を代表する毒きのこであり、きのこの外観的特徴において類似する食用のヒラタケやムキタケとしばしば混同されるが、本書に掲げられている胞子の写真を比べてみると違いは一目瞭然で容易に区別できる。一般に、きのこの名前は子実体の肉眼的な特徴だけで簡単に調べられると思われがちであるが、基本的には胞子などの顕微鏡的特徴を知ることが重要である。

　本書では形態学的な特徴に重点を置いてきのこ類を分類する従来の分類方式［今関六也・本郷次雄著「原色日本新菌類図鑑Ⅰ・Ⅱ」（保育社、1987・1989）などに採用］に従って種類が整理・解説されている。形態学的特徴に基づく分類方式は、きのこ類のグループの特徴を大まかに理解する上で有用であるが、現在主流となりつつあるDNAの遺伝子情報に基づく分類方式と異なっているところが多い。本書では変更点について簡潔に触れられており、分子系統に基づく分類（新分類）が従来の分類とどのような点で異なっているのかを大まかに知ることができる。また、学名において従来採用されてきたものと異なった学名が多く採用されているが、これらの多くは最近の分子系統学的な研究の結果に基づいて属の分割や再編が行われたためである。

　このように本書は一地方におけるきのこの種類や生態、利用法などを取り扱ったきのこ図鑑であるが、また、最近のきのこ類の分類についての情報を知る上でも役立つと思われる。

刊行にあたって

青森県きのこ会会長 　工　藤　伸　一

　筆者がアマチュアとしての活動の限界を感じ始めていたころ、弘前で行われた日本菌学会大会でお会いした元日本菌学会会長の故今関六也先生に、材上生のタマチョレイタケをきっかけにアマチュア研究家の役割の大切さをご訓示いただき、あらためてアマチュアとして活動を続けていこうと決意させられたのは1986年のことだった。

　その1年後、青森県を代表するアマチュア研究者が集まり、本県のより一層のきのこの知識向上のために青森県きのこ会を発足させたのは1987年のことで、今年で30周年を迎えることとなる。発足1年後、当時弘前大学農学部教授でのちに日本菌学会会長になられた原田幸雄先生、そして財団法人日本きのこセンター菌蕈研究所室長の長澤栄史先生に当会の顧問をお引き受けいただくことになり、本格的な活動を開始することとなった。発足後まもなく、元日本菌学会会長の故大谷吉雄先生にはオオズキンカブリをきっかけに青森に調査に訪れられ、春の八甲田の山々を調査されながら子嚢菌類の研究方法等についてご指導いただいた。発足5年目には長澤先生のご指導のもと、全国に先駆けてきのこ鑑定員制度を設立したが、その年に発生した市場での毒きのこ販売事件で当会鑑定員が活躍し、当会の名を全国に知らしめるきっかけとなった。創立10周年には元日本菌学会会長の故本郷次雄先生および長澤先生に記念行事にご来青いただき、原田先生とご一緒にご講演を賜った。講演会は一般参加者が150名を超え、大盛況だった。本郷先生にはハラタケ類のご指導をいただいていたが、予てから青森県の新しいきのこ図鑑を出版するよう勧められており、本郷先生および長澤先生のご指導のもと翌年に出版することとなった。図鑑は今までにない大きな写真で、本県特有の種や珍しい種なども紹介したことから地方版としては多くの反響を得られ、さらに当会の存在を確立させることとなった。

　しかし、年数を重ねるとともに会員の高齢化も進み、当時活躍されていた会員が他界されるなどして会も衰退していった。創立25周年を迎えるにあたって、会の活動の足跡として何か記念になるものを残せないかという意見があった。そこで浮上したのが今まで当会の観察会や日頃の調査活動結果などを反映して蓄積してきた『青森県産きのこ目録』をカラー版出版物として刊行して記録に残すとともに広く県民の皆さんに紹介してはどうかという案であった。さて、一介のきのこのアマチュア愛好団体である当会が、果たして県内のきのこをまとめた出版物を刊行できるかという心配があったが、幸いにも当会は発足以来、日本を代表する菌類研究の先生方にご指導をいただいてきたこともあり、先生方にご協力をお願いしたところ快くお引き受けいただくことになった。更に、事情を聞いて印刷をお引き受けいただける出版社も見つかったこともあり、当会会員らの協力を得て刊行を目指すことになった次第である。

　本書では県内で確認されているきのこのほとんどを網羅したが、それは実在するであろうきのこの一部に過ぎない。今回の刊行を機会に、今後、同好の士らにより本県しいては日本産きのこのフローラが更に解明されることを期待したい。

青森県産のきのこ図鑑　目次

祝辞　　3

序　　4

刊行にあたって　　6

本書の使い方　　8

用語の解説　　10

用語の図解　　12

はじめに　　15

菌類解説　　18

ハラタケ類　　19

ヒダナシタケ類　　319

腹菌類　　413

キクラゲ類　　439

盤菌類　　455

核菌類　　501

索引　　516

あとがき　　530

引用文献　　532

著者等紹介・協力者一覧　　534

本書の使い方

○ 掲載されているきのこの種類

著者らによって青森県内で発生が確認されているきのこは、研究が遅れていることもあり、現在未確定なものを含めても800種に満たない。その内、本書で写真が掲載されている種類は730種であり、この数は本県で発生が確認されているきのこの9割を越える。さらに本県産の名前の紹介だけのものも含めると780種に達し、ほとんどのきのこを紹介することができた。なお、県内でまだ発生が確認されていないものの、本書に掲載している種に類似したきのこについてもその違いを参考までに簡単に紹介している。

● 目および科

目および科については、従来の分類体系による主要な特徴を簡単に述べており、著者らが県内から今まで確認できた種数について記載している。さらに、現在その目および科がどのように分類されているかについても記載しているので、詳細に調べられるときの参考にしていただきたい。

● 和名

和名については標準和名を用いた。なお、和名の後に(新称)とあるのは、本書によって国内で初めて紹介された種である。また、(仮称)とあるのは、本書によって初めて紹介された種であるが、分類学的にまだ確定していない種である。さらに(広義)とあるのは、日本における分類が混乱していて種の概念がはっきりしないものや、分類学的研究が不十分で異なる種が含まれていると考えられる種である。

● 解説の見方

【形態】にはそれぞれの種類について、見分け方のポイントとなる簡単な形態的特徴を記載した。なお、傘や柄などのサイズについては、本県における自然界で通常見かける成熟したときの数値を記載したが、種によっては例外もあるので注意していただきたい。

【生態】には本県における主な発生時期や発生環境などについて記載したが、種によっては例外もあるので注意していただきたい。

キクラゲ目　AURICULARIALES

きのこの形は変化に富む。担子器は円筒形、球形〜類球形、あるいは棍棒形などで縦または横の隔壁によって仕切られ、多室である。胞子は発芽して菌糸あるいは分生子を生じる。本県からは2科(キクラゲ科およびヒメキクラゲ科)5属(キクラゲ属、ヒメキクラゲ属、ムカシオオミダレタケ属、ニカワハリタケ属、ニカワジョウゴタケ属)が知られている。
新分類では本目はハラタケ綱に置かれ、現在7科が認められているが、系統関係が不明で所属する科が不明な属(ニカワハリタケ属、ニカワジョウゴタケ属など)も少なくない。

キクラゲ科　Auriculariaceae

担子器が長円筒形で横の隔壁によって仕切られる。本県からは1科2種が知られている。
新分類では従来のヒメキクラゲ科の諸属菌の一部(ヒメキクラゲ属、オロシタケ属など)を含み、科の内容が拡大されている。

▶アラゲキクラゲ　可食
Auricularia polytricha
キクラゲ属

【形態】子実体：椀状、耳状などで、ときにいくつか癒着し、不規則な形となる。通常径6cm位、ときに10cm以上。背面の一部で基物につくが、背面は灰褐色で、白色の細毛に密におおわれる。内面(地面側を向いた面)は暗褐色〜暗紫褐色、平滑。肉は厚みがあり、ゼラチン質で丈夫。乾燥時には収縮してかたくなるが、湿ると元に戻る。

【生態】ほぼ1年を通して、各種広葉樹の枯れ木や枯枝上に群生。

【コメント】一般にキクラゲと混同されているが、栽培された乾燥品がキクラゲの名前で販売されているが、食感は劣る。歯こたえがクラゲのようにこりこりしているため、中華料理のほか酢の物によい。胞子は腎臓形〜腸詰形、大きさは13-17×5-7μm。

アラゲキクラゲ胞子×1000

アラゲキクラゲ (横沢撮影)

【コメント】には分類上、種の特定において特に必要なものや特色のあるものについては胞子等の顕微鏡的特徴を記載した。
また、できるだけ類似種との見分け方についても記載し、特に未記録種や日本新産種については既知種との違いについて分かるように記載した。

○ 解説の方針

きのこは菌類であり、本来肉眼的な姿形だけで同定することは難しいことから、できる限り顕微鏡写真も掲載するようにしたが、紙面の関係で掲載した種は特に特徴のある種などに限られた。そのため、肉眼での見分け方にも重点を置いたが、生態写真は種の特徴を良く表しているものの、変異に富む形態の一側面をとらえたものでありすべてを表していないことから、解説も併用し、写真だけから採集したきのこの種類の判定をされないようお願いしたい。

キクラゲ 可食
Auricularia auricula-judae
キクラゲ属

【形態】子実体：椀状や耳状、または癒着して花びら状で、通常径6cm位、縁部はしばしば波打つ。背面の一部で物の樹皮面につく。
■内面(地面側を向いた面)
■淡褐色～褐色、ほぼ平滑。背面は同色でしわがあり、微毛状～ほぼ平滑。ゼラチン質で乾くと著しく収縮して、黒色あるいは黒褐色に変わり、かたい軟骨質となる。
【生態】春～秋、広葉樹の比較的新しい倒木上などに多数発生。
【コメント】優秀な食用菌であり美味。炒め物や酢の物などの中華風の料理やみそ汁の具など広く利用できる。栽培品が市販されているが、本種のものは少なく、高価である。前種のアラゲキクラゲは本種に類似するが、内面が紫色をおび、外面

は顕著な粗毛におおわれることで区別がつく。胞子は腎臓形～腸詰形、大きさは11-14.5 × 4.5-5.5 μm。本菌に従来当てられていた学名 *A. auricula* は本種の異名。

キクラゲ

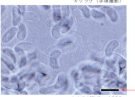

キクラゲ胞子× 1000

キクラゲ (手塚撮影)

キクラゲ科 441

最近の研究により新しい属の新設や学名等が変更になったものが多いが、できるだけその解釈や理由についても記載し、少しでも読者の今後の研究の参考に資するよう配慮した。

なお、食毒の情報や食用に際しての注意等についても簡単に記載したが、本書の性格上、最小限の記載にとどめたので、調理方法等詳細については他の図書等を参考にしていただきたい。

● 食・毒の表示について

食毒については和名の後にマークで表示しており、一般に食用可能とされているものについては 可食 、食用にするにあたって何らかの注意が必要なものについては 食注意 、有毒とされているものについては 毒 、有毒の中でも特に致命的な猛毒なものについては 猛毒 、また、堅い、苦い、辛い、不味い、小さすぎるなどで食用としての価値のないものやお勧めできないものについては 食不適 、食毒不明なものについては 不明 を使用している。

なお、きのこは自然界における菌類というかびなどと同じ生き物であり、その中に含まれている成分は様々である。そのため、食用可能とされているものであっても、利用する方の体質や調理方法等によっては何らかの症状がでる場合もあるので、利用に当たっては十分注意していただきたい。

● 顕微鏡写真

掲載されている顕微鏡観察写真は主に胞子やシスチジアの写真であり、写真の中に貼付けられているスケールバーの幅は1,000倍の写真 (写真のキャプションに「× 1000」と表示) では10μmである。写真のキャプションに「× 200」、「× 400」、「× 600」、「× 1250」とあるのはそれぞれ200倍、400倍、600倍、1,250倍のことであるので、スケールバーの幅を50μm、25μm、約17μm、8μmと読み替えていただきたい。

○ 用語の解説と図解

用語の解説と図解は次頁以降に掲載しているので参考にしていただきたい。

用語の解説

アミロイド：メルツアー液（解説参照）により青く変色する性質。

アンモニア菌：アンモニアや分解してアンモニアを生じる物質を施した時に発生する菌類の総称。

円座：腹菌類において、孔縁盤の基部を取り囲む円形の組織。「きのこ用語の図解」参照。

外被膜：ハラタケ目の幼子実体を包む膜状の組織。子実体が成長すると、一般に傘表面や柄基部にその名残を留める（傘のいぼや柄のつぼなど）。「きのこ用語の図解」参照。

褐色腐朽：材中のヘミセルロースやセルロースを選択的に分解する菌による腐朽で、腐朽した材の色は褐色になる。

管孔：イグチ類や、多孔菌類などにみられるような、傘の裏面（下面）にある多数の管状の構造。その内側表面で（担子）胞子がつくられる。

偽菌核：基質（土、材、植物組織など）と菌糸が一緒になって菌核状になったもの。

偽根：柄の基部が根状に伸びたもの。

偽柄：腹菌類において子実体の基部の菌糸束が柄状に伸びたもの。

菌核：菌糸のみ、あるいは一部に植物組織を取り込んでできている硬い塊状の菌糸組織で、耐久性をもつ。

菌根：植物の根に栄養菌糸が結合して共生している状態のもの。

菌糸：菌類の本体をなすもので、細い円柱状の細胞が一列に連なった微細な糸状の構造物。

菌糸束：多数の菌糸が集まって糸状、細ひも状、針金状となったもの。

グレバ（基本体）：腹菌類において、外被膜で包まれた内部の有性胞子をつくる組織やその付近の関係組織をひっくるめた部分の総称。

グロエオシスチジア：粘のう体ともいい、内部に油の様な光輝性のある物質を含むシスチジアのこと。

菌輪：きのこが環状に発生している状態。

クランプ：担子菌類の菌糸の隔壁部にみられるかすがい状突起。

孔縁盤：腹菌類、特にヒメツチグリ属において、頂孔を取り巻く明瞭に区画された領域。繊維状、ささくれ状、ひだ状などがある。「きのこ用語の図解」参照。

孔口：管孔の開口部を指す。

厚膜胞子：無性胞子の一種で、菌糸の中間あるいは末端に形成され、厚壁。菌糸が消失するまで離脱しない。ツバヒラタケやヤグラタケ、ニオイオオタマシメジなどにみられる。

子座：菌糸が密に集まってできた球形、棍棒状などの構造物で、核菌類のきのこでよく発達している。その内部か上に子嚢を有する子嚢殻を形成する。

子実層：胞子を生ずる子嚢や担子器が規則的に並んでいるところ。

子実層托：子実層がつくられる部分。ひだ、針、管孔など。子実層面とも表している。

子実体：胞子を形成するための器官。肉眼的に認めることができるくらい大きいものを一般に「きのこ」という。

シスチジア：シスチジウムの複数形。担子菌類の子実体表面の各部、例えば傘表面、ひだ側面、ひだ縁部、柄表面などに存在する嚢状の不稔な細胞。通常子実層より突出し、様々な形、大きさ、性質をもつ。

子嚢：子嚢菌類の有性胞子である子嚢胞子が作られる特殊に分化した細胞。子嚢の出来方や形態的特徴は子嚢菌の分類において重要な形質である。

子嚢果：子嚢菌が形成する子実体のこと。担子菌の子実体は担子器果。

子嚢殻：内部に子嚢が並んだ子実層を生じたフラスコ型や徳利型の容器。成熟すると頂部の開口部から外界に胞子が放出される。

子嚢菌類：子嚢の中に有性である子嚢胞子を形成する菌（類）。

子嚢盤：盤菌類の形成する子実体で、皿状や椀状のものなど形は様々。

子嚢胞子：子嚢菌が形成する有性胞子で、子嚢の中に通常8個作られる。

条線：傘の周辺部にみられる放射状の線。

しわひだ：アンズタケ類などの傘の裏面のしわ～ひだ状の隆起。ハラタケ目の「ひだ」に対して使用される。普通、生長に伴い数が増える。

側糸：子嚢菌の子実層において子嚢の間に介在する糸状の構造物。先端が分化して特徴のある形態を示す事がある。

担子器：担子菌類の有性胞子である担子胞子が作られる特殊に分化した細胞。担子器の出来方や形態的特徴は担子菌の分類において重要な形質である。

担子菌（類）：担子器上に有性胞子である担子胞子を形成する菌（類）。

担子胞子：担子菌が形成する有性胞子で、担子器上に通常4個作られる。

つば：ハラタケ目のきのこで、ひだを保護するために、柄上部から傘の縁にかけてつながった膜状の組織（内被膜）が、傘の展開によって傘の縁で破れ、柄にとどまったもの。「きのこ用語の図解」参照。種々の形状、性質を示す。

つぼ：主にハラタケ目において、幼子実体を包んで保護する組織（外被膜）が破れ、柄基部に袋状、破片状など様々な形態で残存したもの。「きのこ用語の図解」参照。

頂孔：腹菌類において、内皮の頂部にある孔。ここから胞子が外に放出される。「きのこ用語の図解」参照。

内皮：腹菌類において、グレバを包む一番内側の皮。「きのこ用語の図解」参照。

背着生：きのこが子実層面を表に基質の表面に平たく広がり、顕著な傘を形成しない状態。

白色腐朽：ヘミセルロースやセルロースおよびリグニンを分解する菌による腐朽で、材が白っぽく変色する。多孔菌類など材腐朽性きのこの分類の重要な特徴となっている。

半背着生：背着生のきのこの上方の一部がせり出して、不完全な傘を形成する状態。

ひだ：主にハラタケ類（広義）において、傘の下面に見られる柄の部分から放射状に配列した刃状の構造物で、その表面に担子胞子を生ずる。ひだのつき方は「きのこ用語の図解」参照。

分生子・分生胞子：無性胞子の一種で、特殊化した菌糸（分生子柄）上に、あるいは菌糸がちぎれて形成される。ハナサナギタケの胞子はこの代表的なもの。

溝線：ハラタケ目きのこの傘周辺部にあらわれる浅い溝。その下にひだがある。

メルツァー液：胞子や菌糸の表面または内部の糖質に反応する試薬。主に顕微鏡観察で用い、呈色反応によりアミロイド（青色）、偽アミロイド（赤紫色）、非アミロイド（非染色）に分けられる。

無性基部：ホコリタケ属などの子実体の下部あるいは基部に見られる胞子を形成しない部分。

無性胞子：性的に異なった2つの核の融合（有性生殖）を伴わない、無性的に作られる胞子。分生子はその代表的なもの。

有性胞子：性的に異なった2つの核の融合、減数分裂を経て形成される胞子で、子嚢胞子、担子胞子など。

肋脈：アミガサタケ類頭部の陥没部を取り囲む隆起した線条。

用語の図解

ハラタケ類のきのこ

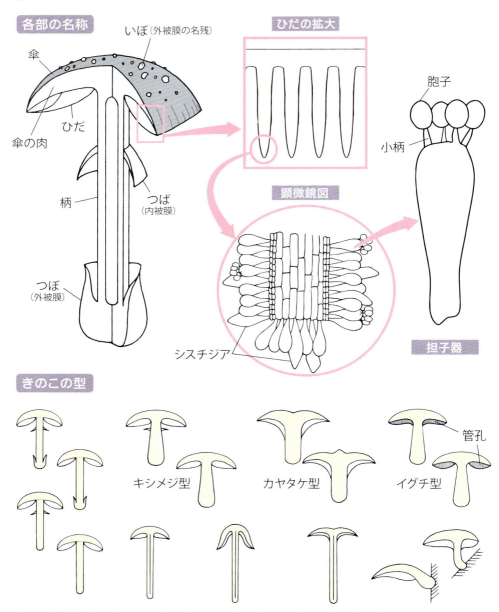

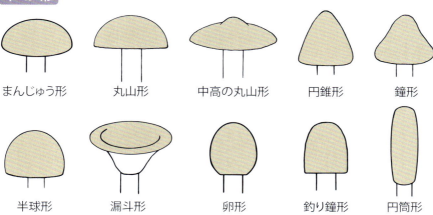

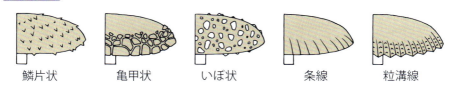

ヒダナシタケ類のきのこの型

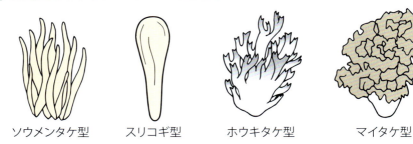

腹菌類のきのこの名称

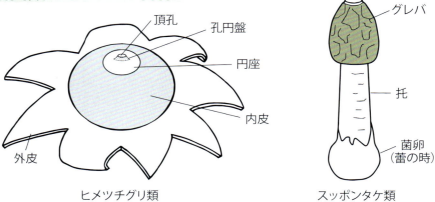

子嚢菌類のきのこの名称

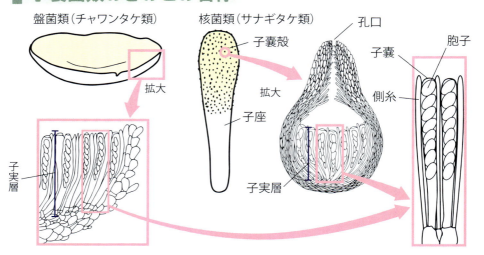

はじめに

本書における分類体系

　きのこなど菌類の分類では、1990年代以降、DNA塩基配列の解析に基づいて菌類の系統関係を推定する分子系統学的な研究が急速に進展し、現在、従来の形態学的特徴に重点を置いて組み立てられてきた分類体系の再検討が行われているが、その結果として多くの菌群において、従来の体系の大幅な見直しと変更が行われるようになってきた。しかし、全ての菌類について系統関係が解明されてはおらず、所属不明な菌があるなど、現在の分類体系はまだ変動期にある。さらに、分子系統解析に基づく新たな分類（以下新分類と略）では、再構成されたあるいは新たに作られた分類群（属や科、目など）を共通した形態的特徴で表わすことが難しくなったこともあり、新分類体系はまだ一般に定着するまでに至っていない。

　以上のような理由から、本書では今関・本郷らの『原色日本新菌類図鑑Ⅰ・Ⅱ』（保育社1987・89年）等に採用され、従来日本で広く使われてきた分類体系に基づいて県産種を整理掲載し、できる限り近年の新知見を加えることとした。また、従来の分類体系が新分類体系ではどのように変化したのか、できるだけ記述し、参考までに新旧分類体系比較表を掲載したが、詳細については専門書を参照していただきたい。

本書における掲載種

　本書で取り扱った種は青森県きのこ会で存在を確認できたものに限定し、その種は同会が発行している「青森県産きのこ目録」（以下「目録」という。）に準拠した。そのため、同会以外で発生が確認されている種であっても、一般に公表されていないものなどについては種数に含めていないのでご了承いただきたい。また、古い目録の中には標本が毀損などにより残っていないものもあるが、それらについては当時の写真や報告書等資料で確認できるものに限定した。

　なお、目録に掲載されている標本については、著者の手元または国立科学博物館、日本きのこセンター菌蕈研究所に所蔵されている。

菌類（菌界 MYCOTA）

　きのこやかびなどの菌類は、細胞の中に膜で包まれた核をもつ真核生物であり、その身体は菌糸と言われる細長い糸状の細胞からできており、光合成を行わず、胞子をつくって繁殖することから、動物界、植物界と区分され菌界 MYCOTA という独自のグループに分類されてきた。菌界はさらにアメーバ状の変形体をつくる変形菌門 MYXOMYCOTA や変形体をつくらない真菌門 EUMYCOTA に2大別され、きのこやかびを含む真菌門はさらに担子菌亜門 BASIDIOMYCOTINA（担子菌類）と子嚢菌亜門 ASCOMYCOTINA（子嚢菌類）の2亜門に分けられてきた。分子系統学的な成果を反映した新分類においてもこの2菌群は、それぞれ担子菌門および子嚢菌門として系統的にまとまった菌群として認められている。

担子菌類（担子菌亜門 BASIDIOMYCOTINA）

　担子器と呼ばれる器官の先端に担子胞子を外生するグループであり、従来、担子器が1室からなる真正担子菌綱 EUBASIDIOMYCETES と担子器が多室または1室であるがY字型の小柄をもつ異型担子菌綱 HETEROBASIDIOMYCETES の2綱に分けられてきた。異型担子菌綱はいわゆるキクラゲ類のことである。真正担子菌綱はさらに子実層が初めからきのこの表面に露出するか、初期だけ膜に覆われている帽菌類（帽菌亜綱 HYMENOMYCETIDAE）と子実層が胞子が成熟するまできのこの内部に包まれている腹菌類（腹菌亜綱 GASTEROMYCETIDAE）の2つに分けられてきた。

　帽菌亜類の中で、子実層が初めからきのこの表面に露出するものがヒダナシタケ類（ヒダナシタケ目 APHYLLOPHORALES）、初期だけ膜

におおわれて露出後胞子が形成されるものがハラタケ類（ハラタケ目 AGARICALES）である。

　なお、近年の DNA 解析を反映した研究結果では、真正担子菌綱の腹菌亜綱と異型担子菌綱は解体された。また、担子菌亜門は担子菌門 BASIDIOMYCOTA とされ、ハラタケ亜門 AGARICOMYCOTINA とクロボキン亜門 USTILAGOMYCOTINA、サビキン亜門 PUCCINIOMYCOTINIA の3亜門に分けられている。担子菌類のきのこのほとんどはこの中のハラタケ亜門に含まれる。本書に掲載されているきのこのハラタケ亜門における所属は次表のとおりである。

子嚢菌類（子嚢菌亜門 ASCOMYCOTINA）

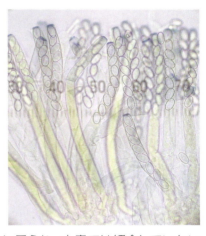

　子嚢菌類とは、有性生殖の結果として「子嚢」とよばれる円筒状〜袋状の中に子嚢胞子を形成する菌類であり、分類学上は子嚢菌亜門 ASCOMYCOTINA に分類される。その数は世界で3万種以上ともいわれ、菌類中最大のグループであるが、一般にきのこといわれているものは極めて少ない。子嚢菌類の中できのこをつくるものは従来おもに盤菌類（盤菌綱 DISCOMYCETES）と核菌類（核菌綱 PYRENOMYCETES）に見られ、本書では紹介していないが不整子嚢菌類（不整子嚢菌綱 PLECTOMYCETES）にも若干存在する。

　なお、近年の DNA 解析を反映した研究結果では、子嚢菌亜門は子嚢菌門とされ、タフリナ菌亜門 TAPHRINOMYCOTINA、サッカロミケス亜門 SACCHAROMYCOTINA、チャワンタケ亜門 PEZIZOMYCOTINA の3亜門に分けられており、子嚢菌類のきのこのほとんどはこの中のチャワンタケ亜門に含まれる。本書に掲載されているきのこのチャワンタケ亜門における所属は次表のとおりであるが、チャワンタケ亜門は前2亜門を除く残りの子嚢菌類全てを含むことになっただけであり、まだ十分整理されたものではない。

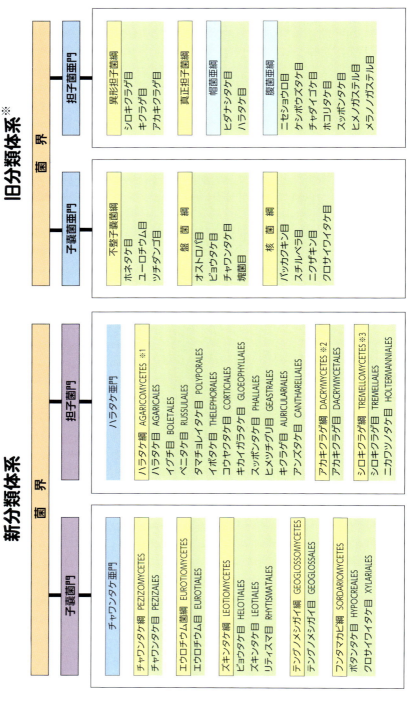

ハラタケ類 ハラタケ目 AGARICALES

　ハラタケ類のきのこは、従来、担子菌亜門・真正担子菌綱・帽菌亜綱のハラタケ目に分類され、通常、傘と柄をそなえ、傘の裏にはひだときに管孔をもち、ここに担子器をそなえ担子胞子がつくられる。多くは肉質または膜質で、ときに革質、膠質のものもある。現在、日本では1,000種あまりが知られているが、まだ調査は不十分で、実際はおそらく3,000種以上があると推定されている。本県では2016年までに本書で紹介する16科478種（変種、品種、未記録種を含む。）が知られている程度であるが、日本で知られているきのこの南方系の種を除く大半は存在するものと思われる。

　なお、近年の分子系統解析の結果を反映した新分類では、大部分が再定義されたハラタケ目に含められているが、カワキタケ属はタマチョレイタケ目、マツオウジ属はキカイガラタケ目に所属が変更となり、また、ベニタケ科はベニタケ目に、イグチ科はヒダハタケ科やオウギタケ科と共にイグチ目に移されている。

ヒラタケ科　Pleurotaceae

　旧ヒラタケ科のきのこは、比較的丈夫な肉質の腐りにくい子実体をつくり、多くは倒木や切り株などの材上に発生する。柄を欠くかまたはそなえ、後者では中心から外れた偏心生やほとんど横向きにつく側生のものが多い。ひだは多少とも垂生することが多い。胞子紋は一般に白からクリーム色で、まれにピンク色や淡紫色である。胞子は円柱形、楕円形、ウインナー形、非アミロイド。本県からは5属11種（1変種、1未記録種を含む。）が知られている。

　近年の分子系統学的研究の成果を反映した分類体系では、ヒラタケ属だけが残され、キヒラタケ属 *Phyllotopsis* はハラタケ目のフサタケ科に、カワキタケ属 *Panus* のうちニオイカワキタケはケガワタケ属 *Lentinus* に置かれ両属ともタマチョレイタケ目のタマチョレイタケ科に、マツオウジ属 *Neolentinus* はキカイガラタケ目のキカイガラタケ科に分類されている。

キヒラタケ 食不適
Phyllotopsis nidulans
キヒラタケ属

【形態】傘：通常5cm位、半円形～腎臓形または扇形、ときにほぼ円形。傘の縁は内側に強く巻く。柄は無く、側面または背面の一部で基物につく。表面は粗毛を密生し、鮮黄色～橙黄色、乾くと黄白色となる。肉：薄く、比較的強靱、新鮮なとき不快臭がある。ひだ：橙黄色、密～やや疎。
【生態】秋、広葉樹の倒木や落枝上などに多数重生する。
【コメント】肉が強靱なうえに不快臭があり、食用には適さない。秋遅くまで里山から深山にかけて普通に見られるきのこ。

キヒラタケ

ツバヒラタケ 可食

Pleurotus dryinus
ヒラタケ属

【形態】傘：通常15cm位、初め丸山形、のち開いて半円形。表面は灰色の微毛〜淡褐色の細鱗片におおわれ、初め灰色がかった淡黄褐色、のち淡黄灰色。肉：白色、厚く緻密。ひだ：長く垂生、やや疎、白色のちやや淡黄褐色（とくに縁）。柄：初め中心生のち側生、通常長さ3cm、幅2cm位と太短い。表面は傘と同色。幼時、薄い膜質のつばをもつが、消失しやすい。
【生態】秋、果樹園のリンゴや渓畔林の広葉樹の立ち木上などに単生。
【コメント】肉厚で比較的優秀な食用菌であるが、発生はまれ。鍋物、すき焼き、ホイル焼きなどに適する。近年、青森県では栽培品の商品化を目指している。胞子は円柱形、大きさは10.5-14 (-16) × 3.5-4.5 μm。

ツバヒラタケ（手塚撮影）

ツバヒラタケ（手塚撮影）

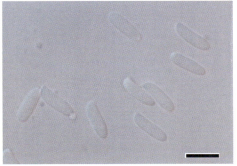

ツバヒラタケ胞子×1000

ヒラタケ 可食

Pleurotus ostreatus
ヒラタケ属

【形態】傘：通常15cm位、初めまんじゅう形、のち開いて貝殻形〜半円形。表面は平滑、湿り気をおび、初めほぼ黒色〜灰青色、のちねずみ色〜淡灰色。肉：白色、厚くやわらか、弾力性あり。ひだ：長く垂生、白色〜灰色、やや密。柄：側生〜中心生、通常長さ3cm、幅2cm位、ときに不明瞭。表面は白色。

【生態】早春および晩秋〜初冬、ブナなどの広葉樹の倒木や枯れ木などに重生する。

【コメント】地方名はワカオイ、ドンコロなど。肉厚で鍋物、きのこ汁などに適するが、形態が類似した有毒のツキヨタケ(*p.78*)と間違えないように注意を要する。県内の下北地方には、肉厚で同一種の可能性があるカンタケと呼ばれるものが発生する。胞子は長楕円形〜円柱形、大きさは7.5-10.5×3-4 μm。

ヒラタケ

ヒラタケ幼菌

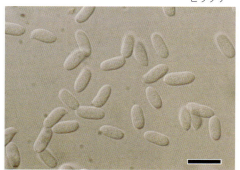

ヒラタケ胞子×1000

ウスヒラタケ 可食

Pleurotus pulmonarius
ヒラタケ属

【形態】傘：通常5cm位、初めまんじゅう形、のち開いて貝殻形〜半円形。表面は平滑、湿り気をおび、初め淡灰色またはやや褐色、のち白色〜淡黄色となるか、初めからほぼ白色。肉：白色、薄い。ひだ：長く垂生、ほぼ白色、やや密。柄：側生、通常長さ1cm、幅5mm位、ときに不明瞭。表面は白色。
【生態】初夏および秋、ブナやその他広葉樹の枯れ木や倒木などに多数重生する。
【コメント】地方名はワカオイ、ワガイなど。虫が入りやすいが、比較的美味で、きのこ汁や鍋物、すき焼き、煮付けなどに合う。胞子は長楕円形〜円柱形、大きさは6.5-10×3.5-4.5μm。前種のヒラタケとしばしば混同されているが、本種は暖かい時期に発生し、より小形で白っぽく、肉が薄いことで区別される。

ウスヒラタケ

ウスヒラタケ

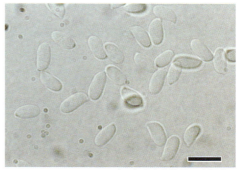

ウスヒラタケ胞子×1000

タモギタケ（手塚撮影）

タモギタケ 可食
Pleurotus cornucopiae var. *citrinopileatus*
ヒラタケ属

【形態】傘：通常5cm位、初めまんじゅう形、のち傘が開くにつれて中央部がくぼみ漏斗状。表面は鮮黄色～淡黄色、やや湿り気をおび平滑、ときに白い繊維状の細鱗片を付着。肉：白色、薄く、やや粉臭あり。ひだ：長く垂生、初め白色のちやや黄色、やや疎。柄：枝分かれしてそれぞれに傘を付ける。ほぼ中心生、通常長さ4cm、幅1cm位、つばはなく、ほぼ円柱形。表面は白色または多少黄色をおびる。
【生態】初夏および秋、ニレやヤチダモ、ミズナラなどの広葉樹の倒木や切り株などに多数株状になって群生する。
【コメント】地方名はタモキノコ。やや粉臭があるので、炒め物や鍋物など味の濃い料理向き。栽培品がゴールデンシメジの名前で市場に出ている。

タモギタケ（手塚撮影）

トキイロヒラタケ 可食
Pleurotus djamor
ヒラタケ属

【形態】傘：通常8cm位、初めまんじゅう形、のち開いて貝殻形〜扇形。縁は初め内側に巻くが、のち不規則に波打つ。表面はやや綿毛状またはほぼ平滑。新鮮なときピンク色〜鮭肉色をおび、古くなると色あせてほぼ白色となる。肉：淡いピンク色、やや強靱、かすかな粉臭がある。ひだ：密〜やや疎、傘とほぼ同色。柄：一般に傘との区別が不明瞭。
【生態】初夏および初秋、ミズナラやカエデなどの枯れ幹や倒木、切り株に重生。
【コメント】粉臭があるので、すき焼き、きのこ汁など、味の濃い料理に適する。古くなると退色し、ウスヒラタケ(p.23)と区別が難しくなる。本菌に従来当てられていた学名 *P. salmoneostramineus* は本種の異名。

トキイロヒラタケ

アラゲカワキタケ 食不適
Panus lecomtei
カワキタケ属

【形態】傘：通常3cm位、初めまんじゅう形、のち開いて漏斗形となる。表面は初め褐紫色、のち黄土褐色、粗い毛を密生する。肉：薄く、強靱。ひだ：垂生し狭幅。白色のち黄土褐色。密。柄：偏心生〜中心生、通常長さ2cm、幅1cm位。表面は傘とほぼ同色で、粗い毛を密生する。
【生態】春〜初夏、おもにブナの倒木や枯れ木、切り株などに群生する。
【コメント】肉が強靱で食用には適さない。カワキタケ(p.26)とは、傘の表面が粗い毛でおおわれることで区別ができる。本菌に従来当てられていた学名 *P. rudis* は本種の異名。

アラゲカワキタケ（手塚撮影）

ヒラタケ科　25

カワキタケ 食不適

Panus conchatus
カワキタケ属

【形態】傘：通常7cm位、初め臼形、縁は初め内側に巻くが、のち開いて漏斗形となる。表面は初めやや微毛状、のち無毛平滑、ときに圧着した鱗片状。初め紫褐色、のち黄褐色。肉：白色、強靭。ひだ：垂生、やや密。初めはほぼ傘と同様の色をおびるが、のち淡黄褐色となる。柄：中心生～側生、一般に太短い（2×1.5cm位）。表面は帯紫褐色～淡黄褐色でほぼ平滑～ビロード状。
【生態】夏～秋、ブナなどの広葉樹の倒木や切り株などに少数群生する。
【コメント】胞子は楕円形、大きさは5-6.5×3-3.5μm。次種のニオイカワキタケに多少類似するが、同種はアニス様の強い芳香があり、ひだの縁が鋸歯状などの特徴をもつことで区別ができる。カワキタケ属は最近の分類ではタマチョレイタケ目タマチョレイタケ科に置かれる。本菌に従来当てられていた学名 *P. torulosus* は本種の異名。

カワキタケ

カワキタケ幼菌

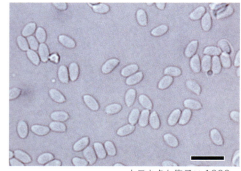

カワキタケ胞子×1000

ニオイカワキタケ 食不適
Lentinus suavissimus
ケガワタケ属

【形態】傘：通常4cm位、漏斗形または〜貝殻形、縁部は内側に巻く。表面は平滑、無毛、淡黄色〜淡黄土色、湿時周辺に短い条線をあらわす。肉：白色、強靭、アニス様の匂いがある。ひだ：垂生、やや疎、淡クリーム白色、縁部は細鋸歯状。柄：中心生〜偏心生、円柱状で短く、ときにほぼ無柄。表面は淡クリーム白色、粗毛状、あるいは無毛平滑、ときに頂部で垂れ下がったひだの延長により網目状を呈する。基部は通常少し肥大し、典型的には赤褐色のエナメルを塗ったように着色。
【生態】夏〜秋、ヤナギ類などの広葉樹の枯れ木などに単生〜少数群生する。
【コメント】青森と鳥取から採集された標本に基づき国内での発生が確認された種で、比較的まれ。本菌は従来カワキタケ属 *Panus* に置かれていたが、近年、ケガワタケ属 *Lentinus*（タマチョレイタケ目タマチョレイタケ科）に置かれている。

ニオイカワキタケ（安藤撮影）

マツオウジ 食注意
Neolentinus sp.
マツオウジ属

【形態】傘：径は通常10cm程度ときにそれ以上、初め縁部は内側に強く巻きまんじゅう形、のち平たい丸山形となり、中央はしばしば浅く窪む。表面は淡黄色〜淡黄土色、黄褐色の圧着したまたはときにささくれた同心円状の鱗片におおわれる。肉：厚く、白色、強靭、松やに様の匂いがある。ひだ：湾生状垂生し白色。やや疎。縁は鋸歯状。柄：通常長さ6cm、幅2cm程度、上下同幅。表面は白色〜淡黄色、褐色のささくれた鱗片におおわれ、つばを欠く。
【生態】初夏〜秋、マツなどの針葉樹の倒木や切り株上に単生。
【コメント】人によっては軽い中毒を起こすので注意が必要である。本菌には従来 *N. lepideus* の学名が与えられていたが、同学名の菌（ツバマツオウジ）は柄につばをもつ種であり、また、傘の色、鱗片の状態などにおいて異なる。また、胞子も本菌（長澤、1987：10-11×4-5μm）と比較してやや大型である。

マツオウジ（安藤撮影）

ヒラタケ科

ツバマツオウジ 食注意
Neolentinus lepideus
マツオウジ属

【形態】傘:径は通常7cm程度、初めまんじゅう形、のちほぼ平らに開く。表面は淡灰白色〜淡黄灰白色、繊維状。褐色の圧着した大きな鱗片に覆おおわれ、粘性は無い。**ひだ:**垂生し白色。やや疎。縁は鋸歯状。**柄:**通常長さ5cm、幅1.5cm程度、上下同幅。表面は傘と同色で褐色の鱗片におおわれる。幅の狭い白色膜質のつばをもつが、ときに不明瞭(とくに古い子実体)。

【生態】春〜初夏、スギやアカマツなどの針葉樹の倒木や切り株上に単生。

【コメント】従来つばの無いタイプも有るタイプもマツオウジ(*p.27*)として同一種とされていたが、近年両者は別種とされている。胞子は長楕円形〜円柱形、大きさは9-12.5×4-5 μm。

ツバマツオウジ

ツバマツオウジ傘裏(手塚撮影)

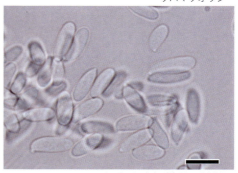

ツバマツオウジ胞子×1000

ヌメリガサ科　Hygrophoraceae

　旧ヌメリガサ科のきのこは、紅色、レモン色、オレンジ色、緑色など色彩の変化に富み、可憐なものが多い。ひだは厚味がありしばしば蝋質な感を与えるが、これは担子器が細長い（通常胞子の長径の5～7倍）ためである。胞子紋は白色。菌根性または腐生性。有毒なものは少ない。本県からは5属54種（3変種、2品種、15未記録種を含む）が知られている。

　近年の分子系統学的研究の成果を反映した分類体系では、旧キシメジ科のカヤタケ属 *Clitocybe* に含まれていたホテイシメジおよびその近縁種がホテイシメジ属 *Ampulloclitocybe* としてカヤタケ属から独立し本科に編入される、また、その他の旧キシメジ属の一部の属が移されるなど科の内容が拡大されている。また、アカヤマタケ属は細分化されて幾つかの独立した属が作られるなどの変更が見られる。

ウコンガサ　可食

Hygrophorus chrysodon
ヌメリガサ属

【形態】傘：通常5cm位、初め半球形～まんじゅう形で縁は内側に巻くが、のちほぼ平らに開く。表面は初め白色の地に黄色の粒点を密布し、全面が黄色、のち粒点が脱落し周辺部のみ黄色となる。湿時粘性がある。肉：白色、ほぼ無味無臭。ひだ：直生状垂生、白色、疎。柄：通常長さ7cm、幅1cm位、下方に多少細まり、中実。表面は傘と同様、黄色の粒点を散布するが、粒点は頂部で密集する。【生態】秋、針葉樹林および広葉樹林内の地面に群生。【コメント】黄色い粒点におおわれ鮮やかで、一見毒菌のようであるが食用にすることができ、煮付けやみそ汁などに適している。発生は比較的まれである。

ウコンガサ（手塚撮影）

サクラシメジ幼菌

サクラシメジ 可食

Hygrophorus russula
ヌメリガサ属

【形態】傘：通常8cm位、初め中高のまんじゅう形、のちほぼ平らに開く。表面は湿時強い粘性がある。中央部はぶどう酒色をおびた暗紅色、周辺部は淡色。しばしば暗色のしみが見られる。肉：白〜淡紅色、暗赤色のしみを生じる。ひだ：直生〜垂生し、やや密、白色〜淡紅色、のち傘と同色のしみを生じる。柄：通常長さ8cm、幅1.5cm位、ほぼ上下同幅、中実。表面はほぼ白色、のち傘と同色、繊維状。
【生態】秋早くに、ミズナラなどの雑木林内の地面に列を作って群生。

サクラシメジ

【コメント】地方名はヘイタイキノコ、アガキノコなど。やや苦みがあるので、ゆでこぼしや塩蔵したものを塩抜きして利用。きのこはゆでると淡黄色に変色する。

ハダイロサクラシメジ（新称） 可食

Hygrophorus poetarum
ヌメリガサ属

【形態】傘: 通常8cm位、初め円錐状まんじゅう形で縁部は強く内側に巻く。のち中高の平らに開く。表面は湿時粘性があり、平滑。中央部で淡黄土橙色、周辺に向かって淡色。**肉:** 厚く、白色。苦味あり。**ひだ:** 直生状に垂生し、やや疎。淡クリーム色。**柄:** 通常長さ10cm、幅1cm位、下方に多少細まる。表面は繊維状、傘と同系色で淡色。頂部は粉状、下部は黄色をおびない。

【生態】 秋、ミズナラなどの雑木林内の地面に群生。。

【コメント】 日本新産種。胞子は楕円形、大きさは6.5-8.5×4.5-6μm。本菌は西日本で知られている**アケボノサクラシメジ**と極めて類似する。しかし、同種は傘がほぼ全体に淡肉紅色であり、柄が白色で基部が黄色をおびること、胞子が広楕円形でより小形（6.5-8×4.5-5.5μm）であることで異なる。

ハダイロサクラシメジ

ハダイロサクラシメジ傘裏

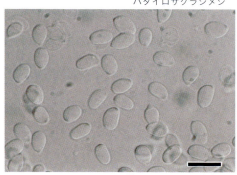

ハダイロサクラシメジ胞子

ムツノアケボノサクラシメジ（仮称）

ムツノアケボノサクラシメジ(仮称) 不明
Hygrophorus sp.
ヌメリガサ属

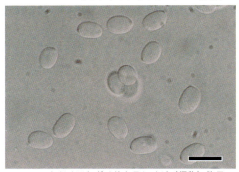

ムツノアケボノサクラシメジ（仮称）胞子

【形態】傘：通常10cm位、初め円錐状まんじゅう形で縁部は強く内側に巻き、のち中高の平らに開く。表面は湿時粘性があり、平滑。中央部で淡橙紅色、周辺に向かって淡色となりほぼ白色。肉：厚く、白色。苦味あり。ひだ：直生状に垂生し、やや疎、淡クリーム色。柄：通常長さ12cm、幅1cm位、下方に多少細まる。表面は繊維状、白色。頂部は粉状、下部は黄色をおびる。

【生態】秋、主にブナ林内の地面に群生。

【コメント】日本未記録種。胞子は広楕円形、7-9.5 (-10) × 5.5-7.5 μm。西日本で知られているアケボノサクラシメジに類似するが、同種は傘がほぼ全体に淡肉紅色で、胞子がより小形(6.5-8 × 4.5-5.5 μm)な点で異なる。なお、アケボノサクラシメジには従来、*H. fagi* あるいはより大形な種である *H. poetarum* の学名が当てられてきたが、同種はヨーロッパのそれらの種とは傘の色や胞子の大きさなどで一致しない部分があり、いずれにも該当しない可能性がある。

ハダイロヌメリガサ（新称） 可食

Hygrophorus nemoreus
ヌメリガサ属

【形態】傘：通常6cm位、初めまんじゅう形で縁部は内側に巻く。のち中高の平らたい丸山形。表面は湿時多少粘性があるが乾きやすく、やや内生繊維状で乾くと多少細かい亀甲模様が現れ、中央部は微細にささくれる。中央部で黄橙色、周辺に向かって淡色。肉：厚く、白色。ひだ：直生状垂生または長く垂生し、やや密、互いに脈で連絡する。淡クリーム白色。柄：通常長さ6cm、幅8mm位、下方に細まり、やや中実。表面は繊維状、粘性はなく、クリーム白色。
【生態】秋、ミズナラなどの雑木林内地面に群生。
【コメント】日本新産種。胞子は楕円形～広楕円形、大きさは5-7×3.5-4.5(-5)μm。本菌はヨーロッパなどで知られている *H. nemoreus* と特徴がよく一致することから同種とした。一見ハダイロガサ(*p.*41)に類似するが、同種は傘に粘性がなく柄も傘と同色であることで異なる。

ハダイロヌメリガサ

ハダイロヌメリガサ

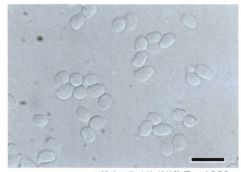

ハダイロヌメリガサ胞子×1000

オシロイヌメリガサ

オシロイヌメリガサ（新称） 不明
Hygrophorus sp.
ヌメリガサ属

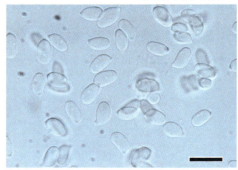

オシロイヌメリガサ胞子×1000

【形態】傘：通常3cm位、初め平たい丸山形、のち平らに開くが、しばしば中央が多少窪んで浅い漏斗形となる。表面は平滑、強い粘性があり湿時粘液におおわれる。純白色、中央は多少クリーム白色をおびる。時間が経過してから乾燥させたものではしばしば全体淡褐色となる。肉：白色であるが、古くなると柄の髄部分および基部で淡褐色をおびる。ひだ：垂生、やや幅広、やや密。初め白色であるが、古くなると褐変する。
柄：通常長さ5cm、幅5mm位、ほぼ上下同幅、中空。表面は初め中央より上方で粉状の微細な鱗片を密生するがのち圧着する。粘液におおわれ、全体白色のち古くなると淡褐色をおびる。

【生態】秋、ブナ林内の地面に群生。
【コメント】胞子は倒卵形〜紡錘形〜長楕円形、大きさ6.5-9(-9.5)×4-5(-6.5)μm。本菌は北アメリカ、ヨーロッパで知られているシロヌメリガサ*H. eburneus*に類似するが、同種では褐変性を欠く。既知種に該当するものはなく新種と考えられる。

シモフリヌメリガサ 可食

Hygrophorus hypothejus
ヌメリガサ属

【形態】傘：通常5cm位、初めまんじゅう形で低い中丘があり、のち中高の平らに開き、しばしば中央がややくぼむ。表面は粘液におおわれ、オリーブ色〜暗オリーブ褐色、縁部は淡色。多少繊維紋がある。肉：白色〜淡黄色。ひだ：垂生し、疎、淡黄色。柄：通常長さ6cm、幅8mm位、ほぼ上下同幅。表面は帯淡褐白色または淡黄色。上部に不完全なつばの名残があり、これより下は粘液におおわれる。

【生態】晩秋〜初冬、アカマツやクロマツ林内の地面に群生。

【コメント】ぬめりがあり、美味で、みそ汁やおろし和えなどに合う。胞子は楕円形、7-9.5×4-5.5μm。なお、本菌に類似して小形なものは品種フユヤマタケ *H. hypothejus* f. *pinetorum* として区別されているが、その見分けは難しい。

シモフリヌメリガサ

シモフリヌメリガサ

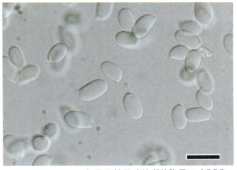

シモフリヌメリガサ胞子×1000

ダイダイヌメリガサ 不明

Hygrophorus aureus
ヌメリガサ属

【形態】傘：通常5cm位、初めやや中高のまんじゅう形、のちほぼ平らから多少中央くぼむ。表面は粘液におおわれ、橙色〜橙黄色、中央で濃色。多少繊維紋がある。肉：淡黄白色〜淡黄色。ひだ：短く垂生しやや疎。淡橙黄色。柄：通常長さ5cm、幅8mm位、上下同幅、中実。表面は淡橙黄色。上部に不完全なつばの名残があり、これより下は粘液におおわれる。

【生態】晩秋〜初冬、アカマツ林内の地面に少数群生。

【コメント】2008年に江口一雄氏らによって県内で初めて確認された。胞子は楕円形、7.5-10×4.5-5.5μm。発生は比較的まれ。なお、本菌をシモフリヌメリガサの変種 *H. hypothejus* var. *aureus* として取り扱う意見もあるが、傘などの色は安定した形質であり、別種として取り扱うのが妥当である。

ダイダイヌメリガサ

ダイダイヌメリガサ

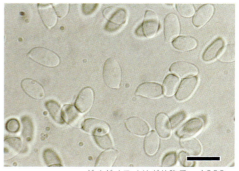

ダイダイヌメリガサ胞子×1000

キヌメリガサ 可食

Hygrophorus lucorum
ヌメリガサ属

【形態】傘：通常4cm位、初めまんじゅう形、のちほぼ平らに開き、しばしば中丘をもつ。表面は黄色〜レモン色、平滑。湿時著しい粘性がある。肉：多少黄色をおび、ほぼ無味無臭。ひだ：垂生し、淡黄色、疎。柄：通常長さ6cm、幅6mm位、上下同幅。中実またはやや中空。表面は白色またはやや黄色をおび、粘質な皮膜におおわれる。幼時、傘と繊維状の被膜でつながるが、被膜は傘が開くと消失する。
【生態】晩秋、カラマツ林内の地面に群生。
【コメント】みそ汁やおろし和えなどに合うが、多少味にくせがある。近縁種に、盛秋に発生して本種より多少大形、傘の中央が橙色をおびる *H. speciosus* があり（本県未記録種）、しばしば混同されているが、キヌメリガサの和名は本種にあてられたものである。

キヌメリガサ（手塚撮影）

コケイロヌメリガサ 可食

Hygrophorus persoonii
ヌメリガサ属

【形態】傘：通常7cm位、初めまんじゅう形、のち開いて中央多少くぼむ。表面は平滑、帯オリーブ褐色で中央は暗色。粘液におおわれる。肉：白色。ひだ：直生状垂生、白色。疎。柄：通常長さ8cm、幅1.5cm位、上下同幅または中央多少太まり、中実。表面は白色。上部に不完全なつばの名残があり、それより下は暗オリーブ褐色の粘液におおわれ、のち網目状〜斑状となる。
【生態】秋、ブナなどの広葉樹林内の地面に群生。
【コメント】類似種に、本種より小形で柄の模様が不明瞭な *H. olivaceoalbus* があるが、国内では未報告である。

コケイロヌメリガサ

ヤギタケ 可食

Hygrophorus camarophyllus
ヌメリガサ属

【形態】傘：通常8cm位、初めまんじゅう形、のち開いてやや中高の平ら。表面は灰褐色〜暗灰褐色、湿時多少粘性があるが乾きやすい。肉：白色で質はもろい。ひだ：直生状垂生、白〜淡クリーム色。疎。柄：通常長さ10cm、幅1.5cm位、ほぼ上下同幅、中実。表面は傘より淡色、粘性なく、繊維状、頂部は粉状。
【生態】初秋、アカマツの交じった雑木林などの地面に単生。
【コメント】発生は比較的まれで、食用としてはあまり利用されていない。

ヤギタケ（手塚撮影）

ウスアカヒダタケ 可食

Hygrophorus calophyllus
ヌメリガサ属

【形態】傘：通常10cm位、初めまんじゅう形、のち開いてやや中高の平ら。表面は灰褐色〜暗灰褐色。湿時粘性がある。肉：白色、傘中央で厚い。ひだ：直生状垂生、淡紅色、やや疎、しばしば分岐する。柄：通常長さ10cm、幅1.5cm位、ほぼ上下同幅、中実。表面は傘より淡色、粘性なく、繊維状。頂部は粉状。
【生態】秋、アカマツ林などの地面に単生〜少数群生。
【コメント】発生はまれであり、食用としてはほとんど利用されていない。前種のヤギタケに類似するが、同種は傘の粘性が失われやすく、ひだが白色であることで区別ができる。なお、本菌をヤギタケの変種 *H. camarophyllus* var. *calophyllus* とする意見もある。

ウスアカヒダタケ（安藤撮影）

ウスハダイロガサ

ウスハダイロガサ(新称) 不明
Cuphophyllus sp.
オトメノカサ属

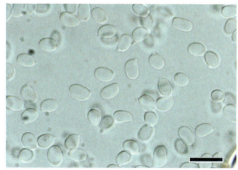

ウスハダイロガサ胞子×1000

【形態】傘:通常3cm位、初め中高の丸山形で縁部は多少内側に巻き、のち平たい丸山形。周縁に条線はない。表面は湿時多少弱い粘性があるが乾きやすく、平滑、中央は内生繊維状で放射状のかすり模様がある。肌色～淡橙褐色、周辺に向かって淡色。乾燥すると淡紅色となる。肉:多少弾力があり、傘中央で厚く、全体白色であるが傘表皮下で傘と同色、においは温和。ひだ:柄に垂生～長く垂生、やや幅広、やや厚く、やや疎、白色。柄:通常長さ4cm、幅6mm位、頂部は太く、下方に細まり、円筒形、髄はなく中実。表面は平滑または多少繊維状、白色。
【生態】秋、草地の地面に少数群生。

【コメント】胞子は広楕円形～多少卵形～楕円形、大きさ6-7.5×4-5 μm。本菌はハダイロガサ(p.41)に類似するが、同種は傘の色がより濃色で乾燥しても淡紅色とならず、ひだと柄も淡橙褐色をおび、胞子が大形である点で異なる。既知種に該当するものはなく新種と考えられる。

オトメノカサ

オトメノカサ 可食

Cuphophyllus virgineus
オトメノカサ属

【形態】傘：通常4cm位、初め多少中高のまんじゅう形、のちほぼ平らに開き、中央は多少盛り上がる。表面は湿時類白色〜淡クリーム白色、乾くと白色となる。平滑で吸水性、湿時、弱い粘性があるが乾きやすい。
肉：白色、緻密。傘中央で比較的厚い。ひだ：長く垂生し疎。互いに脈状のしわで連絡し、白色。柄：通常長さ4cm、幅8mm位、下方に向かって細まり、中実。表面は類白色、多少繊維状。粘性はない。
【生態】秋、林内や草地の地面に群生。

【コメント】従来のオトメノカサ属 *Camarophyllus* を、定義を拡大したアカヤマタケ属 *Hygrocybe* に含める意見もあったが、近年の分類学的研究では *Cuphophyllus* 属として独立した属にまとめられている。なお、本県からは本種に類似して小形の菌であるコオトメノカサ *Camarophyllus niveus*、また同種の品種で柄の下部が淡紅色をおびているアカエノオトメノカサ（仮称）*C. niveus* f. *roseipes* が知られている。しかし、前者は本菌の異名とされ、後者は前者の変異の範囲として品種を認めない意見もあり、ここでは参考までに次に写真を掲載した。

コオトメノカサ

アカエノオトメノカサ（仮称）

ハダイロガサ 可食
Cuphophyllus pratensis
オトメノカサ属

【形態】傘：通常5 cm位、初めまんじゅう形～中高のまんじゅう形、のち開いてしばしば縁部は多少反り返る。表面は湿時くすんだ橙色～橙黄色、乾くと淡色。平滑、湿潤性がある。肉：厚く、淡橙黄色。ひだ：直生状垂生またはときに長く垂生し、傘より淡色。厚くて疎、互いに脈状のしわで連絡する。柄：通常長さ4 cm、幅1 cm位、下方に向かって多少細まる。表面は淡橙黄色～淡黄土白色、繊維状。中実。
【生態】秋、草地の地面に群生。
【コメント】可食とされているが、あまり利用はされていない。本種は傘の色やひだの状態など形態の変異が大きく、同定を困難にしている。柄の色はかなり淡い。

ハダイロガサ

ダイダイオトメノカサ

ダイダイオトメノカサ（新称） 不明

Cuphophyllus sp.
オトメノカサ属

【形態】傘：通常3.5 cm位、初め丸山形、のちほぼ開いてしばしば外側に反り返り、中央は窪んで柄に陥没する。表面は平滑、成熟すると中央から周辺にかけて条線が現れ、吸水性、湿時多少粘性があり、乾くとフェルト状、橙色、乾くと淡橙黄色。肉：薄く、橙黄色、臭いは温和。ひだ：垂生～長く垂生し、やや疎、広幅、互いに脈状のしわで連絡する。橙色、乾くと淡色。柄：通常長さ5 cm、幅8 mm位、初め円筒形、のち扁平、基部はしばしば細まり、中空。表面は多少繊維状で細い縦筋あり、橙色、乾くと淡色、粘性はない。

【生態】秋、ブナ林内の地面のコケ上に少数束生。

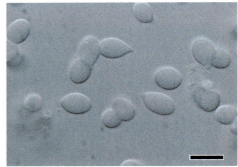

ダイダイオトメノカサ胞子×1000

【コメント】胞子は楕円形～涙滴形～長楕円形、大きさは9-11×6.5-7 μm。本菌はハダイロガサ(*p.41*)に多少類似するが、同種はより淡色であり、傘の中央は深く窪むことはなく、胞子がより小形である点で異なる。既知種に該当するものはなく新種と考えられる。

ハイムラサキガサ 不明
Cuphophyllus flavipes
オトメノカサ属

【形態】傘：通常3cm位、初め中高のまんじゅう形、のち中高の平らに開く。表面は粘性なく、帯紫灰褐色、中央部は暗色。周辺には湿時放射状の条線がある。ひだ：垂生し淡灰色。疎、互いに脈状に連絡する。柄：通常長さ4cm、幅6mm位、ほぼ上下同幅または下方に多少細まり、中実。表面は粘性なく、多少繊維状。上部淡紫灰色で下部は淡色、基部は黄色をおびる。
【生態】秋、林内や草地の地面に散生。
【コメント】従来、*Hygrocybe lacmus*の学名をあてられていた菌である。近年、欧州から同種は柄の基部が白色であり、黄色をおびるものは*C. flavipes*であるとする報告があり、ここでは暫定的にそれに従ったが、今後詳細に検討する必要がある。

ハイムラサキガサ

ウバノカサ 不明
Cuphophyllus lacmus
オトメノカサ属

【形態】傘：通常3cm位、初めまんじゅう形、のち平らに開き、中央はしばしば多少突出する。表面は紫褐色。湿時やや粘性あり、周辺は放射状の条線をあらわす。ひだ：垂生、灰色。やや疎〜疎、互いに脈状に連絡。柄：通常長さ4cm、幅6mm位、ほぼ上下同幅。中実。表面は上部が多少灰色、下部は白色。
【生態】秋、林内や芝生などの草地の地面に散生。
【コメント】従来、*Hygrocybe subviolaceus*の学名をあてられていた菌である。近年、欧州では同種を*C. lacmus*の異名とする意見があり、故本郷次雄博士もその意見を採用されていたようであることから、ここではその意見に従った。前種も含め、日本のものについては今後詳細な検討が必要と考える。

ウバノカサ

ウスムラサキガサ

ウスムラサキガサ 不明
Cuphophyllus canescens
オトメノカサ属

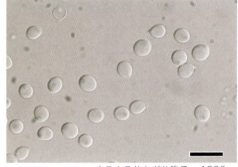

ウスムラサキガサ胞子×1000

【形態】傘：通常5cm位、初め丸山形、縁部は内側に巻くが、のち平たい丸山形に開く。表面はややフェルト状、非吸水性。湿時帯紫淡灰色、中央部でやや濃色。しばしば濃色の環紋があり、乾くと淡灰褐色。肉：薄く、灰白色。ひだ：直生状垂生〜垂生、帯紫淡灰褐色、のち淡灰色、疎。柄：通常長さ5cm、幅8mm位、下方に細まり、中実。表面は平滑、粘性なく、多少絹状光沢あり、淡灰色。
【生態】初秋、林内や草地の地面に散生。
【コメント】胞子は類球形、大きさは4.5-5.5×4-4.5μm。紫色は退色しやすく、子実体が古いものでは同定が困難となる。日本以外では北米東部および北欧に分布するようであるが、北欧では極めてまれ。現在国内では本県だけからの報告であり、発生環境は比較的限定される。

ニオイヒメノカサ

ニオイヒメノカサ 不明
Hygrocybe nitrata
アカヤマタケ属

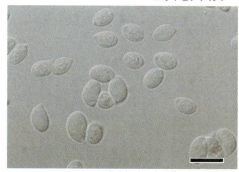

ニオイヒメノカサ胞子×1000

【形態】傘：通常6cm位、初め丸山形〜やや鐘形、のち中高の平らから中央で多少くぼみ、しばしば同心円状の隆起がある。表面は暗灰褐色〜暗灰茶褐色。初め平滑で中央はフェルト状、のち微細なささくれを生じる。肉：類白色、変色性なし。初め強い不快臭があるが、のち弱くなる。ひだ：離生、幅広、やや疎。初め白色のち淡灰黄色、古くなると暗褐色。柄：通常長さ7cm、幅6mm位、上下同幅、中空。表面はほぼ平滑、淡灰褐色。

【生態】夏〜秋、林内や草地の地面に群生〜散生。

【コメント】胞子は楕円形、大きさは7.5-10(-10.5)×4.5-6(-6.5) μm。本菌はウスアカヒメノカサ(p.46)に類似するが、同種は肉に赤変性があり、強い不快臭が無いことで区別ができる。

ウスアカヒメノカサ

ウスアカヒメノカサ(新称) 不明
Hygrocybe ingrate
アカヤマタケ属

【形態】傘:通常3cm位、初め丸山形、のち平らに開く。表面は繊維状、中央付近は凹凸があり、しばしば一部表皮が多少ささくれて肉が露出する。粘性は無く、灰茶褐色、中央暗褐色、傷を受けた部分はゆるやかに淡赤色に変色し、のち暗灰褐色となる。肉:白色、傘と同じ変色性あり、においは新鮮なときに多少不快臭がある。ひだ:上生〜湾生状直生、やや疎、白色、傷を受けると肉同様に変色する。柄:通常長さ5cm、幅5mm位、上下同幅、中空。表面は平滑、淡茶褐色、頂部白色、傷を受けると肉同様に変色する。

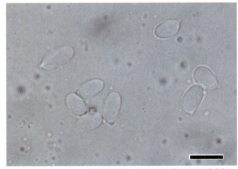

ウスアカヒメノカサ胞子× 1000

【生態】初秋、林内や草地の地面に単生〜散生。
【コメント】日本新産種。胞子は卵形〜楕円形、大きさは7.5-10(−11)× 5-6(−6.5)μm。本菌は赤変性があることからオオヒメノカサ *H. ovina* に類似するが、同種は全体黒味をおび、赤変性が強いことで区別ができる。

アカヤマタケ（安藤撮影）

アカヤマタケ 不明
Hygrocybe conica var. *conica*
アカヤマタケ属

【形態】傘：通常4 cm位、初め円錐形、のちやや平らに開くが中央は尖る。表面は湿時強い粘性あり、赤色〜橙色、手で触れるか老成するとしだいに黒く変色する。肉：薄く、もろい。ひだ：ほぼ離生、やや疎、淡黄色、しだいに黒変する。柄：通常長さ8 cm、幅7 mm位、上下同幅。表面は淡黄色〜橙色で繊維状の縦線あり、しだいに黒変する。
【生態】秋、草地や道端、森林などの地面に散生。
【コメント】胃腸系の中毒を起こすといわれているが、毒成分など詳細は不明。胞子は楕円形〜長楕円形、大きさは9.5-14 (-15)

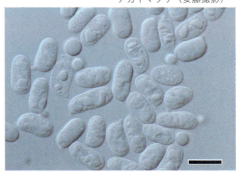

アカヤマタケ胞子1 × 1000

× 5.5-6.5 μm。類似種のトガリベニヤマタケ *H. cuspidata* は黒変しない点で区別ができるとされているが、トガリベニヤマタケに類似した菌が複数確認されており、分類学的検討が必要である。

ヌメリガサ科　47

スミゾメキヤマタケ

スミゾメキヤマタケ 不明
Hygrocybe conica var. *chloroides*
アカヤマタケ属

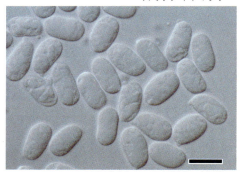

スミゾメキヤマタケ胞子×1000

【形態】傘：通常4cm位、初め円錐形、のちやや平らに開くが中央は尖る。表面は湿時強い粘性があり、初め黄色～山吹色、手で触れるか老成するとしだいに黒く変色する。肉：薄く、もろい。ひだ：ほぼ離生、やや疎、淡黄灰白色、しだいに黒変する。柄：通常長さ6cm、幅6mm位、上下同幅。表面は繊維状の縦線あり、黄色のちしだいに黒変する。
【生態】秋、林内や草地の地面に散生。
【コメント】胞子は楕円形～長楕円形、大きさは 11-14.5 × 6.5-8 μm。アカヤマタケ (p.47) の変異の範ちゅうとして扱い、変種を認めない意見もあるが、傘の色は安定しており、同種の変種とする意見に従った。食毒については不明だが、アカヤマタケと同様の可能性がある。

トガリワカクサタケ 不明

Hygrocybe olivaceoviridis f. *olivaceoviridis*
アカヤマタケ属

【形態】傘：通常3cm位、初め円錐状丸山形、のち円錐形、しばしば中央に乳頭状突起がある。表面は粘性なく、繊維状でしばしば放射状に裂けやすく、初め中央オリーブ緑色、周辺に向かって淡色。肉：薄く、質はもろい。ひだ：湾生状に短く垂生、やや疎、橙黄色。柄：通常長さ8cm、幅5mm位、円筒形、しばしば屈曲し、中空。表面は絹様光沢あり、粘性なし、傘と同色～淡色、下部は淡黄色。
【生態】初秋、ブナ・ミズナラ林内などの地面に単生。

【コメント】発生は比較的まれ。本種の品種とされているカワリワカクサタケ(*p*.50)を含め、形態の変異が大きく、今後詳細な検討が必要であるが、発生がまれなため精査されていない。

トガリワカクサタケ傘裏（安藤撮影）

トガリワカクサタケ（安藤撮影）

ヌメリガサ科

カワリワカクサタケ 不明

Hygrocybe olivaceoviridis f. *hirasanensis*
アカヤマタケ属

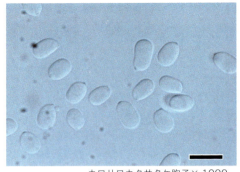

カワリワカクサタケ胞子×1000

【形態】傘：通常3cm位、初め円錐状丸山形、のち円錐形、しばしば中央に乳頭状突起がある。表面は粘性なく、繊維状でしばしば放射状に裂けやすく、初め中央オリーブ暗灰褐色、周辺に向かって淡色、縁部はときに淡橙色、のち全体に淡紅色をおびる。肉：薄く、質はもろい。ひだ：湾生状に短く垂生、やや疎、橙色。柄：通常長さ8cm、幅5mm位、円筒形、しばしば屈曲し、中空。表面は絹様光沢あり、粘性なし、淡オリーブ黄色～淡橙黄色、下部は淡色。

【生態】秋、林内の地面に散生。

【コメント】2010年に工藤和子氏らによって県内で初めて採集された。本品種は形や顕微鏡的特徴において基準品種（f. *olivaceoviridis*）に類似するが、子実体の色（傘が淡いブドウ酒色をおびることなど）で異なることに由って特徴づけられている。青森産の菌は西日本産と比較して胞子の大きさ［青森産：7-9×5-6μm、本郷（1970）：6-8×3.5-5μm］や傘の色などで若干異なっているが、暫定的に本品種として取り扱った。

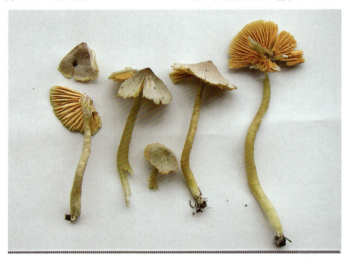

カワリワカクサタケ

カワリワカクサタケ兵庫県産（名部撮影）

マルミノシロヤマタケ（新称） 不明

Hygrocybe sp.
アカヤマタケ属

【形態】傘：通常1.2cm位、初め中高のまんじゅう形、のち開いて円錐状丸山形からほぼ中高の平らに開く。表面は白色、平滑、湿時粘性がある。肉：薄く、白色、質はもろい。ひだ：離生、幅広く三角状、やや疎、多少クリームがかった白色。柄：通常長さ4cm、幅2mm位、円筒形、上下同幅、中実。表面は白色、平滑、縦の微細な繊維紋があり絹光沢状、粘性なし。
【生態】秋、林内の地面に少数群生。
【コメント】胞子は類球形〜広楕円形、大きさは $4.8-6 \times 4-5$ μm。ひだにシスチジアをもつ。シロヒガサ(*p.*54)に類似するが、同種はより大形であり、胞子が楕円形、シスチジアを欠く点で異なる。既知種に該当するものはなく新種と考えられる。

マルミノシロヤマタケ

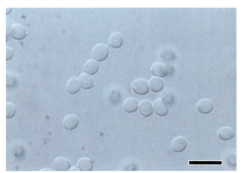

マルミノシロヤマタケ胞子×1000

マルミノシロヤマタケシスチジア×1000

ヌメリガサ科

トガリユキヤマタケ 不明
Hygrocybe sp.
アカヤマタケ属

【形態】傘：通常5cm位、初め円錐状鐘形、のち開いて縁は多少外側に反り返るが、中央は強く突出する。表面は湿時多少粘性があり、周辺に条線があらわれる。初め淡クリーム白色、のち白色、ろう細工感がある。肉：薄く、白色、質はもろい。ひだ：湾生、狭幅、やや密、類白色。柄：通常長さ10cm、幅7mm位、基部で多少細まり、中空。表面は白色、平滑、ときに縦線をあらわす。
【生態】初秋、針葉樹林内の地面に散生。
【コメント】胞子は楕円形、大きさは7-10×5-7μm。シスチジアを欠く。一見イッポンシメジ科のシロイボガサタケ(p.247)を思わせる。アケボノタケ(p.54)に近縁の種と思われるが、同種はひだにシスチジアをもつ点で異なる。既知種に該当するものはなく新種と考えられる。

トガリユキヤマタケ

トガリユキヤマタケ

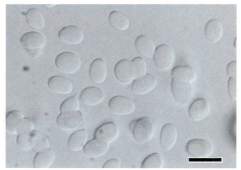

トガリユキヤマタケ胞子×1000

ミドリヌメリタケ

ミドリヌメリタケ（新称） 不明
Hygrocybe sp.
アカヤマタケ属

【形態】傘：通常2cm位、初め中高の半球形〜釣鐘形、のち開いて円錐状丸山形となり中央はしばしば乳頭状に突出する。表面は幼時濃緑色、周辺は橙褐色をおびるが、のち全体に緑色、平滑、湿時粘性があるが乾きやすく、乾くと繊維状でしばしば放射状に裂ける。肉：淡緑色、質はもろい。ひだ：上生、狭幅、やや密。淡緑色、縁では淡色。
柄：通常長さ3.5cm、幅4mm位、ほぼ上下同幅、基部で細まり、やや中空。表面は緑色、平滑、湿時弱い粘性があるが乾きやすく、乾くと縦の繊維状となり多少綿毛状にささくれる。

【生態】秋、草地の地面に散生。

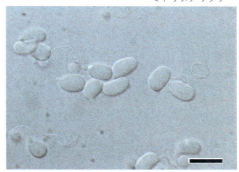

ミドリヌメリタケ胞子×1000

【コメント】胞子は卵型〜楕円形〜多少ソラマメ形、大きさは7-9×4.5-6μm。本菌はワカクサタケ(*p*.66)に類似するが、同種は傘・柄ともに粘液でおおわれ、傘は鈍頭で初め緑色であるが成熟して橙黄色となる点で異なる。既知種に該当するものはなく新種と考えられる。

アケボノタケ 可食

Hygrocybe calyptriformis
アカヤマタケ属

【形態】傘：通常5cm位、初め鐘形、のち開いて丸山形となるが、円錐状の中丘をもつ。表面は淡バラ色～ライラック色。繊維状でほとんど粘性なく、成熟すれば縁部はしばしば深く裂ける。肉：傘と同色で淡色、もろい。ひだ：上生、広幅、やや疎。柄：通常長さ6cm、幅6mm位、ほぼ上下同幅、中空。表面は白色、多少縦線があり、しばしばねじれる。
【生態】初秋～秋、林内や草地の地面に散生。
【コメント】可食とされているが、発生数が少ないこともありほとんど利用されていない。県内のものは西日本のものと大きさや傘の色に多少違いがあるなど国内には何タイプかあり、これらが同じ種か今後詳細な調査が必要である。

アケボノタケ

シロヒガサ 可食

Hygrocybe pantoleuca
アカヤマタケ属

【形態】傘：通常3.5cm位、初め鐘形のち丸山形から平らに開き、しばしば縁部は反り返って浅い漏斗状、中央は多少突出する。表面は象牙白色で中央多少濃色、周辺に向かって淡色、湿時強い粘性があり、平滑、縁部には条線がある。肉：傘では質柔らかく白色、柄は繊維状で帯黄褐白色、古くなると淡褐色をおび、やや刺激臭がある。ひだ：上生またはやや直生、ときにやや湾生、やや広幅、やや疎、縁は不規則な波状、白色。柄：通常長さ5cm、幅7mm位、円柱形または多少扁平、上下同幅、初め内部は髄状で中実のち中空。表面は繊維状、粘性なく、白色。
【生態】やや秋遅く、林内の地面に少数群生。
【コメント】本種は西日本で知られている菌である。本県では秋遅くに発生し、肉に多少刺激的な臭いがあることから、同一種かどうか今後詳細な検討が必要と考える。

シロヒガサ（手塚撮影）

ヒイロガサ 可食
Hygrocybe punicea
アカヤマタケ属

【形態】傘：通常6cm位、初めつり鐘形、縁部は内側に巻き、のち中高の平ら、縁はしばしば深く裂ける。表面は湿時粘性があり、初め血赤色、のち退色しやすい。肉：やや厚い。ひだ：上生、淡黄色または帯赤色、疎。互いに脈で連絡する。柄：通常長さ8cm、幅1.5cm位、上下同幅または多少中央部で膨らみ、中空。表面は橙黄色の地に赤色の繊維紋あり、基部で白色。
【生態】夏～秋、草地または林内の地面に散生。
【コメント】可食とされているが、発生量も少なく、色が鮮やかなためほとんど利用されていない。本種に類似したものにベニヤマタケ(p.64)があるが、同種は傘に粘性がなく、柄に縦の繊維紋がないことで区別される。

ヒイロガサ（手塚撮影）

ミイノベニヤマタケ 不明
Hygrocybe marchii
アカヤマタケ属

【形態】傘：通常3cm位、初め半球形～まんじゅう形、のち平らに開き、しばしば中央部がややくぼむ。表面は湿時粘性があり、周辺に条線をあらわし、橙赤色～橙黄色、のちしだいに退色してほとんど黄色となる。肉：薄く、もろい。ひだ：直生または上生、ときに多少垂生状、やや狭幅、淡黄色、やや疎。柄：通常長さ4cm、幅4mm位、上下同幅、円筒形ときに扁平、中空。表面は黄赤色、基部は黄色、平滑、ほとんど粘性はない。
【生態】初夏～秋、草地の地面に群生。
【コメント】日本で本種とされている菌は、ヨーロッパのものとは形態的にやや異質であり、今後詳細な検討が必要と考える。

ミイノベニヤマタケ

ヌメリガサ科

ミドリヤマタケ（新称） 不明

Hygrocybe sp.
アカヤマタケ属

【形態】傘：通常1.5 cm位、初め丸山形から平らに開き、しばしば縁は反り返える。表面は平滑、湿時多少粘性あり、初め濃緑色、のち退色して淡黄緑色から帯淡オリーブ黄色となり、ときにしばしば淡紅色をおびる。肉：白色、質はもろい。傘表皮附近ではじめ帯淡緑色、柄の下部は淡黄色。ひだ：上生〜多少垂生、狭幅、やや疎、初め緑色〜灰緑黄色、のち黄緑色から淡黄色。柄：通常長さ1.5 cm、幅3 mm位、円筒形、ほぼ上下同幅、中実のち多少中空。表面は平滑、しばしば縦状の筋があり、上部淡緑色、下部淡黄色、基部で橙黄色をおび、のち全体に黄色となる。

【生態】初秋、草地の地面に少数群生。

【コメント】胞子は広楕円形〜楕円形、大きさ6.5-8.0×5-6 μm。本菌はワカクサタケ（p.66）に類似するが、同種は傘・柄ともに粘液でおおわれている点で異なる。既知種に該当するものはなく新種と考えられる。

ミドリヤマタケ

ミドリヤマタケ

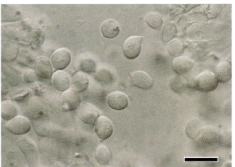

ミドリヤマタケ胞子×1000

フカミドリヤマタケ（新称） 不明
Hygrocybe sp.
アカヤマタケ属

【形態】傘：通常2.5 cm位、初め平たい丸山形、のちほぼ平らに開き、縁部はしばしば反り返り、多少放射状にうねりを呈する。傘表面は初めフェルト状〜微細なささくれ状、のち平滑、初め濃緑色、のち緑色、中央部分は淡色、古くなると全体的に淡黄褐色をおびる。肉：淡緑色、やや薄く、質はもろい。ひだ：上生、幅広、厚く、やや疎、淡緑色。柄：通常長さ3.5 cm、幅6 mm位、円筒形のち扁平、内部は綿毛状の髄を有し、のち中空、ほぼ上下同幅。表面は平滑、濃緑色、下部で淡緑色、基部でほぼ白色。

【生態】初秋、草地の地面に散生。

【コメント】胞子は正面は卵形〜楕円形、大きさ 7-10 × (5-) 5.5-7 (-7.5) μm。本菌は前種のミドリヤマタケに類似するが、同種は子実体の色が退色して黄色をおび、ひだが狭幅、胞子がやや小形な点で異なる。既知種に該当するものはなく新種と考えられる。

フカミドリヤマタケ

フカミドリヤマタケ

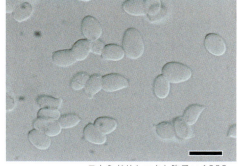

フカミドリヤマタケ胞子×1000

ヌメリガサ科

ツブエノシロヤマタケ

ツブエノシロヤマタケ(新称) 不明
Hygrocybe sp.
アカヤマタケ属

【形態】傘：通常4.5cm位、初めまんじゅう形～半球形、のち開いて鈍円錐形～平たい丸山形となる。表面は平滑、淡黄土白色、縁では淡色、湿時粘性をおび、縁に条線をあらわす。肉：白色、におい温和。ひだ：湾生状直生、やや狭幅、やや密、白色。柄：通常長さ5cm、幅1cm位、初め円筒形のちやや扁平、ほぼ上下同幅、中実。表面は白色、粘性なく、繊維状、ほぼ中央から基部にかけて多少粒状な暗褐色の鱗片におおわれる。

【生態】秋、草地の地面に少数群生。

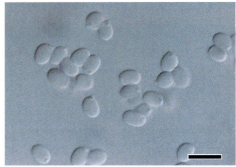

ツブエノシロヤマタケ胞子×1000

【コメント】胞子は楕円形、ときに多少ソラマメ形、大きさ6.0-8.0×4.5-5.5μm。本菌はシロヒガサ(p.54)に類似するが、同種はより小形で、傘が白色、柄に粒状鱗片を欠く点で異なる。既知種に該当するものはなく新種と考えられる。

アカヌマベニタケ 不明
Hygrocybe miniata
アカヤマタケ属

【形態】傘：通常3cm位、初めまんじゅう形、のち平らに開き中央部はときに多少くぼむ。表面は粘性なく、朱赤色、フェルト状または細鱗片におおわれ、鱗片は地と同色で黒く変色することは無い。ひだ：直生〜上生または多少垂生、疎、帯赤色または橙色。柄：通常長さ8cm、幅5mm位、中空。表面は粘性なく、平滑、朱赤色。

【生態】夏〜秋、林内の地面に散生〜少数群生。
【コメント】次種のベニヒガサに類似するが、同種は子実体が小形でひだが柄に長く垂生することで区別ができる。

アカヌマベニタケ傘表面拡大（小泉撮影）

アカヌマベニタケ（小泉撮影）

ベニヒガサ 不明
Hygrocybe cantharellus
アカヤマタケ属

【形態】傘：通常1.5cm位、初め丸山形、のち平たいまんじゅう形に開き、中央部はときに多少くぼむ。表面は粘性なく、朱赤色、同色の細鱗片におおわれ、鱗片は黒く変色することはない。ひだ：長く垂生、疎〜やや疎、黄〜橙黄色。柄：通常長さ3cm、幅3mm位、ほぼ中実。表面は粘性なく、平滑、朱赤色。
【生態】夏〜秋、草地または林内の地面に散生。
【コメント】ミズゴケ上に生えるミズゴケノハナ *H. coccineocrenata* は本菌に類似するが、傘の鱗片は次第に黒く変色することで区別がつく。本菌は県内産では小形のものが多いが、西日本で知られているものでは傘の径が3cm以上に達するという。県内産のものと同一種かどうか、今後詳細な検討が必要と考える。

ベニヒガサ（安藤撮影）

ウラムラサキヤマタケ

ウラムラサキヤマタケ(新称) 不明
Hygrocybe sp.
アカヤマタケ属

【形態】傘：通常4cm位、初め中央がくぼんだまんじゅう形、のち平たい丸山形に開き、中央はしばしば深くくぼみ陥入する。表面は橙赤色〜橙黄色、のち退色して山吹色〜黄土褐色、粘性なく、初め傘と同色のち暗黄土褐色〜暗褐色の微細な鱗片におおわれる。ひだ：直生状垂生、広幅、やや疎、初め淡黄白色、傷をつけると褐色に変色し、のち淡灰褐色。柄：通常長さ5cm、幅8mm位、円筒形のち扁平、基部で細まる。表面はほぼ平滑、上方で橙色、下方で黄色、基部では類白色、のち退色して全体橙褐色から黄褐色となり繊維状の細鱗片があらわれる。

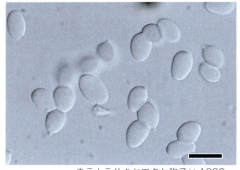

ウラムラサキヤマタケ胞子×1000

【生態】秋、草地の地面に群生。
【コメント】胞子は卵形〜楕円形、大きさ8.5-11 (-12.5)×5-6.5 (-7) μm。本菌は傘に微細な鱗片があり橙赤色であることでアカヌマベニタケ(*p*.59)に類似するが、同種は褐変性がなく、胞子がより小形な点で異なる。既知種に該当するものはなく新種と考えられる。

ムツノササクレキヤマタケ

ムツノササクレキヤマタケ（新称） 不明
Hygrocybe sp.
アカヤマタケ属

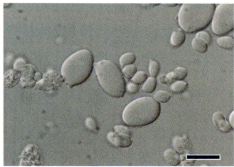

ムツノササクレキヤマタケ胞子

【形態】傘：通常5cm位、初め丸山形、のちほぼ平に開き、しばしば中央多少窪む。表面の地肌は黄色〜黄土色、粘性はなく、初め黒褐色の表皮におおわれるが、傘が開くにしたがい細かく割れ、細鱗片となる。ひだ：湾生状垂生〜短く垂生、帯橙黄色、縁は山吹色、やや広幅、やや疎。柄：通常長さ6cm、幅6mm位、円筒形またはしばしば扁平、中央で多少太まり、中空。表面は平滑、山吹色、下方に向かって淡色となり、基部では白色。

【生態】夏〜秋、林内の地面に単生または束生。

【コメント】胞子および担子器は大小2形性を示す。胞子は卵形〜楕円形、大きさは大胞子10.5-14.5×6.5-9.5μm、小胞子5-7×3.5-5μm。本菌は子実体が束生することや傘が暗褐色の鱗片でおおわれるなどの特徴で**ササクレヒメノカサ** *H. caespitosa* と類似するが、同種は胞子等が大小2形性でない点で異なる。既知種に該当するものはなく新種と考えられる。

ムツノダイダイササクレガサ

ムツノダイダイササクレガサ（新称） 不明
Hygrocybe sp.
アカヤマタケ属

【形態】傘：通常2cm位、初めまんじゅう形〜丸山形、のちほぼ平らに開き、通常中央でややくぼむ。表面は橙色、縁部は淡色、地と同色あるいは先端に向かって暗色な細鱗片におおわれ、粘性はない。ひだ：垂生、橙黄色、縁部に向かって淡色となり淡山吹色、やや狭幅、やや疎。柄：通常長さ4cm、幅5mm位、ほぼ上下同幅、円筒形またはしばしば扁平、中空。表面は橙黄色〜淡橙色、しばしば頂部および基部で淡山吹色、平滑、粘性はない。
【生態】初秋、草地の地面に単生。
【コメント】胞子および担子器は大小2形性を示す。胞子は卵形〜楕円形〜アーモンド形、大きさは大胞子11-16.5×6.5-11μm、

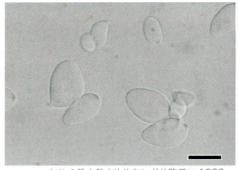

ムツノダイダイササクレガサ胞子×1000

小胞子5.5-9×4-5.5μm。ひだシスチジアをもつ。本菌は胞子および担子器が大小2形性であることでムツノササクレキヤマタケ（p.61）と類似するが、同種は通常束生し、傘が暗褐色の鱗片でおおわれ、シスチジアを欠く点で異なる。既知種に該当するものはなく新種と考えられる。

クロゲヤマタケ 不明

Hygrocybe sp.
アカヤマタケ属

【形態】傘：通常5 cm位、初め円錐状丸山形、のち開いて中高の平たい丸山形。しばしば周縁は多少外側に反り返る。表面は粘性なく、黄色の地に焦げ茶褐色の繊維状の鱗片を密布し、鱗片は周辺に向かってやや疎となる。肉：やや厚く、淡黄色。ひだ：直生～上生、あるいは多少湾生状垂生、広幅、やや疎、淡黄白色～淡黄色。柄：通常長さ5 cm、幅8 mm位、上下同幅または下方に向かって多少太まり、中空。表面は繊維状、淡黄色、基部で淡黄白色。

【生態】夏～秋、草地や林内の地面に散生。

【コメント】胞子は長楕円形で8-11 × 5.5-7 μm、平滑。ひだにシスチジアをもつ。小笠原の母島から報告のある**クロゲキヤマタケ *H. hahashimensis***はきわめて近縁な種であるが、縁および側シスチジアを欠く点で異なる。既知種に該当するものはなく新種と考えられる。

クロゲヤマタケ

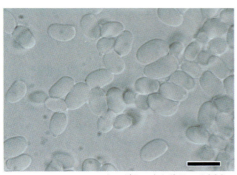

クロゲヤマタケ胞子×1000

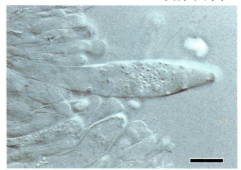

クロゲヤマタケシスチジア×1000

ヌメリガサ科

ベニヤマタケ 可食

Hygrocybe coccinea
アカヤマタケ属

【形態】傘：通常4cm位、初め丸山形、のち平たいまんじゅう形に開く。表面は粘性なく、平滑、初め血赤色、のち退色して鈍い黄赤色。ひだ：直生〜上生、ときに垂生状、やや疎、黄橙色、傘肉に近い部分では赤色をおびる。柄：通常長さ5cm、幅1cm位、円筒形ときに扁平、中空。表面は粘性なく、平滑、血赤色。
【生態】夏〜秋、草地または林内の地面に散生。
【コメント】可食とされているが、本県では発生が少なく色彩が鮮やかなため利用されていない。本種に類似した赤色の菌は多く、分類には詳細な検討が必要である。

ベニヤマタケ

キヤマタケ 不明

Hygrocybe ceracea
アカヤマタケ属

【形態】傘：通常2.5cm位、初めまんじゅう形、のち丸山形からほぼ平らに開く。表面は中央山吹色、周辺に向かって淡色となり黄色。平滑、湿時粘性があり、乾くとフェルト状となる。周辺には放射状の条線がある。ひだ：やや垂生、やや広幅、やや疎。黄色、縁部で淡黄白色。柄：通常長さ3cm、幅4mm位、上下同幅、円筒状、中空。表面は黄色、平滑。湿時弱い粘性があるが、乾きやすい。
【生態】秋、草地などの地面に群生。
【コメント】次種のツキミタケはより大形で、ひだが上生〜湾生することで区別がつく。本種に類似した種は多く、同定を困難にしている。食毒については不明。

キヤマタケ

ツキミタケ 不明
Hygrocybe chlorophana
アカヤマタケ属

【形態】傘：通常5cm位、初めまんじゅう形、のち丸山形からほとんど平らに開き、さらに中央がややくぼむ。表面は橙黄色〜レモン色。湿時著しい粘性があり、周辺に放射状の条線がある。肉：薄く、もろい。ひだ：上生〜湾生、幅広く、やや密、淡黄色。柄：通常長さ5cm、幅6mm位、上下同幅、しばしば多少扁平となり、中空。表面は黄色、平滑。湿時弱い粘性があるが、乾きやすい。
【生態】秋、林内や草地などの地面に群生。

【コメント】類似種にアキヤマタケ *H. flavescens* があり、本種との区別は柄の粘性の有無で判断されるというが、区別は難しく、本種の異名とする説もある。

ツキミタケ

アクイロヌメリタケ 不明
Gliophorus unguinosus
ワカクサタケ属

【形態】傘：通常3.5cm位、初め半球形〜まんじゅう形、のちほとんど平らに開き、中央部がやや盛り上がる。表面は灰褐色〜暗灰褐色。粘液におおわれ、湿時放射状の条線がある。肉：白色、薄く、もろい。ひだ：直生状垂生、白色〜淡灰色、やや疎。柄：通常長さ3cm、幅4mm位、ほぼ上下同幅、中空。表面は傘より淡色、粘液におおわれる。
【生態】夏〜初秋、草地の地面に束生。
【コメント】本種の発生は比較的まれであり、食毒については不明。近年、*Gliophorus* 属に置かれている。本種の類似種に *G. irrigata* があり、湿時傘・柄とも粘性があるものの本種のように粘液でおおわれないことが特徴であるが、これらを同一種として本種をその異名とする意見もある。しかし、ここではそれぞれ独立種として取り扱った。

アクイロヌメリタケ

ワカクサタケ

ワカクサタケ 不明
Gliophorus psittacinus
ワカクサタケ属

ワカクサタケ

【形態】傘：通常2cm位、初め半球形、のち丸山形〜多少円錐状丸山形、またはしばしば中高の丸山形。表面は初め緑色、粘液に厚くおおわれる。成熟すると退色し、黄色〜橙黄色となる。肉：薄く、もろい。ひだ：直生〜上生、やや疎、初め緑色、のち黄色〜橙黄色。柄：通常長さ3.5cm、幅4mm位、上下同幅。表面は強い粘性あり、平滑。初め緑色、のち黄色〜橙黄色、上部は長く緑色が残る。
【生態】夏〜秋、林内や芝生などの草地の地面に群生〜散生。
【コメント】食毒不明であるが、外国産のものから毒成分であるシロシビン類が微量に検出されていることから注意を要する。近年の分類学的研究では、従来アカヤマタケ属に含められていた本種や前頁のアクイロヌメリタケ、次種のナナイロヌメリタケなど傘と柄に粘性のあるグループは、独立した *Gliophorus* 属に置かれている。

ナナイロヌメリタケ

ナナイロヌメリタケ 不明
Gliophorus laetus
ワカクサタケ属

キヌメリタケ

【形態】傘：通常2.5cm位、初めまんじゅう形、のち開いて平たい丸山形、中央はくぼむ。表面は初め肌色またはピンク色にオリーブ色、黄色、灰紫色などを交える。湿時放射状の条線があり、著しい粘液におおわれる。**ひだ**：垂生、疎、ピンク色〜肌色で、しばしば淡紫色〜淡青色を交える。縁は粘性をおびる。**柄**：通常長さ5cm、幅4mm位、上下同幅、中空。表面は粘液におおわれ、上部はピンク色、淡紫色または淡青色。下部は帯黄色。
【生態】秋、林内の地面に群生。

【コメント】県内からは、2004年に江口一雄氏によって全体が黄色のものが採集されているが[**キヌメリタケ**(仮称)]、これはしばしば本種の変種 var. *flava* として取り扱われている。

マツノキヌメリタケ

マツノキヌメリタケ（新称） 不明

Gloioxanthomyces sp.
ヒメツキミタケ属（新称）

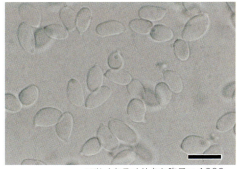

マツノキヌメリタケ胞子×1000

【形態】傘：通常1.5cm位、はじめ中央がへそ状にくぼんだまんじゅう形〜鐘形、のち開いて丸山形となるが中央はへそ状にくぼむ。表面は黄色〜淡橙黄色、平滑、粘液でおおわれ、湿っている時長い放射状の条線を有する。ひだ：垂生、傘と同色、やや広幅、やや疎、縁部は粘性がある。柄：通常長さ3.5cm、幅2mm位、ほぼ上下同幅、やや中空。表面は傘と同色、平滑、粘液でおおわれる。
【生態】秋、針葉樹の腐朽材に群生。
【コメント】胞子は広楕円形〜長楕円形〜ややナスビ形、大きさは7-11×4-6.5μm。毛状の縁シスチジアをもつ。ヒメツキミタケ *Hygrocybe nitida* に類似するが、同種は子実体が地上生であり、毛状の縁シスチジアを欠く点で異なる。既知種に該当するものはなく新種と考えられる。近年の分類学的研究では、アカヤマタケ属に含められていたヒメツキミタケなど子実体が黄色で粘液におおわれ、ひだの縁が粘質で、ひだ実質細胞が著しく膨らんでいるグループは、独立した *Gloioxanthomyces* 属に配置されているが、本種も同属の菌と考えられる。

キシメジ科 Tricholomataceae

　旧キシメジ科のきのこは、ハラタケ目の中の特徴のはっきりした科を除いて残ったものの「寄せ集め」的にまとめられた科である。そのため形態や大きさはさまざまで、通常ひだをそなえるが、管孔をもつものや、そのいずれをも欠くものもある。胞子紋は白色あるいは淡色（クリーム色、淡ピンク色など）。胞子の形態はさまざまであるが発芽孔を欠く。多くは地上生または樹上生で菌根性あるいは腐生性、まれに他の菌類に寄生する。本県からは43属118種（5変種、5未記録種を含む。）が知られている。

　なお、近年の分子系統学的研究の成果を反映した分類体系では科の内容が縮小され、従来の諸属の一部はハラタケ目のヌメリガサ科 Hygrophoraceae、シメジ科 Lyophyllaceae、ガマノホタケ科 Typhulaceae、クヌギタケ科 Mycenaceae、ツキヨタケ科 Omphalotaceae、ポロテレウム科 Porotheleaceae、タマバリタケ科 Physalacriaceae、ヒドナンギュウム科 Hydnangiaceae、フウリンタケ科 Cyphellaceae、モミタケ科 Biannulariaceae、ホウライタケ科 Marasmiaceae、タバコウロコタケ目のヒナノヒガサ科 Rickenellaceae などに移されている。しかし、科の内容はまだ定まっておらず流動的である。

ハタケシメジ 可食

Lyophyllum decastes
シメジ属

【形態】傘：通常8 cm位、初めまんじゅう形、縁は内側に巻き、のちほぼ平らに開く。表面は灰褐色〜暗オリーブ褐色、晩秋に発生するものでは淡色。肉：白色、多少粉臭あり。ひだ：直生〜湾生またはやや垂生、白色、やや狭幅、密。柄：通常長さ8 cm、幅1.2 cm位、ほぼ上下同幅、ときに下方がやや膨らみ、中実。表面は帯褐灰色、頂部は多少粉状。
【生態】春〜初夏と初秋〜晩秋、牧場や畑地、道端、空き地のヨモギの中などの地面に多数群生〜束生。
【コメント】優秀な食菌であるが、発生場所によっては多少土臭みがあるので要注意。きのこ汁、鍋物、佃煮などに適する。ホンシメジより歯ごたえ、味でやや劣るが、虫害が少ない。なお、新分類体系では、シメジ属はシメジ科に置かれている。

ハタケシメジ（手塚撮影）

ホンシメジ（手塚撮影）

ホンシメジ（手塚撮影）

ホンシメジ 可食

Lyophyllum shimeji
シメジ属

ホンシメジ

【形態】傘：通常8cm位、ときに15cm以上、初め半球形〜まんじゅう形、縁部は初め内側に強く巻くが、のち開いて平ら。表面は初め暗灰色のちねずみ色、または初めからねずみ色〜淡灰褐色、平滑。
肉：白色、緻密。ひだ：湾生またはやや垂生、白色〜淡クリーム色。柄：通常長さ8cm、幅1.5cm位、通常、下方はこん棒状に膨らむが、しばしば生長したものではほぼ上下同幅、白色。
【生態】秋、ミズナラ林やアカマツ・ミズナラ林の地面に多数束生あるいは群生。
【コメント】味、菌切れともよく、きわめて優秀な食用菌で、鍋物、煮物、ホイル焼きなどに適する。似た有毒種にクサウラベニタケ類があるが、同種はひだが成熟すると赤みをおびる。傘の色により黒と白の2タイプがありどちらも同一種とされているが、近年の研究では2系統があることが報告されている。

シャカシメジ（安藤撮影）

シャカシメジ 可食

Lyophyllum fumosum
シメジ属

シャカシメジ幼菌

【形態】傘：通常4cm位、初め半球形～まんじゅう形、のち平らに開き、さらに反り返ることがある。表面は初め暗灰褐色、のち灰色～灰褐色、平滑。肉：白色～淡灰色、多少薄く、やわらかい。ひだ：湾生、直生またはやや垂生、淡灰色、狭幅、密。柄：通常長さ6cm、幅8mm位、上下同幅、中実。表面は白色～淡灰色、基部で多数癒着し株になる。

【生態】夏～秋、ブナ・ミズナラやアカマツの交じったナラ林の地面に株状に束生。

【コメント】別名センボンシメジ。優秀な食用菌で、きのこ汁、すき焼きなどに適する。似た有毒種もほとんどなくわかりやすいが、本学名を与えられている欧米産のものに比べて小型で異質であり、分類学的検討が必要である。

ダイコンシメジ（仮称） 可食
Lyophyllum sp.
シメジ属

【形態】傘：通常7cm位、初めまんじゅう形、のち平らに開き、さらに多少反り返るが縁部は内側に巻く。表面はクリーム色でのちしばしば淡黄褐色のしみを生じ、平滑。肉：白色、やわらかい。ひだ：垂生状直生、白色、狭幅、密。柄：通常長さ18cm、幅15mm位、下方に多少太まり、中実、基部で多数癒着し株になる。表面は傘と同色。
【生態】秋、潅木の茂った雑木林の地面に株状に菌輪を描いて多数束生。
【コメント】日本未記録種。胞子は球形、5.5〜7μm。県内では2016年に初めて採集されたが、鳥取では以前から発生が知られており、新種の可能性があるもののまだ報告されていない。名前はその地方の俗称であるが、柄が大根を思わせることから付けられたようだ。前種シャカシメジに類似するが、同種は子実体が小形で傘が灰褐色をしており、胞子が小形なことで区別できる。

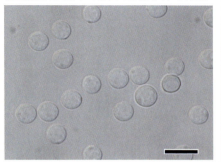

ダイコンシメジ胞子×1000

ダイコンシメジ（仮）

オシロイシメジ 食注意
Leucocybe connata
シロヒメカヤタケ属（新称）

【形態】傘：通常6cm位、初めまんじゅう形、のち開いて平ら、周縁は波形に屈曲し、同心円状の環紋がある。表面は初め白色、光沢があり、のち古くなると灰白色。肉：白色、もろく、芳香がある。ひだ：直生またはやや垂生、狭幅、密、白色〜淡クリーム色。柄：通常長さ6cm、幅6mm位、白色、しばしば基部で数本癒着し株になる。
【生態】秋、広葉樹林やスギ林、牧場脇の草地の地面に多数群生。
【コメント】日本では可食とされているが、外国では有毒扱いされているところもあり、類似種が混同されている可能性もあるので注意が必要。従来、シメジ属あるいはカヤタケ属（広義）に置かれてきたが、現在はシロヒメカヤに基づいて創設された新属シロヒメカヤタケ属（新称）*Leucocybe*に置かれている。

オシロイシメジ（手塚撮影）

カクミノシメジ 可食

Lyophyllum sykosporum
シメジ属

【形態】傘：通常8cm位、ときに15cm以上、初めまんじゅう形で縁部は内側に巻くが、のち平らに開く。表面は平滑、帯灰褐色〜オリーブ褐色。**肉**：厚く、白色〜灰白色、傷つくと黒く変色する。**ひだ**：湾生〜直生状垂生、白色〜淡灰色、傷つくと黒く変色し、やや密。**柄**：通常長さ8cm、幅1.5cm位、根もとはこん棒状に太まる。表面は平滑、白色で多少傘の色をおび、傷んだところは黒く変色する。
【生態】夏〜秋、雑木林や針葉樹などの地面に群生。
【コメント】あまり利用されていないが、比較的美味。胞子は角張った瘤塊形、大きさは6-8×5-7μm。ホンシメジ(p.71)に似るが、傷つくと黒く変色することと、胞子が角張っていることで区別ができる。

カクミノシメジ（手塚撮影）

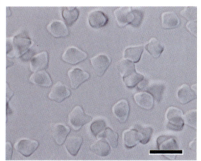

カクミノシメジ胞子×1000

スミゾメシメジ 可食

Lyophyllum semitale
シメジ属

【形態】傘：通常5cm位、初め丸山形〜多少釣り鐘形、のちほぼ平に開く。表面は内生繊維状、帯褐灰色、乾くと淡色。湿時周辺に条線をあらわす。**肉**：薄く、白色。傷を付けると黒く変色。**ひだ**：上生〜多少湾生、白色、黒変性あり。**柄**：通常長さ5cm、幅6mm位、上下同幅または下方に太まり、帯褐灰白色。基部は白色の粗毛でおおわれる。
【生態】秋、ブナやミズナラなどの林内の地面に少数群生。
【コメント】黒く変色することで前種のカクミノシメジに似るが、本種は柄の基部に粗毛があることや胞子が角ばらないことで区別ができる。

スミゾメシメジ（手塚撮影）

シロタモギタケ 可食

Hypsizygus ulmarius
シロタモギタケ属

【形態】傘：通常12cm位、初め丸山形、のちほぼ平らに開く。表面は淡黄褐色〜灰褐色、周辺淡色、ときに全体にクリーム色、平滑、内生繊維状。しばしば表皮は粗くひび割れる。肉：白色、厚く、やや強靭。ひだ：湾生〜直生、類白色、やや密。柄：通常長さ8cm、幅1.5cm位、多少偏心生、中実。表面は傘とほぼ同色〜類白色。初め多少綿毛状、のち平滑。

【生態】秋、ハルニレやサワグルミなどの倒木や枯れ木に単生〜少数束生。

【コメント】北日本に多いが発生はまれ。胞子は類球形〜広卵形、長径の平均は5μm以上。次頁のブナシメジは本種に類似ししばしば混同されるが、通常傘の表面に大理石模様があり、柄に柔らかい髄部をもつこと、胞子が多少小形（長径の平均5μm以下）などの点で異なる。なお、新分類体系では、シロタモギタケ属はシメジ科に置かれている。

シロタモギタケ（手塚撮影）

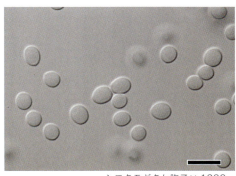

シロタモギタケ胞子×1000

シロタモギタケ

ブナシメジ 可食

Hypsizygus marmoreus
シロタモギタケ属

【形態】傘：通常10cm位、初め半球形、のちまんじゅう形からほぼ平らに開く。表面は類白色～帯褐クリーム色、周辺部は淡色。しばしば中央または全体にやや濃色あるいは暗灰褐色の大理石模様がある。肉：厚く、白色、多少粉臭あり。ひだ：直生、密～やや疎、類白色。柄：通常長さ8cm、幅1.5cm位、中心生または偏心生、上下同幅または中央が膨らみ、内部に綿毛状の髄がある。表面はほぼ白色、根もとは軟毛でおおわれる。

【生態】秋～晩秋、ブナやその他の広葉樹の倒木、立ち木などに束生。

【コメント】可食で、栽培品が販売されている。胞子は類球形～広楕円形、長径の平均は5μm以下。本県から本種に類似して、傘に大理石模様の無いきのこが見つかっている。傘は淡灰褐色で、柄は髄部が無く基部が布袋状に膨らんでいる。本種と同種か今後詳細な検討が必要と考える。

ブナシメジ（手塚撮影）

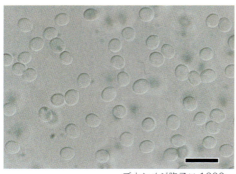

ブナシメジ胞子×1000

大理石模様の無いタイプ

ヒメムラサキシメジ 不明
Rugosomyces ionides
ヒメムラサキシメジ属(新称)

【形態】傘：通常3cm位、初めまんじゅう形、縁部は内に巻き、のちほぼ平に開く。表面は平滑、粘性なし。初め暗紫色～紫褐色、のち退色して淡色となる。肉：帯紫白色、薄く、質はやや丈夫。ひだ：上生～湾生、密、やや狭幅、白色。柄：通常長さ4cm、幅5mm位、上下同幅、しばしば基部で多少膨らみ、中空。表面は繊維状、暗紫色、基部は軟毛でおおわれる。
【生態】秋、おもに針葉樹林内の草地に群生または少数束生。
【コメント】発生は比較的まれ。コムラサキシメジ(p.87)に類似するが、全体濃紫色でひだが白色、柄が繊維状であることで区別ができる。従来、ユキワリ属 *Calocybe* に置かれてきたが、現在は同属から分離されたヒメムラサキシメジ属(新称) *Rugosomyces* (シメジ科)に置かれている。

ヒメムラサキシメジ

ヤグラタケ 食不適
Asterophora lycoperdoides
ヤグラタケ属

【形態】傘：通常2cm位、初めまんじゅう形、のち開いて丸山形。表面は最初白色。傘の肉は初め白色であるが、成熟すると、傘表面から粘土褐色をおびて粉質化し崩壊する。ひだ：厚く、ほぼ白色。ときにつくられない。柄：通常長さ3cm、幅4mm位、ときに欠くこともある。表面はほぼ白色、基部で帯褐色。
【生態】夏～秋、クロハツやツチカブリなどの老成した子実体上に群生。
【コメント】ベニタケ科のきのこの上に発生する独特の生態を持つ。傘が次第に粉質化して崩壊するのは、肉を作っている菌糸の細胞が厚膜胞子化してバラバラになるため。県内ではヤグラタケ属にもう1種、ひだに厚膜胞子をつくる柄の長いナガエノヤグラタケ *A. parasitica* が知られているが、発生はきわめてまれである。なお、新分類体系では、ヤグラタケ属はシメジ科に置かれている。

ヤグラタケ

ツキヨタケ

ツキヨタケ 【毒】
Omphalotus japonicus
ツキヨタケ属

【形態】傘：通常幅12cm位、ときに25cm以上、初め平たいまんじゅう形、のち開いて半円形〜腎臓形、まれに円形（次頁写真右）。表面は多少ろう質な感があり、鈍い光沢をおびる。初め黄橙褐色、のち紫褐色〜暗褐色、やや濃褐色の小鱗片があり、古くなると暗紫褐色のしみを生じる。肉：白色、軟質、肉厚。ひだ：垂生、淡黄色のち白色、広幅。暗闇で青白く発光する（次頁写真左）。柄：通常長さ2cm、幅2cm位、傘のほぼ側方、ときに中央につき、隆起した不完全なつばをもつ。基部の肉に黒紫色のしみがあるが、まれに淡褐色。

【生態】初夏〜秋、広葉樹、とくにブナの倒木、枯れ木、立ち木などに多数重生。

【コメント】県内ではもっとも中毒者数が多い毒きのこで、まれに傘がほぼ白色のタイプもみられる（次頁写真下）。次頁右上段写真のように他種との区別に重要な柄の基部のしみが不明瞭なものもあり、慣れたきのこ採りの方でもヒラタケ（p.22）やウスヒラ

ツキヨタケの夜間の発光状態（手塚撮影）

ツキヨタケ断面、上は典型的、下はシミが無い

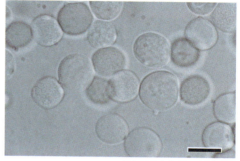

ツキヨタケ胞子×1000

傘が円形のツキヨタケ

白色タイプのツキヨタケ

タケ(p.23)、ムキタケ(p.126)などの食用として利用しているきのこと間違うことがあるので注意が必要。胞子はほぼ球形、大きさは 10.5-14.5 × 10-14 μm。最近の分子系統学的研究結果から、所属はキシメジ科からツキヨタケ科 Omphalotaceae に変更されている。

ウラムラサキ 可食

Laccaria amethystina
キツネタケ属

【形態】傘：通常2.5cm位、初めまんじゅう形、のちほぼ平らに開き、中央部はくぼむ。表面は平滑、のち細かく割れて小鱗片状となる。色は初め紫色、乾くと退色して淡黄褐色。ひだ：多少垂生し疎、厚みがあり濃紫色。柄：通常長さ6cm、幅5mm位、表面は紫色、乾くと退色し淡黄褐色、繊維状で多少ささくれ、縦すじがある。
【生態】夏〜秋、アカマツ林内の荒土上などに群生。
【コメント】可食とされているが、一般にほとんど利用されていない。キツネタケ属は新分類体系では、地中に塊状のきのこを作るヒドナンギュウム属などと共に従来腹菌類の1科として取り扱われてきたヒドナンギウム科に置かれている。

ウラムラサキ

オオキツネタケ 可食

Laccaria bicolor
キツネタケ属

【形態】傘：通常5cm位、初めまんじゅう形、のち平らに開き、中央部はややくぼむ。表面は黄褐色をおびた肉色、同色の小鱗片におおわれる。肉：薄く、質は丈夫。ひだ：直生〜やや垂生、やや疎、ライラック色をおびた肉色。柄：通常長さ8cm、幅6mm位、表面は傘とほぼ同色、縦の繊維状条紋がある。根もとは淡紫色の綿毛状菌糸におおわれる。
【生態】夏〜秋、各種林内や草むらなどの地面に散生〜群生。
【コメント】放尿あとや動物の死体分解あとなどに発生するアンモニア菌の一つ。可食とされているが、一般にほとんど利用されていない。

オオキツネタケ

カレバキツネタケ 食不適

Laccaria vinaceoavellanea
キツネタケ属

【形態】傘：通常5cm位、初めまんじゅう形、のち平らに開き、中央はくぼむ。表面はほぼ平滑、周辺に放射状のしわ〜溝線がある。全体がくすんだ肉色、乾けば淡色。肉：薄く、質は丈夫。ひだ：直生状垂生、疎、くすんだ肉色。柄：通常長さ6cm、幅6mm位、上下同幅または多少下方に膨らむ。表面は傘とほぼ同色、繊維状、縦の条線がある。質は強靭。
【生態】夏〜秋、ブナやミズナラなどの広葉樹林内の開けた場所の地面に多少群生。

カレバキツネタケ

【コメント】可食であるが、肉質も強靭で食用にはあまり適さない。

ハイイロシメジ 毒

Clitocybe nebularis
ハイイロシメジ属

【形態】傘：通常10cm位、初めまんじゅう形、のちほとんど平らに開き、ときに中央が多少くぼんで浅い漏斗形。表面は平滑、灰色〜淡灰褐色。粘性は無い。肉：白色、厚くやや緻密。ひだ：垂生、やや密、白色のちクリーム色。柄：通常長さ8cm、幅2cm位、下方に著しく膨らみ、中実。表面は白色〜淡灰色、縦の条線をあらわす。
【生態】盛秋〜晩秋、さまざまな林内の地面に多数群生。
【コメント】ホンシメジと類似するが、ひだが垂生し、柄の基部がそろばん珠状に膨らんでいることで区別がつく。毒成分は不明であるが、人によって胃腸系の中毒を起こすので注意が必要である。近年の分子系統学的な研究に基づく分類では、従来の広義のカヤタケ属 *Clitocybe* は、本種やアオイヌシメジを含むハイイロシメジ属 *Clitocybe*、カヤタケやオオイヌシメジを含むオオイヌシメジ属 *Infundibulicybe* などその他数属に細分化されつつあり、ハイイロシメジ属はキシメジ科に置かれている。

ハイイロシメジ

ハイイロシメジ（手塚撮影）

キシメジ科

シロノハイイロシメジ 食注意

Clitocybe robusta
ハイイロシメジ属

シロノハイイロシメジ

【形態】傘：通常8cm位、初めまんじゅう形、縁は内側に巻くが、のちほぼ平らに開き、ときに中央が多少くぼむ。表面は乳白色、平滑、粘性なし。肉：白色、厚く、やや緻密。ひだ：短く垂生、密、白色。柄：通常長さ7cm、幅2cm位、下方は著しく膨らみ、中実あるいは基部で多少中空。表面は縦の繊維状、乳白色。

【生態】盛秋～晩秋、広葉樹林や針・広葉混交林内の地面に群生。

【コメント】可食とされているが、有毒のハイイロシメジ（p.81）と間違えやすいので注意が必要。ハイイロシメジは傘が灰色でひだがより疎らであることで区別ができる。

シロノハイイロシメジ（手塚撮影）

アオイヌシメジ 食注意

Clitocybe odora
ハイイロシメジ属

【形態】傘：径は通常5cm位、初めまんじゅう形で縁は幼時内側に巻くが、のち中高の平らとなり、しばしば中央が多少くぼんで漏斗形となる。表面は平滑、灰緑色～淡青緑色で中央は濃色。肉：白色、表皮下は淡緑色、桜餅のような芳香がある。ひだ：やや直生～垂生、密またはやや疎、白色のち淡黄色または淡緑色。柄：通常長さ5cm、幅5mm程度、下方で多少太まり、中実。表面は淡緑色、繊維状。基部は白色の綿毛状菌糸におおわれる。

【生態】秋、広葉樹林内の落葉間に散生。

【コメント】有毒ではないが、においが気になる人には食用には適さない。全体青緑色で他の種と見分けやすい。所属はハイイロシメジ属 *Clitocybe* に変更になった。

アオイヌシメジ（安藤撮影）

ブナノシラユキタケ 可食
Ossicaulis sp.
ヒメシロタモギタケ属

【形態】傘：通常8cm位、初めまんじゅう形、縁は内側に強く巻くが、のち開いて多少漏斗形となる。表面は絹状の光沢があり、白色、成熟すると中心部にかけて淡褐色をおびる。肉：薄いが、比較的丈夫で、多少粉臭がある。ひだ：湾生、やや密、狭幅。ほぼ白色。柄：通常長さ7cm、幅8mm位、中心性～偏心性。ほぼ同幅で、しばしば頂部で細まり、表面は多少凹凸がある。
【生態】秋、ブナの枯れ幹や倒木に群生する。
【コメント】県内では食用にされているが、種名は未だ確定されていない。白色腐朽菌で、胞子は楕円形、大きさは3-4.5×2-2.5μm。ヒメシロタモギタケ *Ossicaulis lignatilis* (=*Clitocybe lignatilis*)に似るが、同種はニレやケヤキなどの洞に発生し、材を褐色に腐らせる。

ブナノシラユキタケ（手塚撮影）

ブナノシラユキタケ

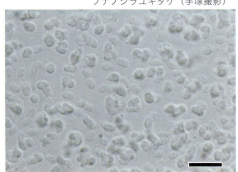

ブナノシラユキタケ胞子

キシメジ科

ホテイシメジ 毒

Ampulloclitocybe clavipes
ホテイシメジ属

【形態】傘：通常6cm位、初めまんじゅう形で、縁部は初め強く内側に巻く。のち開いてほぼ平らからしばしば反り返り、浅い漏斗形となる。表面は平滑、灰褐色で中央部は暗色。肉：白色。ひだ：比較的長く垂生、やや疎、白色〜淡クリーム色。柄：通常長さ5cm、幅8mm位、下方に向かって膨らみ、中実。表面は平滑、灰褐色で傘より淡色。
【生態】秋、カラマツ林内およびブナなどの広葉樹林内の地面に群生または散生。

【コメント】酒を分解する酵素の働きを阻害する成分を含み、きのこを食べる前後に酒を飲むと悪酔い状態に中毒することから、注意を促すためここでは毒きのことして取り扱った。旧カヤタケ属の種類で、近年の分子データを加味した分類では、本種を新たに独立したホテイシメジ属 *Ampulloclitocybe* に置き、キシメジ科から分離してヌメリガサ科の菌として取り扱っている。なお、ブナ林に発生するタイプではカラマツ林に発生するものよりも胞子が多少長形(前者 6.5-8.5 × 3.5-4.5 μm、後者 5.5-7 × 3.5-4.5 μm)であり、これらが同一種かどうかは今後詳細な検討が必要である。

ホテイシメジ

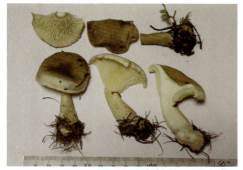
ホテイシメジ(カラマツタイプ)

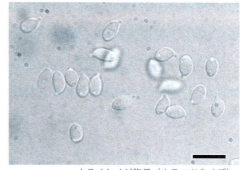
ホテイシメジ胞子(カラマツタイプ)

ホテイシメジ(ブナタイプ)

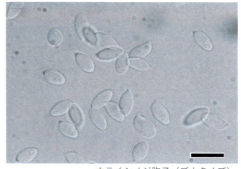
ホテイシメジ胞子(ブナタイプ)

カヤタケ 食注意

Infundibulicybe gibba
オオイヌシメジ属

【形態】傘：通常6cm位、初め中央のくぼんだまんじゅう形、のち平らに開き、縁部が反り返って漏斗形。表面は帯黄色、肌色、肉色、淡赤褐色、ほぼ平滑、しばしば縁には放射状のしわがあり、中央に細鱗片がある。肉：白色、薄く丈夫。ひだ：垂生、狭幅、白色、密。柄：通常長さ5cm、幅8mm位、下方に多少太まり、中実。表面は傘より淡色、基部に白色の綿毛をつ、質は強靱。
【生態】秋、雑木林の林内の落ち葉の間や草地上に単生または群生。
【コメント】従来可食とされてきたが、近年毒成分のムスカリン類を含むことがわかり、人によって中毒をする可能性があるので注意が必要。旧カヤタケ属の種類で、*Clitocybe gibba* あるいは *C. infundibuliformis* の学名で知られてきた。

カヤタケ

ムラサキシメジ 食注意

Lepista nuda
ムラサキシメジ属

【形態】傘：通常10cm位、初めまんじゅう形で縁は内側に巻き、のちほぼ平に開く。表面は紫色、のち退色し汚黄色か褐色をおびる。肉：淡紫色、緻密、多少土臭みがある。ひだ：湾生〜多少垂生、密、紫色。柄：通常長さ8cm、幅1.5cm位、基部で膨らみ、中実。表面は淡紫色、繊維状で頂部は多少ささくれる。

【生態】盛秋〜晩秋、アカマツが交じったミズナラ雑木林などの地面に群生し、しばしばきれいな菌輪を描いて発生する。

【コメント】食用とすることができるが、多少土臭みがある。また、生食は中毒するので注意が必要である。次種の有毒なウスムラサキシメジは子実体の色が淡色で、強い不快臭があることで本種と区別ができる。ムラサキシメジ属は新分類体系でもキシメジ科に置かれている。

ムラサキシメジ（手塚撮影）

ウスムラサキシメジ 毒

Lepista graveolens
ムラサキシメジ属

【形態】傘：通常10cm位、初めまんじゅう形、のち開いて平らとなる。表面は平滑、湿時やや粘性があり、初め淡紫色、のち色があせて白っぽくなり、中央は淡褐色をおびてくる。肉：帯紫白色、質やや柔らか、不快な刺激臭がある。ひだ：湾生または小歯により多少垂生、密。柄：通常長さ8cm、幅1.5cm位、ふつう基部はふくらみL状に屈曲、初め中実、のちやや中空。表面は傘と同色、繊維状。

【生態】秋、雑木林内の地面に単生または少数群生する。

【コメント】県内で飲酒中の喫食による中毒例が1件あるので注意を要する。本種に類似し刺激臭の無いもの、初めから傘が白いものなどが知られており、これらの異同については今後詳細な検討が必要である。

ウスウラサキシメジ

コムラサキシメジ 可食

Lepista sordida
ムラサキシメジ属

【形態】傘：通常4cm位、初めまんじゅう形、縁部は幼時、内側に巻くが、のち平らに開き、ときに縁部は反り返り屈曲する。表面はくすんだ紫色、しだいに退色して白っぽくなり、のち帯黄色～帯灰褐色。肉：くすんだ紫色。ひだ：湾生、上生、または直生状垂生、やや疎、くすんだ紫色。柄：通常長さ6cm、幅1cm位、中実。表面はくすんだ紫色、繊維状、根もとは白色フェルト状。
【生態】夏～秋、有機質の多い畑地、モチわらの廃棄場所、路傍、芝生などの草地などの地面に群生～束生。芝生ではしばしば菌輪を描いて発生する。
【コメント】前頁のムラサキシメジより知名度は低いが、くせもなく見かけによらず味は良い。みそ汁などにも適している。

コムラサキシメジ

コブミノイチョウタケ（新称） 不明

Lepista ricekii
ムラサキシメジ属

【形態】傘：通常8cm位、初め平たいまんじゅう形、のち平に開いて中央は多少くぼむ。表面は平滑、灰白色、中央灰褐色で多少同心円状の環紋をあらわし、かすり模様があり、しばしば水玉様の斑点を点在する。周辺には放射状の弱い隆起がある。肉：緻密、白色。ひだ：直生状垂生、狭幅、密、クリーム白色。柄：通常長さ8cm、幅2cm位、上下同幅または多少下方に細まり、中空、基部で株状に癒着する。表面は縦の繊維状、初め灰白色、のち淡灰褐色、上部は白色。
【生態】秋、雑木林内や落ち葉の堆積した地面に束生または群生。
【コメント】日本新産種。胞子は楕円形、大きさは5-6.5×3-4μm、表面は粗いいぼにおおわれる。一見オオイチョウタケ(*p.*117)に類似するが、同種はより大形で全体クリーム白色、ひだはより疎で、胞子にいぼが無いことで区別がつく。国内では中毒例は見当たらないが、ヨーロッパなどでは有毒扱いされているので注意が必要。

コブミノイチョウタケ

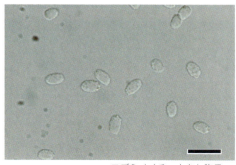

コブミノイチョウタケ胞子

サマツモドキ

サマツモドキ 不明
Tricholomopsis rutilans
サマツモドキ属

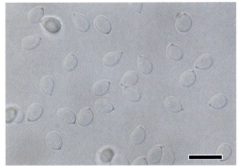

サマツモドキ胞子×1000

【形態】傘：通常10cm位、初め鐘形、のち丸山形からほぼ平らに開く。表面は黄色の地に暗赤褐色〜暗赤色の微細な鱗片を密布し、なめし皮状の感触がある。肉：淡黄色、傘中央部で厚いが縁部で薄い。ひだ：直生〜湾生、密、黄色。縁部は微粉状。柄：通常長さ10cm、幅1.5cm位、ほぼ上下同幅、または根もとがやや細まり、中実。表面は黄色の地に赤褐色の細かい鱗片でおおわれる。

【生態】夏〜秋、スギやマツなどの針葉樹の切り株、腐朽材などに単生または束生。

【コメント】食用可能とされることもあるが、人によっては胃腸系の中毒を起こすことがあり、毒成分は不明であるが注意が必要。胞子は広楕円形、大きさは5.5-7×4-5μm。サマツモドキ属は新分類体系でもキシメジ科に置かれている。

コサマツモドキ（新称） 不明
Tricholomopsis flammula
サマツモドキ属

【形態】傘：通常4cm位、初めまんじゅう形、のち丸山形から平らに開く。表面は淡黄色、中央に赤褐色のササクレ状鱗片を密布し、周辺に向かって疎らとなる。肉：淡黄色。ひだ：上生〜やや直生状垂生、やや狭幅、やや密、淡黄白色。柄：通常長さ5cm、幅5mm位、ほぼ上下同幅。表面は淡黄色〜淡褐色、頂部白色、ほぼ平滑でしばしば赤褐色の微細な鱗片を散布するが全体がおおわれることはない。
【生態】夏〜秋、針葉樹の倒木などに少数群生。
【コメント】日本新産種。2014年に長澤栄史先生により県内で初めて確認された。胞子は広楕円形〜楕円形、大きさは5.5-7×3-4.5μm。ヨーロッパ産よりも胞子が多少短形であるが同種と同定した。前種のサマツモドキに類似するが、本種はより小形で、傘の鱗片は微細でなく、ひだは淡黄白色、胞子が長形である点で異なる。

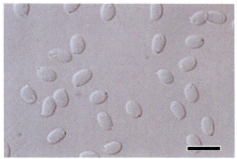
コサマツモドキ胞子×1000

コサマツモドキ（横沢撮影）

キサマツモドキ 可食
Tricholomopsis decora
サマツモドキ属

【形態】傘：通常5cm位、初めまんじゅう形、のち平らに開き、中央部がややくぼむ。表面は黄色、ときに褐色またはオリーブ色をおび、褐色〜オリーブ黒色の多数の細かい鱗片をもつ（中央部では密集）。肉：傘で薄く、黄色。ひだ：やや上生、黄金色、密。柄：通常長さ5cm、幅6mm位、ほぼ上下同幅。表面は傘と同色で小鱗片を散布する。
【生態】夏〜秋、針葉樹の倒木、切り株などに単生または束生する。
【コメント】食用可能とされているが、県内では発生があまり多くないためほとんど利用されていない。

キサマツモドキ（笹撮影）

ウラムラサキシメジ（笹撮影）

ウラムラサキシメジ 不明

Tricholosporum porphyrophyllum
ウラムラサキシメジ属

【形態】傘：通常6cm位、初めまんじゅう形、のちやや中高の平らに開き、しばしば縁部は反り返る。表面は初め濃い帯紫褐色、のち淡色、平滑、湿時多少粘性あり。肉：傘の中心付近は厚く、白色。ひだ：上生、やや狭幅、密、濃紫色、痛んだところはしだいに褐色に変色する。柄：通常長さ7cm、幅1cm位、上下同幅、基部で多少球根状、中実。表面は淡褐色、頂部は類白色、繊維状。
【生態】秋、林道脇や公園などの地面に群生または散生。

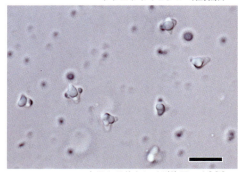

ウラムラサキシメジ胞子×1000

【コメント】胞子は十字形〜ひし形、大きさは約7×6μm。県内各地に発生するが、ややまれ。従来、キシメジ属 *Tricholoma* の種類として知られてきたもの。ウラムラサキシメジ属は新分類体系でもキシメジ科に置かれている。

ミドリシメジ 食注意
Tricholoma saponaceum var. *saponaceum*
キシメジ属

【形態】傘：通常8cm位、初めまんじゅう形、のちやや中高の平らに開く。表面は吸水性、湿時帯オリーブ緑色、乾くと灰白色となり、のち縁部は淡赤褐色をおびる。中央部は暗褐色をおび、すす色の微細な鱗片を密布する。肉：白色、一種の青くさみがある。ひだ：湾生、帯オリーブ白色、疎、傷をつけると次第に淡赤褐色のしみができる。柄：通常長さ8cm、幅1cm位、下部はしばしば紡錘状にふくらみ、白色～帯オリーブ白色、繊維状、ときにすす色の鱗片を多少散布し、古くなると淡赤褐色のしみをおびる。

【生態】秋、アカマツ・ミズナラ林やブナ・ミズナラ林内の地面に群生または散生。

【コメント】可食とされているが、多少苦味があるものもあり、人によって胃腸障害を起こすこともあるとされている。本菌に類似の不明菌も多いため注意が必要。

ミドリシメジ

ミネシメジ 食注意
Tricholoma saponaceum var. *squamosum*
キシメジ属

【形態】傘：通常6cm位、初め半球形、のちやや中高の平らに開く。表面は帯オリーブ褐色、中央部から周辺にかけてすす色粒状の細鱗片を密布する。肉：白色、傷つけばしだいに帯褐ピンク色に変わる。におい味ともに一種の青くさみがある。ひだ：湾生、白～帯白色、疎、帯赤色のしみができる。柄：通常長さ7cm、幅1cm位、下部はやや紡錘状にふくらみ、帯オリーブ白色、すす色～灰色の鱗片を密に被むる。

【生態】秋、アカマツやミズナラなどの混生林内地面に群生または散生。

【コメント】本菌は前種ミドリシメジの変種であるが、両者を区別しないでどちらもミネシメジとする意見もある。

ミネシメジ

ニオイキシメジ 食不適

Tricholoma sulphureum
キシメジ属

【形態】傘：通常5cm位、初めまんじゅう形、のちやや中高の平らに開き、しばしば周辺は波打つ。表面は平滑、粘性なく、硫黄色、中央部は褐色をおびる。肉：コールタール様の不快臭がある。ひだ：湾生状上生、多少厚く、やや疎、やや狭幅、硫黄色、古くなると褐色のしみを生ずる。柄：通常長さ6cm、幅8mm位、下方に多少太まり、中空。表面は繊維状、硫黄色、下部で多少褐色をおびる。

【生態】秋、ブナなどの広葉樹林内地面に群生または散生。

【コメント】不快なにおいがあるため食用に適さない。また、近年毒成分のムスカリンをもつと言われている。

ニオイキシメジ

シロシメジ 食注意

Tricholoma japonicum
キシメジ属

【形態】傘：通常7cm位、初め半球形、縁部は幼時、内側に巻くが、のちまんじゅう形からほぼ平らに開く。表面はほぼ平滑、湿時粘性あり、ほぼ白色、やや成熟したものでは中央部および傷んだところが褐色をおびる。肉：厚く、緻密、白色、多少苦みがある。ひだ：湾生、きわめて密、白色、のち汚褐色のしみを生じる。柄：通常長さ5cm、幅1.5cm位、ほぼ上下同幅、下部はやや膨らみ、中実。表面は白色〜帯褐色、繊維状、上部は粉状。

【生態】秋、アカマツ林の地面に群生、しばしば菌輪を描いて発生することもある。

【コメント】可食だが、多少苦味があるので、ゆでこぼしてから利用する。人によって胃腸障害を起こすこともあるので注意が必要。

シロシメジ（手塚撮影）

フタイロシメジ 不明

Tricholoma aurantiipes
キシメジ属

【形態】傘：通常6cm位、初め円錐形、のち開いてやや窪むが、中央はつねに突出する。表面は淡黄白色の地に、橙色〜橙褐色の繊維紋で密におおわれ、中央部は暗橙褐色、周辺は淡色、粘性なし。肉：淡黄白色。ひだ：上生〜湾生、広幅、密またはやや疎、初め白色、のち多少黄色をおびる。柄：通常長さ6cm、幅1.2cm位、上下同幅、やや中実。表面はほぼ橙色、繊維状、縦の筋がある。
【生態】初秋、ミズナラやコナラなどの雑木林内の地面に群生または散生。
【コメント】全国的に分布するが、県内における発生はややまれ。

フタイロシメジ

フタイロシメジ傘表

フタイロシメジ傘裏

シモコシ

シモコシ 食注意

Tricholoma auratum
キシメジ属

【形態】傘：通常8cm位、初めまんじゅう形、のち開いてほぼ平ら。表面は湿時粘性あり、硫黄色、中央部は赤褐色。ほぼ平滑または中央部でやや小鱗片状。肉：ほぼ白色、表皮下は多少黄色、緻密。ひだ：湾生またはほぼ離生、硫黄色、密。柄：通常長さ6cm、幅1.5cm位、幼時はそろばん珠状、のち上下同幅～多少こん棒状、ほぼ中実。表面は繊維状、下部は硫黄色をおび、上部はほぼ白色。

【生態】晩春～初夏および秋やや遅く、海岸の砂地や山地のアカマツやクロマツの林内の地面に群生。

【コメント】地方名はキンタケ。環境省準絶滅危惧種に指定されている。近年、ヨーロッパで本種に近縁の *T. equestre* による死亡中毒事故が起きている。ヨーロッパでは同菌をシモコシ *T. auratum* やキシメジ *T. flavovirens* と同種とする意見があり、以来、シモコシの食毒性が問題になっている。しかし、国内では本種による食中毒事件は発生しておらず、また典型的な *T. auratum* とは微妙に違いがあることから、むしろ、本菌に同学名を与えることが妥当か分類学的に検討することが必要と考えられる。

シモコシ

カラキシメジ 食注意

Tricholoma aestuans
キシメジ属

【形態】傘：通常5cm位、初め円錐形、のち開いて中高の平ら。表面は初め黄色、のち退色し灰黄色、中央部は褐色。初めほとんど平滑であるが、のち表皮が割れささくれを生じる。肉：ほぼ白色、表皮下は多少黄色、緻密、味は辛い。ひだ：湾生またはほぼ離生、淡黄色、密。柄：通常長さ6cm、幅1cm位、下方にやや太まり、根もとは膨らみ、やや中空。表面は傘と同色。
【生態】秋やや遅く、アカマツ林やときにミズナラなどの雑木林内に群生。
【コメント】シモコシとよく間違って採られているが、味を比較すると区別がつく。生のとき辛みがあるが、加熱や塩蔵処理によって無くなることから、同種と間違って食用にされている可能性がある。

カラキシメジ

シモフリシメジ 可食

Tricholoma portentosum
キシメジ属

【形態】傘：通常6cm位、初めまんじゅう形、のち多少中高の平らに開く。表面は淡黄色〜白色、中央から中ほどにかけてすす色の内生繊維で密におおわれ、湿時やや粘性あり。肉：緻密でややかたく、くすんだ白色、表皮下は黄色、無味無臭。ひだ：離生状湾生、広幅、疎、帯黄色。柄：通常長さ7cm、幅1.2cm位、ほとんど上下同幅、または下方がやや膨らむ。表面は類白色、平滑。
【生態】秋やや遅く、アカマツ、エゾマツなどの針葉樹やミズナラの林内に列をつくって群生。
【コメント】地方名はギンタケ、ナラノキシメジなど。優秀な食用菌でけんちん汁や鍋物などに適しているが、古くなると土臭みが出てくるので注意が必要。

シモフリシメジ

ハエトリシメジ 食注意

Tricholoma muscarium
キシメジ属

【形態】傘：通常5cm位、初め円錐形、のちほぼ平らに開くが、中央はつねに突出する。表面は淡黄色の地に、帯褐オリーブ色の繊維紋で密におおわれ、中央部は濃色、周辺は淡色、粘性なし。肉：ほぼ白色、特有の苦みがある。ひだ：上生～湾生、密またはやや疎、初め白色、のち多少黄色をおびる。柄：通常長さ8cm、幅1cm位、上下同幅、やや中実。表面はほぼ白色、繊維状。
【生態】秋、ミズナラやコナラなどの雑木林内の地面に群生または散生。
【コメント】一般に食用とされているが、中枢神経系に作用を及ぼすイボテン酸が含まれ、食べ過ぎると悪酔い状態の中毒を起こすので注意が必要である。古くからハエ捕りとして用いられているところもある。

ハエトリシメジ（小泉撮影）

ハエトリシメジ（安藤撮影）

アイシメジ 可食

Tricholoma sejunctum
キシメジ属

【形態】傘：通常5cm位、初め円錐形、のちほぼ平らに開き、中央は突出する。表面は湿時粘性があり、黄色の地に暗緑褐色の放射状繊維におおわれる。肉：白色、表皮直下では淡黄色、やや苦みがある。ひだ：上生～湾生、広幅、密またはやや疎、白色、傘の周縁付近は帯黄色。柄：通常長さ6cm、幅1cm位、上下同幅、ほぼ中実。表面は白～淡黄色。
【生態】秋、広葉樹林および針葉樹林内の地上に単生または群生。
【コメント】可食だが、多少苦味がある。本種に類似の菌が複数あり同定には注意が必要である。

アイシメジ（手塚撮影）

ネズミシメジ 毒

Tricholoma virgatum
キシメジ属

【形態】傘：通常6cm位、初め円錐形、のち開いて平らとなるが、中央部は常に突出する。表面は灰色の地に、暗色の繊維紋が放射状に密に配列し、中央部はほとんど黒色。肉：白色、表皮下はやや灰色、苦みと辛みがある。ひだ：湾生、やや疎、灰白色。柄：通常長さ7cm、幅1cm位、上下同幅または下方に向かって多少太まり、白色、平滑。
【生態】秋、アオモリトドマツなどの針葉樹林内の地面に群生または散生。
【コメント】苦みと辛みがあり、食べると胃腸系の中毒を起こすので注意が必要である。シモフリシメジ(p.95)に類似するが、本種は傘の中央が突出して黒っぽく、ひだは灰白色で黄みをおびることはないので区別ができる。

ネズミシメジ

クロゲシメジ 可食

Tricholoma squarrulosum
キシメジ属

【形態】傘：通常4cm位、初めまんじゅう形、のち中高の平らに開く。表面は粘性なく、白色～淡灰色の地に黒色の鱗片を密布する。肉：白色～灰白色、粉臭あり。ひだ：離生しやや密。灰白色で、触れると肉色に変色する。柄：通常長さ5cm、幅7mm位、ほぼ上下同幅、根もとが多少膨らみ、ほぼ中実。表面は淡灰褐色で、黒褐色の鱗片におおわれる。
【生態】秋、アカマツの交じったミズナラ雑木林などの地面に単生または群生。
【コメント】可食とされているが、類似種が多いので注意が必要。本種は、より大形の子実体を生じ、柄の鱗片が顕著でない**T. atrosquamosum**の変種として取り扱われることもある。

クロゲシメジ（手塚撮影）

ケショウシメジ 可食

Tricholoma orirubens
キシメジ属

【形態】傘：通常6cm位、初めまんじゅう形で縁部は内側に巻き、のちやや中高の平らに開く。表面は中央部で暗灰褐色、周辺に向かって淡色で縁部は白色、初め平滑、のち毛羽立って細鱗片状になる。周辺は傷を受けると赤褐色に変色する。肉：傘の中心付近は厚く、白色、紅変性あり。ひだ：湾生、やや密、初め白のち縁部が赤褐色に縁取られる。柄：通常長さ5cm、幅1cm位、下方に向かって多少膨らみ、中空。表面は初め白色、のち淡紅色をおび、繊維状。
【生態】秋、カラマツの交じった雑木などの林内地面に群生または散生。
【コメント】可食とされているが、発生が少ないこともありほとんど利用されていない。ミネシメジ(*p.91*)に類似するが、同種は傘がオリーブ色をおび、肉の赤変性が弱く、柄にすす色の鱗片を有することで区別ができる。

ケショウシメジ（手塚撮影）

ヒョウモンクロシメジ 毒

Tricholoma pardinum
キシメジ属

【形態】傘：通常8cm位、初め丸山形、のち開いて中高の平ら。表面は淡灰色、暗灰色〜黒褐色の同心円状の鱗片に密におおわれるが、周辺は薄い。肉：灰白色。ひだ：直生状湾生、初め白色のち灰白色、やや疎。柄：通常長さ8cm、幅1.5mm位、下方に膨らみ、中実。表面は灰白色、基部でときに赤褐色のしみを生じる。
【生態】初夏〜秋、アカマツ林内の地面に群生。
【コメント】有毒なので、類似種と間違えないよう注意が必要である。1996年に故伊藤進氏によって県内から初めて採集された。

ヒョウモンクロシメジ

バカマツタケ

バカマツタケ 可食
Tricholoma bakamatsutake
キシメジ属

バカマツタケ

【形態】傘：通常7 cm位、初め球形、のちまんじゅう形から平らとなり、ついには縁部が反り返る。表面の中央部は栗褐色、周辺部は淡色～ほぼ白色、初め繊維状、のち表皮は裂けて鱗片となる。肉：白色、緻密、特有の強い香気をもつ。ひだ：湾生、白色、密、古くなると褐色のしみができる。柄：通常長さ7 cm、幅1.5 mm位、ほぼ上下同幅またはやや根もとが太まり、中実。上部に繊維状膜質のつばをもつ。つばより上は白色粉状、下部は傘と同様の鱗片におおわれる。
【生態】初秋、里山のミズナラ、カシワの雑木林内に菌輪をつくって群生。

【コメント】マツタケ(*p.*101)よりは小形で菌切れがやや劣るものの、香気は強く、吸い物や炊きこみご飯にと人気がある。環境省準絶滅危惧種に指定されている。学名の*bakamatsutake*や和名は青森県の方言から採用されたもの。

マツタケ（手塚撮影）

マツタケ幼菌（笹撮影）

マツタケ成菌（手塚撮影）

コメツガ林のマツタケ（笹撮影）

マツタケ 可食

Tricholoma matsutake
キシメジ属

【形態】傘：通常12cm位、ときに25cm以上、初め球形、のちまんじゅう形から平らに開き、ついには縁部が反り返る。表面は淡黄褐色～栗褐色の繊維状鱗片におおわれ、のちしばしば放射状に裂け白い地肌をあらわす。肉：白色、緻密、特有の香気がある。ひだ：湾生しやや密。白色で古くなると褐色のしみを生じる。柄：通常長さ15cm、幅2.5cm位、上下同幅または下方に太まり、中実。幼時、傘の縁と柄は綿毛状の被膜でつながるが、被膜は傘が開くと上部に繊維状膜質のつばとなって残る。表面はつばより上は白色粉状、下部は傘と同様の鱗片におおわれる。
【生態】秋またはときに初夏、海岸や山間部のアカマツやクロマツ林、ときにコメツガ林の地面に群生。しばしば菌輪をつくって発生する。
【コメント】優秀な食用菌で、炭火焼きやホイル焼き、炊き込みご飯、吸い物、土瓶蒸しなど和風の料理に適している。環境省準絶滅危惧種に指定されている。コメツガ林に発生するものでは傘の色が多少淡色である。

マツタケモドキ 可食
Tricholoma robustum
キシメジ属

【形態】傘：通常7cm位、初め球形、のちまんじゅう形からほぼ平らに開く。表面は赤褐色、鱗片におおわれ、またはしばしばささくれ状。肉：白色、古くなると褐色をおびる。においは温和。ひだ：湾生、白色、密、古くなると褐色のしみを生じる。柄：通常長さ9cm、幅1.5cm位、基部は細くなり、中実。上部に繊維状膜質のつばをもつ。表面はつばより上は白色粉状、下部は傘と同様の鱗片におおわれる。

【生態】やや秋遅く、海岸などのアカマツやクロマツ林内地面に群生または散生。

【コメント】発生環境が限られているため発生はややまれ。環境省準絶滅危惧種に指定されている。前頁のマツタケに似るが、傘および柄の鱗片が赤褐色で、肉は香りがなく、煮ると黒ずむ点で容易に区別がつく。

マツタケモドキ幼菌（手塚撮影）

マツタケモドキ

シロマツタケモドキ 可食

Tricholoma radicans
キシメジ属

【形態】傘：通常4cm位、初め球形、のちまんじゅう形からほぼ平らに開く。表面はほぼ白色、ひび割れて鱗片状となる。
肉：白色、ときに松脂臭がある。
ひだ：直生～多少垂生、白色、やや疎。
柄：通常長さ6cm、幅1cm位、基部は急に細くなって下端がとがり、中実。表面は白色、ときに基部で淡黄土色、繊維状膜質のつばをもち、つばより下はささくれ状の顕著な鱗片におおわれる。
【生態】秋、アカマツなどのマツ老齢林やときに広葉樹林内地面に群生または散生。
【コメント】日本固有種とされ、環境省準絶滅危惧種に指定されている。本県では発生がまれ。形態的には前種のマツタケモドキに似るが、子実体はやや小型で全体白色をしている点で容易に区別がつく。

シロマツタケモドキ

ツバササクレシメジ 不明

Tricholoma cingulatum
キシメジ属

【形態】傘：通常5cm位、初め半球形～まんじゅう形、のち開いて中高の平ら。表面は、灰白色～灰褐色、湿時弱い粘性あり、初め綿毛状のささくれに密におおわれるが、のち圧着し全体に淡黄白色。肉：淡灰白色、強い粉臭と多少苦みがある。ひだ：湾生～上生、やや密、淡灰白色、老成すると傘の縁部で黄色くなる。柄：通常長さ6cm、幅8mm位、多少下方に太まり、中空。上部に白色綿毛状のつばをつけ、老成すると縁が黄褐色。表面は初め白色で繊維状、のち淡クリーム白色、下方ではしばしば淡褐色。
【生態】晩秋、アカマツが点在する雑木林内の、ヤナギ類の樹下に群生。
【コメント】ヤナギ類と密接な関係があるとされている種で、著者らにより県内で採集された標本に基づき1998年に日本新産種として報告されたものである。文献によって食とも毒ともされており、食毒は不明である。

ツバササクレシメジ（手塚撮影）

カラマツシメジ 食不適
Tricholoma psammopus
キシメジ属

【形態】傘：通常5cm位、初め中高のまんじゅう形、のち丸山形からほぼ平らに開く。表面はなめし革色、平滑または細かい鱗片におおわれ、粘性は無い。肉：傘の部分ではほとんど白色、通常苦みがある。ひだ：湾生、やや疎、白色〜淡クリーム色、古くなると褐色のしみを生じる。柄：通常長さ6cm、幅1cm位、上下同幅または下方にやや太まる。表面は傘と同色の鱗片におおわれる。
【生態】秋、カラマツ林内の地面に群生。
【コメント】シメジ風で一見食べられそうだが、肉に苦みがあるため食用には適さない。カラマツ林では普通に見られる。

カラマツシメジ

キヒダマツシメジ 食注意
Tricholoma fulvum
キシメジ属

【形態】傘：通常7cm位、ときにそれ以上、初めまんじゅう形、縁部は内側に巻き、のちやや中高の平らに開く。表面は栗褐色で中央濃色、繊維状、湿時強い粘性がある。肉：傘で白色、柄では淡黄色。ひだ：湾生、淡黄色〜硫黄色、密、古くなると褐色のしみを生じる。柄：通常長さ10cm、幅1cm位、下方にやや膨らみ、中実。表面は白（頂部）〜淡黄色、下方に向かって赤褐色を帯び、繊維状〜細鱗片状。
【生態】秋、広葉樹林の地面に単生〜群生。

【コメント】可食であるが、生食すると中毒するとされているので注意が必要。次頁の有毒のカキシメジに類似するが、ひだが淡黄色〜硫黄色であることで区別がつく。比較的まれで、県内からは田辺哲彦氏（青森市）によって採集されている。

キヒダマツシメジ（安藤撮影）

アカゲシメジ 可食
Tricholoma imbricatum
キシメジ属

【形態】傘：通常9cm位、初めまんじゅう形、縁部は初め内側に巻き、のち中高の平らに開く。表面は帯赤灰褐色、繊維状～細鱗片状、粘性なし。肉：緻密、白色のち古くなると褐色をおびる。ひだ：湾生、やや密～やや疎、白色のち赤褐色のしみを生じる。柄：通常長さ8cm、幅1.5cm位、上下同幅または基部が細まる。表面は上部白色粉状、ほかは傘と同色で繊維状。
【生態】やや秋遅く、アカマツ林内の地面に群生。
【コメント】食用となるが、味はやや劣る。県内では未確認の類似種に、モミ林などに発生する**クダアカゲシメジ** *T. vaccinum*があるが、より小型で傘の鱗片が顕著であり、柄が中空であることで区別がつく。

アカゲシメジ（手塚撮影）

カキシメジ 毒
Tricholoma ustale
キシメジ属

【形態】傘：通常7cm位、初め鈍円錐状～まんじゅう形で縁部は内側に巻き、のちやや中高の平らに開く。表面は赤褐色～栗色で中央濃色、平滑、湿時強い粘性がある。肉：白色。ひだ：湾生、密、白色、傷んだところは褐色のしみになる。柄：通常長さ6cm、幅1.5cm位、根もとがやや膨らみ、やや中空。表面はやや繊維状、上部白色、下部は淡赤褐色。
【生態】秋、アカマツの交じった雑木林の地面に単生～群生。
【コメント】有毒のウスタリン酸が含まれ食べると胃腸系の中毒を起こす。一見食用のチャナメツムタケ(*p.*217)と似ているが、同種は科を異にする遠縁のきのこで、ひだは初めほぼ白色であるがのち粘土褐色となる。本県からはかつて中毒の報告が無かったが、2016年にサクラシメジ(*p.xx*)と間違えて食べた中毒事故が発生している。

カキシメジ（安藤撮影）

キシメジ科　105

ナラタケモドキ 食注意

Desarmillaria tabescens
ナラタケモドキ属

【形態】傘：通常5cm位、初めまんじゅう形、のち平らに開き、縁はやや反り返る。表面は黄色〜蜜色、粘性なく、中心部に細かい鱗片が密集する。ひだ：直生または垂生、淡黄色、やや疎。柄：通常長さ7cm、幅8mm位、ほとんど上下同幅。表面は繊維状、傘とほぼ同色であるが、基部は暗色。
【生態】夏〜初秋、広葉樹の切り株や枯れ幹上、立ち木の根際などに多数束生する。

【コメント】県内では発生は比較的まれ。可食だが消化が悪いので過食しないよう注意が必要。胞子は広卵形〜広楕円形、大きさは6.5-8×5-5.5 μm。柄につばを欠く点で次種のヤチヒロヒダタケに類似するが、同種はヨシなどの茂る湿地に発生することで区別ができる。最近、多遺伝子解析および形態的特徴（根状菌糸束はメラニン化しないなど）に基づいて本種や次種のヤチヒロヒダタケなどはナラタケ属 *Armillaria* から新属 *Desarmillaria*（ナラタケモドキ属）に移されている。新分類体系では、ナラタケモドキ属はタマバリタケ科に置かれている。

ナラタケモドキ（安藤撮影）

ナラタケモドキ幼菌

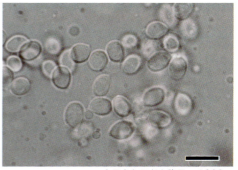

ナラタケモドキ胞子×1000

ヤチヒロヒダタケ 可食

Desarmillaria ectypa
ナラタケモドキ属

【形態】傘：通常7cm位、初めまんじゅう形、のち平らに開き、縁はやや反り返る。表面は多少粘性あり、初め暗灰褐色の微細な繊維状鱗片が密生して全体に黒っぽいが、のち飴色～淡黄土色で中央部に細鱗片を残す。**ひだ**：直生または垂生、淡黄色、やや疎。
柄：通常長さ8cm、幅1cm位、下方に太まり、しばしば根もとはこん棒状、中空。表面は繊維状、淡黄土色、上部は類白色、根もとは暗灰褐色。

【生態】秋、休耕田のヨシなどの茂る湿地や田の畦、湿原などの地面に単生～群生または少数束生。

【コメント】地方名ヤチキノコ、タノキノコ。胞子は楕円形～広楕円形～卵形、大きさは7-10×5.5-7.5 μm。しばしばヤチナラタケ(*p*.110)と混同されているが、同種は材上生で柄に初めくもの巣状のつばがあることで区別がつく。日本では本県のほかに、栃木県(尾瀬)と京都府から報告があるが、本県以外ではきわめて発生がまれ。環境省産絶滅危惧種に指定されており、本県でも休耕田の宅地化などにより生息地域の減少が加速している。

ヤチヒロヒダタケ

ヤチヒロヒダタケ

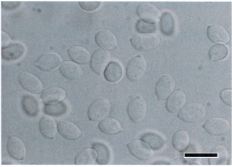

ヤチヒロヒダタケ胞子×1000

ナラタケ 食注意

Armillaria mellea subsp. *nipponica*
ナラタケ属

【形態】傘：通常6cm位、初め半球形、のちまんじゅう形からほぼ平らに開く。表面は黄褐色、ときに暗オリーブ褐色、帯褐白色、中央部には発達の悪い暗色の微毛状鱗片を密生。肉：白色〜帯黄色、強い渋みがある。ひだ：垂生〜直生状垂生、やや疎、白色でしばしば縁部は黄色。柄：通常長さ8cm、幅1cm位、上下同幅、基部はやや膨れる。肉質はかたくもろい。表面は淡黄褐色、繊維状。つばは膜質でやや厚く白色、永続性。
【生態】春および晩秋、ミズナラ、カシワなどの立ち木の根もとなどに多数束生。
【コメント】加熱が不十分だと軽い胃腸系の中毒を起こすことがある。胞子は広楕円形〜楕円形〜ひょうたん型、大きさは9.5-12.5×6.5-8.5μm。県内には本菌の白色タイプと考えられるものがあるが、これは胞子もやや大形であることから分類学的検討が必要と思われる。新分類体系では、ナラタケ属はタマバリタケ科に置かれている。

ナラタケ1（手塚撮影）

ナラタケ（手塚撮影）

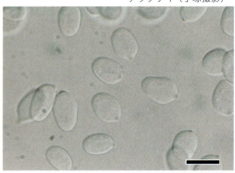

ナラタケ胞子×1000

ワタゲナラタケ 可食

Armillaria gallica
ナラタケ属

【形態】傘：通常5cm位、初め半球形、のちまんじゅう形からほぼ平に開く。表面は淡橙褐色〜茶褐色。やわらかい綿毛状で暗褐色の脱落しやすい鱗片を散在し、傘縁では白い被膜の名残を付着。肉：白色〜帯褐白色。ひだ：垂生、やや疎、帯淡褐白色。柄：通常長さ6cm、幅5mm位、下方に太まり、基部は肥大。上部に白色、多少膜状〜繊維状、消失性のつばをつけ、つばより上は淡褐白色、下は褐色〜黒褐色。基部は黄白色の菌糸でおおわれる。

【生態】初秋、カラマツの交じった雑木林内や林道脇の草むらなどの埋もれた材上に単生または少数束生。

【コメント】地方名ワセサモダシなど。別名ヤワナラタケ（五十嵐ら）。胞子は広卵形〜広楕円形、大きさは 7-11 × 5-6 μm。肉質は薄く、ナラタケ類のなかでも早い時期に発生する。

ワタゲナラタケ（長澤撮影）

ワタゲナラタケ（長澤撮影）

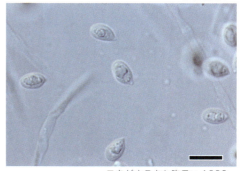

ワタゲナラタケ胞子×1000

ヤチナラタケ 可食

Armillaria nabsnona
ナラタケ属

【形態】傘：通常4cm位、初め中高の半球形、のち開いて中央が多少くぼむが、中心はつねに突出。表面は粘性で、黄色〜明黄褐色、中央に圧着した暗緑色繊維状細鱗片があり、周辺には明瞭な条線をもつ。肉：白色。ひだ：直生〜多少垂生、やや疎、白色。柄：通常長さ6cm、幅8mm位、下方にやや膨らむ。上部に白色で多少薄い膜状、消失性のつばをつける。つばより上は白色、下は黄褐色、ほぼ平滑。

【生態】初秋、湿地帯や沢地帯の種々の広葉樹枯れ幹、埋もれた材などに多数群生。

【コメント】地方名ヤチサモダシなど。粘性が強く、みそ汁やおろし和えなどに適している。胞子は楕円形〜長卵形、大きさは7-9×5-6μm。つばが消失性のため一般にしばしばヤチヒロヒダタケ(*p.107*)と混同されている。

ヤチナラタケ（手塚撮影）

ヤチナラタケ傘拡大

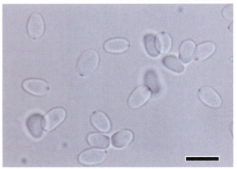

ヤチナラタケ胞子×1000

オニナラタケ 可食
Armillaria ostoyae
ナラタケ属

【形態】傘：通常9cm位、初めまんじゅう形、のち中高の平らに開く。表面は帯赤淡褐色〜茶褐色、粗い暗褐色のささくれ状〜とげ状の鱗片で密におおわれる。肉：白色、肉厚。ひだ：直生状垂生、やや密、白色のち淡褐色のしみを生じる。柄：通常長さ12cm、幅2cm位、下方に太まり、基部で膨らむ。上部に白色膜質の厚いつばをつけ、つばは縁が褐色の小鱗片で縁取られる。表面は褐色、つばより上は白色、つばより下方は初め褐色の綿毛状鱗片で密におおわれる。

【生態】秋、種々の広葉樹、カラマツやアカマツなどの針葉樹の立ち木の根もとなどに多数群生または束生。

【コメント】地方名オニサモダシなど。肉質はしっかりしているが、味はやや劣る。胞子は楕円形、大きさは7.5-9.5×4.5-5.5μm。カラマツなどに寄生して枯れ死させる病原菌でもある。

オニナラタケ（手塚撮影）

オニナラタケ

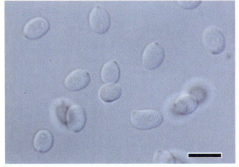

オニナラタケ胞子×1000

クロゲナラタケ 可食

Armillaria cepistipes
ナラタケ属

【形態】傘：通常6cm位、初めまんじゅう形、のちほぼ平らに開く。表面は湿時粘性、黒褐色〜オリーブ褐色〜黄褐色、黒褐色の小さな繊維状鱗片を全体に密生し、ときに傘縁の条線は不明瞭。肉：白色、表皮近くで淡紅色。ひだ：やや湾生、淡褐色をおびた白色、のち褐色に変色。柄：通常長さ8cm、幅1cm位、下方に向かって太まり、基部で膨らむ。上部に白色綿毛状で、縁が灰色の消失性のつばをつける。表面はやや淡紅色をおびた褐色、上方は灰白色の綿毛状鱗片でおおわれる。

【生態】秋〜晩秋、ブナなどの広葉樹の倒木、切り株、立木上などに群生〜束生。

【コメント】地方名ケサモダシ。時間が経つとひだが褐色に変色しやすいので利用の際は注意。胞子は楕円形、大きさは8-11×5-6μm。本菌の傘の色には様々なタイプがありこれらは同一種とされている。しかし、少なくとも黄色タイプは黒褐色タイプと形態的に明らかに区別がつくことから、変種レベルでの分類の検討が必要と考える。

クロゲナラタケ

クロゲナラタケ傘表拡大

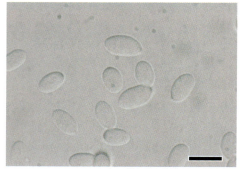

クロゲナラタケ胞子×1000

キツブナラタケ 可食

Armillaria sp.
ナラタケ属

【形態】傘：通常8cm位、初めまんじゅう形、のちほぼ平らに開く。表面は黄色～山吹色、全体に粒状～とげ状の細かい褐色の鱗片を密生。肉：白色。ひだ：直生、やや密、白色。柄：通常長さ10cm、幅1cm位、下方に向かって太まり、しばしば基部で肥大する。上部に淡黄白色で薄い膜質、永続性のつばをつける。表面は上部淡黄色で下方に向かって淡黄褐色、繊維状、褐色の細かい鱗片でおおわれる。

【生態】晩春～初夏および秋、主にミズナラやブナの切り株や倒木上などに多数群生～束生。

【コメント】地方名キサモダシなど。山吹色のきれいなきのこで、一度に大量に採れるうえに、ナラタケ類のなかでも味はとくに良いため、県内では人気がある。胞子は卵形～楕円形、大きさは7.5-9×4.5-5.5 μm。日本特産の新種と考えられているが、まだ学名は与えられていない。

キツブナラタケ

キツブナラタケ傘表拡大

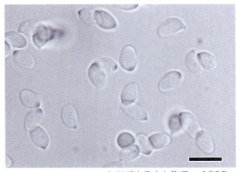

キツブナラタケ胞子×1000

ツノシメジ 不明

Leucopholiota decorosa
ツノシメジ属

【形態】傘：通常6cm位、初め半球形、のち多少中高のほぼ平らに開く。茶褐色で、大形の反り返った（傘中央では直立する）繊維状鱗片に密におおわれる。ひだ：直生〜多少湾生状直生、白色、やや密。柄：通常長さ6cm、幅8mm位、下方に太まり、上部に鱗片状褐色のつばをつけ、つばの上は白色、つばより下は傘の周辺と同様の鱗片に密におおわれる。

【生態】秋、ブナなどの広葉樹の倒木上や枯れ木に発生。

【メモ】胞子は楕円形、5-6.5×3-4 μm、アミロイド。北米から報告された種で、本県で1989年に著者および長内哲男氏によって初めて採集され、日本新産種として命名した。本県産は典型的な北米産より傘の色が淡色であり、今後同一種か詳細な検討が必要である。新分類体系では、ツノシメジ属はキシメジ科に置かれている。

ツノシメジ

ツノシメジ

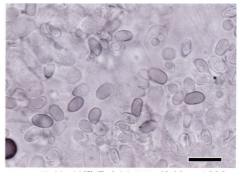

ツノシメジ胞子（メルツアー液中）×1000

ヒナノヒガサ 毒

Rickenella fibula
ヒナノヒガサ属

【形態】**傘**：通常8mm位、初め鐘形～まんじゅう形、のち開いて中央がへそ状にややくぼむ。表面は橙黄色、中央部が濃色で周辺部は淡色、湿時明瞭な条線がある。**ひだ**：柄に長く垂生し、白色、疎。**柄**：通常長さ2cm、幅1mm位、上下同幅、中空で管状、橙色～橙黄色。
【生態】春～秋、林内の腐朽材のコケの間や芝生のコケの間の地面に群生。
【コメント】従来の属名の*Gerronema*は異質なグループで、現在はいくつかに分解されて本種が所属する*Rickenella*が設けられ、新分類体系ではタバコウロコタケ目のヒナノヒガサ科に置かれている。なお、属和名は本種が属の基準種であることから本属に採用される。有毒のシロシビン類が検出されている。

ヒナノヒガサ

クロサカズキシメジ 可食

Pseudoclitocybe cyathiformis
クロサカズキシメジ属

【形態】**傘**：径は通常4.5cm程度、初め中央部はややくぼみ、縁部は強く下方に巻くがのち開いてさかずき形になる。表面は無毛平滑、射状の細条紋をあらわし、ねずみ色または灰褐色、乾くと白っぽくなる。**ひだ**：垂生し、狭幅、やや密。淡灰～灰褐色をおびる。**柄**：通常長さ5cm、幅6mm程度、上下同幅、ほぼ中実。表面は灰白色の地にねずみ色の不鮮明な網目模様をあらわす。
【生態】秋、林内の落枝や腐木上に群生または束生。
【コメント】可食とされているが、ほとんど利用されていない。なお、新分類体系では、クロサカズキシメジ属はガマノホタケ科に配置されている。

クロサカズキシメジ

ムレオオイチョウタケ 食不適

Leucopaxillus septentrionalis
オオイチョウタケ属

【形態】傘：通常20cm位、ときにそれ以上、初めまんじゅう形、縁部は強く内側に巻き、のち開いて浅い漏斗形、縁部は多少内側に巻く。表面は初めクリーム色、中央で濃色、のち黄褐色、フェルト状でのちしばしばひび割れて微細にささくれる。肉：白色、緻密、強い臭気がある。ひだ：直生、狭幅、やや密、クリーム色、のち淡黄褐色。柄：通常長さ15cm、幅5cm位、下部で膨らみ、中実。表面は多少フェルト状、傘と同色、頂部は白色。
【生態】夏～秋、雑木林内のミズナラなどの樹下の地面に単生。
【コメント】強い臭気があり、食用には不向き。有毒種の可能性がある。

ムレオオイチョウタケ（安藤撮影）

ムレオオイチョウタケ幼菌傘表

ムレオオイチョウタケ幼菌傘裏

オオイチョウタケ 可食

Leucopaxillus giganteus
オオイチョウタケ属

【形態】傘：通常15cm位、ときにより巨大、初めまんじゅう形、縁部は強く内側に巻き、のち開いて漏斗形。表面は白色または多少クリーム色。絹糸状の光沢があり平滑、のち微細にささくれる。縁部には放射状のしわがあらわれる。肉：白色、緻密、多少粉臭あり。ひだ：垂生し密、クリーム白色。幅狭く、柄に接する部分で分岐する。柄：通常長さ8cm、幅2cm位、上下同幅、中実。傘と同色。
【生態】秋、スギ林内や畑、公園内の落ち葉を集めた場所に多数群生。
【コメント】可食で比較的美味とされる。近縁の前種ムレオオイチョウタケはより大形で傘は淡黄褐色、不快臭があることで区別ができる。新分類体系では、オオイチョウタケ属はキシメジ科に置かれている。

オオイチョウタケ

ツブエノシメジ 可食

Melanoleuca verrucipes
ザラミノシメジ属

【形態】傘：通常5cm位、初めまんじゅう形、のち開いてやや中高の平らとなる。表面は平滑、白色、中央部はやや褐色。肉：白色、粉臭あり。ひだ：湾生〜上生またはほぼ直生、白色〜クリーム色、密。柄：通常長さ6cm、幅8mm位、ほぼ上下同幅で根もとがやや膨らむ。表面は白色の地に褐色〜黒褐色の粒状鱗片を列状に点在する。
【生態】初夏または秋、林縁や路傍、公園の草地、芝生などの地面に群生する。
【コメント】可食とされているが、粉臭があり一般的でない。新分類体系では、ザラミノシメジ属はキシメジ科に置かれている。

ツブエノシメジ（手塚撮影）

コザラミノシメジ 可食

Melanoleuca polioleuca
ザラミノシメジ属

【形態】傘：通常7cm位、初めまんじゅう形、のち開いて中高の平らとなる。表面は平滑、灰褐色〜暗褐色。**肉**：傘中央で厚く、白色、古くなると汚クリーム色、ややかび臭あり。**ひだ**：湾生状上生、密、やや広幅、白色、古くなると汚クリーム色。**柄**：通常長さは傘形よりやや長く、幅10mm位、ほぼ上下同幅で根もとがやや膨らみ、やや中実。表面は繊維状で傘と同色またはやや淡色。

【生態】秋、林内、草地、畑地などの地面に少数群生する。

【コメント】胞子は楕円形、大きさは6-9.5×4.5-5 μm、粗いいぼにおおわれる。縁および側シスチジアは便腹状紡錘形(あるいは下膨れ紡錘形)、先端に向かって細まって尖り、頂部に細かい結晶を付着する。従来、本種の学名として *M. melaleuca* が広く用いられてきたが、現在、*M. melaleuca* はシスチジアを欠く菌との解釈が有力で、本菌に対しては *M. polioleuca* が採用されている。

コザラミノシメジ

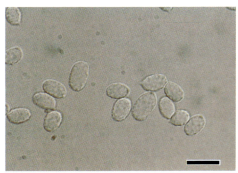

コザラミノシメジ胞子×1000

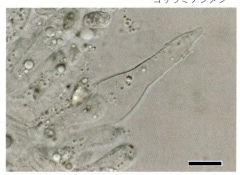

コザラミノシメジシスチジア×1000

ザラミノシメジ（湯口撮影）

ザラミノシメジ（新称） 不明
Melanoleuca melaleuca
ザラミノシメジ属

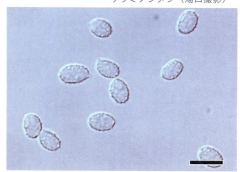

ザラミノシメジ胞子×1000

【形態】外観的に前述のコザラミノシメジに極めて類似しており、野外で両者を区別することは難しい。

【生態】春、畑地などの地面に少数群生する。

【コメント】胞子は広楕円形、大きさは6.5-8.5×4-6(-6.5) μm、粗いいぼにおおわれる。シスチジアを欠く。外観的にコザラミノシメジに極めて類似するが、同種はひだにシスチジアを持つ点で区別される。日本で従来本学名の下に知られてきた菌、即ちコザラミノシメジは別種 *Melanoleuca polioleuca* として取り扱われるので、新たな解釈に基づく *M. melaleuca* に対してザラミノシメジの新和名を提唱した。ヨーロッパでは子実体の色、大きさ、胞子の大きさなどの組み合わせにおいて異なる幾つかの分布集団が認められており、これらを別種あるいは種以下のランクで認めるかは今後の問題点とされている。

シイタケ（手塚撮影）

シイタケ 可食

Lentinula edodes
シイタケ属

【形態】傘：通常8cm位、ときにより巨大、初めまんじゅう形で縁は強く内側に巻き、のち開いて平らとなる。表面は乾燥～やや湿り気をおび、茶褐色～黒褐色、しばしばひび割れを生じて亀甲状。縁に白色～淡褐色の綿毛状鱗片を付着するがのち消失。
肉：緻密で弾力性があり、白色。ひだ：湾生～上生、やや密、白色。柄：通常長さ3cm、幅1cm位、強靭で、上部に綿毛状のつばをつける。つばより上は白色、下は白色～淡褐色、繊維状～鱗片状。
【生態】春および秋、各種広葉樹の倒木や切り株の上に単生または多数群生。

シイタケ

【コメント】本県では春の発生が多い。優秀な食用菌で和食から中華料理まで広く適する。現在広く栽培されているが、おがくず栽培よりも原木栽培の方が美味である。新分類体系では、シイタケ属はツキヨタケ科に置かれている。

スギヒラタケ 食注意

Pleurocybella porrigens
スギヒラタケ属

【形態】傘：通常4cm位、初めほぼ円形、しだいに生長して耳形～扇形、あるいはへら形となる。表面は平滑、白色。基部に毛があり、縁は内側に巻く。肉：質はやや丈夫で薄く、白色。ひだ：白色、幅狭く、きわめて密。柄：ほとんど無柄。

【生態】秋、ときに春、主にスギなどの針葉樹の古い切り株や倒木上に多数重生。

【コメント】東北ではとくに日本海側で多く利用されている比較的美味なきのこである。しかし、2004年に日本海側を中心に腎臓疾患の患者が脳炎で死亡する例が多発し、調査の結果、このきのこを食べていたことが判明した。そのため腎臓疾患との因果関係が疑われていたが、その後、腎臓に疾患の無い人の死亡例も報告されており、県内では中毒例は無いものの十分注意が必要である。新分類体系では、スギヒラタケ属はホウライタケ科に置かれている。

スギヒラタケ（安藤撮影）

アカアザタケ 食注意

Rhodocollybia maculata
アカアザタケ属

【形態】傘：通常8cm位、初めまんじゅう形で縁部は内側に巻くが、のちほぼ平らに開く。表面は平滑、ほぼ白色、傷んだり古くなるとしだいに帯褐赤色のしみを生じる。肉：白色、厚く、かたい。ひだ：上生～ほぼ離生、幅狭く、密。縁部はしばしば微細な鋸歯状。柄：通常長さ10cm、幅1.2cm位、ほぼ同幅あるいは根もとに向かって多少細まり、強靭、中空。表面は白色、縦線または縦溝がある。

【生態】夏～秋、針葉樹林や広葉樹林の地面に群生または単生。

【コメント】可食だが、人により中毒するとされているので注意。アカアザタケ属 *Rhodocollybia* は、胞子紋がクリーム色～ピンク色のグループを広義のモリノカレバタケ属 *Collybia* から独立させたものであり、新分類体系では、ツキヨタケ科に置かれている。

アカアザタケ（手塚撮影）

エセオリミキ 可食
Rhodocollybia butyracea
アカアザタケ属

【形態】傘：通常5cm位、初めまんじゅう形、のち丸山形からほぼ平らに開く。表面は平滑、吸水性、湿時は赤褐色〜暗オリーブ褐色、乾くと周辺部からしだいに帯灰色〜帯白色となる。肉：淡紅色〜淡褐色、のちほとんど白色。ひだ：上生〜離生、密、白色。柄：通常長さ6cm、幅8mm位、下方に太くなり、基部は膨らみ、中空。表面は帯赤褐色で条線がある。
【生態】秋、主にカラマツなどの針葉樹や広葉樹の林内に群生または散生。

エセオリミキ

【コメント】可食とされているが、一般にあまり利用されていない。

アカチャカレバタケ 不明
Rhodocollybia prolixa var. *distorta*
アカアザタケ属

【形態】傘：通常7cm位、初め中央突出した丸山形、のち中高のほぼ平らに開く。表面は平滑、赤茶色〜茶褐色、周縁はやや淡色。肉：帯淡褐白色、繊維質、におい、味ともに不快。ひだ：上生、白色〜やや淡クリーム色、密、しばしば赤褐色のしみを生ずる。柄：通常長さ8cm、幅8mm位、下方に向かって太まり、中空。表面は淡褐白色、繊維状、赤褐色のしみがあり、基部に軟毛状菌糸をつける。
【生態】春〜秋、各種林内の地面に群生。
【コメント】別名モリノツエタケ（本郷）。近年、日本新産種として報告された種類。胞子紋はクリーム色。胞子は類球形、大きさは3-4×3.5-4.5μm、平滑。現在は *R. prolixa*（日本未記録種）の変種とされている。しばしば前種のエセオリミキと混同されているが、同種では赤褐色のしみを生じないことで区別ができる。

アカチャカレバタケ

ワサビカレバタケ 食不適
Gymnopus peronatus
モリノカレバタケ属

【形態】傘：通常4cm位、初めまんじゅう形、のちほぼ平らに開き、中央ややくぼむ。表面には放射状のしわがあり、なめし革色〜淡黄褐色。肉：薄く、やや革質、辛みあり。ひだ：上生〜直生、のちほとんど離生状、淡黄褐色、疎。柄：通常長さ4cm、幅3mm位、中実、傘より淡色、下半部は淡黄色のフェルト状。
【生態】夏〜秋、林内の地面に群生。
【コメント】肉は革質で辛く食用に適さない。本種やモリノカレバタケなど胞子紋が白色で胞子が非アミロイドのグループは、広義の*Collybia*から別属モリノカレバタケ属*Gymnopus*に移されており、新分類体系では、ツキヨタケ科に置かれている。

ワサビカレバタケ（手塚撮影）

モリノカレバタケ 食注意
Gymnopus dryophilus
モリノカレバタケ属

【形態】傘：通常3cm位、初めまんじゅう形、のちほぼ平らに開いて縁部は反り返る。表面は平滑、なめし皮色〜クリーム色、中央淡黄土色、乾けば淡色となる。肉：薄く、類白色。ひだ：上生〜離生、狭幅、密、白〜淡クリーム色。柄：通常長さ6cm、幅3mm位、根もとはややふくらみ、中空。表面は淡黄土色、平滑。
【生態】春〜秋、林内腐植土上または落葉上に群生〜束生。
【コメント】従来可食とされてきたが、近年、人によって胃腸系の中毒を起こすともいわれており、また、本菌に類似した種が多いので注意が必要である。

モリノカレバタケ

コガネカレバタケ 可食

Gymnopus subsulphureus
モリノカレバタケ属

【形態】傘：通常4cm位、初め丸山形、のち平らに開き、ついには縁部がそり返る。表面は平滑、鮮黄色〜黄土色、中央で多少褐色をおびる。肉：やや薄く、黄色。ひだ：上生〜離生、狭幅、密、黄色。柄：通常長さ6cm、幅6mm位、根もとはややふくらみ、やや偏平、中空。表面は傘とほぼ同色、平滑、やや繊維状。

【生態】春、ブナ林内の落葉上に束生〜群生。

【コメント】ひだの色等において若干の相違が見られ、学名は暫定的。胞子は楕円形、大きさは6-7×3.5-4μm。県内では本菌に類似してアカマツ林内に発生するタイプが知られているが、傘および柄がオリーブ色をおびており、発生環境も異なることから、本種と同一種か検討が必要である。

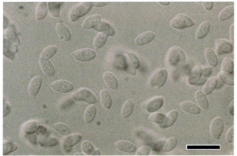
コガネカレバタケ胞子

コガネカレバタケ

アマタケ 可食

Gymnopus confluens
モリノカレバタケ属

【形態】傘：通常3cm位、初めまんじゅう形、のちほとんど平らに開く。表面はほぼ平滑、肌色〜肉色、中央部はやや濃色、退色すれば全体が白っぽくなる。肉：薄く、やや革質、辛みあり。ひだ：直生〜上生またはほとんど離生、狭幅、密、傘と同系色で淡色。柄：通常長さ8cm、幅3mm位、上下同幅、ときに扁平、中空。表面は肌色〜帯褐色、全面が微毛におおわれる。

【生態】夏〜秋、林内の落葉の間に群生または束生。

【コメント】可食とされているが、食用として利用するほどのものではない。

アマタケ

タマツキカレバタケ 不明

Collybia cookei
ヤグラタケモドキ属

【形態】傘：通常5mm位、初めまんじゅう形、のち開いて中央が多少くぼむ。表面は平滑、ほぼ白色。ひだ：直生、白色、密。柄：通常長さ4cm、幅0.5mm位、波形に曲がり、帯黄色〜淡褐色、根もとは細く伸びて毛を生じ、菌核をつける。菌核は淡黄褐色、球形〜腎臓形、多少凹凸状。

【生態】夏〜秋、林内の腐朽の進んだ倒木上や腐植上、腐敗したきのこ類の上などに群生。

【コメント】基準種のモリノカレバタケが別属に移されたことから、本種を含む狭義の*Collybia*はモリノカレバタケ属からヤグラタケモドキ属と改称され、新分類体系ではキシメジ科に置かれている。

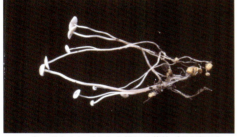

タマツキカレバタケの根元の菌核（手塚撮影）

タマツキカレバタケ

ヒメムキタケ 不明

Hohenbuehelia reniformis.
ヒメムキタケ属

【形態】傘：通常2cm位、半円形〜扇形。表面は帯褐灰色、微細なビロード状。肉：2層からなり、上層は灰色のゼラチン質、下層は白色の肉質。ひだ：垂生、白色〜淡灰色、幅狭く、やや密。柄：傘に側生し、きわめて短く、淡灰褐色、基部に白毛があるが、ときに柄を欠き背着状。

【生態】初夏〜初秋、広葉樹の立ち木や枯れ木に群生。

【コメント】同属は先端に被覆物がある紡錘形の厚膜シスチジアをもつことで他の類似の属とは区別がつく。本菌に当てられている*H. reniformis*の学名は、検討が必要とされている。新分類体系では、ヒメムキタケ属はヒラタケ科に置かれている。

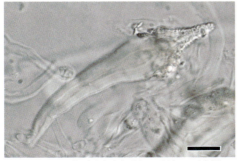

ヒメムキタケのシスチジア×1000

ヒメムキタケ

ムキタケ 可食
Sarcomyxa edulis
ムキタケ属

【形態】傘：通常10cm位、ときに20cm以上、ほぼ半円形～腎臓形。表面は汚黄色または汚黄褐色、しばしば紫褐色、時に暗オリーブ褐色、細かい毛を密生する。表皮下にはゼラチン層があり、表皮は剥がれやすい。肉：白色。ひだ：柄に接するところで止まり、柄上に垂生することはなく、やや黄色、幅狭く密。柄：通常長さ1.5cm、幅2cm位、傘に側生し、表面に褐黄色の剛毛を密生する。

【生態】秋遅く、ブナまたはミズナラなどの広葉樹の立ち枯れ木や倒木、枯れ幹などに多数重なりあって群生。

【コメント】地方名ノドヤケ、ハドコロなど。比較的優秀な食用菌で味にくせがなく吸い物などに適するが、本種に似

ムキタケ（手塚撮影）

ムキタケ柄拡大

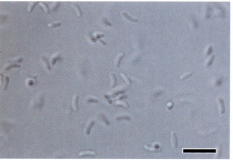

ムキタケ胞子×1000

オリーブタイプのムキタケ

紫色タイプのムキタケ

た有毒種のツキヨタケと間違えないように注意が必要である。本菌は傘の色の変異が大きく、黄土色や紫褐色、暗緑色などの系統があるが、他の特徴に明確な違いは認められない。胞子は腸詰形、大きさは4.5-5.5 × 1-1.5 μm。従来、県内ではムキタケの中に苦味のあるものが知られており、これは「ニガムキタケ」として区別されてきた。最近(2016年)、弘前大学の斎藤輝明氏らはこのムキタケ(広義)について研究し、苦味の無いムキタケを中国から新種として報告された *S. edulis*、一方、苦味のあるものをヨーロッパにおいて以前から知られている *S. serotina* と同定、和名として前者にはムキタケを、後者には発生時期が遅いことにちなんだ新たな名称の**オソムキタケ**を提唱している。両種は顕微鏡的特徴、遺伝学的特徴(交配能力の有無)、分子系統等において明らかに区別できるが、肉眼的特徴や生態(発生樹種や発生時期)に基づいて区別するのは中々難しい。ただ、典型的なオソムキタケ(ニガムキタケ)は苦味があるほかに、柄の表面が細鱗片状〜細粒状をしており、毛状(ビロード状〜剛毛状)で毛羽立った様

相を呈するムキタケと区別できる。なお、両種ともに従来ワサビタケ属(*Panellus*)に置かれてきたが、同属の基準種であるワサビタケとはDNA解析の結果系統を異にすることが明らかになり、現在は別属の*Sarcomyxa*(ムキタケ属)(クヌギタケ科)に置かれている。なお、青森県内では2016年に神孫作氏(青森市)によって広葉樹の倒木上で傘の色が帯オリーブ白色、柄が中心生または偏心生のやや小型なムキタケ類似のきのこが採集されているが、これは傘の色と柄の状態を除くと胞子が多少大きいもののきわめてムキタケの特徴に一致する。ムキタケの一変異型の可能があるが、暫定的に**シロムキタケ**(仮称)の名前を与え異同に関しては今後の調査に待ちたい。

シロムキタケ(仮)

キシメジ科 127

ニセシジミタケ 食不適

Tectella patellaris
ニセシジミタケ属

【形態】傘：通常1cm位、円形、傘の一部が基質に付着し、電灯のかさ状で柄は無い。幼時傘の下部は膜質類白色のつばにおおわれる。傘の表面は鱗片状〜網状、縁部はビロード状、黄土白色〜赤褐色、湿時多少粘性がある。肉：黄土色、かたい。ひだ：狭幅、密、暗黄土色〜褐色。
【生態】初秋、ブナなどの倒木や枯れ枝上に少数群生。

【コメント】発生はややまれ。新分類体系では、ニセシジミタケ属はクヌギタケ科に置かれている。

ニセシジミタケ（手塚撮影）

ワサビタケ 食不適

Panellus stipticus
ワサビタケ属

【形態】傘：通常2cm位、ほぼ円形〜腎臓形、縁は下方に強く巻く。表面は細かいしわ状、淡褐色または肉桂色。肉：淡褐色、やや革質、強靱、味に辛みがある。ひだ：柄のところで止まり垂生せず、狭幅、密。基部で互いに脈状に連なる。柄：通常長さ1.5mm、幅1.5mm位、傘に側生し、傘と同色。
【生態】夏〜秋、ブナその他の広葉樹の倒木や枯れ枝などに多数群生。

【コメント】味に辛みがあり、食用に適さない。新分類体系では、ワサビタケ属はクヌギタケ科に置かれている。

ワサビタケ

ヌメリツバタケモドキ

ヌメリツバタケモドキ 可食
Mucidula mucida var. *venosolamellata*
ヌメリツバタケ属

【形態】傘：通常5cm位、半球形～平たいまんじゅう形。表面は著しい粘性があり、若いとき中央部は灰褐色、のち淡灰色またはほぼ白色。肉：質はきわめてやわらかく、腐りやすい。ひだ：湾生～直生、疎、広幅、やわらかくて厚い。表面は著しいしわがあり、互いに脈状に連なる。柄：通常傘径とほぼ同じかやや短く、幅6mm位、中実、軟骨質。表面は光沢があり繊維状。白色、下部は灰褐色。上部に白色膜質のつばをもつ。
【生態】春～秋、ブナの立ち木や倒木上などに群生。
【コメント】近年、従来の *Oudemansiella*（広義のツエタケ属）は形態的特徴および分子データに基づいて多くの属に再編され、本菌やヌメリツバタケ、フチドリツエタケなどはタマバリタケ科のヌメリツバタケ属（*Mucidula*）に置かれている。本菌は従来、ヌメリツバタケと別種とされてきたが交配可能で、同一の生物学的種に所属する。しかし、両菌共にヌメリツバタケの学名として与えられてきたヨーロッパの *Mucidula mucida* とは形態的特徴および分子データにおいて若干の相違が認められることから、その変種として取り扱うのが妥当であるとされ、現在、従来のヌメリツバタケに対しては *M. mucida* var. *asiatica* の学名が、一方本菌ヌメリツバタケモドキに対しては上記の学名が与えられている。なお、ヌメリツバタケは戦後、故大谷吉雄博士により県内から報告（1956年）されているが、その後採集例がない。

フチドリツエタケ

フチドリツエタケ 可食
Mucidula brunneomarginata
ヌメリツバタケ属

【形態】傘：通常10cm位、ときにそれ以上、初めまんじゅう形、のち開いて丸山形からほぼ平らとなる。表面は初め帯紫褐色、のち灰褐色から帯黄白色、湿時強い粘性があり、しばしば放射状のしわがある。肉：白色。ひだ：直生であるが、柄の頂部に多少線状に垂れ、白色〜帯黄白色、やや疎、広幅。縁は濃紫褐色に縁取られる。柄：通常長さ8cm、幅8mm位、ほぼ上下同幅、中空、軟骨質。表面は白色の地に紫褐色の細鱗片でおおわれ、まだら模様となることが多い。
【生態】秋、トチノキ、イタヤカエデなどの広葉樹の立ち木や倒木などに多数群生。
【コメント】味は温和。所属はヌメリツバタケ属 *Mucidula* に変更になった。

ブナノモリツエタケ 食不適

Hymenopellis orientalis var. *orientalis*
ツエタケ属

【形態】傘：通常7cm位、初め低いまんじゅう形、のち中高の平らに開く。表面は淡灰褐色、中央から放射状に不規則な網目様のしわがのび、湿時粘性がある。**ひだ**：直生～上生、白色、幅広く疎。**柄**：通常長さ18cm、幅6mm位、ほぼ上下同幅、基部は根状となって地中深く入り込む。表面は傘とほぼ同色、粉状かつ繊維状条線におおわれる。
【生態】夏～秋、ブナ林内の地面、ときにブナの腐朽が進んだ材上に少数群生。

【コメント】生臭く、あまり食用に適さない。胞子は卵形～楕円形、大きさは15-17.5 × 11-13 μm。シスチジアは先端が頭状に膨らんだ紡錘形。近年、つばの無いツエタケ類は、ビロードツエタケ属 *Xerula* にまとめられていたが、その後さらに、本種などを含むツエタケ属 *Hymenopellis*、キノボリツエタケを含むキノボリツエタケ属 *Ponteculomyces*、エゾノビロードツエタケを含むエゾノビロードツエタケ属 *Paraxerula* などに細分割され、新分類体系では、これらはタマバリタケ科に置かれている。

ブナノモリツエタケ

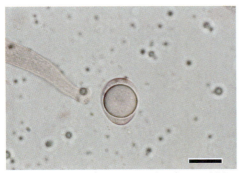

ブナノモリツエタケ胞子×1000

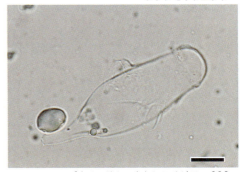

ブナノモリツエタケシスチジア×600

コブリブナノモリツエタケ 食不適
Hymenopellis orientalis var. *margaritella*
ツエタケ属

【形態】傘：通常3cm位、初め低いまんじゅう形、のち中高の平らに開く。表面は淡灰白色、中央から放射状に不規則な網目様のしわがのび、湿時粘性がある。ひだ：直生〜上生、白色、幅広く疎。柄：通常長さ12cm、幅5mm位、ほぼ上下同幅、基部は根状となって地中深く入り込む。表面は傘とほぼ同色、粉状かつ繊維状条線におおわれる。

【生態】夏〜秋、ブナ林内の地面、ときにブナの腐朽が進んだ材上に少数群生。

【コメント】前頁のブナノモリツエタケと同じく生臭いため、あまり食用に適さない。顕微鏡的特徴はほぼ同じであるが、同種より小型で傘は白色である。本県からはほかに旧ツエタケ属の一種で傘および柄が細毛でおおわれている菌が鈴木富夫氏（青森市）によって初めて採集されているが、調査の結果エゾノビロードツエタケ属の**エゾノビロードツエタケ** *Paraxerula hongoi* と同定されている。

コブリブナノモリツエタケ

エゾノビロードツエタケ

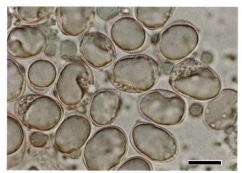
コブリブナノモリツエタケ胞子×1000

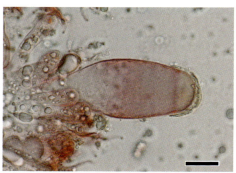
コブリブナノモリツエタケシスチジア×600

キノボリツエタケ 食不適

Ponticulomyces kedrovayae
キノボリツエタケ属

【形態】傘：通常7cm位、初め丸山形、のちほぼ平らに開く。表面は帯茶褐色、周辺は淡色、平滑、湿時粘性がある。肉：緻密で弾力があり、白色。ひだ：上生～多少湾生、黄白色、多少広幅、やや密。柄：通常長さ5cm、幅8mm位、下方に太まり、基部で膨らみ、中実。表面は白色、繊維状で下部は褐色のささくれ状鱗片におおわれる。
【生態】春または秋遅く、ブナ倒木上に単生～少数束生。
【コメント】胞子は楕円形～アーモンド形～涙滴形、大きさは15-21×10-12μm。本県からは2003年に著者および横沢利昭氏によって八甲田から初めて採集されているが、近年ようやく同種と同定された。渓畔林に多く、発生はまれ。

キノボリツエタケ

キノボリツエタケ

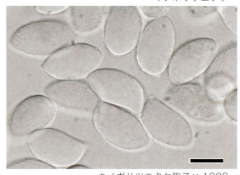

キノボリツエタケ胞子×1000

ヒロヒダタケ 食注意

Megacollybia clitocyboidea
ヒロヒダタケ属

【形態】傘：通常12cm位、初め半球形、のち開いて平らとなり、中央がややくぼむ。表面は灰色、灰褐色、黒褐色、放射状の繊維紋がある。**肉**：白色。**ひだ**：湾生、広幅、疎、白色、ときに灰褐色に縁取られる。**柄**：通常長さ10cm、幅1cm位、上下同幅.。表面は白色〜灰色、繊維状、根もとに白色の菌糸束をつける。

【生態】夏〜秋、ミズナラなどの広葉樹の腐朽材上やその付近に単生または群生。

【コメント】可食とされていたが、中毒例があるとされているので注意を要する。従来、旧ツエタケ属にまとめられていた種であるが、近年、独立したヒロヒダタケ属 *Megacollybia* が設けられ分類されており、新分類体系ではホウライタケ科に置かれている。また、本菌には *M. platyphylla* (= *Oudemansiella platyphylla*) の学名が当てられていたが、典型的なヨーロッパのものとは異なることが分かり、近年、新種として報告された。なお、本菌にひだが暗褐色縁取られるタイプがあるが、取りあえず同種として扱われている。

ヒロヒダタケ

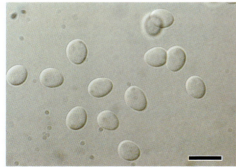

ヒロヒダタケ胞子×1000

ひだが縁取りタイプのヒロヒダタケ

マツカサキノコモドキ 可食

Strobilurus stephanocystis
マツカサキノコ属

【形態】傘：通常2.5cm位、初めまんじゅう形、のち平らに開き、ついには多少中低となる。表面は灰褐色〜黒褐色、ときに灰色、平滑。ひだ：上生、白色、密。柄：通常地上部で長さ5cm、幅3mm位、ほぼ上下同幅、根もとは長く伸びて地中のまつかさに付着する。表面は微毛におおわれ、上部は白色、下部は橙黄褐色。
【生態】晩秋〜初冬、林内の地中に埋もれたまつかさから発生。
【コメント】可食とされているが、ほとんど利用されていない。類似種が複数あるが、本種は胞子が非アミロイドで、倒洋梨状で頭部にしばしば付着物を有するやや厚膜なシスチジアをもつことで区別がつく。

マツカサキノコモドキ

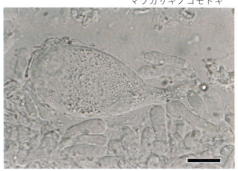

マツカサキノコモドキのシスチジア×1000

スギエダタケ 可食
Strobilurus ohshimae
マツカサキノコ属

【形態】傘：通常5cm位、初めまんじゅう形、のちほぼ平らに開き、さらに多少中低となる。表面は全体白〜ねずみ色、ときに中央は淡褐色。微毛をおび、乾燥時は粘性は無いが、湿時多少粘性がある。ひだ：上生〜離生、白色、やや密〜やや疎。柄：通常長さ6cm、幅4mm位、中空、多少軟骨質、基部はしばしば多少膨れて根状となる。表面は微毛におおわれ、橙黄褐色で頂部は白色。
【生態】秋〜初冬、落ち葉や腐植に埋もれたスギの落ち枝に散生または群生する。
【コメント】食用とすることができるが、味にやや生臭みがあることから、調理時に多少工夫が必要である。新分類体系では、マツカサキノコ属はタマバリタケ科に置かれている。

スギエダタケ

ハナオチバタケ 食不適
Marasmius pulcherripes
ホウライタケ属

【形態】傘：通常1cm位、初め鐘形〜まんじゅう形、のち円錐状丸山形からやや平らに開く。表面は淡紅色〜紫紅色、中央濃色、放射状の溝がある。肉：きわめて薄く、革質。ひだ：直生またはほとんど離生、きわめて疎。柄：通常長さ5cm、幅1mm位、細長く針金状、上下同幅。かたく革質。表面は平滑、黒褐色。
【生態】夏〜秋、林内の各種広葉樹および針葉樹の落葉上に散生または群生。
【コメント】傘が紅色のほかに黄土色〜肉桂色のタイプがある。新分類体系では、ホウライタケ属はホウライタケ科に置かれている。

ハナオチバタケ（茶色型）

ハナオチバタケ（手塚撮影）

ハリガネオチバタケ 食不適
Marasmius siccus
ホウライタケ属

【形態】傘：通常1cm位、初め鐘形～まんじゅう形、のち円錐状丸山形からやや平らに開き、中央はややくぼんで真ん中は多少突出する。表面は黄土色～肉桂色、中央濃色、放射状の溝がある。肉：きわめて薄く、革質。ひだ：直生またはほとんど離生、きわめて疎。柄：通常長さ5cm、幅1mm位、細長く針金状、上下同幅。かたく革質。表面は平滑、黒褐色。

【生態】夏～秋、林内の各種広葉樹および針葉樹の落葉上に散生または群生。

【コメント】前種とも肉は薄く革質で、食用の対象とするには不向き。胞子は棍棒形、大きさは18-21×3-4.5μm。しばしば前種ハナオチバタケの黄土色タイプと混同されているが、本種は傘の中央が突出し、胞子が大形な点で区別がつく。

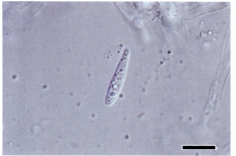

ハリガネオチバタケ胞子×1000

ハリガネオチバタケ

ミヤマオチバタケ 不明
Marasmius cohaerens
ホウライタケ属

【形態】傘：通常3cm位、初め円錐状丸山形、のち中高の平らに開く。表面は淡肉桂色で中央部は濃色、きわめて微細な毛におおわれビロード状を呈する。ひだ：ほぼ離生、白色～帯褐白色、疎～やや疎。柄：通常長さ6cm、幅3mm位、上下同幅、かたく軟骨質。下部は暗褐色で、上部はほとんど白色、基部は白色菌糸でおおわれる。

【生態】秋、トチやミズナラなどの広葉樹林内の落ち葉の間に散生または群生。

【コメント】食毒については不明。県内では渓畔林から見つかっており、発生は比較的まれである。

ミヤマオチバタケ（手塚撮影）

オオホウライタケ 食不適

Marasmius maximus
ホウライタケ属

【形態】傘：通常8cm位、初め鐘形〜まんじゅう形、のち開いてやや中高の平ら。表面は淡なめし革色、ときにやや緑色をおび、中央部は帯褐色、乾けば帯白色。放射状の溝があり、中央部には多少しわがみられる。**肉**：薄く、革質。**ひだ**：上生〜離生、疎、傘より淡色。**柄**：通常長さ6cm、幅4mm位、円筒状、上下同幅、軟骨質、中実。表面は傘と同色、やや繊維状、上部は粉状。
【生態】初夏〜秋、各種広葉樹林内の落葉上やササの落葉上などに群生〜多少束生。
【コメント】革質で食用に適さない。ワサビカレバタケ(*p.*123)が多少類似するが、同種では傘の中央がくぼみ放射状のしわ状で溝はなく、味が辛いことで区別がつく。

オオホウライタケ

カバイロオオホウライタケ 食不適

Marasmius aurantioferrugineus
ホウライタケ属

【形態】傘：通常8cm位、初めまんじゅう形、のち丸山形からほぼ平らに開く。表面はかば色（橙褐色）、多くの放射状のしわがある。**肉**：白色、強靭。**ひだ**：直生〜上生、柄と分離しやすく、やや疎、白色。**柄**：通常長さ10cm、幅6mm位、多少細長く、上下同幅、根もとは膨らみ、中実。表面は繊維状、上部は粉状、白色あるいは傘と同色の細鱗片を散在する。肉質は強靭。
【生態】秋、広葉樹林内やカラマツ林内の落葉上に群生または単生。
【コメント】有毒ではないが、肉が強靭で食用とするには不向き。傘の色が鮮やかで目立つきのこであるが、発生はややまれで、あまり多くは見かけない。

カバイロオオホウライタケ

スギノタマバリタケ 食不適
Physalacria cryptomeriae
タマバリタケ属

【形態】傘をつくらず、球形〜類球形の頭部と円柱状の柄からなる待ち針状。**頭部**：通常1mm位。表面は白色〜淡クリーム白色、極めて微細な毛を密生する。**柄**：通常長さ1mm、幅0.1mm位。表面は頭部と同じで微細な毛を密生する。
【生態】梅雨時、スギの落枝の枯れた葉上に群生。
【コメント】きわめて小さいため、ルーペを用いないと見つけにくい。本県からは1998年に工藤啓子氏（青森市）によって初めて採集された。胞子は長楕円形、大きさは14.5-17.5 × 5-5.5 μm（長澤：2011年）。頭部や柄の表面に紡錘状のシスチジアを有する。新分類体系では、タマバリタケ属はタマバリタケ科に置かれている。

スギノタマバリタケ（長澤撮影）

シロコナカブリ 食不適
Mycena alphitophora
クヌギタケ属

【形態】**傘**：通常5mm位、初め円錐形〜まんじゅう形、のち開いて丸山形。表面は白色、全体に白色の粉におおわれ、放射状の溝線があり、やや扇面状を呈する。**ひだ**：ほぼ離生、白色、やや疎。**柄**：通常長さ2cm、幅1mm位、ほぼ上下同幅で根もとは少し膨らむ。表面は白色、同色の微毛におおわれる。
【生態】夏〜初秋、カラマツの落葉枝上などに群生。
【コメント】きわめて小さく、食用には不向き。本菌に従来当てられていた学名 *M. osmundicola* は本種の異名である。新分類体系では、クヌギタケ属はクヌギタケ科に置かれた。

シロコナカブリ

アシナガタケ 不明
Mycena polygramma
クヌギタケ属

【形態】傘：通常3cm位、初め円錐状鐘形、のち円錐状丸山形、中央部はやや突出。表面は帯褐灰色、長い条線あり。ひだ：ほぼ離生、やや疎、淡灰色。柄：通常長さ8cm、幅2mm位、上下同幅で基部は根状に伸びる。表面は傘より淡色、縦線があり、基部は毛におおわれる。
【生態】盛秋〜晩秋、広葉樹、主にブナ林内の落葉上などに群生。
【コメント】県内で知られている類似種としてニオイアシナガタケ *Mycena filopes*（= *M. amygdalina*）があるが、同種は傘がより淡色で、肉に薬品臭がある。

アシナガタケ

アカチシオタケ 食不適
Mycena crocata
クヌギタケ属

【形態】傘：通常3cm位、初め卵状釣り鐘形、のち開いて円錐形〜円錐状丸山形。表面は灰色、オリーブ色、粘土色または赤色をおび、傷つくと橙紅色の液が滲み出る。放射状の条線がある。ひだ：ほぼ垂生状に直生、白色、傷つけば黄赤色に変わる。柄：通常長さ7cm、幅2mm位、上下同幅、ほぼ中空。表面は橙黄色〜朱紅色、上部で淡色、傷つくと橙紅色の液が滲み出る。基部は綿毛状菌糸におおわれる。
【生態】秋やや遅く、ブナやそのほかの広葉樹の倒木または落葉上に群生〜束生。
【コメント】次種のチシオタケは傷をつけたときの浸出液が暗血紅色であることで本種と区別ができる。

アカチシオタケ（手塚撮影）

チシオタケ 不明

Mycena haematopus
クヌギタケ属

【形態】傘：通常3cm位、初め鐘形、のち開いて円錐形〜円錐状丸山形。表面は帯褐赤色、淡赤紫色、傷つくと暗血紅色の液が滲み出る。放射状の条線があり、縁部は鋸歯状をなす。ひだ：やや垂生状に直生、初め白色、のち肉色〜淡赤紫色、傷つくと暗血紅色ぼ液が滲み出る。柄：通常長さ8cm、幅2mm位、上下同幅、ほぼ中空。傘とほぼ同色で傷つくと暗血紅色ぼ液がにじみ出る。
【生態】初夏〜秋、広葉樹の朽ち木や切株上に群生〜束生。
【コメント】本種に類似した菌が複数見つかっているが、変異の範囲なのかどうかまだ詳細に調査されていない。

チシオタケ

アカバシメジ 毒

Mycena pelianthina
クヌギタケ属

【形態】傘：通常4cm位、初め鐘形〜まんじゅう形、のち丸山形からほぼ平らに開く。表面は帯紫褐色〜褐色、乾くと淡色、湿時縁に条線があらわれる。肉：淡色〜類白色、ダイコン臭がある。ひだ：直生〜湾生、疎、幅広く、お互いに脈で連絡し、灰紫色、縁部は鋸歯状で暗色に縁取られる。柄：通常長さ5cm、幅5mm位、上下同幅、中空。表面は傘とほぼ同色、繊維状、条線がある。
【生態】夏〜秋、ミズナラなどの広葉樹林内の落葉の間に散生〜群生。

【コメント】有毒のムスカリンを含むといわれているので注意が必要である。県内では普通に見られる種であり、北日本に多いとされている。

アカバシメジ

キシメジ科

サクラタケ 毒

Mycena pura
クヌギタケ属

【形態】傘：通常4cm位、初め鐘形、のち多少中高の丸山形から平らに開き、同心円状の隆起がある。表面は紫褐色～暗紫色、乾くと淡色、湿ると条線をあらわす。肉：淡紫色。ひだ：直生～上生、疎、互いに脈で連絡し、淡紫色。柄：通常長さ6cm、幅5mm位、上下同幅または下方に太まり、中空。表面は傘とほぼ同色、平滑。
【生態】夏～秋、スギやカラマツなどの林内の落葉の間に群生～束生。
【コメント】有毒のムスカリンを含むので注意が必要である。本種は研究者によっては多くの変種に分けられているが、日本ではほとんど区別されていない。

サクラタケ（手塚撮影）

サクライロタケ（新称） 不明

Mycena rosea
クヌギタケ属

【形態】傘：通常4cm位、初め鐘形、のち丸山形からほぼ平らに開く。表面は淡紅色、乾くと淡色、湿ると条線をあらわす。肉：やや薄く、白色。ひだ：直生～上生、やや密、互いに脈で連絡し、淡紅白色。柄：通常長さ5cm、幅5mm位、上下同幅または下方に太まり、中空。表面は淡紅白色～ほぼ白色、平滑。
【生態】秋、ダケカンバなどの広葉樹林内の地面に散生。
【コメント】日本新産種。本菌はしばしば前種のサクラタケと間違われて紹介されているが、本種は傘が淡紅色で紫色をおびず、同心円状の隆起が無いこと、柄がほぼ白色であること、しばしば先端が丸い棍棒状のシスチジアをもつことで区別がつく。

サクライロタケ

ベニカノアシタケ 不明
Mycena acicula
クヌギタケ属

【形態】傘：通常0.8 cm位、初め鐘形、のち中高の平らからほぼ平らに開き、条線をあらわし、縁部は多少鋸歯状。表面は橙赤色のち退色してオレンジ色〜黄色、多少繊維状細鱗片を散布する。ひだ：直生状垂生、疎。オレンジ色〜黄色〜白色。柄：通常長さ6 cm、幅1 mm位。表面はオレンジ色〜黄色、基部に白色の毛がある。
【生態】夏〜秋、ブナなどの林内の落葉や落枝上、沢づたいの倒木上に発生。
【コメント】小形で食用的価値は無い。次種ウスキブナノミタケに類似するが、同種はブナの堅果に発生することで区別がつく。

ベニカノアシタケ（手塚撮影）

ウスキブナノミタケ 食不適
Mycena sp.
クヌギタケ属

【形態】傘：通常0.6 cm位、初め円錐状釣鐘形、のち丸山形、中央多少くぼむか平ら、または中高。表面は類白色、淡黄白色、黄色、ときに淡橙黄色と変化に富み、平滑、湿ると弱い粘性があり、条線があらわれる。ひだ：直生状垂生、白色〜淡黄色、疎。柄：通常地上部分で長さ4 cm、幅1 mm位、上下同幅、中空、根もとは根状に長く伸びブナの堅果に付き、全体でときに長さ20 cmを超える。表面は淡黄白〜黄色〜山吹色、しばしば頂部は橙黄色、基部は淡黄白色で、長い軟毛におおわれている。
【生態】晩秋、ブナ林内の地面に落ちたブナの堅果から群生。
【コメント】従来、本菌には北米で知られている *M. luteopallens* の学名が当てられていたが、同種はより大形でクルミ科の堅果から発生する菌であり異なる。小形でブナの堅果に発生する本菌は新種の可能性があるが、まだ学名は与えられていない。

ウスキブナノミタケ（手塚撮影）

キシメジ科　143

ヒメカバイロタケ 不明
Xeromphalina campanella
ヒメカバイロタケ属

【形態】傘：通常1.5cm位、初め鐘形〜まんじゅう形、丸山形に開いて中心部にくぼみができる。表面は平滑、帯褐橙黄色〜黄褐色、湿時条線をあらわす。肉：薄く、黄色。ひだ：直生状垂生または長く垂生、やや疎、互いに脈で連絡する。帯黄色。柄：通常長さ2.5cm、幅1mm位、中心性、上下同幅、軟骨質。表面は上部で帯黄色、下部で褐色。
【生態】夏〜秋、林内のコケにおおわれたアカマツなどの倒木や切り株上に群生〜束生。
【コメント】日本の菌は典型的なヨーロッパの菌と異なることが最近報告され、学名についての再検討が行われている。新分類体系ではヒメカバイロタケ属はクヌギタケ科に置かれている。

ヒメカバイロタケ

ミヤマシメジ 不明
Hydropus nigrita
ニセアシナガタケ属

【形態】傘：通常3.5cm位、初め円錐形、のち開いて中高の円錐状丸山形、周辺は多少反り返す。表面は繊維状、灰色〜帯褐灰色、触れたり老成すると黒く変色する。肉：薄く、淡灰色、のち黒く変色する。ひだ：ほぼ離生、やや疎、白色、傷つけると黒く変色する。柄：通常長さ5cm、幅4mm位、基部で多少膨らむ。表面は傘より淡色で、傘と同様に変色する。
【生態】初夏〜秋、スギの腐朽材上に群生。
【コメント】県内では2003年に江口一雄氏によって初めて採集されたまれな種。従来本菌に当てられていた学名 *Lyophyllum nigrescens* は本種の異名。新分類体系では、ニセアシナガタケ属はホウライタケ科に置かれている。

ミヤマシメジ

フジイロアマタケ 不明
Baeospora myriadophylla
ニセマツカサシメジ属

【形態】傘：通常2.5 cm位、初めまんじゅう形、幼時、縁部は内側に巻くが、のち開いて平たい丸山形となり、しばしば中央は多少くぼむ。表面は多少微毛状、ほぼ平滑、帯紫褐色～黄土褐色、のち退色して淡灰褐色。ひだ：直生～上生、初め紫色のち紫褐色、幅狭く、密。柄：通常長さ4 cm、幅2 mm位、下方に多少細まり、中実。表面は淡紫褐色、暗紫色の細点でおおわれる。

【生態】初夏～秋、ブナなどの古い切り株や腐朽木上に単生～群生。
【コメント】食毒については不明。発生は比較的まれ。

フジイロアマタケ

ニセマツカサシメジ 可食
Baeospora myosura
ニセマツカサシメジ属

【形態】傘：通常2 cm位、初め丸山形、のちほぼ平らとなり、中央部が多少もり上がる。表面は平滑、淡黄褐色～褐色、乾けば淡色となる。ひだ：上生、密、ほぼ白色。柄：通常地上部分は長さ4 cm、幅2 mm位、上下同幅、中空。表面は傘より淡色またはほとんど白色で白い粉におおわれ、根もとには白色の長毛がある。
【生態】晩秋～初冬、林内の地中にうもれたまつかさから発生。

【コメント】可食であるが、ほとんど利用されることはない。胞子はアミロイド、シスチジアは紡錘形。本種はマツカサキノコモドキ(*p.135*)に類似するが、同種は傘が淡色、胞子が非アミロイドでシスチジアが太い棍棒状であることで区別がつく。新分類体系では、ニセマツカサシメジ属はフウリンタケ科に置かれている。

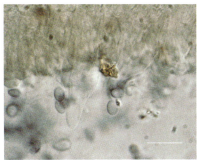
ニセマツカサシメジシスチジアと胞子×1000

ニセマツカサシメジ

ホシアンズタケ（手塚撮影）

ホシアンズタケ 可食
Rhodotus palmatus
ホシアンズタケ属

【形態】傘：通常6cm位、初めまんじゅう形、のち丸山形からほぼ平らに開く。表面は初め網目状のしわをあらわすがのち不明瞭、周囲に条線があり、湿時粘性がある。表皮は厚く強靭でゴム状、剥がれやすい。肉：淡紅色、苦味があり、やや強靭。ひだ：やや湾生〜直生、淡紅色、やや疎。柄：通常長さ5cm、幅1cm位、下方に太まり、中実。表面は初め白色、のち傘と同色、上部に褐色の分泌物を付着する。

【生態】春および秋、ハルニレなどの枯れ木や倒木上に単生〜少数束生。

ホシアンズタケ（手塚撮影）

【コメント】食用となるがやや苦味があり、質が強靭で歯切れも悪い。本県をはじめ北日本に多く見られるが、発生は比較的まれ。新分類体系では、ホシアンズタケ属はタマバリタケ科に置かれている。

エノキタケ(手塚撮影)

エノキタケ 可食

Flammulina velutipes
エノキタケ属

エノキタケ(手塚撮影)

【形態】傘:通常5cm位、初め半球形、のちまんじゅう形からほぼ平らに開く。表面は著しい粘性があり、黄褐色〜暗茶褐色、周辺淡色。ひだ:上生、やや疎、白色〜淡クリーム色。柄:通常長さ8cm、幅6mm位、下方に多少太まり、中実で軟骨質。表面は短い密毛におおわれ、暗褐色または黄褐色、上部は淡色。

【生態】秋〜春にかけて、とくに晩秋から早春、ニセアカシアやヤナギ、ブナ、ミズナラ、ナナカマドなどの切り株や枯れ幹上に多数束生または単生。

【コメント】地方名ヌイド、ユキノシタ。モヤシ状の栽培品が市場に出回っており一般に馴染みがあるが、自然のものとは姿かたちがかけ離れている。本菌は変異に富んでいていろいろなタイプがある。外国ではエノキタケの近縁種が複数報告されているが本県でも1種だけでない可能性があり、今後詳細な研究が必要である。新分類体系では、エノキタケ属はタマバリタケ科に置かれている。

オドタケ（八矢撮影）

オドタケ 可食

Clitocybula esculenta
ヒメヒロヒダタケ属

【形態】傘：通常8cm位、初め釣り鐘形、のちやや中高な丸山形に開く。表面は初め粘土色のち茶白色〜象牙色、古くなると黒っぽくなり、ほぼ平滑、粘性なし。しばしば中央部に褐色の細点を密布する。**ひだ**：離生または湾生、密、ややくすんだ黄白色〜茶白色。**柄**：通常長さ15cm、ときに25cm以上、幅2cm位、上下同幅または下部にやや太まる。初めほぼ灰白色のち暗色、表面に縦すじ模様がある。
【生態】秋、ブナ、ミズナラ、ハルニレ、トチノキなどの広葉樹の根もとの空洞または腐朽材上に多数束生。
【コメント】地方名オドタケ、オドウタケなど。北日本に多く見られ、南八甲田の蔦周辺では古くから食用にされていたが、近年新種として報告された種である。和名は本県の地方名であるオドタケからつけられた。新分類体系では、ヒメヒロヒダタケ属はホウライタケ科に置かれている。

オドタケ幼菌（手塚撮影）

テングタケ科 Amanitaceae

　旧テングタケ科のきのこは、大形で肉質なものが多く、柄の根元につぼがあり、傘の表面につぼの名残をつけるものや、柄につばをもつものがある。また、傘と柄の肉が離れやすい(ウラベニガサ型)特徴がある。通常菌根性で猛毒菌が多い。本県からは2属40種(1変種、2品種、6未記録種を含む。)が知られている。
　近年の分子系統学的研究の成果を反映した分類体系でも本科に大きな変更はない。

コナカブリベニツルタケ 不明

Amanita sp.
テングタケ属

【形態】傘：通常8 cm位、初めほぼ球形、のち平らに開いて中央が多少くぼむ。表面は赤橙色、のち退色して橙黄色～淡黄灰色。橙黄色の粉に密におおわれるが、のち散在。周辺に溝線がある。ひだ：離生、淡黄白色、やや疎。柄：通常長さ10 cm、幅1.5 cm位、下方に多少太まり、つばを欠く。表面は淡黄色、粉状。根もとはやや膨らみ、橙黄色粉質のつぼをもつ。
【生態】夏～初秋、ブナの樹下に単生～散生。
【コメント】1989年に手塚豊氏によって八甲田から採集された。胞子は卵状楕円形、大きさ10-13×6-10 μm、非アミロイド。北米の *A. parcivolvata* は本種に類似するが、傘の付着物が房毛様破片状で胞子がより狭幅である点で異なる。既知種に該当するものはなく新種と考えられる。

コナカブリベニツルタケ

ヒメコナカブリツルタケ 不明
Amanita farinosa
テングタケ属

【形態】傘：通常4cm位、初めほぼ球形、のち開いて平らとなり、ついには中央部がややくぼむ。表面は粘性なく、帯褐灰色の粉におおわれ、中央部は暗色。縁には放射状の溝線がある。ひだ：離生、白色、やや疎。柄：通常長さ5cm、幅5mm位、下方で多少太まる。つばを欠き、中空。表面はほぼ白色、粉状。根もとは球根状に膨らみ、帯褐灰色の粉質のつぼをつける。
【生態】夏～秋、アカマツやミズナラ、ブナなどの樹下に散生～やや群生。
【コメント】かつては食用可能ともいわれていたが、最近では有毒で胃腸系の中毒を起こすともいわれており、食毒については不明。

ヒメコナカブリツルタケ

ヒメベニテングタケ 不明
Amanita rubrovolvata
テングタケ属

【形態】傘：通常3.5cm位、初め卵形、のちまんじゅう形から平らに開き中央部が少しくぼむ。表面は鮮赤色～朱色、縁では黄色。橙黄色粉質のつぼの破片を点在する。縁には放射状の溝線がある。ひだ：離生、やや密、淡黄色。柄：通常長さ6cm、幅5mm位、下方に向かって太まり、基部は球根状、上部に膜質のつばをつける。表面は淡黄色～橙黄色で、多少粉質の小鱗片におおわれる。つぼは黄赤色で粉質、破片が不完全な輪となって残る。
【生態】夏～初秋、おもにブナ・ミズナラ林内の地面に単生～少数群生。
【コメント】有毒ともいわれているが、毒成分は不明であり、食毒についても不明。

ヒメベニテングタケ

ベニテングタケ（手塚撮影）

ベニテングタケ 毒

Amanita muscaria
テングタケ属

【形態】傘：通常15cm位、ときに20cm以上、初めほぼ球形、のちまんじゅう形から平らに開く。表面は粘性があり、鮮赤色〜橙黄色、全面に白色のつぼの破片をいぼ状〜斑点状に散在する。成長すれば縁に短い溝線をあらわす。ひだ：離生、白色、密。柄：通常長さ15cm、ときに20cm以上、幅2cm位、下方に太まり、白色。上部に白色膜質のつばがあり、つばより下は多少ささくれる。根もとは球状に膨らみ、いぼ状のつぼの名残を環状に付着する。

【生態】やや秋遅く、ダケカンバなどの樹下に単生〜少数群生。

【コメント】本県ではシラカバ林が少ないため、比較的高山などのダケカンバ林でなければなかなか見られないが、下北半島猿ヶ森の海岸のマツ林にも発生する。

ブナノベニテングタケ（仮称） 不明

Amanita sp.
テングタケ属

ブナノベニテングタケ（仮称）幼菌

【形態】傘：通常12cm位、初めほぼ球形、のちまんじゅう形から平らに開く。表面は粘性があり、橙色、周辺橙黄色、全面にクリーム白色のつぼの破片をいぼ状〜斑点状に散在する。成長すれば縁に溝線をあらわす。
ひだ：離生、白色、密。柄：通常長さ15cm、幅1.5cm位、下方に太まり、黄白色。上部にクリーム白色膜質のつばがあり、縁部は淡黄色に縁取られ、つばより下は多少ささくれる。根もとは球状に膨らみ、クリーム白色、浅い不完全な襟状のつぼとその上にいぼ状のつぼの名残を付着する。
【生態】秋、ブナの樹下に単生〜少数群生。
【コメント】本県のブナ林では、本菌が一般的に見られる。胞子は類球形〜広楕円形〜楕円形、大きさ8.5-12×6.5-9μm。前頁のベニテングタケに類似するが、同種はより大形で傘の色が鮮赤色、柄やつばは白色で、胞子がより長形（本郷, 1987：10.5-12.5×6.5-8μm）である点で異なり、別種の可能性もあることから詳細な分類学的検討を要する。

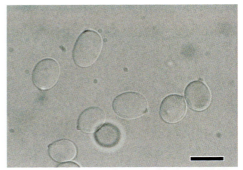

ブナノベニテングタケ（仮称）胞子×1000

ブナノベニテングタケ（仮称）

ウスキテングタケ 不明
Amanita orientogemmata
テングタケ属

【形態】傘：通常8 cm位、初め半球形、のち丸山形から平らに開く。表面は淡黄色でやや粘性があり、白色膜状～いぼ状のつぼの破片を散在する。縁には放射状の短い溝線がある。ひだ：離生、やや密、白色。柄：通常長さ8 cm、幅10 mm位、柄の根もとはふくらみ、綿質で浅い袋状のつぼの名残が付着する。上部に白色、膜質で消失しやすいつばをつける。表面は傘より淡色、やや綿質の軟らかい鱗片におおおわれる。
【生態】初秋、アカマツの交じったミズナラなどの雑木林内の地面に単生～散生。
【コメント】発生はあまり一般的でないが北米で死亡例のある猛毒種と近縁なので注意が必要。従来、本菌に当てられていた学名の *A. gemmata* は誤適用である。

ウスキテングタケ（手塚撮影）

テングタケ 毒
Amanita pantherina
テングタケ属

【形態】傘：通常10 cm位、初め半球形、のちまんじゅう形から平らに開き中央部が少しくぼむ。表面は粘性があり、灰褐色～茶褐色。全面に白色い多少低い台形状のつぼの破片を散在する。周辺部は淡色で放射状の溝線をあらわす。ひだ：離生、白色、密。柄：通常長さ12 cm、幅1.5 cm位、下方に太まり、表面は白色でつばから下は多少ささくれ、上部に膜質のつばをつける。根もとは膨らみ、白色膜質のつぼの名残が襟状となって残る。
【生態】夏～秋、ミズナラやコナラの林の地面に単生～散生。

【コメント】発生は比較的まれで、県内では誤食による中毒例は無い。本種はイボテングタケ（p.154）に類似するがより小形で、傘のいぼは白色、つぼは複数のリング状でない。

テングタケ

テングタケ科

イボテングタケ（手塚撮影）

イボテングタケ 〔毒〕

Amanita ibotengutake
テングタケ属

【形態】傘：通常15cm位、ときに25cm以上、初め半球形、のち平らに開き中央部が多少くぼむ。表面は粘性があり、暗褐色。白い角錐状のつぼの破片を多数散在する。周辺部は淡色で、短い放射状の溝線をあらわす。**ひだ**：離生、白色、密。**柄**：通常長さ20cm、幅2cm位、表面はくすんだ白色。上部に取れやすい膜質のつばをもち、つばより下は多少斑状にささくれる。根もとは膨らみ、複数のつぼの名残がリング状〜襟状となって残る。

【生態】夏〜秋、アカマツなどの針葉樹やミズナラなどの広葉樹の樹下に群生。

【コメント】つばが脱落しやすいためか意外と中毒例が多いので注意。本菌は従来テングタケ（p.153）の一変異型と考えられてきたが、近年別種として分けられた。

テングタケダマシ 不明
Amanita sychnopyramis f. *subannulata*
テングタケ属

【形態】傘：通常6cm位、初め半球形、のちまんじゅう形から平らに開き中央部が少しくぼむ。表面は湿時粘性、灰褐色～暗褐色。全面に白色～淡灰褐色で角錐形の小形のつぼの破片を多数散在する。周辺部は放射状の溝線をあらわす。ひだ：離生、白色、密。柄：通常長さ8cm、幅8mm位、下方に太まり、表面はほぼ綿質で白色、下部は淡褐色をおび、上部に白色で灰色に縁どられた薄い膜質のつばをつける。根もとは膨らみ、小形のつぼの破片が環状に付着する。
【生態】夏～秋、ブナやミズナラ林内の地面に単生～散生。
【コメント】発生は比較的まれ。テングタケ(p.153)に類似するがより小形で、傘の鱗片はピラミッド状で灰褐色をおび、つばは灰色に縁取られる。

テングタケダマシ（安藤撮影）

テングツルタケ 不明
Amanita ceciliae
テングタケ属

【形態】傘：通常6cm位、初め卵形、のち釣り鐘形～まんじゅう形から平らに開き、縁には放射状の溝線がある。表面は黄褐色、周辺では淡色。灰黒色綿質のつぼの破片が多数付着する。ひだ：離生、白色、密。柄：通常長さ10cm、幅1cm位、下方に多少太まり、つばを欠き、つぼは灰黒色綿質で袋状とならず、破片が柄の下部に不完全な輪となって残る。
【生態】秋、ブナ、ミズナラなどの樹下に単生。
【コメント】胃腸系の中毒を起こすともいわれているが、毒成分などは不明である。

テングツルタケ（手塚撮影）

ツルタケ(広義) 食注意
Amanita vaginata (s.l.)
テングタケ属

【形態】傘：通常6cm位、初め卵形、のち釣り鐘形〜まんじゅう形から平らに開き、縁には放射状の溝線がある。表面は灰色〜灰褐色、しばしば膜質の白いつぼの破片を付着する。ひだ：離生、白色、やや密。柄：通常長さ10cm、幅1.2cm位、下方にやや太まり、中空。表面は白色〜淡灰色、平滑または綿質のやわらかい鱗片におおわれる。つばを欠き、根もとには白色膜質のさや状のつぼがある。
【生態】夏〜秋、各種林内の地面に単生〜散生。
【コメント】可食とされてきたが、最近は、溶血性タンパクを含み、生食すると中毒するといわれているので要注意。近年、従来ツルタケといわれているものは複数の種が含まれている可能性が指摘されている。

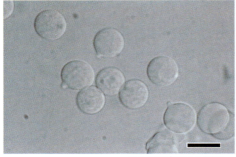

ツルタケ胞子×1000

ツルタケ

シロツルタケ 食注意
Amanita vaginata f. *alba*
テングタケ属

【形態】傘：通常5cm位、初め卵形、のち釣り鐘形〜まんじゅう形から平らに開き、縁には放射状の溝線がある。表面は白色、しばしば白い膜質のつぼの破片を付着する。ひだ：離生、白色、やや密。柄：通常長さ8cm、幅1cm位、下方にやや太まり、中空。表面は白色、平滑または綿質のやわらかい鱗片におおわれる。つばを欠き、根もとには白色膜質のさや状のつぼがある。
【生態】夏〜秋、各種林内の地面に単生。
【コメント】従来、前種ツルタケの1変種とされていたが、近年、同種の品種として報告されている。ツルタケと同じく生食すると中毒するといわれているので要注意。

シロツルタケ

バライロツルタケ 不明

Amanita sp.
テングタケ属

【形態】傘：通常6cm位、初め卵形〜釣り鐘形、のちまんじゅう形から平らに開く。表面は灰褐色で、初め淡紅色をおびる。しばしば膜質白色のつぼの破片を付着し、周辺には放射状の溝線がある。ひだ：離生、淡紅色、やや密。柄：通常長さ10cm、幅1.2cm位、表面は白色あるいは淡紅色をおび、やや綿質のやわらかい鱗片におおわれる。つばを欠き、中空。根もとには幼時、淡紅白色のち白色の膜質さや状のつぼがある。
【生態】初秋〜秋、ブナの樹下に発生。
【コメント】1990年に手塚豊氏によって八甲田から初めて採集された。胞子は類球形、大きさ9-12×8.5-11.5μm。前頁のツルタケにきわめて類似するが、同種はひだが白色であることで区別ができる。既知種に該当するものはなく新種と考えられる。

バライロツルタケ

バライロツルタケ傘裏

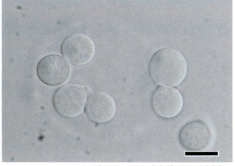

バライロツルタケ胞子×1000

テングタケ科 157

オオツルタケ 不明
Amanita punctata
テングタケ属

【形態】傘：通常10 cm位、初め卵形〜釣鐘形、のちまんじゅう形からほぼ平らに開き、周辺に溝線がある。表面は平滑で茶褐色、中央は濃色。ひだ：離生、白色で縁が暗灰色に縁取られ、やや密。柄：通常長さ12 cm、幅1.5 cm位、下方に太まり、表面は暗灰色のだんだら模様をあらわす。つばを欠き、中空。根もとには白色膜質のさや状のつぼをもつ。

【生態】夏〜秋、ブナ、ミズナラなどの広葉樹の林内の地面地上に単生。

【コメント】従来ツルタケ(*p.156*)の1変種とされていたが、近年、独立した種として報告されている。食毒不明であるが、成分等は不明なものの胃腸系の中毒をおこすともいわれてるので注意が必要。

オオツルタケ

カバイロツルタケ（広義） 食注意
Amanita fulva (s.l.)
テングタケ属

【形態】傘：通常6 cm位、初め卵形、のちまんじゅう形から平らに開き、周辺に放射状の溝線がある。表面は茶褐色〜橙褐色、しばしばつぼの破片をつける。ひだ：離生、白色、やや密。柄：通常長さ10 cm、幅1.2 cm位、下方にやや太まり、内部は中空。つばを欠き、淡橙白色〜淡橙褐色で平滑あるいはやや鱗片状。つぼは膜質さや状で、白地に淡橙白色〜橙褐色のしみを生じている。

【生態】夏〜秋、いろいろな林の地面に群生。

【コメント】従来ツルタケの1変種とされていたが、近年、独立した種として報告されている。可食とされてきたが、ツルタケと同様中毒を起こすといわれているので注意が必要。県内にはいくつかのタイプがあり、分類学的検討が必要。

カバイロツルタケ（手塚撮影）

カバイロテングタケ（仮称） 不明

Amanita sp.
テングタケ属

【形態】傘：通常6 cm位、初め卵形、のちまんじゅう形からほぼ平ら。表面は平滑、湿時弱い粘性あり、中央には小〜大形で灰白色の不規則な綿毛状粉質のつぼの破片を付着し、周辺部に溝線を生じる。表面は明茶褐色、中央は濃色で周辺に向かって淡色。肉：薄く、白色、柄の基部では灰白色。ひだ：離生、淡黄白色、密。柄：通常長さ10 cm、幅1 cm位、下方に多少太まり、多少中空、上部に白色で褐色の膜に縁取られた薄い膜質のつばを付ける。表面は綿毛状、つばより上は淡灰白色の斑模様があり、それより下は淡クリーム色、中央から下部にかけて淡褐色の細鱗片におおわれ、根もとに灰白色の比較的脆い綿毛状粉質のつぼをつける。

【生態】夏〜秋、ブナ林の地面に単生〜散生。

【コメント】日本未記録種。1980年代ごろから八甲田で見かけられたが、2000年に故伊藤進氏によって採集された標本に基づき記録された。胞子は卵形〜楕円形、大きさ10.5-12×7-8 μm。一見テングツルタケ(*p.*155)に類似するが、同種は柄につばがなく胞子が類球形であることで異なる。

カバイロテングタケ（仮称）（手塚撮影）

カバイロテングタケ（仮称）（笹撮影）

カバイロテングタケ（仮称）幼菌

タマゴタケ 可食

Amanita caesareoides
テングタケ属

【形態】傘：通常12cm位、ときに20cm以上、初め卵形、のちまんじゅう形から平らに開き、中央は丸く突出する。周辺には放射状の明瞭な溝線がある。表面は赤色〜橙赤色で平滑、やや粘性がある。肉：淡黄色。ひだ：離生、黄色、やや密。柄：通常長さ15cm、幅1.5cm位、下方にやや太まり、中空。表面は黄色〜橙黄色、濃色の段だら模様があり、上部に橙黄色の膜質のつばをつける。根もとには白色で厚い膜質の深い袋状のつぼをもつ。

タマゴタケ（手塚撮影）

タマゴタケ幼菌

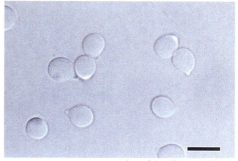
タマゴタケ胞子×1000

【生態】夏〜秋、ミズナラやブナなどの広葉樹林の地面に単生または群生。
【コメント】色が毒々しいが、比較的美味なきのこ。油炒めや中華料理など十分加熱する料理に合う。胞子は類球形〜広楕円形、大きさ8-9.5×6.5-8 μm。日本のタマゴタケには従来A. hemibaphaの学名が当てられていたが、近年のDNA解析結果を用いた分類学的研究では、ソ連沿海州から知られている本種と同じ種であるとして学名が変更されている。なお、本県からは傘が橙色で柄の斑模様が不明瞭な菌の発生も確認されており、**セイヨウタマゴタケ**A. caesareaに近縁の種と思われるが、胞子が類球形〜広楕円形、大きさ8-10.5(-11.5)×6.5-9.5(-10) μmと同種より広幅（本郷，1987：9-12×6-7 μm）であり、今後の詳細な研究が必要である。

タマゴタケ（小泉撮影）

セイヨウタマゴタケ近縁種

キタマゴタケ 可食

Amanita javanica
テングタケ属

【形態】傘：通常10 cm位、初め卵形、のちまんじゅう形から平らに開き、中央は丸く突出する。周辺には放射状の明瞭な溝線がある。表面は黄色～卵黄色、平滑、やや粘性がある。肉：淡黄色。ひだ：離生、淡黄色、やや密。柄：通常長さ12 cm、幅1.5 cm位、下方にやや太まり、中空。表面は淡黄色～黄色、しばしば濃色の斑紋がありだんだら模様をあらわす。上部に黄色の膜質のつばをつける。根もとには白色で厚い膜質の深い袋状のつぼをもつ。
【生態】夏～秋、ミズナラやブナなどの広葉樹林の地面に単生または群生。
【コメント】従来タマゴタケ(p.160)の1品種とされていたが、近年、独立した種として報告されている。本県では発生はややまれ。

キタマゴタケ

ミヤマタマゴタケ 不明

Amanita imazekii
テングタケ属

【形態】傘：通常15 cm位、初め卵形～釣り鐘形、のち開いて中高のまんじゅう形から平らとなる。表面は平滑、湿時やや粘性があり、灰褐色、中央濃褐色。縁に放射状の溝線がある。ひだ：離生、白色、やや密。柄：通常長さ18 cm、幅2 cm位、白色、中空。上部に白色膜質のつばをつける。つばより下部はやや繊維状。根もとに白色で厚い膜質、大形の袋状のつぼをもつ。
【生態】夏～秋、ブナ林内に単生。
【コメント】近年新種として報告されたきのこだが、県内では従来からオオフクロテングタケなどの名で呼ばれていたもの。次頁のツルタケダマシに類似するが、より大形で、柄の根もとのつぼも大きい。食毒については不明。

ミヤマタマゴタケ（手塚撮影）

タマゴテングタケモドキ 不明
Amanita longistriata
テングタケ属

【形態】傘：通常6cm位、初め卵形〜鐘形、のちまんじゅう形から平らに開き、中央部で多少くぼむ。縁には放射状の溝線がある。表面は初め濃褐色のち灰褐色、平滑、湿時やや粘性がある。ひだ：離生、淡紅色、やや密。柄：通常長さ10cm、幅1cm位、下方に多少膨らみ、やや中空、上部に白色膜質のつばをつける。表面はほとんど白色、つばより下部は平滑〜やや繊維状。根もとに白色膜質のさや状のつぼをもつ。

【生態】夏〜秋、ブナなどの広葉樹林、マツを交えた雑木林などに散生〜群生する。

【コメント】食毒は不明だが、胃腸系の中毒を起こすともいわれており、注意が必要。次種のツルタケダマシに類似するが、同種はひだが白色であることで区別ができる。

タマゴテングタケモドキ傘裏

タマゴテングタケモドキ

ツルタケダマシ 不明
Amanita spreta
テングタケ属

【形態】傘：通常6cm位、初め卵形〜鐘形、のちまんじゅう形から平らに開き、中央部で多少くぼむ。縁には放射状の溝線がある。表面は灰褐色〜ねずみ色、平滑、湿時やや粘性がある。ひだ：離生、白〜黄白色、やや密、縁は微粉状。柄：通常長さ8cm、幅8mm位、下方に多少膨らみ、やや中空、上部に白色膜質のつばをつける。表面はほほ白色、つばより下部は平滑〜やや繊維状。根もとに白色膜質のさや状のつぼをもつ。

【生態】夏〜秋、ブナなどの広葉樹林、マツを交えた雑木林などに散生〜群生する。

【コメント】胃腸系の中毒を起こすともいわれており、中毒例の報告は無いものの注意が必要。ツルタケ(p.156)に類似するが、同種は柄につばが無いことで区別ができる。

ツルタケダマシ

ドクツルタケ 猛毒

Amanita virosa
テングタケ属

【形態】傘：通常12cm位、初め鐘形〜鈍い円錐形、のち中高の平らに開く。周辺に溝線は無い。表面は白色、平滑、湿時粘性がある。肉：白色。ひだ：離生、白色、やや密〜やや疎。柄：通常長さ18cm、幅1.8mm位、下方に太まり、表面は白色。上部に白色膜質のつばをつけ、つばより下は繊維状のささくれにおおわれる。根もとに白色袋状の大きなつぼをもつ。
【生態】夏〜秋、針葉樹林、広葉樹林ともに群生。
【コメント】猛毒で、国内の毒きのこによる死亡事故はほとんどこの種によるものである。本県でも2015年に中毒事故が発生しているので注意が必要。傘の肉はＫＯＨ（水酸化カリウム）液で黄色く変色する。本種に類似し、傘の中央部が淡紅色をおびるものがあり、別種の可能性があるとされているが、まだ正式に報告されていない。

ドクツルタケ

タマゴタケモドキ 猛毒

Amanita subjunquillea
テングタケ属

【形態】傘：通常6cm位、初め鈍い円錐形、のち丸山形からほとんど平らに開く。表面は中央部がくすんだ橙黄色〜黄土色、周辺は黄色。湿時やや粘性があり、多少放射状の繊維紋をあらわす。縁に溝線は無い。ひだ：白色、離生、やや疎。柄：通常長さ9cm、幅1cm位、上部に白色膜質のつばをつける。表面は白色〜やや黄色で、帯黄色〜帯黄褐色の圧着した繊維状小鱗片を生じている。基部は膨らみ、白色袋状のつぼをもつ。
【生態】夏〜秋、アカマツの交じったミズナラ林やブナ林に単生または散生。
【コメント】猛毒種であり注意が必要。しばしば欧米で有名な猛毒種の**タマゴテングタケ** *A. phalloides* と混同されているが、同種は本県からは見つかっていない。

タマゴタケモドキ（手塚撮影）

シロウロコツルタケ

シロウロコツルタケ（フクロツルタケ） 不明
Amanita cralisquamosa
テングタケ属

シロウロコツルタケ幼菌

【形態】傘：通常7cm位、初め半球形、のちまんじゅう形からほぼ平らに開く。表面は初め褐色の表皮におおわれるが、傘が開くにつれひび割れて白色の地をあらわし、表皮は圧着した大形の綿毛状の鱗片となり、同心円状に密生する。しばしば淡紅褐色の大きなつぼの破片を付着する。肉：白色、傷つくとしだいに帯紅色になる。ひだ：離生、初め白色のち淡紅褐色をおび、密。柄：通常長さ8cm、幅1cm位、下方に太まり、表面は白色で綿毛状鱗片でおおわれ、しばしば傘と同様の鱗片を付着し、つばを欠く。根もとには大形で厚い膜質、淡紅褐色のつぼをつける。

【生態】夏〜秋、ブナ林内などの地上に散生。

【コメント】日本で従来 *A. volvata* の学名を与えられていた菌（フクロツルタケ）は、近年、形態およびDNA解析結果から北アメリカから知られている同種と異なりシロウロコツルタケ *A. cralisquamosa* の可能性があるとされている。本菌は傘の鱗片の状態や変色性などの特徴において変異が大きく、これらが同一種か今後の詳細な研究が必要である。

コテングタケモドキ 不明

Amanita pseudoporphyria
テングタケ属

【形態】傘：通常10cm位、ときに15cm以上、初め半球形、のちまんじゅう形から平らに開き、中央がややくぼむ。縁部に溝線は無く、白色の膜片をつけるが脱落しやすい。表面は灰～灰褐色、中央濃色、湿時やや粘性があり、多少放射状の繊維紋をあらわす。ひだ：離生、密、白色、縁部は粉状～緻密な綿くず状。柄：通常長さ10cm、幅1.5cm位、下部は便腹状に膨らみ、根もとはしばしば根状となり、中実。上部に白色膜質のつばをつけるが、しばしば細かく破れ落ち、基部には白色さや状～袋状の深いつぼをもつ。表面は白色、つばより下は多少ささくれる。
【生態】夏～秋、アカマツの交じったミズナラ林やブナ林に単生または群生。
【コメント】本種による中毒例は報告されていないが、近年、胃腸系と神経系の毒成分が含まれているとされているので注意が必要。

コテングタケモドキ

コタマゴテングタケ 毒

Amanita citrina var. *citrina*
テングタケ属

【形態】傘：通常5cm位、初め半球形、のちまんじゅう形から平らに開く。表面は淡黄色～硫黄色～帯褐黄色、通常、汚白色～汚黄色のつぼの破片を付着する。ひだ：離生、白色、密。柄：通常長さ8cm、幅1cm位、下方にやや太まり、表面は淡黄白色、上部に淡黄色膜質のつばをつけ、基部は膨らんで球根状となり、汚白色で襟状の浅いつぼをつける。
【生態】夏～秋、針葉樹や広葉樹または混交林内に単生または少数群生。
【コメント】微量の毒成分アマトキシン類が検出されているといわれ、注意が必要。県内からは本種の変種で全体白色のシロコタマゴテングタケ *A. citrina* var. *alba* の発生も確認されている。

コタマゴテングタケ（手塚撮影）

コガネテングタケ 不明
Amanita flavipes
テングタケ属

【形態】傘：通常5cm位、初め卵形、のちまんじゅう形からほぼ平らに開く。表面は帯褐黄色〜黄褐色、周辺部は黄色。湿時多少粘性があり、硫黄色〜黄金色の粉質のいぼを散布する。ひだ：離生、白色〜淡黄色、やや密、縁は粉状。柄：通常長さ8cm、幅8mm位、表面は淡黄色、上部に淡黄色膜質のつばをつけ、つばより上は白色、下は黄色の粉質物に密におおわれる。根もとはやや球根状で、鮮黄色粉質のつぼを不完全なリング状につける。

【生態】夏〜秋、ブナやミズナラなどの林内の地面に単生または少数群生。
【コメント】胃腸系の中毒を起こすともいわれているが、食毒については不明。

コガネテングタケ

ガンタケ 食注意
Amanita rubescens
テングタケ属

【形態】傘：通常12cm位、初めまんじゅう形、のち丸山形から平らに開き、縁が多少反り返る。表面は帯赤褐色、多数の淡褐色粉質のいぼを付着する。肉：白色であるが、傷つくとしだいに赤褐色をおびる。ひだ：離生、白色、しばしば赤褐色のしみをもつ。柄：通常長さ15cm、幅1.5cm位、淡赤褐色で、下方は濃色。上部に白色膜質のつばがある。根もとは球根状に膨らみ、取れやすいつぼの破片を多少輪状に付着する。

【生態】夏〜秋、マツ林やブナ・ミズナラ林など種々の林内に散生〜少数群生。
【コメント】従来、可食とされてきたが、溶血性タンパクを含み、生食すると中毒すると言われているので注意が必要。

ガンタケ

ハイカグラテングタケ 不明
Amanita sinensis
テングタケ属

【形態】傘：通常15cm位、ときに20cm以上、初めほぼ球形、のち円錐状丸山形から平らに開く。表面は灰色、灰褐色の粉状～綿くず状のいぼを密生。ひだ：離生、白色、密。柄：通常長さ15cm、ときに25cm以上、幅2cm位、表面は灰色、脱落しやすい綿くず状のいぼを密生し、灰褐色膜質で早落性のつばをつける。基部はこん棒状で灰褐色粉質のいぼにおおわれる。

【生態】夏～秋、アカマツの交じった雑木林の地面に散生または少数群生。
【コメント】中国では食用として利用されているが、県内に発生するものの食毒については不明。

ハイカグラテングタケ

ハイカグラテングタケ幼菌（小泉撮影）

ヘビキノコモドキ 毒
Amanita spissacea
テングタケ属

【形態】傘：通常10cm位、初めまんじゅう形、のち平らに開き、表面は帯褐灰色～暗灰褐色。初め黒褐色粉質の大小の破片を密布するが、破片はのちひび割れて散在する。ひだ：離生状垂生、白色、密。柄：通常長さ12cm、幅1.2cm位、中実。灰色～灰褐色、繊維状細鱗片におおわれ、上部に黒く縁取られた灰白色膜質のつばをつける。つばより上は表面が裂けてまだら模様となる。根もとは球根状に膨らみ、黒褐色の粉質～綿質いぼ状のつぼの破片を環状に数列付着する。
【生態】夏～初秋、アカマツが交じった雑木林の地面に散生～少数群生。

【コメント】近年、猛毒のドクツルタケに含まれているアマトキシンや溶血性タンパクを含むといわれているので注意が必要。

ヘビキノコモドキ（手塚撮影）

ツノシロオニタケ（手塚撮影）

ツノシロオニタケ 不明
Amanita sp.
テングタケ属

【形態】傘：通常8cm位、初めまんじゅう形、のち平たい丸山形から平らに開き、中央部はややくぼむ。表面は白色、のち淡黄褐色をおび、角錐形で頂部褐色の粗大ないぼを散布する。ひだ：離生、白色、やや疎、広幅。縁部は粉状。柄：通常長さ10cm、幅1cm位、下方に太まり、中実。表面は綿くず状細鱗片におおわれ白色、頂部に白色綿質で縁が褐色のつばをつける。基部は根もとがやや尖った球根状に膨大し、膨らんだ部分に白色〜褐色の角錐形〜角形のつばの破片を少数輪状に付着する。
【生態】夏〜秋、ブナ林内に単生〜散生。

ツノシロオニタケ（手塚撮影）

【コメント】胞子は長楕円形、大きさは10-13×5.5-7.5μm、平滑、アミロイド。西日本で知られている**オニテングタケ** *A. perpasta* に多少似るが、同種は大形で、傘は淡黄褐色、胞子は球形で小形であることなどで異なる。既知種に該当するものはなく新種と考えられる。

テングタケ科　169

タマシロオニタケ 猛毒
Amanita sphaerobulbosa
テングタケ属

【形態】傘：通常6cm位、初め半球形、のちまんじゅう形からほぼ平らに開く。表面は白色、ときに多少淡褐色をおびる。角錐状の小さいいぼが多数付着するが脱落しやすい。しばしば縁につばの破片を垂れ下げる。ひだ：離生、白色、密。縁部は粉状。柄：通常長さ10cm、幅8mm位、表面は白色、綿くず状～繊維状の小鱗片におおわれ、上部に白色膜質のつばをつける。基部は球根状に膨らみ、つぼは不明瞭で膨大部に環状に痕跡をつける。

【生態】夏～秋、ブナ林やアカマツが交じったミズナラ林などの地面に散生。

【コメント】猛毒で、コレラのような胃腸系中毒を起こすと言われており、十分注意が必要。本種は日本から新種として報告された種で、その後 *A. abrupta* の学名を当てられることもあったが、誤適用として近年はまた元の学名が用いられている。本種のように基部が球根状に膨らむ種としてカブラテングタケ *A. gymnopus* があるが、同種は傘が黄土色をおび、ひだは黄色でつぼを欠くことで区別ができる。同種は柄の基部につぼの痕跡をとどめないことでテングタケ属として異質とされており、全国的に発生はまれで西日本から知られていたが、近年、本県にも分布することが分かっている。

タマシロオニタケ

カブラテングタケ

シロオニタケ 不明
Amanita virgineoides
テングタケ属

【形態】傘：通常15cm位、ときに20cm以上、初めまんじゅう形、のち丸山形から平らに開き、縁にはつばの残片を付ける。表面は粘性なく白色、小さい角錐状白色のいぼを多数つけるが、脱落しやすい。ひだ：離生、やや密、白色のちクリーム色。縁部は粉状。柄：通常長さ18cm、幅2cm位、下方はこん棒状に著しく膨らみ、中実。表面は綿質の細かい鱗片で密におおわれ、白色。上部に大形で綿質早落性のつばをつけ、基部では傘と同様のいぼを多数輪状に付着する。
【生態】夏〜初秋、アカマツ・ミズナラ林、ブナ林などの地面に単生〜散生。
【コメント】食毒については不明であるが、有毒で胃腸系の中毒を起こすとも言われているの注意が必要。

シロオニタケ

コシロオニタケ 不明
Amanita castanopsidis
テングタケ属

【形態】傘：通常5cm位、初めまんじゅう形、のち丸山形から平らに開き、縁にはつばの残片を付ける。表面は粘性なく白色、高さ1-3mmの角錐状白色のいぼを多数つける。いぼは中央部が大きく、周辺では小形、先端は灰褐色をおびる。ひだ：離生、やや疎、白色。縁部は粉状。柄：通常長さ7cm、幅1cm位、下方は紡錘状に著しく膨らみ、中実。表面は白色、綿くず状〜粉状、上部に大形で綿質〜繊維質、くもの巣状の早落性のつばをつけ、基部の膨大部では綿くず状または傘と同様のいぼを少数多数輪状に付着する。
【生態】夏〜初秋、ブナ林などの地面に散生。
【コメント】発生はややまれ。食毒は不明。

コシロオニタケ

ササクレシロオニタケ 不明
Amanita eijii
テングタケ属

【形態】傘：通常7cm位、初めまんじゅう形、のち丸山形からほぼ平らに開く。表面は白色で成熟すると中央部が淡鮭肉色をおび、角錐形のいぼを多数散布する。ひだ：離生、白色〜淡クリーム色、密。縁部は粉状。柄：通常長さ12cm、幅1.2cm位、下方に太まり、中実。表面は白色、頂部に厚い膜質のつばをもつ。つばより下では著しく反り返ったうろこ状のささくれを多数生じる。基部は紡錘状に膨らみ、いぼは不明瞭。
【生態】夏〜秋、アカマツ・ミズナラ林の地面に単生〜散生。
【コメント】日本から北米の *Amanita cokeri* の新品種 f. *roseotincta* として報告されたものである。食毒については不明。

ササクレシロオニタケ（手塚撮影）

コササクレシロオニタケ 不明
Amanita squarrosa
テングタケ属

【形態】傘：通常5cm位、初めまんじゅう形、のち丸山形からほぼ平らに開く。表面は白色、綿質な角形の鱗片を多数散布する。鱗片は傘の中央部ではいぼ状、全体ほぼ白色。やや脱落性。ひだ：ほぼ離生し、白色、密。柄：通常長さ10cm、幅1cm位、基部は紡錘状に膨らみ、中実。柄の下半部には、反り返ったうろこ状のささくれが輪状につくが、上方に向かい小形不明瞭となる。つばは綿質、早落性。
【生態】夏〜初秋、ミズナラ雑木林の地面に単生〜散生。
【コメント】発生は比較的まれ。前種のササクレシロオニタケに類似するが、同種はより大形で、傘の中央が淡鮭肉色をおび、鱗片が角錐状である点で異なる。

コササクレシロオニタケ

シロヌメリカラカサタケ（手塚撮影）

シロヌメリカラカサタケ 不明
Limacella illinita
ヌメリカラカサタケ属

【形態】傘：通常6cm位、初めまんじゅう形、のち中高のほぼ平らに開く。表面は粘液で厚くおおわれ、初め帯黄土白色、のち類白色～クリーム色となり、中央はしばしば黄土褐色をおび、ときに褐色点状の染みを生じる。粘液は乾くと膜状となる。ひだ：離生、白色、やや密。柄：通常長さ8cm、幅8mm位、下方に多少太まり、粘液状のつばをもつが不明瞭。表面はつばより上は粉状、下は傘と同色の粘液におおわれる。
【生態】夏～初秋、アカマツ・ミズナラ林の地面に散生～群生。
【コメント】発生は比較的まれ。本属は同じ科のテングタケ属 *Amanita* とはつぼを欠き、胞子が小形などの点で異質である。日本では4種が知られているが、本県では1種が確認されている。なお、国内では傘が

シロヌメリカラカサタケ幼菌（手塚撮影）

白色で柄に赤褐色の染みを生ずるタイプにもしばしば同じ学名が当てられていることもあるが、本種と同一種かどうか検討が必要である。

テングタケ科　173

ウラベニガサ科 Pluteaceae

　旧ウラベニガサ科のきのこは旧テングタケ科のきのこに類似するが、ひだが淡紅色～肉色をおび紅色の胞子紋を生じる。また、腐生性で、柄の根元に袋状のつぼをもつことはあるがつばをもつことはない。本県からは2属13種（1変種含む。）が知られている。
　近年の分子系統学的研究の成果を反映した分類体系でも、本科に大きな変更はない。

オオフクロタケ　可食

Volvopluteus gloiocephala
オオフクロタケ属

【形態】傘：通常12cm位、初め円錐状鐘形、のち中高の丸山形に開く。表面は暗灰褐色、湿時やや粘性あり、平滑。肉：白色。ひだ：離生、密、初め白色のち成熟すると肉色となる。柄：通常長さ15cm、幅1.5cm位、下方に多少太まり、表面は白色、つばは無く、中実。基部に白色膜質で袋状のつぼがある。
【生態】秋。ブナ林内の朽ちた倒木の周りなどの肥沃な地面に単生または群生。
【コメント】食用とすることができるが、味は劣る。近年のDNAデータに基づく分類学的研究では、従来のフクロタケ属 *Volvariella* から本種など傘に粘性のある種がまとめられてオオフクロタケ属 *Volvopluteus* が設立されている。従来本菌に当てられていた学名 *Volvariella speciosa* var. *gloiocephala* は本種の異名。

オオフクロタケ（手塚撮影）

キヌオオフクロタケ 可食
Volvariella bombycina
フクロタケ属

【形態】傘：通常12 cm位、ときに20 cm、初め球形〜卵形、のちまんじゅう形からほぼ平らに開く。表面は類白色または淡黄色で微細な絹糸状の毛または小鱗片に密におおわれ、粘性は無い。縁部はひだの端から多少突出する。ひだ：離生、密、初め白色、のち肉色。柄：通常長さ12 cm、幅1.5 cm位、下方に太まり、中実。表面はほぼ白色。根もとは少し膨らみ、基部に黄褐色の大きな膜質、袋状のつぼをつける。
【生態】秋、広葉樹の立ち木や枯れ木に単生。
【コメント】食用とすることができるが、発生はまれでほとんど利用されていない。

キヌオオフクロタケ（笹撮影）

モリノコフクロタケ 不明
Volvariella hypopithys
フクロタケ属

【形態】傘：通常2 cm位、初め半球形、のちまんじゅう形からほぼ平らに開く。表面は白色、粘性なく絹糸状のつやがあり、微毛あるいは小鱗片におおわれる。縁部は毛でふちどられる。肉：薄く、白色。ひだ：離生、密、白色のち肉色をおび、縁部は粉状。柄：通常長さ3 cm、幅2 mm位、下方にやや膨らみ、中実のち中空。表面は白色、微毛におおわれ、根もとはややふくらむ。基部に白色、膜質のつぼを付け、つぼの上端は2〜3裂する。
【生態】夏〜秋、林内の腐植土上に単生〜群生。
【コメント】県内からフクロタケ属のほかの種としてコフクロタケ *V. subtaylori* が知られている。同種は本種に類似するが、傘が灰褐色でつぼが黒褐色をおびることで区別ができる。

モリノコフクロタケ

ウラベニガサ科

ウラベニガサ 可食

Pluteus cervinus
ウラベニガサ属

【形態】傘：通常7cm位、初め鐘形、のちまんじゅう形からやや中高の平らに開く。表面はねずみ色〜灰褐色、放射状の繊維紋または微細な小鱗片におおわれる。肉：白色。
ひだ：離生、密、初め白色のち肉色となる。
柄：通常長さ10cm、幅1cm位、ほぼ上下同幅、中実。表面は白色の地に傘と同色の繊維紋がある。

ウラベニガサ

【生態】初夏～秋、腐朽の進んだブナなどの広葉樹の枯れ木、切り株などに少数群生。
【コメント】可食とされているが、同じくひだが肉色をしている有毒のクサウラベニタケ類と間違えないよう注意が必要である。胞子は広楕円形、大きさは7-9.5×5-7μm。側シスチジアは紡錘状厚膜で、先端にかぎ状突起をもつ。本県からは全体類白色をした**シロウラベニガサ**（新称）の発生が知られているが、これは本種の変種 *P. cevinus* var. *albus* として取り扱われることもある。従来本菌に当てられていた学名 *P. atricapillus* は本種の異名。

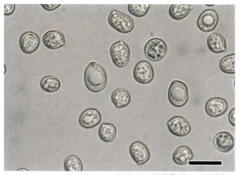
ウラベニガサ胞子×1000

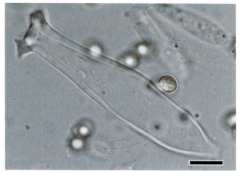
ウラベニガサシスチジア×1000

シロウラベニガサ（笹撮影）

クロフチシカタケ 不明

Pluteus atromarginatus
ウラベニガサ属

【形態】傘：通常6cm位、初め鐘形、のち丸山形からほぼ平らに開く。表面はセピア色〜黒褐色。中央部は鱗片状、周辺部は繊維状で条線は無い。ひだ：やや密、白色のち肉色となり、縁部は暗褐色に縁取られる。柄：通常長さ8cm、幅8mm位、ほぼ上下同幅で、基部で多少膨らむ。表面は白色の地に暗色の繊維紋がある。
【生態】初夏〜初秋、ブナの倒木などに単生。
【コメント】本種は通常、針葉樹の材に発生するといわれているが、県内ではブナなどの広葉樹の材上に発生し、これらが同一種かどうか今後検討が必要である。従来本菌に当てられていた学名 *P. tricuspidatus* は本種の異名。

クロフチシカタケ（安藤撮影）

ベニヒダタケ 可食

Pluteus leoninus
ウラベニガサ属

【形態】傘：通常4cm位、初め鐘形〜まんじゅう形、のち開いてほぼ平ら。表面は平滑、鮮黄色、ときに中心付近にしわがあり、湿時、周辺部に条線をあらわす。肉：薄く、黄色〜淡黄色。ひだ：離生、やや密、初め白色のち肉色。柄：通常長さ5cm、幅8mm位、下方に多少太まり、中実または中空。黄白色で繊維状、下部には暗色の細かい繊維紋がある。
【生態】初夏〜秋、腐朽の進んだ広葉樹の倒木や枯れ幹上に単生または群生。
【コメント】本県では主にミズナラやブナの材上などに発生。

ベニヒダタケ（手塚撮影）

ヒョウモンウラベニガサ 不明
Pluteus pantherinus
ウラベニガサ属

【形態】傘：通常4cm位、初め鐘形〜まんじゅう形、のち開いてほぼ平らとなり、しばしば中央部がややくぼむ。表面はビロード状、帯緑黄土色の地に大小の白い斑紋が不規則に点在する。乾燥すると周辺部に不明瞭な条線をあらわす。ひだ：離生、初め白色のち肉色、密。柄：通常長さ5cm、幅8mm位、下方にやや太まり、中実。表面は淡黄色で繊維状。
【生態】初夏〜初秋、ミズナラなどの広葉樹の腐朽が進んだ倒木や切り株上に群生。
【コメント】発生はややまれ。

ヒョウモンウラベニガサ

フチドリベニヒダタケ 不明
Pluteus umbrosus
ウラベニガサ属

【形態】傘：通常7cm位、初めまんじゅう形、のちほぼ平らに開く。表面は淡黄褐色で暗褐色の微細な鱗片でおおわれ、多少ビロード状。中央に濃色の不規則な網目状のしわがあり、周縁に向かって放射状に伸びる。ひだ：離生、初め白色のち肉色、やや密。縁は黒く縁取られる。柄：通常長さ8cm、幅8mm位、上下同幅、基部で多少膨らみ、中実。表面は淡黄白色で傘と同色の微細な鱗片におおわれ、下部には暗色の細かい繊維紋がある。
【生態】初夏〜秋、ブナなどの広葉樹の倒木や枯れ幹の上に単生。
【コメント】側シスチジアの先端にかぎ状突起を欠き、縁シスチジアは薄壁嚢状で内部に淡褐色の色素をもつ。前頁のクロフチシカタケと混同されているが、同種では傘に網目状のしわがなく、シスチジアの先端にかぎ状突起があることで区別ができる。

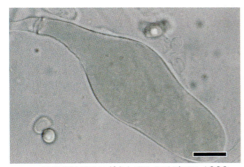

フチドリベニヒダタケのシスチジア×1000

フチドリベニヒダタケ（手塚撮影）

クサミノシカタケ 可食
Pluteus petasatus
ウラベニガサ属

【形態】傘：通常6cm位、初め鐘形、のちまんじゅう形からほぼ平らに開く。表面は類白色〜淡黄灰白色、淡褐色放射状の鱗片におおわれる。肉：白色、独特な臭気あり。ひだ：離生、密、初め白色のち肉色となる。柄：通常長さ7cm、幅1cm位、ほぼ上下同幅、基部で多少膨らみ、中実。表面は白色、繊維状、下部に淡褐色の鱗片がある。
【生態】夏〜秋、腐朽の進んだブナなどの広葉樹の枯れ木、切り株などに単生。
【コメント】側シスチジアは紡錘状厚膜で、先端にかぎ状突起をもち、突起はまれに1つの場合もある。シロウラベニガサ(*p.177*)に類似し、しばしば混同されているが、同菌では傘に顕著な鱗片はなく、臭気も無いことで区別ができる。

クサミノシカタケ（手塚撮影）

クサミノシカタケ傘拡大

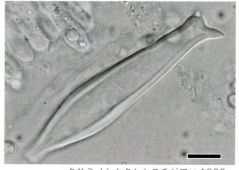

クサミノシカタケシスチジア×1000

ヒイロベニヒダタケ 不明
Pluteus aurantiorugosus
ウラベニガサ属

【形態】傘：通常3cm位、初め鐘形〜まんじゅう形、のち中高の平らに開く。表面は橙赤色、周辺部は橙色、ほぼ平滑。湿時、短い条線をあらわす。肉：橙黄色。ひだ：離生、広幅、やや密、初め白色のち肉色。柄：通常長さ4cm、幅6mm位、下方に多少太まり、中実。表面は繊維状で、基部から上方に向かって淡橙黄色をおびる。
【生態】晩夏〜初秋、広葉樹の腐朽の進んだ材上に少数群生。
【コメント】県内では主にブナの材上に発生する。

ヒイロベニヒダタケ（手塚撮影）

カサヒダタケ 不明
Pluteus thomsonii
ウラベニガサ属

【形態】傘：通常4cm位、初め鐘形からまんじゅう形、のち開いて中高の平たい丸山形。表面は暗褐色〜黒褐色。縁部は白く縁取られる。中央から周辺に向かって著しく隆起した網目状のしわを生じ、周辺には条線がある。ひだ：離生、初め灰褐色のち肉色、やや密。柄：通常長さ4cm、幅6mm位、ほぼ上下同幅、下方に向かって多少太まり、中実。表面は灰褐色、縦の繊維紋があり、粉状物をつける。
【生態】秋、沢地帯の広葉樹林内の腐朽が進んだ材上に単生。
【コメント】県内ではブナ、トチなどの渓畔林に見られるが、発生は比較的まれ。

カサヒダタケ

ハラタケ科 Agaricaceae

　旧ハラタケ科のきのこは、ひだが柄に離生し、柄の上部につばをもつことで旧テングタケ科のきのこに類似するが、根元につぼをもたない。傘の表面に鱗片をもつものが多く、胞子紋は紫褐色、白、ピンクなどがあり、緑色のものもある。通常腐生性。本県では調査が遅れており12属22種が知られているだけである。

　近年の分子系統学的研究の成果を反映した分類体系では、従来腹菌類に置かれていたホコリタケ目(ヒメツチグリ科を除く)、ケシボウズタケ目、チャダイゴケ目の諸属菌(腹菌類の項参照)、旧ヒトヨタケ科の一部(ササクレヒトヨタケおよびその近縁種)が本科に編入されるなど科の内容が大きく変更されている。

ドクカラカサタケ　毒

Chlorophyllum neomastoideum
オオシロカラカサタケ属

【形態】傘：通常10 cm位、初め球形、のち丸山形から開いてやや中高の平ら。表面には大形の淡黄褐色の鱗片を中央部につけ、ときにその周りに小形の鱗片を多少散在する。露出した肉は白色繊維状。肉：白色、傷つくと赤く変色する。ひだ：隔生、白色、密。柄：通常長さ15 cm、幅1 cm位、円柱状、中空。基部は急にカブラ状に膨らむ。表面はほとんど白色、のち汚褐色をおびる。上部に帯白色で厚い可動性のリング状のつばをつける。

【生態】夏〜初秋、雑木林内の笹やぶ内または草地に単生あるいは群生。

【コメント】別名コカラカサタケ。有毒であり、胃腸系の中毒を起こす。他県では中毒例があるので注意が必要。従来カラカサタケ属*Macrolepiota*に置かれていたが、現在はオオシロカラカサタケ属に移されている。

ドクカラカサタケ（手塚撮影）

カラカサタケの群生

カラカサタケ 食注意
Macrolepiota procera
カラカサタケ属

【形態】傘：通常20cm位、初め球形～卵形、のち中高の平らに開く。表面は傘が開くにつれて表皮が破れてできた褐色～灰褐色の鱗片を散在し、綿質な淡褐色～淡灰褐色の地肌を露出する。肉：白色でやわらかい。ひだ：隔生、白色、密。柄：通常長さ25cm、幅1.5cm位、円柱状で基部は著しく膨らむ。内部はしだいに中空となる。表面は灰褐色の細かい鱗片を生じ、多少まだら模様をあらわす。上部に可動性リング状の厚いつばをつける。

【生態】秋、雑木林内や笹やぶ内の地面、草地などに群生～散生。

【コメント】傘の部分を食用とするが、生食しないこと。とくにアレルギー体質の方の中毒例があるので注意が必要。

カラカサタケ

アカキツネガサ 不明

Leucoagaricus rubrotinctus
シロカラカサタケ属

【形態】傘：通常6cm位、初め半球形、のち中高の平らに開く。表面は初め暗赤褐色、ビロード状。表皮は傘が開くにつれて細かくひび割れて鱗片となる。肉：薄く、白色。ひだ：離生、白色、密。柄：通常長さ8cm、幅6mm位、円柱状、中空、根もとは膨らむ。表面は平滑、白色。上部に白色膜質で赤く縁取られたつばをつける。
【生態】夏〜秋、雑木林内や草地などの地面に散生。
【コメント】県内では発生はややまれ。

アカキツネガサ（手塚撮影）

ツブカラカサタケ 不明

Leucoagaricus americanus
シロカラカサタケ属

【形態】傘：通常6cm位、初め卵形、のちまんじゅう形からやや中高の平らに開く。表面は白地に淡褐色〜暗褐色、粒状の鱗片でおおわれ中央部では密、周辺に向ってまばらになる。周辺部には放射状の溝線があるがやや不明瞭。肉：白色で傷つくと赤く変わる。柄：通常長さ10cm、幅1.5cm位、根もとは紡錘形となり、中空、つばより上は粉状、下は粒状の鱗片におおわれ、最初ほぼ白色のち暗褐色となる。
【生態】夏〜秋、林内の枯葉の堆積した場所やおがくずなどを捨てた場所に束生。

【コメント】近年胃腸系の中毒をおこすとされているので注意が必要。本菌は従来キヌカラカサタケ属*Leucocoprinus*に置かれていたが、現在はシロカラカサタケ属に移されている。従来本菌に当てられていた学名*Leucocoprinus bresadolae*は本種の異名。

ツブカラカサタケ（手塚撮影）

コガネキヌカラカサタケ 不明

Leucocoprinus birnbaumii
キヌカラカサタケ属

【形態】傘：通常6cm位、初め卵形、のち鐘形から中高の平らに開く。表面は淡黄色、初めレモン色の綿質〜粉質の被覆物で密におおわれているが、傘が開くにつれ鱗片となって散布する。縁には放射状の溝線があって扇のひだ状となる。肉：薄く、質はやや柔軟、淡黄色。ひだ：離生、淡黄白色、密。柄：通常長さ7cm、幅6mm位、基部は棍棒状に膨らみ、中空。表面はレモン色で粉質な綿くず状の鱗片におおわれる。柄の中〜やや下部に、黄色、膜質でやや早落性のつばをつける。

【生態】初秋、しばしば観賞用植物などの鉢植えに群生。

【コメント】胞子は卵形〜楕円形、大きさ8-12×6-8.5μm、厚壁。熱帯〜亜熱帯に多いきのこで、県内では発生はまれ。写真は神孫作氏が栽培している観葉植物の鉢から発生したものを撮影させていただいた。

コガネキヌカラカサタケ

コガネキヌカラカサタの幼菌

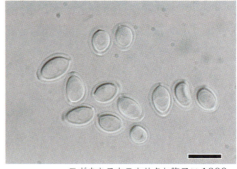

コガネキヌカラカサタケ胞子×1000

キヌカラカサタケ 不明

Leucocoprinus cepaestipes
キヌカラカサタケ属

【形態】傘：通常5cm位、初め卵形、のち鐘形～円錐形となり中高の平らに開く。表面は綿質～粉質の被覆物におおわれ、白色、のち多少クリーム色または灰色をおび、周辺部には放射状の溝線があり扇のひだ状となる。肉：薄く、軟らかく、白色。ひだ：隔生し、白色、密、縁部は粉状。柄：通常長さ8cm、幅5mm位、根もとはこん棒状にふくらみ、中空、表面は白色粉状、手で触れると多少帯黄色となる。柄の上～中部に白色膜質のつばを付ける。
【生態】夏～秋、林内腐植上や菜園の堆肥上などに群生または少数束生する。
【コメント】熱帯～亜熱帯に多いきのこで、県内では発生はややまれ。

キヌカラカサタケ（湯口撮影）

キツネノハナガサ 不明

Leucocoprinus fragilissimus
キヌカラカサタケ属

【形態】傘：通常2.5cm位、初め円錐状鐘形、のち平らに開き中央がややくぼむ。表面は初めレモン色粉状の細鱗片で密におおわれる。傘が開くと中央部から縁に向かって深い溝ができて扇面状となり、白色の地をあらわす。ひだ：隔生、白色、やや疎。柄：通常長さ7cm、幅2mm位、根もとは膨らみ、中空。上部に黄色膜質で消失性のつばをつけ、つばより下は黄色の微毛でおおわれる。
【生態】初秋、林内や草地に散生。
【コメント】華奢なきのこで、発生してから短時間で萎びるため見つけにくい。

キツネノハナガサ

ハラタケ 可食
Agaricus campestris
ハラタケ属

【形態】傘：通常6cm位、初め半球形で縁部は内側に巻き、のちまんじゅう形からほぼ平らに開く。表面はほぼ白色のち帯黄色または帯赤色、平滑～やや鱗片状、絹糸状の光沢がある。肉：厚く、白色、傷をつけると多少赤変する。ひだ：離生、初めピンク色のち紫褐色～黒褐色、密。柄：通常長さ6cm、幅1.2cm位、根もとに向かって細まり、中実のちやや中空。表面は白色、絹糸状。上部または中ほどに白色の薄い膜質で落ちやすいつばをつける。
【生態】初夏および初秋、草地や芝生などの地面に菌輪をつくって群生。
【コメント】栽培種のツクリタケ *A. bisporus* に近縁で、食用として西洋料理にあう。

ハラタケ

ハラタケモドキ 不明
Agaricus placomyces
ハラタケ属

【形態】傘：通常12cm位、初めまんじゅう形、のちほぼ平らに開く。表面は初め全面が褐色～暗褐色の繊維状であるが、しだいに表皮は裂けて中央部のほかは鱗片となり、類白色～淡褐色の地はだをあらわす。肉：白色、古くなると淡紅色～帯褐色。ひだ：離生～隔生、初め白色、のちピンク色から黒褐色、狭幅、きわめて密。柄：通常長さ12cm、幅1.2mm位、下部はやや太くなり、表面は白色絹糸状、のち褐色をおびる。上部に大形、白色、膜質のつばをつける。つばの下面には綿くず状鱗片がつく。
【生態】夏～秋、雑木林などの落葉の堆積した場所などに単生または群生。
【コメント】本菌はナカグロモリノカサ (p.188) に類似ししばしば混同されているが、同種は傘の表面がより濃色で縁シスチジアをもつことで区別がつく。

ハラタケモドキ

ナカグロモリノカサ 不明
Agaricus moelleri
ハラタケ属

【形態】傘：通常8cm位、初め半球形からまんじゅう形から平らに開き、中盤部は平坦、表面は帯褐灰色〜ほとんど黒色の繊維状細鱗片におおわれ、地色は類白色絹状、中盤部では鱗片をつくらず灰黒色。肉：肉は白色であるが、柄の基部では傷つくと黄変する。ひだ：離生し、密、初め白色のち肉色からチョコレート色となる。柄：通常長さ10cm、幅1cm位、やせ形で基部は塊茎状、表面は白色、絹状、傷つけるととくに基部付近では黄変する。つばは上部につき、白色の2重膜で下面はやや綿くず状。
【生態】夏〜秋、雑木林などの地面に単生または群生。

【コメント】食毒不明であるが、ヨーロッパでは有毒とされているので注意が必要である。従来本菌に当てられていた学名 *A. praeclaresquamosus* は本種の異名。

ナカグロモリノカサ

ザラエノハラタケ 不明
Agaricus subrutilescens
ハラタケ属

【形態】傘：通常12cm位、初め半球形、のち平たいまんじゅう形からほぼ平らに開くが、中央部は最初から平坦。表面は初め全体帯紫褐色の繊維に密におおわれるが、のち表皮は裂けて圧着した鱗片を生じ、帯白〜淡ピンク色の地肌をあらわす。中央部は暗紫褐色で鱗片は生じない。肉：やや厚く、白色、成熟すれば多少紫褐色をおびる。ひだ：隔生、初め白色、しだいにピンク色から黒褐色に変わり、狭幅、きわめて密。柄：通常長さ12cm、幅1.5cm位、下方に太まり、白色、上部はのち淡紅色をおびる。つばより下には綿くず状鱗片が顕著。
【生態】秋、種々の林内の地面に群生〜単生。
【コメント】可食とも人によって中毒するとも言われており食毒は不明である。

ザラエノハラタケ傘裏（安藤撮影）

ザラエノハラタケ（安藤撮影）

シロオオハラタケ 食注意
Agaricus arvensis
ハラタケ属

【形態】傘：通常14cm位、初め卵形、のちまんじゅう形から平らに開く。表面は平滑または多少鱗片があり、クリーム白色〜淡黄色、手で触れた部分は黄変し、縁部にはしばしばつばの破片がつく。肉：厚く、白色、のち多少黄色をおびる。ひだ：隔生し、初め白色、のちしだいに帯灰紅色から黒褐色、きわめて密。柄：通常長さ15cm、幅2cm位、下方にやや太まり、中空、根もとでふくらむ。表面は平滑、クリーム白色、手で触れたところは黄変する。上部に白色、膜質のつばをつけ、つばの下面には放射状に裂けたかさぶた状の付属物がある。
【生態】夏〜秋、草地・畑地・ササやぶ縁などの地面に単生。
【コメント】可食とされているが、類似種に人によって胃腸系の中毒をおこすものがあることから注意が必要とされている。

シロオオハラタケ（手塚撮影）

オニタケ 不明
Echinoderma aspera
オニタケ属

【形態】傘：通常10cm位、初めやや円錐形、のちまんじゅう形から中高の平らに開く。表面は帯黄褐色〜帯赤褐色。暗褐色の直立した角錐状の小突起でおおわれるが、突起は取れやすい。肉：白色。ひだ：隔生、白色、密。分岐する。柄：通常長さ10cm、幅1.2cm位、根もとはやや膨らみ、中空。表面は上部で白色、下部は淡褐色をおび、褐色の鱗片をつける。上部に白色膜質で縁が褐色に縁取られたつばをつける。
【生態】夏〜秋、広葉樹などの林内や公園内の黒土上、落ち葉の捨て場などに群生。
【コメント】可食とも人によって中毒するとも言われているが不明。本菌はキツネノカラカサタケ属に置かれていたが、現在はオニタケ属に移されている。従来本菌に当てられていた学名 *Lepiota acutesquamosa* は本種の異名。

オニタケ（手塚撮影）

クリイロカラカサタケ 毒

Lepiota castanea
キツネノカラカサ属

【形態】傘：通常2.5cm位、初め円錐状、のち中高の平らに開く。表面は初め栗褐色～橙褐色の表皮におおわれているが、のち細かく裂けて粒状の小鱗片となり、白色の地をあらわす。肉：類白色。ひだ：離生、初め白色のちクリーム色、しばしば赤味をおびる。柄：通常長さ5cm、幅3mm位、下部が少し膨らみ、中空。表面は淡橙褐色の地に傘と同色の小鱗片が点在する。上部にクモの巣状、白色、消失性のつばをつける。
【生態】秋、林内の地面に単生～群生。
【コメント】毒成分については不明であるが、有毒とされており注意が必要。

クリイロカラカサタケ（手塚撮影）

ワタカラカサタケ 不明

Lepiota magnispora
キツネノカラカサ属

【形態】傘：通常5cm位、初め鈍頭の円錐形、のち中高の丸山形からほぼ平らに開く。表面は初め全体が肉桂色でフェルト状であるが、やがて表皮は細かく割れ、粒状の鱗片となって散在する。肉：白色。ひだ：離生し、白～帯黄色、密。柄：通常長さ7cm、幅8mm位、ほぼ上下同幅、中空。上部に綿くず状で早落性のつばをつけ、つばより上は白色絹状、つばより下は繊維状～綿くず状で、傘とほぼ同様の鱗片を付着する。
【生態】夏～秋、林内の地面に単生。
【コメント】従来、本菌に当てられていた学名の *L. clypeolaria* は誤適用でありしばしば混同されているが、同種は傘の色が黄土色で、胞子もより小形である。従来本菌に当てられていた学名 *L. ventriosospora* は本種の異名。

ワタカラカサタケ

チャヒメオニタケ 可食
Cystodermella cinnabarina
ヒメオニタケ属

【形態】傘：通常5cm位、初めまんじゅう形、のち中高の平らに開く。表面は橙黄色の地に帯赤褐色〜橙褐色の小粒を密布し、中央は濃色である。肉：類白色。ひだ：直生〜上生、やや密、やや狭幅、白〜淡クリーム色。柄：通常長さ5cm、幅6mm位、ほぼ上下同幅、中空。上部に早落性のつばがあり、つばより上は淡橙黄色、下は赤褐色の綿状鱗片でおおわれる。
【生態】夏〜秋、針葉樹林内または広葉樹林内の地面に少数群生。
【コメント】近年の分類学的研究では、従来のシワカラカサタケ属 *Cystoderma* から本種など胞子が非アミロイドの種がまとめられてヒメオニタケ属 *Cystodermella* に分類されている。従来本菌に当てられていた学名 *Cystoderma terreii* は本種の異名

チャヒメオニタケ

シワカラカサタケ 食注意
Cystoderma amianthinum
シワカラカサタケ属

【形態】傘：通常4cm位、初め円錐状丸山形のち中高の平らに開く。表面は黄土色、同色の微粒を密布して粉様感があり、放射状のしわがある。肉：帯黄色。ひだ：上生、白色、やや密。柄：通常長さ5cm、幅6mm位、中空。上部に早落性のつばがあり、つばより上は白〜淡色粉状、下は傘の表面と同様。
【生態】夏〜秋、針葉樹林内の地面に群生。
【コメント】可食とされているが、本種の変異は大きく区別が難しいため、類似の別種と間違える可能性があるのでお勧めできない。

シワカラカサタケ

シワカラカサモドキ 不明
Cystoderma neoamianthinum
シワカラカサタケ属

【形態】傘：通常4cm位、初めまんじゅう形、のち丸山形からほぼ平らに開く。表面は黄色、黄土色の粒状細鱗片に密におおわれる。肉：ほぼ白色、傘の部分では多少黄変する。ひだ：上生、ほぼ白色、密。柄：通常長さ5cm、幅7mm位、ほぼ上下同幅、基部で多少膨らみ、中実。上部に狭幅で脱落しやすいやや不完全なつばをつけ、つばより上部はやや黄色をおびた白色で粉状、下部は黄土色の粒状細鱗片におおわれる。

【生態】夏～秋、ブナの倒木などに単生～散生。
【コメント】県内のブナ林で見られるが、発生は比較的まれである。

シワカラカサモドキ

カブラマツタケ 食注意
Squamanita umbonata
カブラマツタケ属

【形態】傘：通常5cm位、初め円錐形、のち平らに開くが、中央は円錐状に突出。表面は茶色～黄土褐色、繊維状。マツタケの傘表に似る。ひだ：直生～湾生、白色、密。柄：通常長さ6cm、幅1.2cm位、基部にカブラ状灰白色の菌核状塊がある。表面は白色の地に茶色～黄土褐色の繊維または鱗片をつけ、また柄と塊の境目に褐色の鱗片が輪状に並ぶ。つばは不完全。

【生態】夏～秋、広葉樹林内の地面に単生～少数群生。

【コメント】県内では比較的普通にみられる。可食ともいわれているが、本菌はある種のテングタケ属に寄生しているとされ、注意が必要である。

カブラマツタケ

ニオイオオタマシメジ 不明
Squamanita odorata
カブラマツタケ属

【形態】傘：通常2cm位、初めまんじゅう形、のち丸山形に開く。表面は淡褐色、灰褐色の鱗片をつける。肉：白色、もろく、ブドウ果汁様の芳香がある。ひだ：直生〜離生、やや疎、淡灰褐色。柄：通常長さ3cm、幅5mm位、淡黄褐色、下方には反り返った灰褐色の鱗片をつける。
【生態】晩秋、林内の林道脇などの地面に形成された黄色塊茎状の菌体上に多数発生。
【コメント】塊茎状の構造物は次種のコガネタケが本菌に寄生されてできたものである。本菌は学名の種とは別種の可能性があり、今後検討を要する。

ニオイオオタマシメジ（手塚撮影）

コガネタケ 食注意
Phaeolepiota aurea
コガネタケ属

【形態】傘：通常14cm位、初め円錐状半球形、のち丸山形から中高の平らに開く。表面は黄金色。同色の粉でおおわれ、しばしば放射状のしわを生じる。肉：淡黄色、緻密。独特なにおいがある。ひだ：上生〜離生、黄白色のち黄土褐色、密。柄：通常長さ18cm、幅1.5cm位、下方に多少太まり、根もとが膨らむ。黄金色で同色の粉でおおわれる。つばは幅広く膜質で、下面は粉におおわれ、しわがある。
【生態】秋、主に晩秋、林縁や道端の地面に多数群生。
【コメント】地方名キナコタケ、キンタケなど。可食とされているが、人によって胃腸系の中毒を起こすこともあるので注意が必要である。

コガネタケ（安藤撮影）

ササクレヒトヨタケ（手塚撮影）

ササクレヒトヨタケ 可食
Coprinus comatus
ヒトヨタケ属

【形態】傘：通常4cm、高さ8cm位、初めほぼ円柱形〜長卵形で柄の半ば以上に被さる。のち多少開いて縁部が反り返り鐘状。表面は白色、淡灰黄色〜淡黄土褐色のささくれ状鱗片でおおわれる。ひだ：上生、初め白色のちしだいに淡紅色から黒色となり、傘の縁部から黒インク状になって溶ける。柄：通常長さ15cm、幅1.2cm位、白色、中空。可動性のリング状のつばがあり、基部は紡錘状に膨らむ。

【生態】初夏および秋、草地や畑地、庭園、道端などの地面に群生または束生。

【コメント】見かけによらず美味で、油炒めなどにあう。成熟するとひだが黒く溶けてくるので、食用には若いものを利用する。近年の分子系統学的な研究結果に基づいて、本菌を含む少数のグループは、ヒトヨタケ属*Coprinus*として従来のヒトヨタケ科 Coprinaceaeから分離して本科に置かれている。なお、*Coprinus*に従来の属和名を与えたが、同属の基準種である本種の和名をとってササクレヒトヨタケ属とする場合もある。

ヒトヨタケ科 Coprinaceae

旧ヒトヨタケ科のきのこは、胞子紋が黒色～暗紫褐色。胞子は発芽孔をもつ。ひだが成熟に伴って液化するものと液化しないものがある。多くは腐生性で糞上や焼け跡、枯れ木や落ち葉上、古畳などから発生する。本県からは5属10種が知られている。

近年の分子系統学的研究の成果を反映した分類体系では、ササクレヒトヨタケをハラタケ科に置く取り扱いとなっている。同種はヒトヨタケ属Coprinusの基準種であり、かつヒトヨタケ属はヒトヨタケ科の基準属であるため、ヒトヨタケ科という名前はハラタケ科の異名となり、同種およびその近縁種が除外された従来のヒトヨタケ科本体には新たにナヨタケ科Psathyrellaceaeの名称が用いられている。また、本科に置かれてきたヒメシバフタケ属Panaeolina、およびヒカゲタケ属Panaeolusは除外されてモエギタケ科Strophariaceaeに移されている。

ヒトヨタケ 毒

Coprinopsis atramentaria
ヒメヒトヨタケ属

【形態】傘：通常高さ6cm、径3cm位、初め卵形、のち多少開いて鐘形～円錐形。表面は灰色～淡灰褐色、初め細かい褐色の鱗片におおわれるが、のちほとんど平滑となり溝線があらわれ、しばしば放射状に裂ける。ひだ：上生、幼時白色のちしだいに紫褐色から黒色となり、液化してついには柄だけを残す。柄：通常長さ12cm、幅1.5cm位、円筒状、中空。表面は白色、中ほどより下に不完全なつばの名残をとどめる。
【生態】春～初夏および秋、畑地や広葉樹の腐木の近くに多数束生。
【コメント】アルコール分解を阻害するコプリンという物質が含まれ、アルコールとともに食すると悪酔い状態になる。従来のヒトヨタケ属Coprinusの菌は、基準種である前頁のササクレヒトヨタケとその近縁種がヒトヨタケ属に残ってハラタケ科に移され、その他は本種や**ヒメヒトヨタケ** *Coprinopsis friesii* などを含むヒメヒトヨタケ属*Coprinopsis*、キララタケ(p.196)やイヌセンボンタケ(p.197)などを含むキララタケ属*Coprinellus*、ヒメヒガサヒトヨタケ(p.198)などを含むヒメヒガサヒトヨタケ属*Parasola*などに再配置されている。

ヒトヨタケ

キララタケ 　毒

Coprinellus micaceus
キララタケ属

【形態】傘：通常3cm位、初め卵形、のち鐘形～円錐形、さらに開いて縁部が反り返る。表面は淡黄褐色で、最初は細かい雲母状の鱗片におおわれるが、のち鱗片が脱落して平滑となる。縁には放射状の溝線がある。ひだ：上生、初め白色、のち黒色となるが、液化の程度は著しくない。柄：通常長さ5cm、幅3mm位、ほぼ上下同幅、白色、つばを欠き、中空。
【生態】初夏～秋、広葉樹の腐朽材またはその付近に多数束生。
【コメント】従来可食とされていたが、アルコールと一緒に食べるとヒトヨタケ(p.195)と同じような症状をあらわすとされており、有毒種として取り扱った。

キララタケ

コキララタケ 　食注意

Coprinellus radians
キララタケ属

【形態】傘：通常高さ2.5cm位、初めは卵形、のち鐘形から円錐状丸山形に開く。表面は黄褐色、中央は濃色、周辺で淡色。初め綿くず～ふけ状の鱗片をつけるが、のち平滑。縁には放射状の溝線がある。ひだ：上生、密、幼時白色。成熟すると紫黒色になるが、液化の程度は低い。柄：通常長さ4cm、幅3mm位、下方に多少太まり、白色、基部と周辺に黄褐色粗毛状の菌糸マットがある。
【生態】夏～秋、ブナなどの広葉樹の切り株や倒木などから少数群生。
【コメント】発生は比較的まれである。可食とされることもあるが、前種キララタケと近縁なことから注意が必要。同種とは柄の基部に黄褐色粗毛状の菌糸マットを有することで区別ができる。

コキララタケ（手塚撮影）

イヌセンボンタケ 不明
Coprinellus disseminatus
キララタケ属

【形態】傘：通常1.2cm位、初め卵形、のち開いてまんじゅう形～鐘形。表面は微毛におおわれ、初め白色、淡黄色、灰白色。のち淡紫灰色をおび、縁から中心に向かって放射状の溝線をあらわし、扇のひだ状となる。ひだ：上生、やや疎、初め白色のち暗灰色～褐黒色となるが、液化しない。柄：通常長さ2cm、幅1.5mm位、下方に多少太まり、きわめてもろい。表面は白色半透明、微毛におおわれる。
【生態】初夏～秋、広葉樹の腐った切り株、埋もれた木の付近などに多数群生。
【コメント】一般的に見られる菌であるが、傘の色などの形態的変異が大きい。

イヌセンボンタケ（安藤撮影）

ムジナタケ 食注意
Lacrymaria lacrymabunda
ムジナタケ属

【形態】傘：通常6cm位、まんじゅう形のち丸山形。表面は茶褐色、繊維状の鱗片におおわれ、縁は被膜の名残の繊維状の毛で縁取られる。ひだ：上生、初め灰褐色、成熟すると暗紫褐色で黒い斑点ができる。縁は白粉状。柄：通常長さ8cm、幅8mm位、傘とほぼ同色の繊維におおわれる。つばは不完全で綿くず状。
【生態】初夏～秋、林内や草地、道端などの地面に散生～群生。
【コメント】従来 *Psathyrella velutina* の学名で知られていたきのこで、可食とされていたが、人によりアレルギー中毒を起こすといわれているので注意が必要。

ムジナタケ（手塚撮影）

ヒメヒガサヒトヨタケ 不明
Parasola plicatilis
ヒメヒガサヒトヨタケ属

【形態】傘：通常1.5 cm程度、初め卵形、のち鐘形〜まんじゅう形からほぼ平に開く。中央は円盤状にくぼみ、周辺に放射状の溝線をあらわし、扇のひだ状となる。表面は黄褐色〜栗褐色、のち灰色となり、中心は濃色。ひだ：隔生、やや疎、初め類白色のち淡褐色〜ほぼ黒色となるが、液化しない。柄：通常長さ6 cm、幅1.5 mm程度、上下同幅、中空。表面は平滑、白色または淡黄褐色をおびる。

【生態】初夏〜秋、広葉樹の腐った切り株、埋もれた木の付近などに多数群生。

【コメント】胞子は正面から見ると先端が尖った広卵形、側面は楕円形、大きさ10-13.5×7.5-9×5-7 μm。本種に類似して胞子がより小形（10 μm以下）のものを**コツブヒメヒガサヒトヨタケ** *P. leiocephala* という。所属はヒメヒガサヒトヨタケ属 *Parasola* に変更になった。

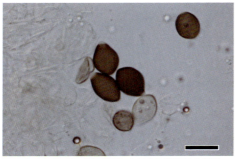

ヒメヒガサヒトヨタケ胞子×1000

ヒメヒガサヒトヨタケ

イタチタケ 食注意
Psathyrella candolleana
ナヨタケ属

【形態】傘：通常4 cm位、初めまんじゅう形、のち丸山形から平らに開く。表面は淡黄褐色、中央部はやや濃色。若いときは傘の縁に白い被膜の破片をつける。ひだ：密、狭幅。初め白色のち紫褐色。柄：通常長さ5 cm、幅6 mm位、ほぼ上下同幅、中空。表面は白色、平滑。

【生態】初夏〜秋、ブナ、ミズナラなどのやや腐朽の進んだ材上に群生〜束生。

【コメント】従来可食とされていたが、近年、有毒のシロシビンが含まれるとされているので注意が必要である。

イタチタケ（手塚撮影）

ムササビタケ 不明
Psathyrella piluliformis
ナヨタケ属

【形態】傘：通常4cm位、初め半球形〜まんじゅう形、のちほぼ平らに開く。表面にはやや放射状のしわがあり、暗褐色または肉桂褐色、乾けば淡黄土色。湿時、条線をあらわす。ひだ：しばしば水滴を分泌し、淡灰褐色のち暗褐色。柄：通常長さ5cm、幅5mm位、ほぼ白色、中空。被膜は白色、消失し、つばをつくらない。
【生態】夏〜初冬、広葉樹の切り株上や倒木上またはその付近に束生〜多数群生。
【コメント】可食ともいわれているが、一般に利用されておらず不明である。

ムササビタケ（手塚撮影）

センボンクズタケ 不明
Psathyrella multissima
ナヨタケ属

【形態】傘：通常4cm位、初め円錐形、のち多少開いて円錐状丸山〜鐘形。表面は湿時焦茶色、乾くと帯赤淡黄色、吸水性、つやおよび粘性は無い。縁には初め白色繊維状の被膜の名残をつける。肉：薄く、もろく壊れやすい。ひだ：離生、密、胞子が成熟すると暗紫色になる。柄：通常長さ10cm、幅4mm位、ほぼ上下同幅、つばを欠き、中空。肉質もろい。表面は白色、光沢があり、下部に白い軟毛をつける。
【生態】秋遅く、主にブナなどの広葉樹林内の朽ち木上に極めて多数束生。
【コメント】束になって大量に発生して食べられそうな気がするが、食毒は不明。

センボンクズタケ（安藤撮影）

オキナタケ科 Bolbitiaceae

　旧オキナタケ科のきのこは、傘の表皮は棍棒状の細胞が層状に並んだ子実層状被からなる。胞子紋はさび褐色、こげ茶色、灰褐色などで、胞子の多くは平滑、まれにいぼやこぶにおおわれるが、通常発芽孔をもつ。腐生性で、地上や腐朽材上、糞上などに発生する。本県からは3属7種（1変種を含む。）が知られている。

　近年の分子系統学的研究の成果を反映した分類体系では、従来、本科に置かれてきたフミヅキタケ属 *Agrocybe* が除外されモエギタケ科 Strophariaceae に移されている。

クチキフミヅキタケ 不明

Agrocybe acericola
フミヅキタケ属

クチキフミヅキタケ

【形態】傘：通常6 cm位、初めまんじゅう形で縁部は内側に巻き、のち丸山形から平ら。表面はつやなく、黄土色、平滑。初め縁に膜片をつけるが脱落しやすい。ひだ：上生～直生、白色のち暗褐色。柄：通常長さ10 cm、幅1.2 cm位、淡黄土色、白色の微細な繊維でおおわれるが、のち圧着して地肌をあらわす。上部に大きな白色膜質のつばをつけ、つばの上面は落下した胞子で暗褐色の条線状となる。

【生態】初夏、ブナなどの朽木上に少数群生。

【コメント】胞子は楕円形、8.5-10×5.5-7.5 μm。シスチジアはアンプル状、突起は通常1本、まれに2～3本。フミヅキタケ *A. praecox* が類似するが、同種は地上生でつばは小形であり、シスチジアの突起は1本のものだけである。現在、本属はモエギタケ科に移されている。

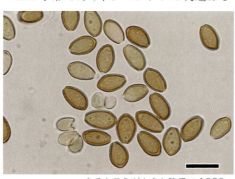

クチキフミヅキタケ胞子×1000

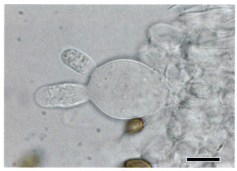

クチキフミヅキタケシスチジア×1000

ツバナシフミヅキタケ 毒

Agrocybe farinacea
フミヅキタケ属

【形態】傘：通常6cm位、初めまんじゅう形で縁部は内側に巻き、のちほぼ平らに開く。表面は淡黄土色〜黄土色。粘性なく、ほぼ平滑で多少しわがある。肉：厚く、淡黄土色またはほぼ白色、味および匂いとも粉臭がある。ひだ：直生、密。初め淡色、成熟すれば暗褐色となる。柄：通常長さ8cm、幅1cm位、ほぼ上下同幅、ときに下方で膨らみ、つばを欠く。表面は淡黄土色、縦の繊維状条線があり、頂部は粉状。

【生態】春〜初夏、草地や畳の廃棄場所、積み藁などの周りに群生または少数束生。

【コメント】本種は食毒不明であったが、近年、有毒のシロシビンを含むとされており、注意が必要。

ツバナシフミヅキタケ

ツチナメコ 食注意

Agrocybe erebia
フミヅキタケ属

【形態】傘：通常5cm位、初めまんじゅう形、のち中高の平らに開く。表面は暗褐色〜灰褐色、湿時やや粘性があり、周辺部に条線をあらわすが、乾けば条線は消え淡肉桂褐色となる。中央から周辺にかけて不規則な網目状のしわがある。ひだ：直生または多少垂生、やや疎。柄：通常長さ6cm、幅8mm位、下方に多少太まり、中実または中空。表面は多少繊維状、上半部は類白色、下半部は汚褐色。つばは白色膜質で上面に条線がある。

【生態】秋、ブナやミズナラなどの林内の地面に散生〜群生。

【コメント】本種は可食とされているが、県内からは本種類似の2、3のタイプが知られており、これらが同一種かどうか分類学的検討を要することから注意が必要。最近、DNAデータに基づいて本種やヤナギマツタケ *A. cylindracea* などを別属 *Cyclocybe* に分離すべきとの提案がなされている。

ツチナメコ（手塚撮影）

シワナシキオキナタケ 不明

Bolbitius titubans var. *titubans*
オキナタケ属

【形態】傘：通常4cm位、初め鐘形、のち丸山形から平らに開く。表面は粘液におおわれ、はじめレモン黄色、平滑、のち全体に灰褐色をおびた黄色となり、周辺に放射状の溝線をあらわす。肉：薄く、淡黄色。ひだ：上生〜離生、密、白色のち肉桂色。柄：通常長さ8cm、幅7mm位、表面は淡黄色、白色の細鱗片におおわれる。

【生態】初夏〜初秋、林内の朽ち木周辺や積みわら、肥えた地面などに群生。

【コメント】従来本菌に当てられていた学名 *B. vitellinus* は本種の異名。次の本種の変種キオキナタケは、幼時傘の中央が暗オリーブ色〜暗褐色をおび、また、しばしば網状のしわを生じることで区別ができる。

シワナシキオキナタケ（安藤撮影）

キオキナタケ 不明

Bolbitius titubans var. *olivaceus*
オキナタケ属

【形態】傘：通常6cm位、初め鐘形、のち丸山形から中高の平らに開く。表面は粘液におおわれ、中央部は網状のしわがあり暗オリーブ黄色、周辺部はレモン色。のち全体に灰褐色をおびた黄色となり、周辺に放射状の溝線をあらわす。肉：薄く、淡黄色。ひだ：上生〜離生、密、白色のち肉桂色。柄：通常長さ10cm、幅8mm位、表面は白色〜淡黄色、白色の細鱗片におおわれる。

【生態】初夏〜初秋、林内の朽ち木周辺の地面、枯れ草の中などに単生〜少数群生。

【コメント】本菌を独立種として認め *B. variicolor* の学名を与える場合もある。

キオキナタケ

クロシワオキナタケ 不明
Bolbitius reticulatus
オキナタケ属

【形態】傘：通常4cm位、初め釣り鐘形、のちまんじゅう形から中高のほぼ平らに開く。表面は粘性が強く、中心部では紫黒色、周辺部では灰紫色。中心から放射状に広がる網状の著しいしわがあり、縁には繊細な条線がある。肉：薄く、白色。ひだ：上生～離生、やや密、初めくすんだ肉色のちさび色となる。柄：通常長さ5cm、幅5mm位、下方にやや太まり、中空。表面は白色、微粉状～微毛状。
【生態】初夏～初秋、ブナやナラなどの広葉樹の腐朽の著しい材上やシイタケの古いほだ木などに単生～少数群生。
【コメント】食毒については不明。県内における発生は比較的まれであり、あまり一般的でない。

クロシワオキナタケ

キコガサタケ 不明
Conocybe apala
コガサタケ属

【形態】傘：通常4cm位、初め鐘形、のち開いて円錐状丸山形となり、縁部は上に反り返る。表面はクリーム色、乾くと類白色、中央は黄土色、粘性無く、平滑、湿時多少条線をあらわす。肉：薄く、もろい。ひだ：直生、狭幅、成熟したものでは濃いさび色。柄：通常長さ12cm、幅3mm位、上下同幅、中空。根もとは球状にふくらむ。表面はほぼ白色、微粉～微毛におおわれる。
【生態】初夏～秋、道端、牧草地、庭の芝生などの地面に散生～少数群生。
【コメント】食毒については不明。*C. lactea* あるいは *C. albipes* の学名が用いられることもある。

キコガサタケ（手塚撮影）

モエギタケ科 Stropharaceae

　旧モエギタケ科のきのこは、傘の表皮が菌糸からなる平行菌糸被あるいは毛状被。胞子紋が紫褐色〜紫黒色、あるいは紫色の色彩を欠きにっ粘土褐色〜肉桂色〜さび褐色。胞子は平滑で通常発芽孔をもつ。腐生性。本県からは7属26種（1変種、1品種、2未記録種含む。）が知られている。

　近年の分子系統学的研究の成果を反映した分類体系では、旧ヒトヨタケ科の一部（ヒメシバフタケ属およびヒカゲタケ属）、フウセンタケ科の一部（チャツムタケ属）、オキナタケ科の一部（フミズキタケ属）が編入される、また、本科に置かれてきたヒメスギタケ属 *Phaeomarasmius* が除外されてハラタケ目のチャムクエタケ科 Tubariaceae に置かれるなどの変更が見られる。

サケツバタケ　可食
Stropharia rugosoannulata
モエギタケ属

【形態】傘：通常15cm位、初めまんじゅう形、のち平らに開く。表面は赤褐色〜暗褐色、ときにブドウ酒色をおび、古くなると退色して灰褐色。内生繊維状または微細な繊維状鱗被でおおわれ、湿時やや粘性がある。
肉：厚くて白色。ひだ：直生、ほぼ白色のち暗紫灰色、縁は不規則に欠ける。柄：通常長さ15cm、幅2cm位、下方に向かって太まり、中空または中実。表面は平滑で絹状光沢があり、白色のち淡褐黄色。つばは厚い膜質で星形に深く裂け、裂片の先端部が上方に強く巻き、脱落しやすい。
【生態】初夏および秋、林道脇や畑地、草むら、籾殻などに散生〜少数群生。
【コメント】ひだが暗紫灰色で不気味な印象があるが、食用とすることができる。

サケツバタケ（手塚撮影）

キサケツバタケ 可食

Stropharia rugosoannulata f. *lutea*
モエギタケ属

【形態】傘：通常10cm位、初めまんじゅう形、のち開いて平たい丸山形。表面は淡黄褐色、平滑またはやや繊維状。湿時やや粘性がある。肉：厚くて白色。ひだ：直生、白色のち暗紫灰色、やや密。柄：通常長さ10cm、幅1.2cm位、下方に向かって多少太まり、中空。表面は黄白色～淡黄褐色、平滑で絹状光沢がある。上部に星型に裂けた厚い膜質のつばをつけるが脱落しやすい。
【生態】初夏および秋、林道脇や畑地、河川敷の草むらなどに単生～散生。
【コメント】前種サケツバタケと同様に食用とすることができる。同種とは傘の色のほかにより小形であることで異なる。

キサケツバタケ（手塚撮影）

モエギタケ 不明

Stropharia aeruginosa
モエギタケ属

【形態】傘：通常5cm位、初めまんじゅう形、のち丸山形からほぼ平らに開く。表面は初め粘液におおわれ青緑色～緑色、縁に白い綿くず状鱗片を付ける。のち乾くと黄緑色～帯黄色となり、光沢がある。ひだ：直生、初め灰白色のち紫褐色、縁部は帯白色。柄：通常長さ7cm、幅1cm位、下方でやや太まり、中空。基部に白い菌糸束がある。表面は白色、ときに下部で多少緑色をおびる。やや上部に比較的早く消失する膜質のつばをつける。
【生態】秋、種々の林内の湿気の多い地面または草地に少数群生。
【コメント】有毒とされていたこともあったが、最近は可食説もあり、実態は不明。

モエギタケ（手塚撮影）

クリタケ 可食

Hypholoma lateritium
ニガクリタケ属

【形態】傘：通常6 cm位、ときに10 cm以上、初め半球形〜丸山形、のちまんじゅう形からほぼ平らに開く。表面は粘性なく、やや湿り気をおび、明るい茶褐色〜濃レンガ赤色。周辺部は淡色で、初め白色の薄い繊維状の膜を付着する。肉：緻密でかたくしまり、黄白色、味温和。ひだ：直生〜湾生、黄白色から帯オリーブ暗色、のち紫褐色。柄：通常長さ10 cm、幅1.2 cm位、上部は白色〜黄白色、下部はさび褐色で繊維紋があり、つばを欠く。
【生態】晩秋、種々の広葉樹の切り株や倒木、または土に埋まった材などに多数束生。
【コメント】食感は劣るが、天ぷらなどにすると美味。ただし、微量のネマトリンという有毒物質が含まれると言われているので、食べ過ぎには注意。従来 *Naematoloma sublateritium* あるいは *Hypholoma sublateritium* などの学名でも知られていた。

クリタケ

クリタケ（幼菌）

クリタケ傘裏

クリタケモドキ 可食

Hypholoma capnoides
ニガクリタケ属

【形態】傘：通常5cm位、初め半球形、のちほぼ平らに開く。表面は粘性なく平滑、淡黄褐色。周辺部は淡色で初め白色の薄い繊維状の被膜をつける。肉：かたくしまり、味温和。ひだ：直生～湾生、黄白色から灰色、のち紫褐色。柄：通常長さ8cm、幅1cm位、上部は白色～黄白色、下部はさび褐色で繊維状。基部は白色の菌糸でおおわれる。中空。クモの巣状のつばをつけるが消えやすい。

【生態】晩秋、カラマツなどの針葉樹の切り株や倒木、その周りに多数束生する。

【コメント】胞子は楕円形、7-8×4-5μm、平滑。前種クリタケに似るが、やや小形で傘がより明色、針葉樹の材上に生えることで区別ができる。1998年青森県から日本新産種として報告されたものであるが、少なくとも東北地方には広く分布しているようである。

クリタケモドキ

クリタケモドキ傘裏

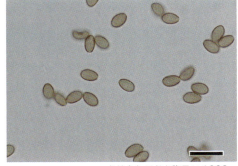

クリタケモドキ胞子×1000

ニガクリタケ

ニガクリタケ 毒
Hypholoma fasciculare
ニガクリタケ属

ニガクリタケ傘裏

【形態】傘：通常3cm位、初め半球形、のち丸山形からほぼ平らに開く。表面は湿り気をおび、平滑、多少吸水性、淡～鮮黄色。縁には初め被膜の名残がクモの巣状に付着するが、のち消失する。肉：黄色で強い苦みがある。ひだ：湾生～上生し、密、狭幅。初め硫黄色、のち灰緑色から紫褐色。柄：通常長さ5cm、幅6mm位、ほぼ上下同幅。表面は傘とほぼ同色、下方に向かってときに橙褐色、繊維状。初めクモの巣状の不完全なつばをもつが、消失しやすい。

【生態】春～晩秋、各種広葉樹や針葉樹の倒木や切り株、枯れ幹などに群生。

【コメント】クリタケモドキ(*p.207*)などに類似するが、本種はひだが硫黄色をして、味がきわめて苦いことで区別ができる。

ニセキッコウスギタケ 不明

Hemipholiota heteroclita
キッコウスギタケ属(新称)

【形態】傘：通常10cm位、初め半球形、のちまんじゅう形から平たい丸山形に開き、著しく肉厚。表面は湿時粘性があり、麦藁色〜淡黄土色、周辺は類白色、同色または淡黄褐色の綿質の大形な鱗片でおおわれる。
肉：類白色、多少甘ったるい香りがある。
ひだ：湾生状直生、やや密、広幅、初め白色のち淡褐色。**柄**：通常長さ8cm、幅1.5cm位、ほぼ上下同색。表面は淡黄土白色、粘性は無く、ささくれ状の鱗片で密におおわれる。上部に繊維状のつばがある。

【生態】秋、ダケカンバの立木や枯れ幹などに単生〜少数群生。
【コメント】食毒については不明。胞子は楕円形、大きさ7-9(-10)×5-6μm。北方系のきのこで、本県からは2014年に千葉勝幸氏(青森市)によって、八甲田から初めて採集されている。本県以外では北海道から知られているが、発生は比較的まれである。近年、形態およびDNAデータに基づいて従来のスギタケ属 *Pholiota* は幾つかの属に分割されつつあるが、本種および近縁な**キッコウスギタケ***Pholiota populnea*(＝*P. destruens*)などはその一つである *Hemipholiota* に移されている。

ニセキッコウスギタケ

ニセキッコウスギタケ傘拡大

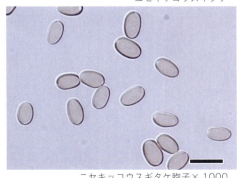

ニセキッコウスギタケ胞子×1000

シブイロスギタケ（安藤撮影）

シブイロスギタケ 不明
Hemistropharia albocrenulata
シブイロスギタケ属（新称）

【形態】傘：通常7cm位、初めまんじゅう形、のち平たい丸山形からほぼ平らに開く。表面は著しい粘性があり、赤褐色〜暗褐色、取れやすい帯褐色〜淡黄色の大きな繊維状鱗片をつける。ひだ：ほぼ直生、やや密、広幅、さび褐色で、縁は白く縁取られる。
柄：通常長さ8cm、幅1cm位、ほぼ上下同幅。表面は黄褐色、粘性は無く、ささくれ状の鱗片で密におおわれる。上部に落下した胞子で茶褐色に縁取られた繊維状の不完全なつばがある。
【生態】秋、ブナなど広葉樹の立木や切り株、枯れ幹などに少数群生。

シブイロスギタケ傘裏（安藤撮影）

【コメント】食毒については不明。従来、*Pholiota albocrenulata* の学名で知られていた種で、渓畔林で多く見られるが、発生は比較的まれ。

ナメコ 可食
Pholiota nameko
スギタケ属

【形態】傘：通常6cm位、初め半球形～やや円錐形、のちまんじゅう形からほぼ平らに開く。表面は著しい粘液で厚くおおわれ、中央部は明るい褐色、周辺部は黄褐色、古くなり粘液を失うにつれてしだいに淡色。傘の下面は初めゼラチン質の薄い被膜におおわれる。**ひだ**：直生、密、広幅。初め淡黄色のち淡褐色。**柄**：通常長さ6cm、幅1cm位、ほぼ上下同幅。上部にゼラチン様膜質のつばをもつが、のちしばしば圧着して消失。つばより上部はほぼ白色、下部は淡黄褐色～褐色で粘液におおわれる。

【生態】秋遅く、ときに梅雨どきに主にブナなどの倒木や切り株上に群生～束生。

【コメント】独特のぬめりはとくに日本人好みで、古くから栽培化されており、ナメコ汁やおろし和えなどの和風料理に相性がいい。先行する学名として *P. microspora* があるが、ここでは従来広く用いられてきた *P. nameko* を用いた。

ナメコ（笹撮影）

ナメコ

ナメコ

スギタケ 食注意

Pholiota squarrosa
スギタケ属

【形態】傘：通常6cm位、初めやや円錐形〜半球形、のちまんじゅう形からほぼ平らに開く。表面は淡黄色〜淡黄褐色、褐色〜赤褐色の粗いささくれ状鱗片でおおわれ、粘性は無い。肉：淡黄色。ひだ：直生、初め帯緑黄色のち褐色。柄：通常長さ8cm、幅1.2cm位、ほぼ上下同幅または下方に細まる。粘性は無く、上部に裂けた繊維質のつばがあり、つばより下は傘と同色で、かつ同様の鱗片でおおわれる。
【生態】秋、広葉樹などの立枯れ木や立ち木の根際などに多数束生。
【コメント】体質によっては胃腸系の中毒を起こすこともあるといわれており、注意が必要。しばしば次頁のスギタケモドキと混同されているが、同種では傘に湿時弱い粘性があり、傘の鱗片は刺状であることで区別ができる。

スギタケ（手塚撮影）

ツチスギタケモドキ 食注意

Pholiota sp.
スギタケ属

【形態】傘：通常6cm位、初めやや円錐状山形、のちまんじゅう形からほぼ平たい丸山形に開く。表面は淡黄色〜淡黄褐色、褐色〜暗褐色の粗いささくれ状鱗片でおおわれ、粘性は無い。肉：淡黄色。ひだ：直生〜直生状湾生、初め淡黄色のち褐色、やや密。柄：通常長さ8cm、幅1cm位、ほぼ上下同幅または下方に向かって多少太まる。粘性は無く、上部に裂けた繊維質のつばがあり、つばより上は淡黄白色、下は傘と同色で、かつ同様の鱗片でおおわれる。
【生態】秋、林道脇の草むらなどの地面に多数束生。
【コメント】食用としている人もいるが、体質によっては胃腸系の中毒を起こすこともあると言われ、注意が必要。前種のスギタケに類似するが、同種は材上生であることで異なる。暫定的にスギタケとは別種として取り扱ったが、異同については今後の研究に待ちたい。なお、地面に発生することでしばしば次種のツチスギタケと混同されているが、同種は全くの別物である。

ツチスギタケモドキ傘裏

ツチスギタケモドキ

ツギスギタケ 食注意
Pholiota terrestris
スギタケ属

【形態】傘：通常5cm位、初め半球形、のち中高のまんじゅう形から平たい丸山形に開く。表面は淡黄～麦わら色～灰褐色、周辺に向かって淡色。鈍い褐色の繊維状鱗片でおおわれ、湿時やや粘性があるが乾きやすい。ひだ：ほぼ直生、初め帯緑黄色のち褐色。柄：通常長さ6cm、幅8mm位、ほぼ上下同幅、傘と同色で同様の鱗片におおわれる。被膜は綿毛状膜質であるが、明瞭なつばとはならない。
【生態】初夏～秋、広葉樹林内の林道や林道脇、荒れ地、草原などに散生～群生。
【コメント】可食とされているが、食味に劣り利用価値が低い。また、人によって胃腸系の中毒を起こすとも言われ、注意が必要である。本菌は和名から地面に生える前種ツチスギタケモドキとしばしば混同されている。

ツチスギタケ（手塚撮影）

スギタケモドキ 食注意
Pholiota squarrosoides
スギタケ属

【形態】傘：通常8cm位、初め円錐状丸山形～ほぼ球形、のちまんじゅう形から平らに開く。表面はほぼ白色～淡黄色または淡黄褐色、やや粘性をおび、直立したとげ状の鱗片で密におおわれる。肉：黄白色。ひだ：直生、密。初め黄白色、のち肉桂色。柄：通常長さ8cm、幅1.2mm位、上下同幅。淡黄色または基部が淡黄褐色をおび、粘性無く、上部に綿くず状の厚いつばをつける。つばより下は傘と同色の下方に反り返った鱗片におおわれる。
【生態】初夏～秋、ブナなどの広葉樹の倒木、切り株などに多数束生。

【コメント】食毒については前頁のスギタケと同じ。傘に多少粘性があるため、しばしばヌメリスギタケ(p.214)と混同されているが、同種は傘の鱗片はゼラチン質で柄にも粘性があることで区別ができる。

スギタケモドキ

ヌメリスギタケ 可食

Pholiota adiposa
スギタケ属

【形態】傘：通常6cm位、初め丸山形、のち平らに開くが、中央部はやや隆起する。表面は鮮黄色、粘性があり、圧着したまたは多少反り返った褐色〜赤褐色のゼラチン質な鱗片でおおわれる。ひだ：直生〜上生、密。初め淡黄色のちオリーブ褐色〜さび褐色。柄：通常長さ7cm、幅1cm位、ほぼ上下同幅、上部に繊維状で消失しやすいつばがある。表面は黄色、粘性のある黄褐色ささくれ状鱗片におおわれるが、のちほぼ平滑で粘性も弱まる。

【生態】初夏または秋、広葉樹、とくにブナの枯れ木や立ち木に束生。

【コメント】食感はナメコ様で、みそ汁やおろし合えなどに適する。スギタケモドキ (p.213) は本種に類似するが、傘の粘性が弱く、鱗片がとげ状である点で区別ができる。学名は再検討を要するが、ここでは暫定的に従来の日本における取り扱いに従い *P. adoposa* の学名を用いた。

ヌメリスギタケ幼菌（笹撮影）

ヌメリスギタケ

ヌメリスギタケモドキ 可食

Pholiota aurivella
スギタケ属

【形態】傘：通常8cm位、ときに15cmに達し、初めまんじゅう形、のち中高の平たい丸山形に開く。表面はゼラチン質、黄色〜淡黄褐色、三角形の圧着した褐色の大形鱗片を散在するが脱落しやすい。ひだ：直生〜上生、密。淡黄色のちさび褐色。柄：通常長さ8cm、幅1.2cm位、ほぼ上下同幅、ときに基部は膨らみ、偽根状。上部に早落性繊維状のつばをつける。表面は粘性無く、上部黄色、下部さび褐色、つばより下は繊維状の小さな鱗片でおおわれ、のちほぼ平滑。

【生態】初夏〜秋、ヤナギやダケカンバなどの広葉樹の立ち木や枯れ木上に束生。

【コメント】地方名ヤナギナメコ。前種ヌメリスギタケに類似するが、本種はより大形で、柄に粘性を欠くことで区別ができる。学名は再検討を要するが、ここでは暫定的に従来の日本における取り扱いに従い *P. aurivella* の学名を用いた。

ヌメリスギタケモドキ（手塚撮影）

ハナガサタケ 可食

Pholiota flammans
スギタケ属

【形態】傘：通常5cm位、初め円錐形丸山形、のちまんじゅう形から平らに開く。表面は鮮黄色～硫黄色、湿時しばしば粘性あり、初め黄色～硫黄色のささくれた繊維状鱗片で密におおわれ、のちしだいに脱落する。肉：黄色、苦みがある。ひだ：直生～上生、密、初め黄色、のちさび褐色。柄：通常長さ8cm、幅7mm位、上下同幅、上部に繊維状の不完全なつばがある。表面は黄色、下部はやや橙黄色、傘と同じく著しいささくれ状鱗片におおわれる。

【生態】夏～秋、アカマツなどの針葉樹の枯れ木に群生または少数束生。

【コメント】可食とされているが、発生は比較的まれで、あまり利用されていない。本菌には傘が橙黄褐色のタイプがあり、別種とする説もある。

ハナガサタケ（手塚撮影）

カオリツムタケ 毒

Pholiota malicola var. *macropoda*
スギタケ属

【形態】傘：通常6cm位、初め中高のまんじゅう形、のち平らに開き、中央部はやや突出する。表面は黄色～黄褐色、古くなると橙褐色のしみを生じ、ほぼ平滑、やや粘性がある。肉：石けん様の香りがある。ひだ：直生、やや密。初め黄色のち褐色。柄：通常長さ8cm、幅1cm位、上下同幅、上部に消失性で繊維状のつばをつける。表面はやや繊維状の鱗片を有し、黄褐色で上部は淡色、下部は濃い褐色。

【生態】初夏～秋、ブナなどの枯れ木の根もとや埋もれた材付近から多数束生。

【コメント】一見クリタケ（p.206）に似た感じだが、有毒で、誤って食べると激しい下痢をすると言われており、注意が必要である。本菌を欧米で知られている *P. alnicola* とする意見もあるが、発生状態などに多少違いがあり分類学的検討を要する。

カオリツムタケ幼菌（小泉撮影）

カオリツムタケ

アカツムタケ 食不適
Pholiota astragalina
スギタケ属

【形態】傘：通常5cm位、初め円錐状丸山形、のち開いてやや中高のまんじゅう形。表面は朱赤色、周辺は淡色。湿時粘性があるが乾きやすく、平滑。縁部には初めほぼ白色の膜片が付着しているが、のち消失する。肉：帯橙色、苦味がある。ひだ：直生、密。帯黄色で傘の肉に近い部分は朱赤色、のち帯褐色。柄：通常長さ7cm、幅6mm位、上下同幅。表面は黄白色または朱赤色をおび、表面は粘性がなく綿毛状〜繊維状、つばを欠く。
【生態】秋、針葉樹の枯幹、または切り株上に少数束生または単生。
【コメント】苦みがあり食用に適さない。

アカツムタケ（手塚撮影）

ヤケアトツムタケ 食注意
Pholiota highlandensis
スギタケ属

【形態】傘：通常3cm位、初めやや中高の丸山形からのち平らに開く。表面は黄褐〜茶褐色で粘性があり縁部は淡色、平滑無毛。周辺部には初め黄白色の薄い被膜が付着しているがのち消失する。肉：淡黄白色。ひだ：直生〜上生、やや密、淡黄色のち汚褐色。柄：通常長さ5cm、幅5mm位、上下同幅。表面は黄白〜汚黄色、下部は多少帯褐色、繊維状で多少ささくれ、粘性は無い。初め不明瞭な繊維状のつばをもつが、つばは子実体が成熟すると消失する。
【生態】初夏〜秋、林内などの焼けあとやたき火あとの地面に群生〜小数束生。
【コメント】従来可食とされていたが、近年、人によって胃腸系の中毒を起こすと言われており注意が必要。

ヤケアトツムタケ

チャナメツムタケ 可食

Pholiota lubrica
スギタケ属

【形態】傘：通常7cm位、初めまんじゅう形、のち平らに開き、ときに中央部は広くやや盛り上がる。表面は粘性があり赤茶色〜明褐色、周辺部に向かって淡色。帯白色〜帯黄色綿毛状の小鱗片を点在する。肉：白色。ひだ：直生〜湾生、密。初めほぼ白色のち粘土褐色。柄：通常長さ8cm、幅1cm位、ほぼ上下同幅、基部はやや膨らみ白毛がある。表面はほとんど白色、のち下部は褐色をおび、繊維状〜ややささくれ状。つばを欠く。
【生態】秋、おもに晩秋、半ば土に埋まった朽ち木やその周辺に群生。
【コメント】地方名ツチナメコなど。有毒種のキシメジ科のカキシメジ(*p.105*)が本種に類似するので注意が必要。

チャナメツムタケ

シロナメツムタケ 可食

Pholiota lenta
スギタケ属

【形態】傘：通常6cm位、初めまんじゅう形、のち平たい丸山形からほぼ平らに開く。表面は著しい粘性があり、白色〜白茶色。白色綿毛状の鱗片が点在するが、消失しやすい。肉：白色。ひだ：直生、密。初め白色のち肉桂褐色。柄：通常長さ6cm、幅1.2cm位、上下同幅、つばを欠く。表面は初め白色のち基部に向かって褐色となり、繊維状で多少ささくれる。
【生態】盛秋〜晩秋、アカマツ林またはブナ林内の地面や腐木上に散生〜群生。

【コメント】比較的美味で収穫量も望めることから楽しめるきのこである。ただし、フウセンタケ科のワカフサタケ属 *Hebeloma* の中に、本種と類似して有毒なものがあるので注意が必要である。

シロナメツムタケ

モエギタケ科　217

ブナノキナメツムタケ(仮称) 可食

Pholiota sp.
スギタケ属

【形態】傘：通常7cm位、初め中高のまんじゅう形、のち開いてやや中高の平たい丸山形。表面は強い粘性があり、中央で黄色、周辺に向かって淡色。中央は茶褐色で粘性の圧着した細鱗片に密におおわれるが、周辺は綿毛状、黄白色〜淡黄褐色の鱗片を散布する。縁には初め類白色の内被膜の名残を付着するが、のち消失する。肉：淡黄白色。ひだ：やや垂生状湾生、やや密、やや狭幅、初めほぼ淡黄白色のち淡粘土褐色。柄：通常長さ7cm、幅1cm位、基部で多少膨らみ、やや中空。表面は淡黄白色、下部は帯褐色、全体繊維状〜ささくれ状。初め淡黄白色綿毛状膜質の薄いつばをつけるが、のち消失する。

【生態】晩秋、ブナなどの広葉樹の半ば土に埋まった枯れ幹上やその周囲の地面に群生〜少数束生。

【コメント】日本未記録種。胞子は楕円形、大きさ5-6.5×3-4μm、厚壁、発芽孔は不明瞭。北日本のブナ林に発生し、しばしばキナメツムタケ *P. spumosa* と混同されるが、同種は針葉樹林の地上まれに腐朽木に発生し、子実体が小形で、胞子がより大形(長沢, 1989：6.5-8×4-4.5μm)である点で異なる。

ブナノキナメツムタケ

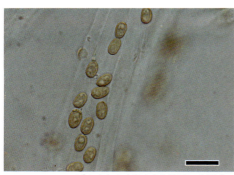

ブナノキナメツムタケ胞子×1000

ブナノキナメツムタケ側シスチジア×1000

ヒメスギタケ 不明
Phaeomarasmius erinaceellus
ヒメスギタケ属

【形態】傘：通常4cm位、初め半球形、のち円錐状丸山形からほぼ平らに開く。表面は乾燥し、吸水性は無く、初めさび褐色から濃橙褐色または黄土褐色。とげ状〜粒状の離脱しやすい鱗片で密におおわれ、縁には被膜の名残を垂らす。ひだ：直生、密、初め黄白色のち黄土褐色。柄：通常長さ5cm、幅5mm位、ほぼ上下同幅、上部に脱落しやすい膜状〜粉状のつばをつけ、つばより下は傘と同色のとげ状〜粒状の離脱しやすい鱗片でおおわれる。
【生態】初夏〜秋、ブナなどの広葉樹の腐朽木上に単生〜少数群生。
【コメント】食毒については不明。形態の変異の幅が大きく、これらがすべて同一種かどうか今後分類学的検討を要する。現在、本属はチャムクエタケ科に移されている。

ヒメスギタケ

センボンイチメガサ 可食
Kuehneromyces mutabilis
センボンイチメガサ属

【形態】傘：通常2.5cm位、初め丸山形、のち平らに開く。表面は著しく吸水性で、湿時多少粘性があり、黄褐色〜肉桂色または茶褐色、傘の周辺部に明瞭な条線をあらわす。初め傘の周辺部に微細な鱗片を付着するが脱落し易い。肉：傘の周辺で薄く、黄褐色。ひだ：直生〜やや垂生、やや広幅、密、初め帯淡褐白色、成熟すると肉桂色。柄：通常長さ5cm、幅4mm位、上下同幅、中空。上部に膜状または繊維状のつばがあり、つばより上方では白色微粉状、下方は黄褐〜暗褐色をおび、細かいが顕著なささくれ状鱗片を生じる。
【生態】初夏〜秋、広葉樹または針葉樹の枯れ幹、切り株に多数束生。
【コメント】可食とされているが、本種に類似のきのこは多い。特に本県ではまだ発生が確認されていないものの猛毒のケコガサ属のコレラタケ *Galerina fasciculata* が類似して紛らわしいので注意が必要。なお、同種は傘に粘性があり、つばは不明瞭で、胞子がいぼ状であることで区別ができる。

センボンイチメガサ（手塚撮影）

フウセンタケ科 Cortinariaceae

　きのこはキシメジ型、モリノカレバタケ型、クヌギタケ型、あるいはヒラタケ型などと変化に富み、幼時期には傘の縁と柄の上部をつなぐくもの巣様の構造物があるか、またはこれを欠く。胞子紋は褐色（明褐色～さび褐色、あるいは粘土褐色など、まれにほぼ白色）。胞子はいぼ状あるいは平滑で、発芽口を欠く。菌根性あるいは腐生性。本県からは5属30種（2変種含む。）が知られている。

　なお、近年の分子系統学的研究の成果を反映した分類体系では、従来、本科のメンバーとして取り扱われてきたアセタケ属 Inocybe がチャヒラタケ科 Crepidotaceae に移動あるいはハラタケ目において創設されたアセタケ科 Inocybaceae に、ワカフサタケ属 Hebeloma、ケコガサタケ属 Galerina、カワムラジンガサタケ属 Phaeocollybia などは腹菌類からハラタケ目に移されたヒメノガステル科 Hymenogastraceae に、キショウゲンジ属 Descolea はオキナタケ科 Bolbitiaceae に置かれている。

シラゲアセタケ 毒

Inocybe maculata
アセタケ属

【形態】傘：通常4cm位、初め円錐形からまんじゅう形となり、のちほぼ平らに開くが、中央部は突出する。表面は暗褐色繊維状、のち表皮は放射状に裂ける。初め白色の外被膜が斑状に付着するがのち不明瞭。肉：類白色～淡帯褐色。ひだ：上生、粘土褐色、縁部は白色、やや密。柄：通常長さ7cm、幅6mm位、上下同大、ときに多少ねじれ、中実。表面は繊維状、類白色のち下方から帯褐色となる。
【生態】初夏～秋、ミズナラなどの雑木林内の地面に散生。
【コメント】有毒のムスカリンが含まれているので注意が必要。本菌は県内にも産するオオキヌハダトマヤタケ *I. rimosa*（=*I. fastigiata*）に類似するが、同種は傘が黄土色で白い外被膜を付着しないことで区別ができる。

シラゲアセタケ

シロトマヤタケ 毒

Inocybe geophylla var. *geophylla*
アセタケ属

【形態】傘：通常2cm位、初め円錐状卵形、のち丸山形に開くが、中央はつねに突出する。表面は白色、絹糸状のつやがある。ひだ：上生〜離生、粘土褐色、やや密。柄：通常長さ5cm、幅4mm位、基部で多少膨らみ、中実。表面は白色、繊維状。幼時、上部にクモの巣状の被膜があるが、消失しやすい。
【生態】初夏〜秋、広葉樹林や雑木林内の地面に散生〜少数群生。
【コメント】このグループは有毒のムスカリンを含むとされているので、注意が必要。

シロトマヤタケ（安藤撮影）

ムラサキアセタケ 毒

Inocybe geophylla var. *violacea*
アセタケ属

【形態】傘：通常2cm位、初め円錐状卵形、のち丸山形に開くが、中央はつねに突出する。表面は全体紫色であるがのち周辺で淡色、絹糸状のつやがある。ひだ：上生〜離生、粘土褐色、やや密。柄：通常長さ4cm、幅3mm位、基部で多少膨らみ、中実。表面は初め紫色、のち基部以外は淡色、繊維状。幼時、上部にクモの巣状の被膜があるが、消失しやすい。
【生態】初夏〜秋、広葉樹林や雑木林内の地面に散生〜少数群生。
【コメント】本種はウスムラサキアセタケ（*p.222*）の異名とされることもある。

ムラサキアセタケ（安藤撮影）

ウスムラサキアセタケ 　毒
Inocybe geophylla var. *lilacina*
アセタケ属

【形態】傘：通常2cm位、初め円錐状卵形、のち丸山形に開くが、中央はつねに突出する。表面は紫色のち淡色、中央で褐色をおび、絹糸状のつやがある。ひだ：上生～離生、粘土褐色、やや密。柄：通常長さ4cm、幅3mm位、基部で多少膨らみ、中実。表面は初め紫色、のち淡色、繊維状。幼時、上部にクモの巣状の被膜があるが、消失しやすい。
【生態】初夏～秋、ミズナラなどの雑木林内の地面に散生～少数群生。
【コメント】発生は比較的まれ。有毒のムスカリンを含むとされているので、注意が必要である。

ウスムラサキアセタケ（手塚撮影）

コバヤシアセタケ 　不明
Inocybe kobayasii
アセタケ属

【形態】傘：通常3.5cm位、初め円錐状鐘形、のち中高の平らに開く。表面は粘性なく、初め淡黄土色のちやや濃色となり、繊維状であるが、ときにひび割れてささくれ状の鱗片を生じる。肉：白色、土臭がある。ひだ：湾生またはほぼ離生、帯黄土肉桂色、やや広幅、密。柄：通常長さ4cm、幅6mm位、ほぼ上下同幅。表面は類白色または多少傘の色をおび、繊維状でときにややささくれる。
【生態】夏～秋、林内地面に群生～単生。
【コメント】食毒不明であるが、アセタケ類は有毒のムスカリンを含むものが多いので本種も注意が必要である。

コバヤシアセタケ

シロニセトマヤタケ 　毒
Inocybe umbratica
アセタケ属

【形態】傘：通常3 cm位、初め円錐形、のち丸山形からほぼ平らに開くが、中央部は突出する。表面は白色、繊維状で成熟するとしばしば放射状に裂ける。ひだ：ほぼ離生、初め白色のち灰褐色、密。柄：通常長さ5 cm、幅8 mm位、ほぼ上下同幅、根もとは丸く膨らみ、中実。表面は白色、平滑、被膜を欠く。
【生態】初夏〜秋、カラマツやアカマツなどの針葉樹林やダケカンバ林、広葉樹雑木林などさまざまな林内に散生〜多少群生。
【コメント】毒成分は不明であるが、神経系の中毒を起こすと言われているので注意。シロトマヤタケ(*p.*221)に類似するが、同種は小型で、傘は絹糸状のつやがあり、柄にクモの巣状の被膜がある。

シロニセトマヤタケ

ナガエノスギタケ 　可食
Hebeloma radicosum
ワカフサタケ属

【形態】傘：通常10 cm位、初めまんじゅう形、のちやや中高の平らに開く。表面は黄土褐色、周辺は淡色または全体がほとんど白色、帯褐色の鱗片を散布するかまたは平滑で湿時粘性をあらわす。肉：堅くしまり、白色、一種の臭気がある。ひだ：やや上生、褐色、密。柄：地上部で通常長さ12 cm、幅1.5 cm位、根もとは紡錘形にふくらみ、基部は急に細まって根状となり地中に深く入り込む。表面は白色、中ほどより上に膜質のつばがあり、それより下には帯褐色の鱗片がある。
【生態】秋、広葉樹林などの地面に多少群生。
【コメント】可食とされているが、臭いにくせがある。モグラ類の排泄所あとに発生すると言われている。

ナガエノスギタケ（手塚撮影）

アシナガヌメリ 不明
Hebeloma spoliatum
ワカフサタケ属

【形態】傘：通常8cm位、まんじゅう形からやや中高の平らに開く。表面は粘性があり、粘土褐色〜肉桂色あるいは栗褐色。肉は多少褐色をおびる。ひだ：上生または直生し、初め類白色のち汚褐色となり、密。柄：地上部で通常長さ6cm、幅7mm位、ほぼ上下同幅、中空、基部は偽根となって深く地中に入る。表面は繊維状、上部は粉状、最初はほとんど白色のち褐色をおびる。
【生態】初夏〜秋、アカマツ・ミズナラ林、ブナ・ミズナラ林などの林内地面に単生〜多少群生。
【コメント】アンモニア菌。本種に類似して傘が黄土褐色などのタイプが見つかっており、これらが同一種かどうか詳細な検討が必要である。現在、本属はヒメノガステル科に移されている。

アシナガヌメリ（手塚撮影）

キショウゲンジ 不明
Descolea flavoannulata
キショウゲンジ属

【形態】傘：通常7cm位、初めほぼ球形、のちまんじゅう形からやや中高の平らに開く。表面は黄土色〜暗黄褐色、粘性無く、放射状のしわがあり、黄色綿くず状の被膜の破片を散在する。肉：淡帯黄褐色。ひだ：直生のち柄から分離し、やや疎。帯黄褐色〜暗肉桂色、縁部は黄色粉状。柄：通常長さ8cm、幅8mm位、根もとが多少膨らむ。表面は帯黄土色、下部で帯褐色、繊維状。基部に不明瞭なつぼの名残をとどめる。
【生態】秋、アカマツの交じった雑木林やブナ・ミズナラ林などの地面に少数群生。
【コメント】食毒については不明。傘のささくれが顕著なタイプを別種として区別する意見もあるが、検討を要する。現在、本属はオキナタケ科に移されている。

キショウゲンジ

ショウゲンジ（安藤撮影）

ショウゲンジ 可食
Cortinarius caperatus
フウセンタケ属

ショウゲンジ（手塚撮影）

【形態】傘：通常10cm位、初め半球形〜卵形、のちほぼ平らに開く。表面は帯黄土色〜黄土褐色、しばしば白色または帯紫色の薄い繊維状被膜片を散在し、また、放射状の浅いしわをあらわす。肉：類白色または帯黄土色。ひだ：直生〜ほぼ離生、初め類白色のちさび色。柄：通常長さ12cm、幅2cm位、中実。表面は繊維状でほぼ白色、やや上部に類白色膜質のつばをつける。基部には外被膜の残りが不完全なつぼを形成するが、消失しやすい。
【生態】秋、アカマツ林やアオモリトドマツ林、ミズナラなどの雑木林内に群生。
【コメント】可食で、味は比較的良好。現在、本種が従来置かれていたショウゲンジ属 *Rozites* はフウセンタケ属に吸収され、学名も上記のように変更されている。

ニセアブラシメジ 可食
Cortinarius tenuipes
フウセンタケ属

【形態】傘：通常8cm位、初めまんじゅう形、のちやや中高の平らに開く。表面は湿時粘性があり、淡黄土橙色、中央部で帯褐色。周辺に白色絹糸状の被膜の破片を付着するが、消失しやすい。ひだ：直生〜上生、密、狭幅。類白色のち肉桂褐色。柄：通常長さ10cm、幅1cm位、下方にやや細まり、白色のち多少粘土色をおびる。上部にクモの巣状のつばをつける。
【生態】秋、ブナ・ミズナラ林内などに群生。
【コメント】別名クリフウセンタケ。可食で、くせもなく、比較的おいしいきのこ。きのこ汁や鍋物などに適している。胞子はアーモンド形、大きさは7-9.5×3.5-5μm、細かいいぼにおおわれる。次種のオオツガタケは本種に類似するが、同種はより大形な針葉樹林生の種類で、柄に白い外被膜の名残が数段の不完全な輪になって残る。

ニセアブラシメジ

ニセアブラシメジ

ニセアブラシメジ胞子×1000

オオツガタケ（手塚撮影）

オオツガタケ 可食
Cortinarius claricolor
フウセンタケ属

オオツガタケ

【形態】傘：通常10cm位、ときにそれ以上、初めまんじゅう形、のち開いて平たい丸山形、縁部は永く内側に巻く。表面は黄土褐色〜橙褐色、粘性、平滑。周辺には比較的長く白色綿毛状の被膜の破片を付着する。ひだ：上生、やや密、白色のち肉桂褐色。柄：通常長さ12cm、幅2cm位、同幅あるいは基部でやや細まり白色。初め傘と柄は白色綿毛様の被膜でおおわれるが、被膜は柄で不規則に裂けて数段の不完全な輪を生じている。

【生態】秋、アオモリトドマツなどの亜高山帯の針葉樹またはブナの樹下などに少数群生。

【コメント】可食で、くせも無く、比較的おいしいきのこ。胞子はアーモンド形、大きさは7.5-9.5×4-5μm、細かいいぼにおおわれる。従来当てられていた学名 *C. claricolor* var. *turmalis* は誤適用。やはり亜高山帯の針葉樹林に発生するツガタケは本種に類似するが、同種は柄がほぼ同幅で基部において棍棒状に肥大し、また、胞子が大型（日本菌類誌：9-10×5-6μm）であることから、*C. multiformis* と考えられている。

ムレオオフウセンタケ（手塚撮影）

ムレオオフウセンタケ 可食
Cortinarius praestans
フウセンタケ属

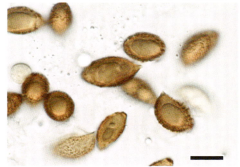

ムレオオフウセンタケ胞子×1000

【形態】傘：通常12cm位、初めまんじゅう形、のちほぼ平らに開くが、縁部は永く内側に巻く。表面は帯紫褐色で湿時、著しく粘性でしばしば白い被膜の名残が破片状に散在する。縁部には顕著な放射状のしわがある。肉：厚く、淡黄土色をおびる。ひだ：直生〜上生、密、肉桂色。柄：通常長さ12cm、幅2.5cm位、太いこん棒形。表面は上部白色、下半部は淡紫色〜ほぼ白色の外被膜におおわれ、のちやや黄土色をおびる。
【生態】秋、ブナ・ミズナラ林内の地面に群生。
【コメント】胞子はアーモンド形、大きさ14-19×6.5-10μm、いぼにおおわれる。石灰岩地帯に発生する種類と言われている。本県での発生は比較的まれ。本県産のものは小ぶりで胞子もやや小形であることから、今後分類学的検討を要する。

カワムラフウセンタケ 可食
Cortinarius purpurascens
フウセンタケ属

【形態】傘：通常8cm位、初めまんじゅう形、のち丸山形から平らに開く。表面は繊維状、湿時粘性あり、中央で褐色〜黄土褐色、周辺は淡色で紫色をおびる。肉：淡紫色、匂い温和。ひだ：上生、密、初め紫色、のち肉桂褐色をおび、傷を受けると濃紫色になる。柄：通常長さ7cm、幅1cm位、根もとは塊茎状に膨らむ。表面は繊維状、淡紫色、傷を受けると濃紫色になる。

【生態】秋、アカマツ林や雑木林内地上に散生〜少数群生する。

【コメント】可食とされているが、あまり利用されていない。

カワムラフウセンタケ（手塚撮影）

ササクレフウセンタケ 可食
Cortinarius pholideus
フウセンタケ属

【形態】傘：通常7cm位、初めまんじゅう形、のち丸山形から中高の平らに開く。表面は濃褐色、多数の細かいささくれに密におおわれる。肉：灰白色〜淡灰褐色。ひだ：直生のち柄から分離し深く湾入、初め帯紫色のち肉桂色、密。柄：通常長さ7cm、幅1cm位、ほぼ上下同幅、上部にクモの巣状のつばをもつ。表面は傘と同色、つばより上部は帯紫色、下部は黒褐色のささくれにおおわれる。

【生態】秋、シラカンバやダケカンバなどの樹下に散生〜少数群生する。

【コメント】可食とされているが、あまり利用されていない。本種は本県の八甲田から採集された標本に基づき日本新産種として報告されたものであり、北日本に多く見られる。

ササクレフウセンタケ

フウセンタケ科　229

アカツブフウセンタケ 不明
Cortinarius bolaris
フウセンタケ属

【形態】傘：通常3cm位、初めまんじゅう形、のち丸山形からほぼ平らに開く。表面は類白色の地に多数の朱赤色〜赤褐色の鱗片をつけ、手で触れると暗赤色に変わる。肉：白色であるが、切断すると黄変しのち赤変する。ひだ：垂生状直生、やや密。初めクリーム色、のち肉桂色。柄：通常長さ5cm、幅5mm位、ほぼ上下同幅。傘と同様に類白色の地に朱褐色繊維状の鱗片をつけ、手で触れると暗赤色に変色する。
【生態】秋、ブナ、ミズナラ、コナラなどの広葉樹林内に単生〜散生。
【コメント】食毒については不明だが、有毒で胃腸系の中毒を起こすともいわれているので注意が必要。

アカツブフウセンタケ（安藤撮影）

トガリドクフウセンタケ 猛毒
Cortinarius rubellus
フウセンタケ属

【形態】傘：通常6cm位、初め中央が突出したまんじゅう形、のち中高の平たい丸山形開く。表面は繊維状で微細なささくれにおおわれ、橙褐色〜赤褐色。肉：黄土褐色。白色であるが、切断すると黄変しのち赤変する。ひだ：直生、やや疎、厚く、初め黄土色、のちさび褐色となる　柄：通常長さ7cm、幅1cm位、下方に根棒状に太まる。表面は繊維状、黄土褐色、橙褐色の斑紋があり、だんだら模様をあらわす。
【生態】初秋、エゾマツなど針葉樹林内の地面に散生〜群生。
【コメント】肝臓の細胞を破壊するオレラニンなどを含む猛毒のきのこで、近年八甲田山系から多数発生しているのが確認されているので注意が必要である。別名ジンガサドクフウセンタケ。なお、*C. speciosissimus*は本種の異名である。

トガリドクフウセンタケ

キンチャフウセンタケ 不明
Cortinarius aureobrunneus
フウセンタケ属

【形態】傘：通常8cm位、初めまんじゅう形、のち丸山形からほぼ平らに開く。表面は粘性なく金茶色で、繊維状の多少ささくれた細かい鱗片におおわれる。肉：淡黄土色、無味無臭。ひだ：上生または湾状直生、やや疎、黄土色からさび褐色となる。柄：通常長さ8cm、幅1.5cm位、ほぼ上下同幅、根もとは塊茎状に膨らむ。表面は繊維状、傘と同色。

【生態】秋、ブナ林やミズナラなどの雑木林内の地面に単生〜散生。

【コメント】食毒については不明。

キンチャフウセンタケ（手塚撮影）

ムラサキアブラシメジモドキ 可食
Cortinarius salor
フウセンタケ属

【形態】傘：通常4cm位、初めまんじゅう形、のち丸山形から平らに開く。表面は青紫色〜ふじ色、中央部は褐色をおび、平滑、著しい粘液におおわれる。肉：淡紫色、味温和。質はやわらかい。ひだ：直生〜上生、やや疎。初め淡紫色のち肉桂色。柄：通常長さ6cm、幅8mm位、ほぼ上下同幅、しばしば基部で多少膨らむか、またはややこん棒状となる。表面は粘液におおわれ、頂部は微粉状、淡紫色、のち下部で汚黄色をおびる。上部に胞子が落下して褐色となったクモの巣状のつばをつける。

【生態】秋、ブナ林やアカマツを交えた雑木林の地面に単生〜多少群生。

【コメント】可食で、味にもくせが無いとされているが、一般に利用されていない。

ムラサキアブラシメジモドキ

ムラサキアブラシメジモドキ幼菌（小泉撮影）

ヌメリササタケ(広義) 食注意
Cortinarius pseudosalor (s. l.)
フウセンタケ属

【形態】傘：通常7cm位、初め半球形でのちまんじゅう形からほとんど平らに開く。表面は著しい粘液におおわれ、オリーブ褐色〜灰褐色、中央部は濃色、周辺はややライラック色をおびる。肉：傘ではわずかに肌色をおび、柄では紫色をおびる。ひだ：直生〜上生、やや疎、ごく若いときには多少紫色をおびるがのち粘土色からさび色となる。柄：通常長さ10cm、幅1cm位、ほぼ上下同幅、中実。青紫色をおび、粘性のクモの巣膜より下は粘液におおわれる。

【生態】秋、ミズナラ、ブナなどの広葉樹または針葉樹の林内の地面に単生〜群生。

【コメント】可食で、比較的美味なきのことされていたが、近年、従来本種とされているものには複数の種が含まれている可能性が指摘されているので注意が必要。

ヌメリササタケ（手塚撮影）

ムラサキフウセンタケ 可食
Cortinarius violaceus
フウセンタケ属

【形態】傘：通常8cm位、初めまんじゅう形、のちやや中高の平らに開く。表面は粘性を欠き、暗紫色、細かくささくれた繊維状の鱗片におおわれる。肉：淡青紫色、無味無臭。ひだ：直生または上生、幅広く、疎。初め暗紫色のちさび褐色。柄：通常長さ10cm、幅2cm位、下方で多少太まり、表面は暗紫色。初めビロード状のち繊維状、しばしば鱗片を生じる。上部にクモの巣状のつばをつけ、つばは青紫色でのちに胞子が落下付着してさび色となる。

【生態】秋、ブナ、ミズナラなどの広葉樹林の地面に単生〜散生。

【コメント】可食とされているが、苦みのあるタイプもあると言われ、これらが同一種かどうかも含め分類学的検討が必要である。

ムラサキフウセンタケ（手塚撮影）

ツバフウセンタケ 可食

Cortinarius armillatus
フウセンタケ属

【形態】傘：通常9cm位、初めまんじゅう形、のち丸山形からほぼ平らに開く。表面は赤褐色、中央部は暗色、平滑。肉：汚白色。ひだ：直生または湾生、淡肉桂色のち暗さび褐色。幅広く、疎。柄：通常長さ10cm、幅1.2cm位、ほぼ上下同幅、根もとは膨らみ、中実。表面は繊維状、淡灰褐色、中ほどに外被膜の名残である朱赤色のつば状の帯があり、その下にさらに1～3個の不完全な淡赤色の輪がある。

【生態】秋、シラカンバやダケカンバなどの樹下に散生～少数群生。

【コメント】可食とされているが、味にくせがあり、一般に利用されていない。

ツバフウセンタケ

ササタケ 不明

Cortinarius cinnamomeus
フウセンタケ属

【形態】傘：通常5cm位、初めまんじゅう形、のちやや中高の平らに開く。表面は黄褐色～オリーブ褐色、繊維状、ときに細かい鱗片を生じる。肉：帯黄色またはやや帯オリーブ色。ひだ：直生または上生、初め黄色～オレンジ色のち肉桂色。柄：通常長さ6cm、幅7mm位、ほぼ上下同幅、中空。上部にクモの巣状さび褐色のつばをつける。表面は繊維状、黄褐色、頂部および下部は帯黄色。

【生態】秋、アカマツなどの針葉樹林内の地面に少数群生。

【コメント】食毒については不明であるが、胃腸系の中毒を起こすとも言われており、注意が必要である。従来、フウセンタケ科の中でアントラキノン色素を含むグループはササタケ属 *Dermocybe* として分けられていたが、現在はフウセンタケ属 *Cortinarius* にまとめられている。

ササタケ

アカヒダササタケ 不明
Cortinarius semisanguineus
フウセンタケ属

【形態】傘：通常4cm位、初めまんじゅう形、のちやや中高の平たい丸山形に開く。表面は粘性無く絹糸状、中央は帯褐黄土色～橙黄褐色、多少オリーブ色をおび、周辺は黄土色。肉：淡黄土色。ひだ：上生～湾生、やや疎、初め血赤色のち肉桂色。柄：通常長さ6cm、幅5mm位、ほぼ上下同幅、中空。表面は繊維状、帯褐黄土色。
【生態】秋、アカマツなどの針葉樹林内の地面に群生。
【コメント】傘とひだの色のコントラストが特徴的なきのこである。

アカヒダササタケ

ミドリスギタケ 食不適
Gymnopilus aeruginosus
チャツムタケ属

【形態】傘：通常8cm位、初めまんじゅう形、のち平たい丸山形に開く。表面は緑色や紫色をおびた褐色。初めほとんど平滑、のち多数の小鱗片を生じ、さらに不規則な亀裂を生じる。肉：やや緑色をおび、苦みがある。ひだ：直生～上生、初め淡黄土色のち帯褐オレンジ色。柄：通常長さ6cm、幅8mm位、下方に多少太まり、上部にやや膜質早落性のつばをつける。表面は傘と同色または暗色、縦の繊維紋がある。
【生態】春～秋、針葉樹や広葉樹の倒木や枯れ幹、腐朽材上に単生～群生。

【コメント】味が苦く、食用に適さない。近年は有毒のシロシビン類を含むとされている。傘の色は緑色や紫色をおびるが、写真のものでは色があまり典型的でない。近年の分類学的研究で、本属はヒメノガステル科に移されている。

ミドリスギタケ

オオワライタケ

オオワライタケ 〔毒〕
Gymnopilus spectabilis
チャツムタケ属

【形態】傘：通常12cm位、初め半球形、のちまんじゅう形からほぼ平らに開く。表面は黄金色〜褐色をおびた橙黄色、粘性無く、細かい繊維紋をあらわす。肉：淡黄色〜帯黄土色。緻密で苦みがある。ひだ：直生あるいは多少垂生、初め帯黄色のち明るいさび色。柄：通常長さ15cm、幅2.5cm位、上部に淡黄色膜質のつばをつけ、根もとはやや紡錘状に膨らむ。表面は傘より淡色で繊維状。

【生態】秋、ミズナラなどの広葉樹、まれに針葉樹の立ち木の根もとに大きな株状に束生。

【コメント】誤食すると、神経性の中毒を起こす。本種に類似して株状にならないものや傘表面が粉状のものなど数種あるが、これらが混同されている可能性があり、分類学的検討が必要。

チャツムタケ 毒
Gymnopilus picreus
チャツムタケ属

【形態】傘：通常4cm位、初め円錐状鐘形、のちまんじゅう形からほぼ平らに開く。表面は平滑、帯褐橙黄〜橙褐色、老成すれば周辺部に多少条線をあらわす。肉：傘表面とほぼ同色、やや苦味がある。ひだ：直生、狭幅、密、初め黄色のちさび褐色。柄：通常長さ5cm、幅5mm位、上下同幅または上方にやや細まり、中空。表面は繊維状、さび褐色。
【生態】秋、アカマツなどの針葉樹の朽木上に多数群生〜束生。
【コメント】有毒のシロシビン類が含まれるとされているので注意が必要。従来本菌に当てられていた学名 *G. liquiritiae* は誤適用。

チャツムタケ

キツムタケ 不明
Gymnopilus penetrans
チャツムタケ属

【形態】傘：通常4cm位、初めまんじゅう形、のち丸山形からほぼ平らに開く。表面は平滑、黄褐色〜褐色をおびた橙黄色、中央で濃色、周辺で淡色。肉：淡黄色〜帯黄土色。緻密で苦みがある。ひだ：直生あるいは多少垂生、初め黄色のちさび褐色。柄：通常長さ5cm、幅7mm位、ほぼ上下同幅、下方で多少太まり、初め中実のち中空。表面は繊維状、初め淡黄色、のち古くなると褐色をおびる。
【生態】秋、アカマツなどの針葉樹の朽木上に多数群生〜束生
【コメント】食毒不明とされているが、海外では有毒とされているので注意が必要である。胞子は楕円形、大きさ6.5-8×4-5μm、微細ないぼにおおわれる。県産のものはヨーロッパ産のものより胞子がやや小形であり、分類学的検討を要する。

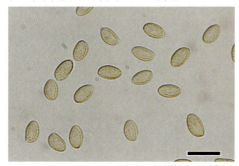

キツムタケ胞子×1000

キツムタケ

チャヒラタケ科 Crepidotaceae

　旧チャヒラタケ科のきのこは、一般に小形でヒラタケ型、モリノカレバタケ型〜クヌギタケ型、あるいはヒダサカズキタケ型など。腐朽木や枯れ枝などの植物遺体や地面に発生する。胞子紋は褐色〜帯褐黄色。胞子は平滑または粗面で、通常発芽孔と胞子盤がなく、または多角形をなすことはない。本県からは1属5種が知られている。

　近年の分子系統学的研究の成果を反映した分類体系では、従来本科に置かれていたチャムクエタケ属 *Tubaria*、ヒメスギタケ属 *Phaeomarasmius* は分離されて新たに設けられたチャムクエタケ科 Tubariaceae に移されている。

ニセコナカブリ 食不適

Crepidotus subsphaerosporus
チャヒラタケ属

【形態】傘：通常2cm位、半円形〜貝殻形〜腎臓形などで縁部ははじめ内側に巻き、しばしば複数が癒着して横に広がる。表面は白色、短毛におおわれ、フェルト状。肉：比較的薄い。ひだ：垂生、やや疎、淡褐色。柄：欠く。
【生態】初夏〜秋、ブナやミズナラなどの枯れ幹や腐朽木に多数重生。
【コメント】胞子はアーモンド形、大きさは6.5-8×4.5-5.5μm、微細ないぼにおおわれる。胞子の形状が次のチャヒラタケに類似するが、同種は表面が平滑である点で区別ができる。

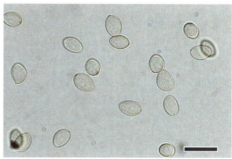

ニセコナカブリ胞子×1000

ニセコナカブリ（笹撮影）

チャヒラタケ

チャヒラタケ 不明

Crepidotus mollis
チャヒラタケ属

【形態】傘：通常3cm位、貝殻形、腎臓形。表面は無毛または細毛を散在し、吸水性、初め類白色のち帯褐色、周辺に条線をあらわし、乾くと帯黄土褐色、しばしば胞子によって茶褐色となる。肉：比較的薄く、表皮下においてゼラチン化しており、乾くとゴムのように強靭となる。ひだ：垂生、狭幅、密。初め類白色、のちさび褐色。柄：ほとんど欠く。
【生態】初夏〜秋、ブナやミズナラなどの枯れ幹や腐朽木に多数重生。

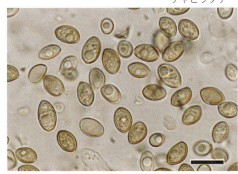

チャヒラタケ胞子×1000

【コメント】胞子は楕円形〜アーモンド形、大きさは7-10×5-6μm、平滑。本種は傘表皮がゼラチン質であることで他の種と区別がつきやすい。

マルミノチャヒラタケ

マルミノチャヒラタケ 〔不明〕
Crepidotus applanatus
チャヒラタケ属

【形態】傘：通常4cm位、はじめ半円形、のち扇形〜へら形からやや漏斗状に外側に巻く。表面は平滑、吸水性、湿時にっけい色、乾くと類白色。無毛であるが基部は白色の微毛でおおわれる。肉：薄く、ややもろい。
ひだ：垂生、狭幅、密。初め類白色、のち肉桂色。柄：欠くかきわめて短く、基部は微細な白色綿毛でおおわれる。
【生態】初夏〜秋、ブナやミズナラなどの枯れ幹や腐朽木に単生または重生。

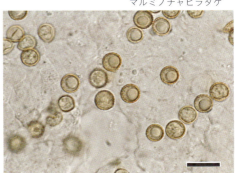

マルミノチャヒラタケ胞子×1000

【コメント】胞子は球形、大きさは5-6.5μm、微細な刺状突起におおわれる。本種のように傘が白色でひだが茶色をおびるものに数種があり、見かけだけでは区別が困難である。

ヒロハチャヒラタケ

ヒロハチャヒラタケ 不明
Crepidotus malachius
チャヒラタケ属

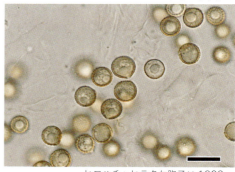

ヒロハチャヒラタケ胞子×1000

【形態】傘：通常3cm位、半円形〜うちわ形〜貝殻形など。傘表面は平滑無毛、湿時周辺に条線があらわれ、白色、周辺は灰白色、乾くと淡褐白色〜クリーム色、縁部は灰褐色となる。肉：多少厚く、白色。ひだ：垂生、灰褐色、やや広幅、やや密。柄：欠くか白色微毛を有する基部をもつ。
【生態】初夏〜秋、ブナやミズナラなどの枯れ幹や腐朽木に単生または重生。
【コメント】胞子は球形、、大きさは6-8μm、微細なとげ状突起におおわれる。マルミノチャヒラタケ(p.238)に類似するが、同種はひだが狭幅で肉桂色、胞子はより小形な点で区別ができる。

クリゲノチャヒラタケ

クリゲノチャヒラタケ 不明
Crepidotus badiofloccosus
チャヒラタケ属

【形態】傘：通常5cm位、腎臓形～半球形、ときにへら形または類円形、縁は初め強く巻く。表面は帯黄白色の地に褐色の綿毛を密生し、ときに多少鱗片状。傘が開くにつれて毛被はややまばらとなり、地色をあらわす。肉：白色。ひだ：比較的広幅、密。初め黄白色～灰黄色またはほぼ白色、のち帯褐橙色～灰褐色。柄：欠くが、痕跡状の偽柄をもち、基部は黄褐色～黄白色の軟毛を密生する。

【生態】初夏～秋、ブナ、ミズナラなどの腐朽木上に重なりあって発生。

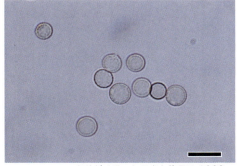
クリゲノチャヒラタケ胞子×1000

【コメント】胞子は球形、大きさは5-7 μm、微細な刺状突起におおわれる。本属は、胞子表面が平滑（チャヒラタケ節）か、いぼ状～とげ状（マルミノチャヒラタケ節）かで2節に分けられ、同定には顕微鏡観察が重要である。

イッポンシメジ科　Entolomaceae

　きのこは形や大きさにおいて様々であるが、淡紅色の胞子紋を生じ、胞子は多少とも角張っていて、非アミロイドである。世界ではイッポンシメジ属だけで600種以上が知られており、種の区別が難しいグループのひとつであるが、有毒なものが多い。本県でも調査が遅れており、名前の知られている種は3属16種（1品種、1未記録種を含む）だけである。
　近年の分子系統学的研究の成果を反映した分類体系では、旧イッポンシメジ属 *Entoloma* および旧ムツノウラベニタケ属 *Rhodocybe* から幾つかの種類が分離されて新属である *Entocybe* や *Clitocella* が設立され、旧ムツノウラベニタケ属の中に吸収されていた2属（*Clitopilopsis* および *Rhodophana*）が復活、また従来腹菌類として扱われていたいくつかの種がイッポンシメジ属 *Entoloma* に吸収されるなど、いくつかの変化が見られるが、基本的な科の内容には大きな変化はない。

ヒカゲウラベニタケ　可食

Clitopilus prunulus
ヒカゲウラベニタケ属

【形態】傘：通常7cm位、初めまんじゅう形で縁は内側に巻き、のち平らに開いてついには皿状に反り返る。表面は灰白色〜淡ねずみ色、平滑、湿時粘性があり、微粉状。肉：粉臭があり、白色、柔軟。ひだ：長く垂生し、初め白色のち淡肉色、やや疎。柄：通常長さ4cm、幅1cm位、下方にやや細まり、中実。表面は白色〜灰白色、下部は綿毛状の菌糸におおわれる。
【生態】初夏〜秋、ブナ、ミズナラ林内や林道脇、公園の道端などに単生〜群生。
【コメント】可食とされているが、粉臭がありほとんど利用されていない。

ヒカゲウラベニタケ

タネサシヒメシロウラベニタケ

タネサシヒメシロウラベニタケ 不明
Clitopilus scyphoides f. *omphaliformis*
ヒカゲウラベニタケ属

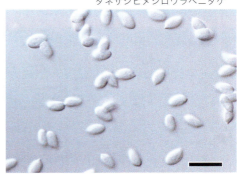

タネサシヒメシロウラベニタケ胞子×1000

【形態】傘：通常10 mm以内、初め平たい丸山形、のち開いて平らから漏斗状。表面は類白色、ほぼ平滑で多少繊維状〜微粉状を呈する。肉：薄く、白色。ひだ：垂生、やや密、狭幅。初め白色のちクリーム色、成熟すると多少ピンク色をおびる。柄：通常長さ1 cm、幅1 mm位、中心生または偏心生、下方に細まり、中実。表面はやや繊維状、白色。基部は白色菌糸におおわれる。

【生態】初夏〜秋、芝生上に少数群生。

【コメント】1998年に著者によって本県太平洋側に所在する八戸市種差(たねさし)地区の芝生から初めて採集されたが、その後ほかの場所からの報告はない。和名は発見された地名にちなんで命名した。胞子紋はクリーム白色。胞子は楕円形〜長楕円形、大きさは6-7.5 (-9) × 3-4.5 μm、表面は縦に走る弱い畝状の筋があり、横断面は多少いびつな多角形をしているが、よく注意して観察しないと確認し難い。

ムツノウラベニタケ 食不適

Clitocella popinalis
ムツノウラベニタケ属

【形態】傘：通常5cm位、初めまんじゅう形、のち平らに開いて浅い漏斗形となる。表面は初め類白色のち灰色〜黒色をおびる。しばしば同心円状に隆起し、表皮は成熟するとひび割れる。肉：やわらかく、老成すればやや黒変し、味が苦い。ひだ：垂生、幅広く、密。初め淡クリーム色のち淡い肉色。柄：通常長さ3cm、幅6mm位、下部は膨らみ、中実。表面はほぼ平滑、下部は綿毛状の菌糸におおわれる。
【生態】初夏〜秋、ブナなどの種々の林内の落ち葉の間に散生〜群生。

【コメント】味が苦く食用には適さない。和名は本県の八甲田（陸奥地方）の標本に基づいて命名された（陸奥の裏紅茸）。最近、従来所属していたムツノウラベニタケ属 *Rhodocybe* から分離され、新たに創設された *Clitocella* 属に移されている。*Rhodocybe mundula* は本種の異名。

ムツノウラベニタケ

タマウラベニタケ 可食

Entoloma abortivum
イッポンシメジ属

【形態】傘：通常7cm位、初めまんじゅう形、のち丸山形からほぼ平らに開く。表面はほぼ平滑、初め灰白色〜淡灰褐色のち帯褐色。肉：厚く、白色、多少粉臭がある。ひだ：長く垂生し、幅狭く、密。初め淡灰色のち汚淡紅色。柄：通常長さ7cm、幅8mm位、ほぼ上下同幅。表面は灰白色、繊維状の縦線がある。
【生態】秋、ブナ、ミズナラなどの湿った切り株や朽ち木に群生。
【コメント】可食であるが、多少粉臭のくせがある。だんご状の塊は、従来、ナラタケ類が本種に寄生してできると考えられていた。しかし近年、じつはその逆で、団子状の奇形は本種がナラタケ類に寄生してできたものと言われている。

タマウラベニタケ（笹撮影）

クサウラベニタケ（広義） 毒
Entoloma rhodopolium (s.l.)
イッポンシメジ属

【形態】傘：通常6cm位、初めやや鐘形、のち丸山形から中高の平らに開く。表面はねずみ色、平滑、吸水性。乾けば絹状の光沢をあらわす。肉：薄くてもろい。表皮直下はやや暗色、他の部分は白色。味は温和、粉臭がある。ひだ：直生のち柄から分離して深く湾入。初め白色のち肉色。柄：通常長さ8cm、幅8mm位、上下同幅または下方にやや太まり、中空。表面はほぼ白色繊維状でつやがある。
【生態】秋、ミズナラやコナラなどの広葉樹林内の地面に群生または単生。
【コメント】県内はもちろん、全国でももっとも中毒件数の多いきのこ。シメジ類として間違って販売された例もあるが、ひだの色に注意すると区別がつく。本種に類似した種が多く、日本のものはいくつかの種が混同されている可能性がある。

クサウラベニタケ（手塚撮影）

ハルシメジ（広義） 食注意
Entoloma clypeatum (s.l.)
イッポンシメジ属

【形態】傘：通常8cm位、初め鐘形で縁部は内側に巻、のちまんじゅう形から中高の平らに開く。表面は淡ねずみ色、平滑、暗色の繊維状条紋をあらわす。肉：初め暗色、乾けば白色。質もろく、粉臭あり。ひだ：上生～湾生、のち柄から分離して深く湾入。初め白色のち肉色、やや疎。柄：通常長さ8cm、幅15mm位、上下同幅または下方にやや太まり、ほぼ中実。表面は白色のち帯灰色、繊維状。
【生態】春、ウメやリンゴ、バラ、ヤマザクラなどバラ科の樹下に多数群生～束生。
【コメント】別名シメジモドキ。可食とされているが、生食すると中毒すると言われている。従来のハルシメジにはいくつかの種類が混同されている可能性がある。ウメハルシメジ *E. sepium* もその中の1つ。

シメジモドキ（手塚撮影）

コキイロウラベニタケ 不明
Entoloma atrum
イッポンシメジ属

【形態】傘：通常3cm位、初めまんじゅう形で縁部は内側に巻き、のちほぼ平らに開くが、中央はしばしばへそ状にくぼむ。表面は微毛または微細な鱗片におおわれ、初めほぼ黒紫色のち暗紫褐色。湿時周辺部に条線をあらわす。ひだ：直生〜垂生、幅広く、初め淡灰色からのち肉色、やや疎。柄：通常長さ4cm、幅3mm位、ほぼ上下同幅、しばしば扁平となり、あるいはねじれ、中空。表面は灰褐色〜暗紫褐色、基部は白色の菌糸におおわれる。
【生態】初夏〜秋、芝生上に散生〜群生。
【コメント】食毒については不明。本種に似て小型で紫色をおびたきのこは多数あり、外見だけではこれらの見分けは難しい。

コキイロウラベニタケ

ミイノモミウラモドキ 不明
Entoloma conferendum
イッポンシメジ属

【形態】傘：通常6cm位、初め円錐形〜鐘形、のち丸山形からほぼ平らに開くが、中央は盛り上がり突出する。表面は暗褐灰色、湿時条線をあらわし、乾けば条線は消え淡色となる。ひだ：ほぼ離生、やや疎。初め灰白色のち肉色となる。柄：通常長さ8cm、幅5mm位、下方にやや太まり、しばしばねじれ、中空。表面は灰褐色、繊維状の条紋があり、基部は白色綿毛状の菌糸におおわれる。
【生態】春〜初夏と秋、ブナ林やミズナラなどの雑木林内の地面に単生〜散生。
【コメント】食毒については不明であるが、本属の種は有毒のものが多いため、本種についても注意が必要。

ミイノモミウラモドキ（手塚撮影）

キイボガサタケ 不明

Entoloma murrayi
イッポンシメジ属

【形態】傘：通常5cm位、円錐状鐘形で中央に鉛筆の芯のような突起がある。表面は黄色〜山吹色、湿時、周辺部に条線をあらわす。ひだ：直生〜上生、成熟すると肉色、やや疎。柄：通常長さ8cm、幅4mm位、上下同幅、中空。表面は淡黄色、繊維状でしばしばねじれる。

【生態】秋、雑木林内に散生または群生。

【コメント】食毒は不明であるが、本種に類似した次種のシロイボガサタケに有毒のムスカリン類が含まれるとされていることから、注意が必要である。

キイボカサタケ（安藤撮影）

シロイボガサタケ 毒

Entoloma album
イッポンシメジ属

【形態】傘：通常5cm位、円錐状鐘形で中央に鉛筆の芯のような突起がある。表面は白色〜クリーム色、湿時、周辺部に条線をあらわす。ひだ：直生〜上生、成熟すると肉色、やや疎。柄：通常長さ8cm、幅4mm位、上下同幅、中空。表面はクリーム色、繊維状でしばしばねじれる。

【生態】秋、雑木林内に散生または群生。

【コメント】食毒不明とされていたが、近年、有毒のムスカリン類を含むと言われているので注意が必要である。前種のキイボガサタケの品種 *E. murrayi* f. *album* として取り扱われることもある。

シロイボカサタケ（安藤撮影）

アカイボガサタケ 不明

Entoloma quadratum
イッポンシメジ属

【形態】傘：通常5cm位、円錐状釣り鐘形で中央に鉛筆の芯のような突起がある。表面は淡朱紅色〜鮭肉色、湿時、周辺部に条線がある。ひだ：直生〜上生、成熟すると肉色、やや疎。柄：通常長さ8cm、幅4mm位、上下同幅、中空。表面は紅肉色、繊維状でしばしばねじれる。
【生態】秋、雑木林内に散生または群生。
【コメント】食毒は不明であるが、本種に近縁のシロイボガサタケ(p.247)に有毒のムスカリン類が含まれるとされていることから、注意が必要。

アカイボガサタケ

ナスコンイッポンシメジ 不明

Entoloma kujuense
イッポンシメジ属

【形態】傘：通常5cm位、初めまんじゅう形、縁部は内側に巻き、のち中高の平らに開く。表面は微細な鱗片に密におおわれ暗紫色、粘性なし。肉：厚く、白色。
ひだ：柄に湾生またはほとんど離生し、やや疎、初め白色のち肉色となる。柄：通常長さ5cm、幅8mm位、下方に太まる。表面は傘と同色で微鱗片におおわれ、基部は白色の菌糸に包まれる。

【生態】秋、広葉樹林またはアカマツ、ミズナラなどの林内の地面に単生〜散生。
【コメント】本県における発生はまれ。

ナスコンイッポンシメジ（手塚撮影）

イッポンシメジ

イッポンシメジ 〔毒〕

Entoloma sinuatum
イッポンシメジ属

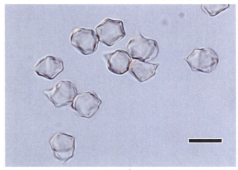

イッポンシメジ胞子×1000

【形態】傘: 通常10cm位、初めまんじゅう形、のち丸山形から中高の平らに開くが、縁部は不規則に波打つ。表面は周辺クリーム白色、中央淡灰黄土色、平滑、ほとんど粘性無し。**肉:** 傘中央付近で厚く、淡クリーム白色。**ひだ:** 柄に上生または直生してのち柄から離れ多少湾生状、初めクリーム色のち淡紅色、幅広、やや密。**柄:** 通常長さ8cm、幅2cm位、ほぼ上下同幅。表面は淡クリーム白色、多少繊維状。中実～やや中空。

【生態】 秋、ミズナラやコナラなどの広葉樹林内の地面に単生～散生。

【コメント】 胞子は五～六角形、大きさは 8-10×7-8.5 μm。発生は比較的まれで、国内の図鑑類ではしばしば間違った写真が紹介されている。柄の太い大型なきのこをつくり、ひだが幼時黄色味を帯びるのが大きな特徴。傘の色はねずみ色～淡黄土色あるいはクリーム色と変化が大きい。

ウラベニホテイシメジ 可食

Entoloma sarcopus
イッポンシメジ属

【形態】傘：通常12cm位、初め鈍頭の円錐状丸山形、のち丸山形から中高の平らに開く。表面は帯褐ねずみ色、平滑。微細な白色とねずみ色のかすり模様をあらわし、しばしば指で押したような斑紋がある。肉：やや粉臭があり、苦い（とくに柄）。ひだ：直生状湾生、類白色のち肉色、傘の肉から離れやすい。柄：通常長さ15cm、幅2mm位、下方に太まるかまたは細まり、中実。表面は白色、平滑。

【生態】秋、ナラ類の雑木林やブナ・ミズナラ林の地面にしばしば群生。

【コメント】可食だが、味が苦いので十分にゆでこぼして利用する。胞子は五〜六角形、8-10.5 × 7-8.5 μm。傘にかすり模様があり肉に苦味があること、柄が太くて堅くしまっていることで有毒のクサウラベニタケ類と区別がつくが、同じ仲間に有毒種が多いので注意が必要である。

ウラベニホテイシメジ

ウラベニホテイシメジ傘拡大

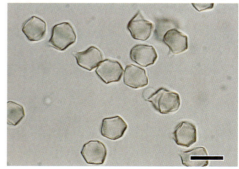

ウラベニホテイシメジ胞子×1000

キイロイッポンシメジ（仮称） 不明

Entoloma sp.
イッポンシメジ属

【形態】傘：通常6cm位、ときにそれ以上、初め円錐状まんじゅう形、縁部は内側に巻き、のち中高の平らに開く。表面は平滑、周辺は放射状の繊維紋あり、初め黄色で中央濃色、のちときに退色して白い斑紋をあらわす。**肉**：傘の中央でやや厚く、白色。
ひだ：湾生～ほぼ離生、やや密、初め淡黄色で縁部は黄色、のち橙黄色。**柄**：通常長さ8cm、幅1.cm位、下方に太まり、多少中空。表面は繊維状、上部は淡黄色、下方に淡色となり、基部では白色。
【生態】秋、広葉樹林またはアカマツの交じった林内の地面に単生～少数群生。
【コメント】未記録種。1989年に青森県きのこ会の第2回観察会において県内で初めて採集されている。胞子は六～八角形、6-7.5×6-7 μm。北米で知られている *E. luridum* に類似するが、同種は胞子が大形である点で異なる。

キイロイッポンシメジ（仮称）

キイロイッポンシメジ（仮称）幼菌断面

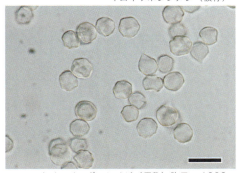

キイロイッポンシメジ（仮称）胞子×1000

ヒダハタケ科 Paxillaceae

　きのこはヒラタケ型、またはカヤタケ型。通常ひだは傘の肉から分離しやすく、互いに脈で連絡するか、二又分岐する。胞子紋はほぼ白色～黄白色、または黄土色～黄褐色。胞子は平滑、あるいは表面がとげ状またはいぼ状で発芽孔または胞子盤を欠く。本県からは4属5種が知られている。

　近年の分子系統学的研究の成果を反映した分類体系では、従来のヒダハタケ属の菌はイチョウタケを含むイチョウタケ属 Tapinella、サケバタケを含むサケバタケ属 Pseudomerulius、ヒダハタケを含むヒダハタケ属 Paxillus に再配置され、前2属は独立したイチョウタケ科 Tapinellaceae に、ヒダハタケ属はイグチ科から移されたハンノキイグチ属 Gyrodon と共にヒダハタケ科に、またヒロハアンズタケ属 Hygrophoropsis はヒロハアンズタケ科 Hygrophoropsidaceae に移されているが、これらの科はいずれもイグチ目に配置されている。

ヒダハタケ 毒

Paxillus involutus
ヒダハタケ属

【形態】傘：通常8cm位、初め丸山形、のち開いて浅い漏斗形、縁は内側に巻き、やや隆起した条線がある。表面は粘土色～黄土褐色、ややオリーブ色をおび、ときに赤褐色のしみを生じる。湿時多少粘性があり、ほぼ無毛平滑であるが、縁部は軟毛を密生する。肉：淡黄色、傷つけると褐変する。ひだ：垂生、密。初め淡黄色のち黄土色、傷をつけると褐変し、不規則に1～数回分岐する。柄：通常長さ6cm、幅1cm位、下方に細まり、中実。表面は汚黄色、ほぼ平滑、手で触れると褐変する。
【生態】夏～秋、比較的高山帯の針・広葉樹林内の地面や埋もれた木などに群生。
【コメント】溶血性の毒成分を含み、外国では死亡例も知られているので注意が必要。旧ヒダハタケ属菌としては県内から本種の他に、アカマツなどの針葉樹材に発生するニワタケ、イチョウタケ、およびサケバタケの3種が知られているが、現在、これらの内前2者は別属のイチョウタケ属 *Tapinella* に、またサケバタケ（次頁参照）は別属のサケバタケ属 *Pseudomerulius* に置かれている。

ヒダハタケ（手塚撮影）

ニワタケ 不明
Tapinella atrotomentosa
イチョウタケ属

【形態】傘：通常12cm位、初め丸まんじゅう形、のち平らに開き、中央で浅くくぼむ。縁は初め内側に強く巻く。表面はさび褐色〜暗褐色、ビロード状の微細な毛を密生するが、古くなるとほぼ無毛となる。肉：厚く、白色〜淡汚黄色。ひだ：垂生、密。初め帯褐クリーム色のち黄褐色、しばしば柄付近で分岐し、また互いに連絡して網目状となる。柄：太く、通常長さ6cm、幅2cm位、強靭で、偏心生〜側生。表面は黒褐色の粗い毛を密生する。

【生態】夏〜秋、マツの切り株上またはその周辺の地面に群生。

【コメント】食毒不明だが、外国では有毒とされているので注意が必要。本属の菌として県内からは**イチョウタケ** *Tapinella panuoides* の発生も知られている。

ニワタケ幼菌（笹撮影）

ニワタケ（笹撮影）

サケバタケ 食不適
Pseudomerulius curtisii
サケバタケ属

【形態】傘：通常5cm位、半円形〜腎臓形。傘の縁は内側に強く巻く。柄は無く、側面または背面の一部で基物につく。表面は平滑、多少フェルト状、黄色〜帯オリーブ黄色。肉：淡黄色、質は柔らかく、新鮮なとき不快臭がある。ひだ：濃黄色〜橙黄色、古くなるとオリーブ色をおび、密、著しく縮れ、数回分岐し、側面には顕著な縦しわがある。

【生態】初夏、渓畔林の広葉樹の倒木に多数重生する。

【コメント】不快臭があり、食用には適さない。本種は針葉樹の材上に発生すると言われているが、本県では広葉樹の倒木に発生しており、また傘の色も多少オリーブ色をおびている点で、典型的な本種と多少違いがあり、今後検討が必要である。

サケバタケ

ヒロハアンズタケ

ヒロハアンズタケ 不明

Hygrophoropsis aurantiaca
ヒロハアンズタケ属

【形態】傘：通常6cm位、初めまんじゅう形、のち開いてやや漏斗形、縁は内側に巻く。表面はくすんだ淡橙色〜オレンジ赤色〜橙褐色、はじめフェルト状、のち平滑。ひだ：垂生、幅狭く、初め美しいオレンジ赤色、のち帯赤褐色、密。不規則に1〜数回分岐するが、柄の付近で互いにつながる。柄：通常長さ5cm、幅8mm位、中心生またはやや偏心生、下方に太まる。表面は傘とほぼ同色、平滑。
【生態】秋、アカマツなどの針葉樹林内の地上または腐った切り株上に少数群生。

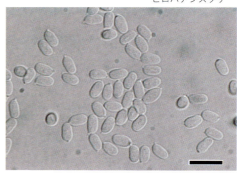

ヒロハアンズタケ胞子×1000

【コメント】胞子は楕円形、大きさは5.5-7×3-4μm、平滑。本属では県内からほかに傘が帯橙暗褐色でビロード状をしているコゲチャヒロハアンズタケ *H. bicolor* が発生すると言われているが未確認である。

オウギタケ科 Gomphidiaceae

きのこは地上生で垂生状のひだをもったカヤタケ型。ひだは疎で、厚みがありやや蝋質をおびる。胞子紋はほぼ黒色。胞子は紡錘形で大きく、しばしば長さ 15 μm 以上になる。マツ科の針葉樹と外生菌根を作る。本県からは 2 属 4 種が知られている。

近年の分子系統学的研究の成果を反映した分類体系では、イグチ目に配置されている。

フサクギタケ 可食
Chroogomphus tomentosus
クギタケ属

【形態】傘：通常 5 cm 位、初め丸山形、のち平に開き、ときに中央でややくぼむ。表面は粘性なく、淡黄橙〜鈍い橙色または黄土色、圧着した鱗片または綿毛状の軟毛におおわれる。肉：柔らかく、鈍い橙色。ひだ：垂生、やや疎、初め傘と同色、のち黒褐色。柄：通常長さ 7 cm、幅 1 cm 位、上下同幅か下方に多少太まり、しばしば基部付近でや急に細まる。中実または中空。表面は綿毛状〜ほぼ無毛で、ほぼ傘と同色。柄の上部には繊維状の被膜の名残がまばらに付着するが、消失しやすい。

【生態】秋、アオモリトドマツ林内の地上に単生〜群生する。

【コメント】本種は故伊藤進氏によって八甲田のアオモリトドマツ林から採集されているが、発生は比較的まれ。本県産は西日本のものより一般に小型である。

フサクギタケ（手塚撮影）

クギタケ（手塚撮影）

クギタケ 可食
Chroogomphus rutilus
クギタケ属

クギタケ

【形態】傘：通常6cm位、ときにそれ以上、初め円錐形〜円錐状まんじゅう形、のちまんじゅう形に開き、中央部は山形に突出する。表面は湿時粘性があり、初め粘土褐色、のちしだいに帯赤褐色。初め絹糸状の繊維で薄くおおわれるが、のち光沢をおび無毛平滑。肉：初め淡橙色〜橙黄色のち淡黄褐色。ひだ：垂生、疎、初め淡褐色、のち暗赤褐色から黒褐色。柄：通常長さ9cm、幅1.8cm位、下方に細まり、表面は繊維状、淡黄褐色〜淡赤褐色または紫褐色。上部に綿毛状のつばをつけるが消失しやすい。

【生態】秋、アカマツなどの針葉樹林内の地面に群生。

【コメント】地方名マツキノコなど。可食で、かつては乾燥保存されたものが正月料理の煮しめ用として利用されていた。県内産は西日本のものより一般に大型である。

オウギタケ 可食
Gomphidius roseus
オウギタケ属

【形態】傘：通常5cm位、初め類円錐形〜丸山形、のち平らまたは浅い漏斗形に開く。表面は湿時ゼラチン質、淡紅色〜バラ色、古くなると黒いしみを生じる。肉：白色、やわらかい。ひだ：垂生、やや疎、灰白色のち帯緑暗灰褐色。柄：通常長さ6cm、幅1cm位、下方に細まり、上部に綿毛状の不完全なつばをつける。上部は白色、下部は淡紅色〜淡紅褐色、基部はしばしば黄色または帯紅色。
【生態】秋、マツ林の地面に散生し、しばしばアミタケと相伴って発生する。

【コメント】地方名モチキノコなど。可食だが、肉質がやわらかく、多少べたつく感じがあり、あまり利用されていない。

オウギタケ

キオウギタケ 可食
Gomphidius maculatus
オウギタケ属

【形態】傘：通常4cm位、初め類円錐形〜丸山形、のち平たいまんじゅう形から、ときに浅い漏斗形に開き、縁は波打つ。表面は湿時ゼラチン質、初めほぼ白色のち淡黄褐色〜淡褐色、しばしば黒いしみを生じる。ひだ：やや疎〜疎、初め白色のち灰色。柄：通常長さ8cm、幅7mm位、ほぼ上下同幅。つばを欠く。表面は白色、基部で黄色。粘性なく、細鱗片状、黒い点状のしみを多数生じる。
【生態】初夏および秋、カラマツ林内の地面に単生〜群生。

【コメント】可食とされており、県内のカラマツ林ではふつうに見られるが、発生数が少ないうえに、黒いしみが生じることもあり、ほとんど利用されていない。

キオウギタケ（手塚撮影）

イグチ科 Boletaceae

　きのこは肉質で、一部を除いてほとんどが管孔をもつ。胞子紋は黄色、暗オリーブ色、帯オリーブ褐色、肉桂色、黄褐色、ピンク色、黒色など。胞子は一般に楕円形～紡錘形、ときに卵形、まれに類球形で、平滑または様々な彫刻模様をもつ。多くの種は菌根性で地上に発生するが、なかには非菌根性で腐朽材や腐植土、まれにツチグリ属などのきのこに寄生する種もある。本県からは18属71種（1変種、4未記録種を含む。）が知られている。

　近年の分子系統学的研究の成果を反映した分類体系では、従来のイグチ科から分離してクリイロイグチ属 *Gyroporus* をクリイロイグチ科 Gyroporaceae、ハンノキイグチ属 *Gyrodon* をヒダハタケ科 Paxillaceae、ヌメリイグチ属 *Suillus* をヌメリイグチ科 Suillaceae に置き、これらの諸科をイグチ科や従来腹菌類に置かれていたツチグリ科、ニセショウロ科、コツブタケ科、クチベニタケ科、ショウロ科などと共にイグチ目に所属させている。

アイゾメイグチ 可食

Gyroporus cyanescens
クリイロイグチ属

【形態】傘：通常5cm位、初めまんじゅう形、のちほぼ平らに開く。表面は淡黄色～帯黄褐色、フェルト状、ときに粗く毛羽だつ。
管孔：離生、白色のち淡黄色。柄：通常長さ6cm、幅2cm位、頂部で急に細まり、中央～下部でやや膨らむ。内部は横に亀裂を生じて、しだいに中空となる。表面は頂部白色、下部は傘と同色。幼時、頂部に不明瞭な繊維状消失性のつばをもつ。
【生態】秋、ナラやマツなどの交じった林内の地面に散生。

【コメント】可食だが、肉に強い青変性があることもあり、一般に利用されていない。最近の分類では本属はクリイロイグチ科に置かれている。

アイゾメイグチ

アイゾメイグチ

クリイロイグチ 可食

Gyroporus castaneus
クリイロイグチ属

【形態】傘：通常5cm位、初めまんじゅう形、のち丸山形からほぼ平らに開く。表面は栗褐色〜黄褐色、ほぼ無毛〜ビロード状、ときに縁部において著しいしわを生じる。管孔：上生、白色のち淡黄色、傷つけても変色しない。柄：通常長さ6cm、幅1cm位、ほぼ上下同幅、しばしば一方に屈曲し、中実のち中空。質はかたくてもろい。表面は傘と同色、平滑でやや凹凸がある。

【生態】初秋、ミズナラとアカマツが交じった林などの地面に散生〜少数群生。

【コメント】可食とされているが、一般にあまり利用されていない。県内産は西日本産よりも小形なものが多い。

クリイロイグチ

クリイロイグチモドキ 可食

Gyroporus longicystidiatus
クリイロイグチ属

【形態】傘：通常7cm位、初めまんじゅう形、のち丸山形から平らに開き、ときに反り返って浅いジョウゴ形になる。縁の肉は裂けやすい。表面はフェルト状〜繊維状、褐色〜黄褐色。管孔：上生、白色のち淡黄色、傷つけても変色しない。柄：通常長さ7cm、幅1.5cm位、ほぼ上下同幅または下方に膨れ、中空。表面は凹凸があり、やや扁平、傘と同色。

【生態】夏〜秋、ブナ、ミズナラなどの広葉樹林の地面に単生。

【コメント】肉質が堅いため一見サルノコシカケ類を思わせる。前種のクリイロイグチに類似するが管孔の縁シスチジアが長いことで区別される。

クリイロイグチモドキ

ハンノキイグチ 可食

Gyrodon lividus
ハンノキイグチ属

【形態】傘：通常10cm位、初めまんじゅう形、のち平らに開き、縁は遅くまで内側に巻く。表面は褐色〜黄褐色、多少綿毛状。肉：肉厚、淡黄色、切断すると管孔付近と柄の上部で穏やかに青変する。管孔：垂生、短く、明るい黄色のち黄褐色〜帯オリーブ褐色。孔口は放射方向に並び、やや小形、管孔と同色、傷つくと青色のち多少ワイン色から褐色に変色。柄：通常長さ7cm、幅1.5cm位、下方にやや細まり、しばしば一方に屈曲する。表面は傘と同色〜多少暗色、ときに下部で赤みをおびる。

【生態】秋、ハンノキなどの樹下に単生または群生。

【コメント】可食とされているが、一般にあまり利用されていない。最近の分類では本属はヒダハタケ科に置かれている。

ハンノキイグチ（手塚撮影）

アミハナイグチ 可食

Suillus cavipes
ヌメリイグチ属

【形態】傘：通常7cm位、初めやや円錐状、のちまんじゅう形からほぼ平らに開く。表面は黄褐色〜赤褐色、やわらかい繊維状の細鱗片でおおわれ、粘性は無い。肉：淡黄色、変色性は無い。管孔：垂生、黄色のち帯オリーブ黄色〜汚黄土色。孔口は管孔と同色、放射状に並び、大小不同。柄：通常長さ7cm、幅1cm位、ほぼ上下同幅または下方で太まり、頂部に白色膜質のつばをつけ、中空。つばより上方は黄色で、垂下した管孔によって粗い網目模様がつくられ、下方ではほぼ傘と同色で細鱗片状。

【生態】秋、カラマツ林内の地面に単生〜群生。

【コメント】可食とされているが、あまり利用されていない。従来、アミハナイグチ属*Boletinus*に置かれてきたが（本種はその基準種）、現在は最近のDNAデータ解析結果等に基づいて同属をヌメリイグチ属*Suillus*に含めて取り扱う考え方（アミハナイグチ属をヌメリイグチ属の異名とする）が有力となっている。

アミハナイグチ（手塚撮影）

カラマツベニハナイグチ 可食

Suillus paluster
ヌメリイグチ属

【形態】傘：通常7cm位、初めやや円錐、のち平らに開き、しばしば中丘をもつ。表面は赤紫色～ばら色、綿毛状～繊維状の毛におおわれ、細かく毛羽立つ。肉：黄色、傘表皮下では赤味をおびる。多少酸味がある。管孔：垂生、黄色のち汚黄土褐色。柄：通常長さ6cm、幅8mm位、下方に太まり、中実ときに基部でわずかに中空。しばしば上部に綿くず状の被膜の名残を散在する。表面は頂部が黄色で網目模様があり、下部は傘と同色で、多少ささくれるかほぼ平滑。
【生態】夏～秋、カラマツ林内の地面または著しく腐朽した材上に散生～群生。

【コメント】県内では比較的まれ。類似種にウツロベニハナイグチ *S. asiaticus* があるが、子実体がより大形で柄が中空であることで区別ができる。本種およびウツロベニハナイグチ共に従来アミハナイグチ属に置かれてきた種類である。

カラマツベニハナイグチ（安藤撮影）

シロヌメリイグチ 可食

Suillus viscidus
ヌメリイグチ属

【形態】傘：通常10cm位、初め半球形、のちまんじゅう形から平たい丸山形に開く。表面は初め暗褐色でゼラチン様の粘液におおわれ、のち汚白色。肉：汚白色、切断すると柄で多少帯緑青色に変色。管孔：直生～やや垂生、初め類白色～灰白色のち褐色、孔口は大形で多少青変性あり。柄：通常長さ8cm、幅1.5cm位、下方に多少膨らみ、中実。上部に膜質で汚白色～帯褐色のつばをつけるが、消失しやすい。つばより上部は網目を有し汚白色、下部は汚白色～帯褐色で粘性がある。
【生態】秋、カラマツ林内に群生。

【コメント】ヌメリイグチ（p.263）に多少類似するが、同種は管孔が初め黄色であることで区別ができる。従来本菌に当てられていた学名 *S. laricinus* は本種の異名。

シロヌメリイグチ（手塚撮影）

ベニハナイグチ 可食

Suillus spraguei
ヌメリイグチ属

【形態】傘：通常8cm位、初め円錐状丸山形で縁は内側に巻き、のちほぼ平らに開く。表面は繊維状の鱗片を密生し、初め濃赤色〜帯紫赤色のち退色して帯褐色、鱗片の先はしだいに黒ずむ。肉：淡黄色、弱い赤変性がある。管孔：垂生、黄色のち黄褐色。柄：通常長さ7cm、幅1.5cm位、上部に厚い繊維状のつばをつけるが、つばは消失しやすい。つばより上部は黄色、下部は傘と同色で、初め繊維状のささくれでおおわれている。
【生態】夏〜秋、キタゴヨウなどの五針葉マツの樹下に散生〜群生。
【コメント】可食だが、一般に利用されていない。従来本菌に当てられていた学名 *S. pictus* は本種の異名。現在、ヌメリイグチ属はヌメリイグチ科に置かれている。

ベニハナイグチ（花田撮影）

ベニハナイグチ（手塚撮影）

ハナイグチ 可食

Suillus grevillei
ヌメリイグチ属

【形態】傘：通常10cm位、ときにそれ以上。初めまんじゅう形、のちほぼ平に開く。傘の下面は初め被膜におおわれる。表面は粘液におおわれ黄金色〜帯褐橙色または赤褐色。肉：淡黄色〜鮮黄色、傷つけるとときに灰紫色に変色。管孔：直生〜やや垂生、濃黄色。孔口は多角形、やや小型、傷むと、灰紫色に変色。柄：通常長さ7cm、幅2cm位、上部に淡黄色で繊維状膜質、永存性のつばをつける。表面は黄色のち褐色をおび、つばより上は細かい網目状で細点を密布し、下は繊維状で粘性がある。
【生態】夏〜秋、カラマツ林内の地面に群生。
【コメント】地方名ラクヨウ。ナメコ様のぬめりがあり美味。傘が赤と黄色の2タイプがあり、それぞれ別種とする意見もある。

ハナイグチ

ヌメリイグチ 食注意

Suillus luteus
ヌメリイグチ属

【形態】傘：通常12cm位、初めまんじゅう形、のち丸山形からほぼ平らに開く。傘の下面は初め白色の膜でおおわれ、膜はのち破れて縁に垂れ下がる。表面は著しい粘液におおわれ、暗赤褐色〜黄褐色、のちしだいに淡色。肉：ほぼ白色〜淡黄色、変色性なし。
管孔：直生〜やや垂生、レモン黄色のち帯褐黄色。柄：通常長さ7cm、幅1.5cm位、表面はほぼ白色〜淡黄色、淡黄色のち褐色の細粒点を密布する。帯紫白色膜質のつばをもつが、つばは次第にゼラチン化して不明瞭となるか、あるいは消失する。
【生態】秋、アカマツなどの樹下に群生。
【コメント】人によって中毒するともいわれているが、つばが不明瞭あるいは消失したものではしばしばチチアワタケ(p.264)と混同されるので注意が必要。

ヌメリイグチ

ワタゲヌメリイグチ 可食

Suillus tomentosus
ヌメリイグチ属

【形態】傘：通常8cm位、初め多少円錐状〜まんじゅう形、のち平たい丸山形。表面は淡黄色〜帯橙黄色、綿毛状の小鱗片でおおわれ、湿ると粘性をおびる。肉：黄色またはほぼ白色、傷つくと弱く青変する。管孔：多少湾生または直生し、緑黄色〜黄褐色のち帯オリーブ色。孔口はやや小型、初め暗黄褐色または帯紫褐色、のち淡色となり、傷つくとしばしば多少青変する。柄：通常長さ7cm、幅1.5cm位、下方に多少太まり、中実。表面は傘と同色、粘性なく、初め帯緑黄色のち暗褐色となる細粒点を密布する。
【生態】初秋、キタゴヨウマツやゴヨウマツなどの五針葉マツの樹下に単生〜群生。
【コメント】本県では発生が比較的まれ。

ワタゲヌメリイグチ（手塚撮影）

イグチ科　263

キヌメリイグチ 可食

Suillus americanus
ヌメリイグチ属

【形態】傘：通常8cm位、初め円錐状まんじゅう形、のち丸山形からほぼ平らに開く。傘の下面は初め淡黄色の厚い綿毛状の膜でおおわれ、膜はのち破れて縁に垂れ下がる。表面は黄色～淡灰褐色、粘性があり、しばしば圧着した帯褐色の鱗片を散在する。肉：鮮黄色、変色性なし。管孔：やや垂生、黄色のち帯緑黄色、傷つけるとやや褐変する。柄：通常長さ7cm、幅1cm位、上下同幅または下方に向かって太まり、中実。表面は淡黄色～黄色、淡褐色～帯橙褐色のち黒褐色の細粒点を密布する。
【生態】初秋、キタゴヨウマツなどの樹下に群生。
【コメント】従来北海道だけから知られていた種。県内産では北海道産のものよりやや大形。2009年に三上京一氏（青森市）によって青森市郊外から初めて採集されたが、樹木の伐採によりその後の採集報告はない。

キヌメリイグチ

チチアワタケ 食注意

Suillus granulatus
ヌメリイグチ属

【形態】傘：通常10cm位、初めまんじゅう形、のち平たい丸山形。表面は湿時粘液におおわれ、栗褐色～黄土褐色、粘液が失われると黄色くなる。肉：黄白、変色性なし。管孔：多少垂生～直生、鮮黄色のち黄褐色。孔口は小型。幼子実体では孔口面や柄の表面に黄白色の乳液を分泌する。柄：通常長さ6cm、幅1.5cm位、上下同幅または下方に太まり、つばを欠く。表面は黄白色～黄色。初め地と同色、のち褐色をおびる細粒点を密布する。
【生態】夏～秋、アカマツやクロマツなどの樹下に散生～群生。
【コメント】地方名ハラクダシなど。文献により可食ともされているが、人によっては下痢をするので注意が必要。

チチアワタケ

アミタケ 可食

Suillus bovinus
ヌメリイグチ属

【形態】傘：通常7cm位、ときにそれ以上、初め丸山形、のちほぼ平らに開く。表面は肉桂色〜粘土褐色、無毛平滑、湿時粘性あり。肉：類白色〜淡鮭肉色、変色性なし。
管孔：短くてやや垂生し、オリーブ黄色。孔口は大小不同で多角形、多少放射状に並び、管孔と同色。傷つけても変色しない。
柄：通常長さ6cm、幅1cm位、ほぼ上下同幅、つばを欠く。表面は粒点を欠き、傘よりやや淡色、多少粘性あり。

【生態】初夏〜秋、アカマツやクロマツなどの林内の地面に群生。

【コメント】地方名イグチ。煮ると赤紫色に変色するが、ぬめりがあり、みそ汁や佃煮などにすると美味。管孔に虫が入りやすいので若いときのものを利用。2012年に神孫作氏によって柄の太さが3cmを超える大形のものが採集されている。

アミタケ（手塚撮影）

アミタケ（通常型）

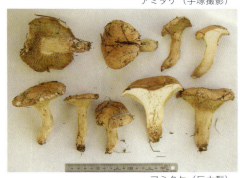

アミタケ（巨大型）

ヒメヌメリイグチ 不明
Suillus viscidipes
ヌメリイグチ属

【形態】傘：通常2.5 cm位、初め半球形、のち平たいまんじゅう形。表面は肉桂色〜茶褐色、粘性があり、全体に凹凸状。傘の下面は幼時白色で粘性のある被膜におおわれる。肉：淡黄土色、変色性なし。管孔：上生〜湾生、初め淡黄色のち暗オリーブ色。柄：通常長さ5 cm、幅4 mm位、上下同幅で基部は尖り、上部に膜質早落性のつばをつける。表面は淡紅白色、基部と頂部で白色。つばより下は粘性で、褐色の条線がある。
【生態】夏〜初秋、アカマツの交じったミズナラの林などの地面に単生〜散生。
【コメント】発生は比較的まれ。本種はヌメリイグチ属としては異質で、別属を設ける意見もある。

ヒメヌメリイグチ（手塚撮影）

キヒダタケ 食注意
Phylloporus bellus
キヒダタケ属

【形態】傘：通常6 cm位、初めまんじゅう形、のち平らに開き、逆円錐形状。表面は帯赤褐色〜オリーブ褐色、多少ビロード状。肉：黄色、傘で多少赤みをおびる。青変性は無い。ひだ：垂生、鮮黄色のち帯オリーブ褐色、ときに弱い青変性がある。柄：通常長さ7 cm、幅1 cm位、下方に細まり、帯褐黄色、細鱗片状〜多少ビロード状。基部は淡黄色の菌糸でおおわれる。
【生態】夏〜秋、ブナ・ミズナラ林やアカマツの交じった雑木林などの地面に単生〜少数群生。

【コメント】可食とされているが、最近人によって胃腸系の中毒を起こすとも言われており、注意が必要。本種にはいくつかのタイプがあることが知られており、学名の再検討が必要といわれている。

キヒダタケ

イロガワリキヒダタケ 不明

Phylloporus cyanescens
キヒダタケ属

【形態】傘：通常7cm位、初めまんじゅう形、のち平らに開き、逆円錐形状。表面は茶褐色〜帯赤褐色、多少ビロード状。肉：黄色、傘で多少赤みをおびる。やや青変性がある。ひだ：垂生、鮮黄色のち帯オリーブ褐色、弱い青変性がある。柄：通常長さ8cm、幅1cm位、下方に細まり、帯褐黄色、細鱗片状〜多少ビロード状。

【生態】夏〜秋、ブナ・ミズナラ林やアカマツの交じった雑木林の地面に単生〜少数群生。

【コメント】食毒不明であるが注意が必要。胞子は紡錘状楕円形、大きさは9-13×3.5-4.5μm。前種のキヒダタケに類似するが、同種は青変性がほとんど無く、胞子がより短形（長沢, 1989：9-11×4-4.5μm）であることで区別ができる。従来、同種の変種 *P. bellus* var. *cyanescens* とされていたが、近年、独立種とされている。

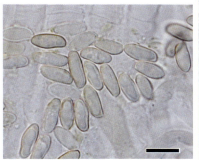

イロガワリキヒダタケ胞子×1000

イロガワリキヒダタケ（手塚撮影）

コショウイグチ 食不適

Chalciporus piperatus
コショウイグチ属

【形態】傘：通常5cm位、初めまんじゅう形、のちほぼ平らに開く。表面は肉桂色、湿時粘性がある。肉：淡黄色、柄の基部では帯橙黄色。変色性はなく、強い辛みがある。管孔：直生〜やや垂生、帯橙褐色〜さび色。孔口は管孔と同色。柄：通常長さ8cm、幅8mm位、基部でやや膨らみ、中実。表面はほぼ傘と同色で、基部は黄色菌糸でおおわれる。

【生態】夏〜秋、アカマツやエゾマツ、シラカンバなどの樹下に散生〜群生。

【コメント】味が辛く、食用に適さない。ときにアミタケと間違えて採集されることもあるが、同種は肉が淡鮭肉色で、辛みが無く、煮ると赤紫色に変色することで区別ができる。

コショウイグチ

クロアザアワタケ 可食

Xerocomus nigromaculatus
アワタケ属

【形態】傘：通常5cm位、初め半球形～やや円錐状、のち丸山形からほぼ平らに開く。表面は褐色、乾燥し、多少粒状でざらつき、傷んだところは黒変する。肉：ほぼ白色～淡黄色、空気に触れると青変のち赤変し、ついには黒く変色する。管孔：直生～湾生、黄色のち帯オリーブ褐色。孔口は大形で、傷つくと青変し、しだいに黒ずむ。柄：通常長さ5cm、幅8mm位、下方に多少太まり、中実。表面は明褐色、強くこすると黒変する。頂部には縦すじがあり、基部に白色の菌糸塊がある。

【生態】夏～初秋、ミズナラ林やアカマツの交じった雑木林内の地面に散生～少数群生。
【コメント】可食とされているが、黒く変色することもあり一般に利用されていない。

クロアザアワタケ

ミヤマアワタケ 不明

Xerocomus obscurebrunneus
アワタケ属

【形態】傘：通常5cm位、初めまんじゅう形、のちほぼ平らに開く。表面は栗褐色～暗褐色、ほぼ平滑、湿時多少粘性がある。肉：黄白色～淡黄色、青変性は無い。管孔：初め淡黄色、のちオリーブ黄色、傷つくと青変する。孔口は中型で多角形。柄：通常長さ5cm、幅8mm位、上下同幅または下方に多少太まり、中実。表面は傘と同色、頂部は白色、ほぼ平滑、しばしば上部にやや隆起した縦すじをあらわす。
【生態】夏～秋、ブナ林内の地面に単生～少数群生。

【コメント】近縁種のアワタケ *X. subtomentosus* は、やや大形で傘が黄褐色、ビロード状、管孔の青変性が弱い。日本でアワタケと言われているものは複数が混同されている可能性が指摘されている。

ミヤマアワタケ

コゲチャアワタケ（手塚撮影）

コゲチャアワタケ（新称） 不明
Xerocomus sp.
アワタケ属

【形態】傘：通常7cm位、初めまんじゅう形、のちほぼ平らに開き、しばしば多少反り返る。表面はオリーブ色をおびた焦げ茶色、ビロード状。肉：傘で淡黄白色、柄では濃く、変色性は無い。管孔：上生または直生、鮮黄色、変色性は無い。孔口は比較的小型で多角形。柄：通常長さ8cm、幅2cm位、下方にしばしば便腹状に中央で膨らみ、中実。表面は淡焦げ茶色、傘と同色の縦すじ模様をあらわし、基部は黄色の菌糸でおおわれる。

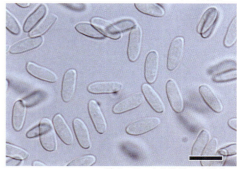

コゲチャアワタケ胞子×1000

【生態】夏～秋、ブナ林内の地面に単生～少数群生。

【コメント】日本未記録種。胞子は長楕円形～やや類紡錘形、大きさ9.5-12×3.5-4.5μm。本県以外では鳥取県から採集されている。

キイロイグチ 食注意

Pulveroboletus ravenelii
キイロイグチ属

【形態】傘：通常5cm位、初め半球形、のち平たい丸山形に開く。表面は湿時やや粘性があり、初めレモン黄色で同色の綿状粉質物に密におおわれる。のち中央から帯褐赤色となり、多少ひび割れる。肉：淡黄白色、空気に触れるとしだいに青変する。管孔：ほぼ離生、淡黄色のち暗褐色。孔口は管孔と同色、傷つくと青変する。柄：通常長さ6cm、幅1cm位、下方に細まり、中実。表面はレモン黄色で粉質。上部には傘の下面をおおっていた被膜がつばとなって残るが、つばは比較的消失しやすい。
【生態】初秋～秋、ブナ林内などに単生～散生。
【コメント】可食とされているが、人により中毒するともいわれているので要注意。県内産は西日本産よりも小形なものが多い。

キイロイグチ（手塚撮影）

ハナガサイグチ 不明

Pulveroboletus auriflammeus
キイロイグチ属

【形態】傘：通常5cm位、初めまんじゅう形、のち丸山形からほぼ平らに開く。表面は橙黄色～鮮橙色、多少繊維状で毛羽立ちだち、やや粉質。ときに細かくひび割れる。肉：黄白色で、変色性は無い。管孔：直生のち湾生。初め淡黄色のちしだいに汚緑色となり、傷ついても変色しない。孔口はやや小～中型、橙黄色に縁取られる。柄：通常長さ6cm、幅1cm位、上下同幅または下方に向かってやや太まり、中実。基部はときに根状となる。表面は橙黄色～鮮橙色で、上部あるいはほぼ全体にわたって縦長の網目におおわれる。
【生態】夏～初秋、アカマツ・ミズナラ林やブナ・ミズナラ林の林道脇などに群生。
【コメント】色が鮮やかで目に付きやすいきのこ。

ハナガサイグチ

ヤマドリタケ

ヤマドリタケ 可食
Boletus edulis
ヤマドリタケ属

【形態】傘：通常12 cm位、初め半球形のち平たい丸山形。表面は幼時から無毛平滑、湿ると多少粘性をおび、栗褐色～淡茶褐色。肉：厚く緻密、白色、変色性無し。管孔：直生のちほぼ離生、孔口は幼時白色菌糸でふさがれ、のち淡黄色～帯オリーブ黄褐色。柄：通常長さ12 cm、幅3 cm位、倒こん棒形。表面は淡褐色、白色のやや細かい網目模様があるが、下方でしばしば不明瞭。肉は緻密できわめてかたい。
【生態】夏～秋、エゾマツなどの亜高山性針葉樹下に単生～散生。
【コメント】肉質も良好で優秀な食用菌。ヤマドリタケモドキ(*p.272*)に類似するが、同

ヤマドリタケ幼菌

種は広葉樹林に発生し傘の表面が幼時フェルト状である。発生環境が限定されおり、国内での発生が疑問視されていたが、北海道に多く、青森県内では1997年に故伊藤進氏によって八甲田のエゾマツ林でドクヤマドリ(*p.272*)と共に初めて採集されているが、両種とも現在まで県内の他地域からの採集報告はない。

ドクヤマドリ 毒

Boletus venenatus
ヤマドリタケ属

【形態】傘：通常15cm位、初め半球形で、縁部は内側に巻き、のちまんじゅう形から平たい丸山形に開く。表面は淡黄褐色、初めややビロード状、老成すると、湿時多少粘性あり。肉：淡黄色、傷つくと弱く青変する。管孔：上生、淡黄色のち黄褐色。孔口は微小、管孔と同色、青変性あり。柄：通常長さ12cm、幅3cm位、ほぼ同幅。表面は幼時ほぼ白色、のち淡黄色〜淡黄褐色となり、しばしば赤褐色の点状のしみを環状に生じている。
【生態】秋、エゾマツやトドマツなどの林内に単生〜群生。
【コメント】有毒であり、比較的激しい胃腸系の中毒を起こすので注意が必要。最近、DNAデータに基づいて創設された新属 *Sutorius*（基準種ウラグロイグチ *S. eximius*）に移すことが提案されている。

ドクヤマドリ（手塚撮影）

ヤマドリタケモドキ 可食

Boletus reticulatus
ヤマドリタケ属

【形態】傘：通常15cm位、初め半球形、のち平たいまんじゅう形。表面は初め多少ビロード状、のち無毛平滑、湿ると粘性をおびる。初め暗灰褐色のち黄褐色〜帯オリーブ褐色、ときに淡褐色。肉：白色で厚く、初めかたいがのち柔軟。変色性は無い。管孔：直生のち上生〜ほぼ離生。孔口は初め白色の菌糸でふさがれ、のち淡黄色から帯オリーブ黄褐色。柄：通常長さ12cm、幅3cm位、倒こん棒形。表面は淡褐色〜淡灰褐色、全体白色の網目模様におおわれ、下方ほど目が粗い。
【生態】夏〜秋、ブナやナラの林の地面に散生。
【コメント】薄切りにしてソテーなどにすると美味であるが、本種は変異が大きく類似種との区別が困難で、特に有毒な前種のドクヤマドリと間違えないよう注意が必要。

ヤマドリタケモドキ（手塚撮影）

ムラサキヤマドリタケ 可食
Boletus violaceofuscus
ヤマドリタケ属

【形態】傘：通常10cm位、初め半球形、のち平たいまんじゅう形。表面は暗紫色、平滑、ほぼ無毛で、湿ると多少粘性をおびる。成熟したものではしばしば黄色、オリーブ色、褐色などの斑紋を生じる。肉：白色、変色性なし。管孔：初めほぼ白色、のち淡黄色から汚黄褐色。孔口は小型で円形、初め白色の菌糸でふさがれる。柄：通常長さ8cm、幅1.5cm位、下方に太まり、中実。表面は傘と同色、全面が白色の網目模様でおおわれる。

【生態】夏～秋、ミズナラ林またはミズナラの交じったアカマツ林内の地面に単生または群生。

【コメント】比較的美味で、ソテーなどの料理に合う。県内では発生は比較的まれ。

ムラサキヤマドリタケ（花田撮影）

ウスムラサキヤマドリ（新称） 不明
Boletus separans
ヤマドリタケ属

【形態】傘：通常7cm位、初め半球形、のち平たいまんじゅう形。表面は帯紫淡褐色、部分的に淡色な斑紋を生じる、平滑、ほぼ無毛で、湿ると多少粘性をおびる。肉：白色、変色性なし。管孔：初めほぼ白色、のち淡黄色から汚黄褐色。孔口は小型で円形、初め白色の菌糸でふさがれる。柄：通常長さ8cm、幅2cm位、下方に太まるが基部で細まり、中実。表面は白色で傘と同色をおび、全面が白色の網目模様でおおわれる。

【生態】夏～初秋、ブナ林内の地面に散生または群生。

【コメント】日本新産種。北米東部に分布する種類で前種のムラサキヤマドリタケに類似するが、ブナ林に発生し全体がより淡色である点で異なる。

ウスムラサキヤマドリ

クロアワタケ 不明

Retiboletus griseus
キアミアシイグチ属

【形態】傘：通常8cm位、初めまんじゅう形、のち丸山形からほぼ平らに開く。表面は灰色～帯褐灰色、ビロード状。肉：白色、空気に触れると多少淡紅色となる。管孔：直生、灰白色のち淡灰褐色、孔口は傷つくと褐色に変わる。柄：通常長さ10cm、幅1.5cm位、下方にやや太まり、中実。基部で細く、多少根状となる。表面は上部灰白色、下方に向かって灰色～暗褐色。基部付近まで初め灰白色、のち黒褐色の網目模様におおわれる。

【生態】夏～秋、ブナ・ミズナラ林や雑木林の地面に単生～群生。

【コメント】近年のDNAデータに基づく分類では、従来のヤマドリタケ属に置かれていた本種やキアミアシイグチ（p.276）などはキアミアシイグチ属*Retiboletus*に置かれている。

クロアワタケ

オオミノクロアワタケ 不明

Retiboletus fuscus
キアミアシイグチ属

【形態】傘：通常7cm位、初めまんじゅう形、のち丸山形からほぼ平らに開く。表面は灰黒色～帯褐灰黒色、しばしば微細にひび割れ、圧着した鱗片状となる。肉：白色、空気に触れると多少淡紅色となる。管孔：直生、灰白色～淡灰褐色、孔口は傷つくと褐色に変わる。柄：通常長さ8cm、幅1.2cm位、下方にやや太まり、基部は細く、多少根状に伸び、中実。表面は上部ほぼ灰白色、下方に向かって灰色、基部付近まで黒褐色の網目模様でおおわれる。

【生態】夏～秋、アカマツ林に散生。

【コメント】前種のクロアワタケに類似するが、同種は広葉樹林に発生し、傘が灰色で、胞子が多少小形なことで区別ができる。県内では同種がふつう。従来本菌はクロアワタケの変種*Boletus griseus* var. *fuscus*とされていたが、現在は独立種とされている。

オオミノクロアワタケ（手塚撮影）

コガネヤマドリ 不明

Boletus aurantiosplendens
ヤマドリタケ属

【形態】傘：通常10cm位、初め平たいまんじゅう形、のちほぼ平らに開く。表面は明褐色〜黄褐色、のちときに帯黄土色。粘性なく、ほぼ無毛。肉：初めかたいがのちやわらかく、黄色のち淡黄色、変色性は無い。管孔：直生〜ほぼ離生、黄色のちオリーブ色をおびる。孔口は小型、初め淡黄色の菌糸でふさがれ、傷ついても青変しない。柄：通常長さ12cm、幅2cm位、下方に多少太まり、黄色〜汚黄色、上部あるいは全面が地と同色の細かい網目模様でおおわれる。

【生態】夏〜秋、ブナやミズナラなどの広葉樹林内の地面に単生〜群生。

コガネヤマドリ

【コメント】可食ともいわれているが不明。従来本菌に当てられていた *B. auripes* の学名は誤適用である。なお、1998年に故荒内義幸氏によって本種に類似して青変性があり、胞子がより大形（12.5-15×4.5-5 μm）のきのこが八甲田から採集されている。調査の結果日本未記録種と同定されたのでこれに対しては暫定的にコガネイロガワリ *Boletus* sp. と命名しておきたい。

コガネイロガワリ

コガネイロガワリ傘裏

アシベニイグチ 毒
Boletus calopus
ヤマドリタケ属

【形態】傘：通常8cm位、初めまんじゅう形で縁は内側に巻き、のちほぼ平らに開く。表面はオリーブ褐色、乾燥し、初め微毛状のちほぼ無毛、ときに細かくひび割れる。肉：淡黄白色、空気に触れると速やかに明青色に変わる。味が苦い。管孔：直生のち離生、黄色のち帯緑黄色、傷をつけると速やかに青変する。柄：通常長さ10cm、幅2cm位、倒こん棒形、赤色で頂部は黄色、全体が白色または地と同色の細かい網目模様でおおわれる。

【生態】夏～秋、エゾマツの樹下やときにダケカンバの樹下などに単生～群生。

【コメント】有毒のムスカリン類を含むとされているので、注意が必要。最近、DNAデータに基づいて創設された新属 *Caloboletus* に移すことが提案されている。

アシベニイグチ

キアミアシイグチ 食不適
Retiboletus ornatipes
キアミアシイグチ属

【形態】傘：通常7cm位、初めまんじゅう形、のちほぼ平らに開く。表面は帯黄褐色～帯褐オリーブ色、または暗オリーブ色、粘性なく、ややビロード状。肉：かたくしまり、黄色、空気に触れると濃黄色となる。味は苦く、わずかに酸臭がある。管孔：上生～直生または多少垂生、黄色のち灰黄色。孔口は小型、管孔と同色、傷つくとより濃色となる。柄：通常長さ8cm、幅1.5cm位、ほぼ上下同幅、かたくて折れやすい。表面は黄色～黄褐色、ほぼ全面に多少翼状に隆起した黄色の網目模様がある。基部は白色の菌糸でおおわれる。

【生態】夏～秋、ブナやナラの林に単生～群生。

【コメント】味が苦く、食用に適さない。所属はヤマドリタケ属からキアミアシイグチ属 *Retiboletus* に変更になっている。

キアミアシイグチ（横沢撮影）

ススケヤマドリタケ 不明
Boletus hiratsukae
ヤマドリタケ属

【形態】傘：通常10 cm位、初め半球形、のちほぼ平らに開く。表面は黒褐色〜濃焦げ茶色、ビロード状、乾燥すると細かくひび割れる。肉：白色、変色性なし。管孔：初め白色〜淡黄白色のち帯オリーブ褐色。孔口は初め白色の菌糸でふさがれている。柄：通常長さ10 cm、幅2.5 cm位、基部で膨らみ、倒こん棒形または類円柱形。表面は黒褐色で、頂部と基部は白色。全面白色または黒褐色の網目模様でおおわれる。

【生態】初夏〜初秋、アカマツなどの針葉樹、ときにシナノキの樹下に群生。

【コメント】和名が類似する**ススケイグチ** *B. aereus*（本県未記録種）はしばしば本種と混同されるが、同種はむしろヤマドリタケモドキ（p.272）に類似する。

ススケヤマドリタケ

ニセアシベニイグチ 食注意
Boletus pseudocalopus
ヤマドリタケ属

【形態】傘：通常12 cm位、初めまんじゅう形で縁は内側に強く巻き、のち平らに開く。表面は赤褐色〜黄褐色、やや綿毛状または無毛、ときに浅くひび割れる。肉：淡黄色、傷つくと弱く青変するが、速やかに退色する。管孔：垂生〜直生、著しく短く、黄色のち汚褐色。孔口は小型、傷つくと青変する。柄：通常長さ10 cm、幅2.5 cm位、倒こん棒形、頂部に細かい網目がある。上部は黄色で、ときに赤褐色点状のしみがあり、下方に向かい暗赤色をおびる。

【生態】夏〜秋、アカマツ・ミズナラ林やブナ・ミズナラ林などの地面に群生。

【コメント】可食とされているが、人によって中毒するとも言われているので注意が必要。最近、DNAデータに基づいて創設された新属 *Baorangia* に移すことが提案されている。

ニセアシベニイグチ（手塚撮影）

アカジコウ 可食

Boletus speciosus
ヤマドリタケ属

【形態】傘：通常12cm位、初めまんじゅう形、のちほぼ平らに開く。表面はバラ紅色、ときに青色のしみを生じ、無毛平滑。湿時、多少粘性あり。肉：淡黄色、空気に触れると明るい青色に変わる。管孔：ほぼ離生、淡黄色のち粘土褐色、傷つくと青変する。孔口は微小。柄：通常長さ10cm、幅2.5cm位、下方に太まり、基部で肥大する。表面は細かい網目でおおわれ、淡黄色、のち基部から上方に向かって暗ワイン色をおびる。
【生態】夏～初秋、アカマツ・ミズナラ林やブナ林などの地面に単生～散生。
【コメント】可食で、比較的美味であるが、虫が入りやすいのでなるべく若いものを利用する。

アカジコウ（手塚撮影）

アカジコウ（安藤撮影）

ミヤマイロガワリ 可食

Boletus sensibilis
ヤマドリタケ属

【形態】傘：通常10cm位、初め半球形で、傘の縁は内側に巻き、のちほぼ平らに開く。表面は赤茶色または赤褐色、強くこすると暗青色に変わる。初めビロード状のち無毛平滑、湿ると多少粘性をおびる。肉：黄色、空気に触れるとすぐに濃い青色に変わる。管孔：上生～離生、黄色のち帯緑黄色。孔口は橙黄色、やや小型。傷つくと暗青色に変わる。柄：通常長さ10cm、幅2.5cm位、幼時には下方で膨らむが、のちほ

ミヤマイロガワリ

ぼ上下同幅。表面は黄色の地に赤色〜帯黄赤色の細点を密布し、傷つくと暗青色に変わる。
【生態】夏〜初秋、おもにブナ、ミズナラからなる広葉樹林の地面に散生〜多数群生。
【コメント】可食だが本種に類似した不明の菌が複数あるので注意が必要。

ミヤマイロガワリ傘裏

コゲチャイロガワリ 不明
Boletus brunneissimus
ヤマドリタケ属

【形態】傘：通常6cm位、初め半球形、のち平たいまんじゅう形に開く。表面は暗褐色、粘性はなく、ややビロード状。肉：黄色、空気に触れると速やかに濃青色に変わる。管孔：離生、初め黄色のち帯緑黄色、傷つくと暗青色に変わる。孔口はこげ茶色、微小。柄：通常長さ7cm、幅1cm位、上下同幅または基部で多少太まり、質はかたく、中実。表面は黄色の地に暗褐色の細点を密布する。基部は黄褐色の粗い菌糸でおおわれる。
【生態】夏〜秋、ブナ林、ミズナラ林などの林内の地面に単生〜群生。
【コメント】西日本に分布するといわれているが、本県にも発生する。日本から故本郷次雄先生によって新種 *B. umbriniporus* として報告されたイグチであるが、中国から報告された *B. brunneissimus* と同一種であるとされ、最近学名が訂正された。なお、*B. brunneissimus* は DNA データに基づいて創設された新属 *Sutorius* に移す

コゲチャイロガワリ（手塚撮影）

ことが提案されている。近縁で同じく *Sutorius* に移すことが提案されているオオコゲチャイグチ *B. obscureumbrinus* は大形で青変性が弱く、柄に細点は無い。

アメリカウラベニイロガワリ 可食
Boletus subvelutipes
ヤマドリタケ属

【形態】傘：通常12cm位、初めまんじゅう形、のちほぼ平らに開く。表面は帯赤褐色～暗褐色、初めビロード状のち無毛平滑、湿ると多少粘性をおび、強くこすると速やかに暗青色に変わる。肉：黄色、強い青変性あり。管孔：上生～離生、黄色のち帯緑黄色。孔口は小型、血紅色～帯褐赤色、傷つくと暗青色に変色する。柄：通常長さ12cm、幅2cm位、倒こん棒形、黄色の地に暗赤色の細点を密布し、傷つくと暗青色に変色。基部は黄色菌糸におおわれる。
【生態】夏～初秋、ブナ・ミズナラ林などの広葉樹林内の地面に散生～群生。
【コメント】ミヤマイロガワリ(*p.*278)に類似するが、孔口が赤色をしていることで区別ができる。

アメリカウラベニイロガワリ

ウツロイイグチ 食注意
Xanthoconium affine
ウツロイイグチ属

【形態】傘：通常8cm位、初めまんじゅう形、のちほぼ平らに開く。表面は初め焦げ茶色～ココア色のち黄土褐色。湿時やや粘性あり、無毛平滑、ときに不規則に浅くひび割れる。肉：白色、空気に触れても変色しない。管孔：直生状～湾生状、淡帯褐黄色のち黄褐色。孔口は小型、初め管孔より淡色のちほぼ同色、傷つくと濃色に変わる。柄：通常長さ12cm、幅1.2cm位、ほぼ上下同幅。表面は無毛平滑、傘と同色で、頂部と基部は白色、白色の縦の条紋がある。
【生態】夏～初秋、ブナやナラの林に群生。
【コメント】従来、日本では可食とされてきたが、外国では近年、牛の死亡例があるとされているので注意が必要。

ウツロイイグチ

ミヤマコウジタケ（新称） 不明

Aureoboletus sp.
ヌメリコウジタケ属

【形態】傘：通常6cm位、初め半球形、のち開いて丸山形。表面はフェルト状、湿時やや粘性あり、帯褐紅色、傷んだところは赤褐色のしみとなる。肉：白色、空気に触れると速やかに淡紅色に変わる。管孔：湾生〜離生、オリーブ黄色。孔口は同色、やや小型。変色性は無い。柄：通常長さ8cm、幅1cm位、ほぼ上下同幅、基部でやや太まり、中実。表面は白色で淡紅褐色をおび、頂部で傘と同色、下方で淡色な縦長の不完全な網目〜縦すじをあらわす。傷んだところは傘と同様。

【生態】夏〜初秋、ブナ林内の地面に群生。

【コメント】日本未記録種。1985年に長澤栄史先生が調査で来青されたときに初めて採集された。胞子は類紡錘形、大きさは12-14×4.5-5.5μm。ヌメリコウジタケ *A. auriporus* var. *novoguineensis*（＝*A. thibetanis*）に類似するが、本種は全体に色がより淡色でシスチジアが厚壁でKOH水溶液で溶解する点などで異なる。

ミヤマコウジタケ（手塚撮影）

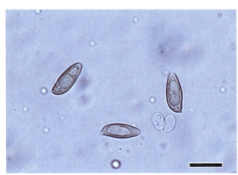

ミヤマコウジタケ胞子×1000

ミヤマコウジタケシスチジア（KOH水溶液中）×1000

アケボノアワタケ(広義) 食注意
Leccinum chromapes (s.l.)
ヤマイグチ属

【形態】傘：通常8cm位、初めまんじゅう形、のちほぼ平らに開く。表面は淡紅色〜淡いワイン色をおび、中央は濃色。微毛状または圧着した細鱗片状で、湿るとわずかに粘性をおびる。肉：白色、変色性無し。管孔：ほぼ離生、白色のち淡紅色となり、古くなると多少褐色をおびる。孔口は小型、管孔と同色。柄：通常長さ8cm、幅1.2cm位、下方でやや太まる。表面は白色の地に淡紅色の細鱗片を密布し、基部で鮮黄色。

【生態】夏〜秋、アカマツ林やブナ・ミズナラ林などの地面に散生〜群生。

【コメント】可食とされているが、本種とされてるものは複数の種が含まれている可能性が指摘されているので注意が必要。従来ニガイグチ属 *Tylopilus* やヤマイグチ属 *Leccinum* などに置かれ、所属に関して論議のある種類であるが、最近DNAデータの系統解析結果に基づいて創設された新属 *Harrya* に移すことが提案されている。

アケボノアワタケ

ミドリニガイグチ(広義) 不明
Tylopilus virens (s.l.)
ニガイグチ属

【形態】傘：通常5cm位、初めまんじゅう形、のちほぼ平らに開く。表面は淡黄緑色〜うぐいす色、中央は暗色。多少微毛がありフェルト状、湿るとやや粘性あり。肉：淡黄色〜黄色、変色性無し。管孔：上生〜ほぼ離生、白色のち淡紅色。孔口は管孔と同色、小型。柄：通常長さ8cm、幅1cm位、上方にやや細まり、淡黄色、繊維状。上部から下部にかけて淡紅色の条紋があり、しばしば上部に淡黄色の不完全な網目模様をもつ。

【生態】夏〜初秋、ブナ林やアカマツ・ミズナラ林の地面に単生〜群生。

【コメント】従来日本において本種とされているものは、複数の種が含まれている可能性があり分類学的な再検討が必要である。最近、*T. virens* はDNAデータの系統解析結果に基づいて創設された新属 *Chiua* に移すことが提案されている。

ミドリニガイグチ

ミヤマミドリニガイグチ 不明

Tylopilus sp.
ニガイグチ属

【形態】傘：通常7cm位、初めまんじゅう形、のちほぼ平らに開く。表面はオリーブ暗褐色〜黄緑色または黄褐色で平滑、繊維状、湿るとやや粘性をおびる。肉：鮮黄色、空気に触れても変色せず、匂い温和。管孔：離生、初めクリーム白色のち淡紅色。孔口は小型。柄：通常長さ8cm、幅1.2cm位、上方に向かってやや細まる。表面は上部鮮黄色、下部山吹色、黄色の粉状微毛におおわれ、上部に同色の縦すじをもち、幼時、頂部はときに網目状となる。
【生態】夏〜秋、ブナ・ミズナラ林の地上に単生または群生。
【コメント】日本未記録種。前種ミドリニガイグチに類似するが、より山地に発生し、傘が平滑で繊維状、柄が紅色をおびないことで異なり、別種とすべきと考える。

ミヤマミドリイグチ（手塚撮影）

ウラグロニガイグチ 食注意

Leccinum eximium
ヤマイグチ属

【形態】傘：通常8cm位、初め半球形、のちまんじゅう形からほぼ平らに開く。表面は焦げ茶色〜暗赤褐色、ほぼ無毛平滑、湿ると粘性をおびる。肉：かたくしまり、淡帯紫灰色〜淡帯紫褐色、空気に触れても変色しない。管孔：離生、帯紫褐色。孔口は微小で、管孔よりやや暗色。柄：通常長さ8cm、幅2cm位、ほぼ上下同幅、かたい肉質。表面は帯紫灰色、しばしば暗色の縦すじがあり、帯紫褐色の細鱗片で密におおわれる。
【生態】夏〜秋、ブナ林やアカマツ林などの地面に散生〜群生。
【コメント】従来可食とされていたが、近年体質によって胃腸系の中毒を起こすと言われており、注意が必要。従来、ニガイグチ属*Tylopilus*やヤマイグチ属*Leccinum*などに置かれ所属に関して論議のある種類であるが、最近DNAデータの系統解析結果に基づいて創設された新属*Sutorius*に移すことが提案されており、本種はその基準種。

ウラグロニガイグチ（手塚撮影）

アイゾメクロイグチ 不明
Porphyrellus fumosipes
クロイグチ属

【形態】傘：通常7cm位、初めまんじゅう形、のち平らに開く。表面は暗灰褐色、ときに周辺部で青緑色をおび、ビロード状でのち細かくひび割れる。肉：白色、空気に触れると灰青色から淡帯紫褐色に変わる。管孔：上生～ほぼ離生、白色のち灰褐色。孔口は白色、傷つけると青色のちワイン色から褐色。柄：通常長さ10cm、幅1.5cm位、傘より淡色、頂部は帯状に青く染まり、基部は白色。しばしば縦じま模様をなす。
【生態】夏～秋、アカマツの交じったミズナラ林などの地面に単生～散生。

【コメント】広義のニガイグチ属に置かれ、*Tylopilus fumosipes* の学名で知られていた種類である。

アイゾメクロイグチ（手塚撮影）

ニガイグチモドキ 食不適
Tylopilus neofelleus
ニガイグチ属

【形態】傘：通常10cm位、初めまんじゅう形、のちほぼ平らに開く。表面は帯紅褐色、のちオリーブ褐色、ややビロード状で粘性は無い。肉：白色、変色性無く、味はきわめて苦い。管孔：上生～ほぼ離生、白色のち淡紅色をおびる。孔口は小型、初めから淡紅色～ワイン色をおび、傷ついても変色しない。柄：通常長さ10cm、幅2cm位、下方に向かってやや太まり、傘とほぼ同色、平滑。ときに頂部に帯紫色の細かい網目をもつ。
【生態】夏～秋、ブナ林やアカマツ・ミズナラ林の地面に単生～少数束生。
【コメント】味が苦く、食用には適さない。本種には傘がオリーブ色のものなど複数のタイプがあり、今後分類学的検討を要する。

ニガイグチモドキ

オクヤマニガイグチ（手塚撮影）

オクヤマニガイグチ 食不適
Tylopilus rigens
ニガイグチ属

オクヤマニガイグチ胞子×1000

【形態】傘：通常10cm位、初めまんじゅう形、のちほぼ平らに開く。表面はオリーブ暗褐色、ややビロード状で粘性は無い。肉：白色、変色性なく、味は苦い。管孔：上生～ほぼ離生、白色のち淡紅色をおびる。孔口は小型、初め白色のち淡紅色、傷つくと褐色に変色する。柄：通常長さ10cm、幅2cm位、下方にやや太まる。表面は傘とほぼ同色、縦状の筋をあらわす。
【生態】夏～秋、ブナ林やアカマツ・ミズナラ林の地面に単生～少数束生。
【コメント】味が苦く、食用には適さない。

胞子は紡錘形、大きさは9-13.5×3.5-4.5 μm。本種はコビチャニガイグチ（p.286）に類似するが、同種は肉に弱い赤変性があり苦味がないこと、胞子が卵形であることで区別ができる。

コビチャニガイグチ 不明
Tylopilus otsuensis
ニガイグチ属

【形態】傘：通常8cm位、初めまんじゅう形、のちほぼ平らに開く。表面はオリーブ褐色、ややビロード状で粘性は無い。肉：白色、弱い赤変性があり、苦味は無い。管孔：上生～ほぼ離生、白色のち淡紅色をおびる。孔口は小型、初め白色のち淡紅色、傷つくと褐色に変色する。柄：通常長さ8cm、幅2cm位、下方にやや太まる。表面は傘とほぼ同色、縦状の筋をあらわす。

【生態】夏～秋、ブナ林やミズナラ林の地面に単生～少数束生。

【コメント】本種はニガイグチの名前がつくが苦味は無い。

コビチャニガイグチ（安藤撮影）

オオクロニガイグチ 不明
Tylopilus alboater
ニガイグチ属

【形態】傘：通常12cm位、初めまんじゅう形、のちほぼ平らに開く。表面はビロード状で粘性無く、初め暗灰紅色、傷つくと黒く変色し、のち全体黒褐色となる。肉：灰色、切断すると紅変し、黒変する。管孔：初め直生のち上生、灰白色のち淡紅色をおび、傷つくと紅変し、黒変する。孔口は小型、多角形。柄：通常長さ10cm、幅3cm位、ほぼ上下同幅、基部で多少尖る。表面は帯紅黒色、頂部に網目がある。

【生態】夏～秋、アカマツ・ミズナラ林の地面に単生～少数束生。

【コメント】類似種にクロニガイグチ *T. nigropurpureus* があるが、同種は小形で、傘は帯紫黒色、しばしば細かくひび割れ、柄の上半部に縦長の網目がある。

オオクロニガイグチ（手塚撮影）

チャニガイグチ 不明
Tylopilus ferrugineus
ニガイグチ属

【形態】傘：通常8cm位、初めまんじゅう形、のちほぼ平らに開く。表面は黄褐色〜褐色、ややビロード状、湿時やや粘性をおびる。肉：白色、空気に触れると淡赤褐色〜帯紫褐色に変わり、苦味は無い。管孔：直生〜ほぼ離生、白色のちくすんだ鮭肉色となる。孔口は小型、管孔と同色、傷つくと褐変する。柄：通常長さ9cm、幅2cm位、ほぼ上下同幅またはやや紡錘状に膨れ下部で細まる。表面はほぼ白色、手で触れると褐変し、のち全体褐色となり、上から下まで同色の細かい網目でおおわれる。
【生態】初秋、ミズナラなどの雑木林の地面に単生〜群生。
【コメント】従来西日本に多く見られていた種だが、近年本県からも見つかっている。

チャニガイグチ

ヌメリニガイグチ 食不適
Tylopilus castaneiceps
ニガイグチ属

【形態】傘：通常5cm位、初めまんじゅう形、のちほぼ平らに開く。表面はくり褐色〜黄褐色、強い粘性があり、ときにしわやくぼみを生じる。肉：ほぼ白色、柄の黄斑の部分は肉も黄色をおび、苦味がある。管孔：離生で柄の周囲で陥没し、初め白色のち粘土色をおびたワイン色となる。孔口は管孔と同色、小型。柄：通常長さ6cm、幅1cm位、ほぼ上下同幅であるが、通常基部は細まる。表面は白〜クリーム色で網目模様があり、しばしば黄色の染みを生じる。
【生態】夏〜秋、アカマツ・ミズナラ林の地面、特にがけ土上に単生〜少数群生。
【コメント】味が苦く、食用には適さない。傘に強い粘性があり、ニガイグチ属では特異な存在である。

ヌメリニガイグチ

アカヤマドリ

アカヤマドリ 可食
Rugiboletus extremiorientalis
アカヤマドリ属

【形態】傘：通常20cm位、ときにそれ以上、初め半球形、のちまんじゅう形からほぼ平らに開く。表皮は縁より膜状に突出する。表面は橙褐色～橙黄褐色、ビロード状。初め脳のしわ状で傘が開くにつれて多数のひび割れを生じる。肉：厚く緻密、やや帯黄白色。管孔：上生、黄色のち帯オリーブ黄色。孔口は同色で微小。柄：通常長さ15cm、幅4.5cm位、かたい肉質。表面は淡黄色～黄色、橙褐色の細鱗片で密におおわれる。
【生態】夏～秋、アカマツ林またはブナ・ミズナラ林の地面に単生～群生。

アカヤマドリ（小泉撮影）

【コメント】見た目は異様であるが、食用にすることができる。ただし、汁物にすると黄色い汁が出るので、調理方法に工夫が必要。従来、ヤマイグチ属*Leccinum*に置かれ*L. extremiorientale*の学名で知られていた種類である。

シワチャヤマイグチ 不明

Leccinum hortonii
ヤマイグチ属

【形態】傘：通常10cm位、初め半球形、のちまんじゅう形からほぼ平らに開く。表面は褐色～鈍い赤褐色、凹凸に富み、著しいしわ状、湿るとやや粘性をおびる。肉：黄白色～淡黄色、空気に触れても変色しない。管孔：上生、黄色のち緑黄色。孔口は管孔と同色、傷ついても変色しない。
柄：通常長さ10cm、幅2.5cm位、下方に向かって膨れ、倒棍棒状。表面は淡黄色、頂部付近ではときに灰紅色のすじ状のしみを生じる。微細な鱗片に密におおわれ、ときに条線があり、互いに連絡して不明瞭な網目を形成する。
【生態】夏～初秋、ブナ、ミズナラなどからなる広葉樹林の地面に単生～少数群生。

【コメント】西日本で多く見られる種で、本県では比較的まれ。黄色の管孔をもちヤマイグチ属としては前種と同じく特異的な種類と考えられてきた。現在は近縁な**キツブヤマイグチ** *L. subglabripes* などと共に別属の *Hemileccinum* に置く考えが有力となってきている。

シワチャヤマイグチ

キンチャヤマイグチ 可食

Leccinum versipelle
ヤマイグチ属

【形態】傘：通常10cm位、ときにそれ以上、初めまんじゅう形、のちほぼ平らに開く。縁は多少突出し膜状に垂れ下がる。表面は帯褐橙黄色、多少綿毛状、湿るとやや粘性がある。肉：白色、空気に触れると淡紅色から灰色に変わる。管孔：上生、汚白色～帯灰色。孔口は傷んだところで灰黄色のしみを生じる。柄：通常長さ12cm、幅2cm位、下方に太まる。表面は汚白色、灰色～ほぼ黒色のやや粒状～ささくれ状の細鱗でおおわれ、ときに不明瞭な網目模様をあらわす。
【生態】初夏～初秋、ヤマナラシなどの樹下に単生～群生。
【コメント】可食でソテーなどの料理に合う。北日本に多く見られる。

キンチャヤマイグチ

イグチ科 289

アカエノキンチャヤマイグチ 不明
Leccinum aurantiacum
ヤマイグチ属

【形態】傘：通常12cm位、初め半球形からまんじゅう形、のちほぼ平らに開く。傘の縁には管孔部から突出して垂れ下がった膜片がある。表面は湿時やや粘性があり、橙茶褐色、多少圧着した繊維状。肉：類白色、空気に触れると淡青緑色から淡紅色をおび灰色に変わる。管孔：上生、汚黄白色〜黄灰色。孔口は管孔と同色、小型。柄：通常長さ14cm、幅2cm位、下方に太まる。表面は汚黄白色の地に、淡褐〜茶褐色のやや粒状〜ささくれ状の細鱗片でおおわれ、ときに不明瞭な網目模様をあらわす。

【生態】初夏〜初秋、ヤマナラシの樹下に単生〜群生。
【コメント】キンチャヤマイグチ(p.289)に類似するが、同種は傘がほぼ平滑で柄の鱗片は黒褐色である点で異なる。発生はまれ。

アカエノキンチャヤマイグチ

ヤマイグチ 食注意
Leccinum scabrum.
ヤマイグチ属

【形態】傘：通常8cm位、初め半球形、のちほぼ平らに開く。表面は灰褐色〜暗褐色、やや綿毛状のちほぼ無毛。ときに浅く細かくひび割れる。肉：白色、空気に触れると多少淡紅色に変色するかまたはしない。管孔：上生〜離生、初め白色〜帯黄白色のち淡帯褐灰色。孔口は小型、傷つくと多少オリーブ色に変わる。柄：通常長さ12cm、幅1.5cm位、下方に向かって太まる。表面は汚白色、ほぼ黒色のささくれ状の細鱗でおおわれ、不明瞭な網目模様をあらわす。

【生態】夏〜秋、シラカンバやダケカンバなどの樹下に単生〜群生。
【コメント】生食すると中毒すると言われているので注意が必要。

ヤマイグチ

アオネヤマイグチ 不明

Leccinum variicolor
ヤマイグチ属

【形態】傘：通常8cm位、初め半球形、のちほぼ平らに開く。表面は暗灰褐色～暗褐色、やや綿毛状のちほぼ無毛。ときに浅く細かくひび割れる。肉：白色、空気に触れると多少淡紅色に変色するが、柄の下部では初め淡黄緑色から青緑色に変わる。管孔：上生～離生、初め白色～帯黄白色のち淡帯褐灰色。孔口は傘と同色、小型。柄：通常長さ10cm、幅1.5cm位、下方に向かって太まる。表面は汚白色、下部はときに淡青色のしみを生じ、ほぼ黒色のささくれ状の細鱗でおおわれ、不明瞭な網目模様をあらわす。

【生態】夏～秋、シラカンバやダケカンバなどの樹下に単生～群生。

【コメント】前種のヤマイグチは柄の基部の肉が青変しないことで区別ができる。

アオネノヤマイグチ断面（安藤撮影）

アオネノヤマイグチ（安藤撮影）

スミゾメヤマイグチ 不明

Leccinellum pseudoscabrum
クロヤマイグチ属

【形態】傘：通常8cm位、初めやや円錐状半球形、のちまんじゅう形からほぼ平らに開く。表面は湿ると多少粘性があり無毛、全面に凹凸があり、のちしばしばひび割れ、灰褐色～黄褐色で傷んだ所は黒ずむ。肉：ほぼ白色で、空気に触れると灰紅色のちほぼ黒色に変わる。管孔：上生、象牙色のち帯褐色。孔口は小型、管孔と同色、傷つけるとややオリーブ色に変わる。柄：通常長さ10cm、幅1.5cm位、ときに中ほどでやや太まる。表面は灰白色の地に、灰色～ほぼ黒色の鱗片を密生する。

【生態】夏～初秋、ブナなどの広葉樹林の樹下あるいはその付近に単生～群生。

【コメント】県内産および欧米産のものは4胞子性であるが西日本のものは2胞子性だとされ、分類学的検討が必要である。従来本菌に当てられていた学名 *Leccinum griseum* は本種の異名。

スミゾメヤマイグチ（手塚撮影）

クロヤマイグチ

クロヤマイグチ 不明
Leccinellum crocipodium
クロヤマイグチ属

【形態】傘：通常15cm位、初め半球形、のち丸山形からほぼ平らに開く。表面は黄土褐色〜茶褐色、フェルト状〜細鱗片状。ときに細かくひび割れる。肉：初め淡黄白色で、空気に触れると灰紅色のち黒変する。管孔：上生〜ほぼ離生、黄褐色、傷をつけると黒褐色に変色する。柄：通常長さ14cm、幅3cm位、下方にやや太まる。表面は汚黄色、同色の細鱗片でおおわれるが、鱗片は手で触れたり古くなると黒褐色に変わる。

【生態】夏〜初秋、ブナ林の地面に群生。

【コメント】県内のブナ林では普通に見られるきのこであるが、全国的には発生がまれ

クロヤマイグチ

である。近年の分類では、従来のヤマイグチ属 *Leccinum* に置かれていた本種やスミゾメヤマイグチ（p.291）などは同属から分離され、新たに設けられたクロヤマイグチ属 *Leccinellum* に置かれている。従来本菌に当てられていた学名 *L. nigrescens* は本種の異名。

オニイグチ（広義） 可食
Strobilomyces strobilaceus (s.l.)
オニイグチ属

【形態】傘：通常10 cm位、初め半球形、のちまんじゅう形からほぼ平らに開く。表面は白地に暗褐〜黒褐色の比較的大形な鱗片でおおわれる。鱗片は綿質で軟らかく、古い傘でしばしば圧着状。肉：白色、空気に触れると赤変のち黒変する。管孔：直生〜湾生、初め白色、のち暗灰〜黒褐色、傷を付けると肉と同様に変色する。孔口はやや大型。柄：通常長さ12 cm、幅1.2 cm位、上下同幅、中実。表面は暗灰褐〜黒褐色で、著しい綿毛状鱗片で被われ、頂部は灰白色、上部に厚い綿毛状膜質のつばをもつがこわれやすい。

【生態】夏〜初秋、ブナ・ミズナラ林やアカマツの交じった雑木林などの地上に単生〜やや群生。

【コメント】可食とされているが、痛みやすいので利用は若いときだけ。胞子は球形、大きさは9-13×7.5-11 μm、表面には明瞭な網目模様をもつ(長沢, 1989)。従来日本でオニイグチとされていたものには、複数の種が含まれているとされている。現在、オニイグチ科 Strobilomycetaceae のきのこはイグチ科に含められている。

オニイグチ（笹撮影）

オニイグチモドキ 可食
Strobilomyces confusus
オニイグチ属

【形態】傘：通常10 cm位、初め半球形、のちまんじゅう形からほぼ平らに開く。表面は灰色〜暗灰色、黒色のややかたい多少繊維質な角状の鱗片で密におおわれる。肉：白色、空気に触れると赤変のち黒変。管孔：多少湾生、白色のち暗灰色〜黒色、傷をつけると肉と同様に変色。柄：通常長さ10 cm、幅1.2 cm位、表面は暗灰色、上部に隆起した網目があり、中〜下部は綿毛状またはほぼ平滑。上部に不明瞭なつばの名残がある。

【生態】夏〜秋、ブナ・ミズナラ林やアカマツの交じった雑木林などの地面に単生〜少数群生。

【コメント】可食とされているが、痛みやすいので利用は若いときだけ。前種のオニイグチに類似するが、同種の胞子には網目模様があるが、本種のそれは不完全である。

オニイグチモドキ（手塚撮影）

ミヤマベニイグチ 不明

Boletellus obscurecoccineus
キクバナイグチ属

【形態】傘：通常5cm位、初めまんじゅう形、のちほぼ平らに開く。表面はバラ色または帯紫深紅色で、しばしば細かいひび割れを生じる。肉：淡黄色、切ると、傘でときにわずかに青変し、やや苦味がある。管孔：柄の周囲で陥没し、淡黄色〜緑黄色のちオリーブ色。変色性は無い。柄：通常長さ6cm、幅1cm位、下方にやや太まり、表面は淡ピンク色、やや濃色の繊維紋を生じ、頂部からほぼ中央部にかけてはピンク色の米ぬか状の鱗片を密布する。基部は白色綿毛状。【生態】夏〜初秋、ブナ・ミズナラ林などの地面に単生または少数群生。【コメント】コウジタケ *Boletus fraternus* に類似するが、同種は肉や管孔が傷つくと青変する。また、本種の胞子は縦すじ模様があるが、同種の胞子は平滑である。

ミヤマベニイグチ幼菌（手塚撮影）

ミヤマベニイグチ（手塚撮影）

アヤメイグチ 不明

Boletellus chrysenteroides
キクバナイグチ属

【形態】傘：通常6cm位、初めまんじゅう形、のちほぼ平らに開く。表面は褐色〜暗褐紫色、ややビロード状。不規則にひび割れ、汚黄白色またはやや赤みをおびた地肌をあらわす。肉：黄白色、青変性あり。管孔：直生〜やや上生、のち柄の周囲で深く陥没し、濃レモン色のち緑黄色〜帯オリーブ

アヤメイグチ胞子×1000

色。孔口はやや大型、管孔と同色で、傷を受けると青変する。**柄**：通常長さ6cm、幅8mm位、ほぼ上下同幅。表面は細鱗片状、頂部は黄色、下方に向かって暗紅色〜暗褐色。
【生態】夏〜初秋、ミズナラ・アカマツ林などの腐植土上または腐朽木上に単生。
【コメント】食毒は不明。やや一般的だが、類似種が多いので肉眼的特徴からだけでは見分けは難しい。胞子は紡錘状楕円形、大きさ 10.5-14 × 5.5-7 μm、縦すじと横すじの模様がある。

アヤメイグチ

ビロードイグチモドキ 不明
Boletellus fallax
キクバナイグチ属

【形態】**傘**：通常7cm位、初めまんじゅう形、のちほぼ平らに開く。表面は暗褐色〜帯オリーブ褐色、粘性なく、フェルト状〜綿毛状、しばしば細かくひび割れ、淡黄土色の肉をあらわす。**肉**：黄色、空気に触れると青変する。**管孔**：直生または柄の周辺で陥没し、鮮黄色のち緑黄色〜帯オリーブ褐色。孔口はやや大型、管孔と同色で、傷を受けると青変し、のち黒ずむ。**柄**：通常長さ6cm、幅1.5cm位、ほぼ上下同幅または基部で細まり、中実。表面はビロード状または細点状の小鱗片でおおわれ、頂部から上部にかけ鮮黄色〜帯赤褐色、下方に向かって暗紅褐色。

【生態】夏〜初秋、ミズナラ・アカマツ林などの地面に単生。
【コメント】食毒は不明。前種のアヤメイグチと類似し、肉眼的特徴からだけでは見分けは難しいが、本種は胞子に縦すじがあるが、横すじが無いことで区別ができる。

ビロードイグチモドキ

イグチ科 295

ベニタケ科 Russulaceae

　旧ベニタケ科のきのこは、傘や柄、ひだに球形細胞からなる肉組織をもつので肉質がもろくて壊れやすい。胞子紋は白色から帯黄色、濃黄土色。胞子は球形〜短楕円形、ヨード液に浸すと、表面の模様（いぼ状、とげ状、あるいは網目状など）が青く変色する（アミロイド）。多くが菌根性。種の区別が難しいグループのひとつで、本県からは4属47種が知られているだけである。

　従来本科はベニタケ属 Russula とチチタケ属 Lactarius の2属に分けられていたが、分子系統学的にそれぞれ単系統群でないことが分かり、従来のベニタケ属の大部分を含む Russula（ベニタケ属）、ウズゲツチイロタケを含む Multifurca（ウズゲツチイロタケ属）、カラハツタケやアカモミタケなどを含む Lactarius（カラハツタケ属）、ツチカブリやチチタケなどを含む Lactifluus（ツチカブリ属）の4属に再分類され、新分類体系ではベニタケ目に置かれている。本科をハラタケ目から独立させてベニタケ目を設け、そこに置く考え方が従来からあったが、近年の分子系統学的研究の結果からもこの取り扱い方が支持されている。

シロハツ 可食

Russula delica
ベニタケ属

【形態】傘：通常12cm位、初め中央部がくぼんだまんじゅう形、のち生長したものでは中央が深くくぼんで漏斗形となる。表面はほぼ平滑、初め白色のち粘土色〜汚黄土色をおびる。肉：かたく、白色、ほとんど無味であるが、後味が辛い。ひだ：やや垂生、やや疎、白〜クリーム色、多少厚みがある。柄：通常長さ4cm、幅2.5cm位、ほぼ上下同幅。かたく、中実。表面は白色、頂部はやや青緑色をおびる。
【生態】夏〜秋、アカマツなどの針葉樹林、ときに広葉樹林の地面に散生〜群生。
【コメント】食用可能であるが、食味は劣る。地面を持ち上げるように出てくることからツチカブリの地方名があるが、同名は別種につけられた和名である。新分類によるベニタケ属 Russula は通常ひだ実質に球嚢状細胞からなる組織をもち、乳液を出さないなどの特徴でまとめられたグループで、旧ベニタケ属のほとんどを含む。

シロハツ

アイバシロハツ 可食
Russula chloroides
ベニタケ属

【形態】傘：通常10cm位、初め中央部がくぼんだまんじゅう形、のち開いて中央が深くくぼんだ漏斗形となる。表面はほぼ平滑、初め白色のち粘土色～汚黄土色をおびる。肉：かたく、白色、ほとんど無味であるが、後味が辛い。ひだ：やや垂生、密、青味をおびた白～クリーム色、多少厚みがある。柄：通常長さ3cm、幅2cm位、ほぼ上下同幅、かたく、中実。表面は白色、頂部は青緑色をおびる。

【生態】夏～秋、アカマツなどの針葉樹林、ときに広葉樹林の地面に散生～群生。

【コメント】食用可能であるが、食味は劣る。前種のシロハツに類似するが、同種はより大型、ひだは白色でより疎である。

アイバシロハツ

クロハツ 食注意
Russula nigricans
ベニタケ属

【形態】傘：通常12cm位、初め中央のくぼんだまんじゅう形、のち開いて浅い漏斗形。表面は初め汚白色であるが、まもなく暗褐色からほぼ黒色に変わる。肉：かたく、白色、傷つくと速やかに赤からのち黒く変わる。ひだ：直生状垂生、幅広く、疎、初め白色で、古くなると黒色。柄：通常長さ5cm、幅2cm位、ほぼ上下同幅、かたく、中実。表面は傘と同色。

【生態】夏～秋、ブナやミズナラの林、アカマツの林などの地面に散生～群生。

【コメント】従来可食とされているが、生食すると中毒すると言われているので注意が必要である。県内からは本種に類似してひだが密なクロハツモドキ *R. densifolia* も知られているが、これらに類似した種は多く分類学的検討は不十分である。

クロハツ

ウズゲツチイロタケ

ウズゲツチイロタケ 不明
Multifurca ochrocompacta
ウズゲチツイロタケ属

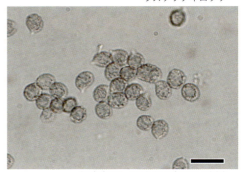

ウズゲツチイロタケの胞子×1000

【形態】傘：通常8cm位、初め中央のくぼんだまんじゅう形、のち開いて浅い漏斗形。表面は初め汚白色であるが、のちやや淡黄土白色をおび、白色の綿毛状の環紋を幾重にもあらわす。肉：白色～汚白色、かたく、断面では灰色の環紋をあらわし、変色性は無い。ひだ：直生状垂生、やや疎、二又に分岐し、狭幅。初め白色、のち橙黄土色となる。柄：通常長さ4cm、幅1.5cm位、ほぼ上下同幅または下方に細まり、中空。表面は傘と同色、綿毛状。

【生態】夏～秋、ブナやミズナラの林、アカマツの林などの地面に散生～群生。

【コメント】県内では普通だが近年名前が付けられた種。胞子は広楕円形～楕円形、大きさは5-7×4.5-5μm、いぼにおおわれる。旧学名は*Russula ochricompacta*。ウズゲチツイロタケ属は従来のベニタケ属およびチチタケ属から、二又に分岐する狭幅なひだをもち、ひだおよび胞子紋が暗黄色～帯橙黄土色、傘および肉に環紋があり、胞子が小型な種類がまとめられた小さな属である。

イロガワリベニタケ 不明
Russula rubescens
ベニタケ属

【形態】傘：通常7cm位、初めまんじゅう形、のち平らに開き、中央部はくぼむ。表面は湿るとやや粘性がある。初めはほぼ赤色のちしだいに退色し、古くなると灰色～黒色となる。肉：白色、傷つくと赤からしだいに黒く変色する。ひだ：ほぼ離生、やや密、白色のちクリーム色、傷つくと肉と同様に変色する。柄：通常長さ5cm、幅1.5cm位、多少太短く、ほぼ上下同幅。表面はしわ状の条線があり、初め白色、手で触れた部分はしだいに黒みをおびる。

【生態】夏～秋、アカマツの交じった雑木林やブナ林内などの地面に散生～群生。
【コメント】ドクベニタケ(p.306)に類似するが、同種は黒変しない。

イロガワリベニタケ（横沢撮影）

アカカバイロタケ 食不適
Russula compacta
ベニタケ属

【形態】傘：通常12cm位、初めまんじゅう形、のち開いて平らから中央部がくぼみ、漏斗形となる。表面は肉桂色、粘性なし。肉：厚くてかたく、白色、切断して空気に触れるとゆるやかに赤褐色に変わる。ニシンの干物様の不快な臭気があり、乾燥させるとさらに強くなる。ひだ：ほぼ離生、密。幅やや狭く、白色。傷がつくと赤褐色のしみができる。柄：通常長さ6cm、幅2cm位、多少太短く、ほぼ上下同幅。表面にはしわ状の条線があり、初め白色。手で触れるとしだいに淡赤褐色をおびる。

【生態】夏～秋、ブナやナラの林に群生。
【コメント】肉に不快臭があり、食用には適さない。ブナ林に多く見られる。

アカカバイロタケ

クサハツ（安藤撮影）

クサハツ（広義） 毒
Russula foetens (s.l.)
ベニタケ属

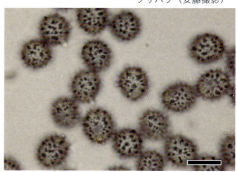

クサハツ胞子（メルツアー液中）×1250（安藤撮影）

【形態】傘：通常12 cm位、初め半球形、のちまんじゅう形から平らに開き、中央がくぼむ。表面は帯褐黄色〜汚黄土褐色、湿時粘性がある。周辺に放射状の溝線があり、溝の間の隆起部には粒状の突起が並ぶ。肉：類白色、辛みと不快臭がある。ひだ：ほぼ離生、やや密、淡滞黄色、のち汚褐色のしみを生じ、水滴を分泌する。柄：通常長さ10 cm、幅2 cm位、ほぼ上下同幅、初め中実のち中空。表面は類白色〜淡帯黄色。

【生態】夏〜秋、広葉樹林および針葉樹林の地面に群生する。

【コメント】味が辛く、成分は不明だが有毒とされている。胞子は類球形〜広卵形、大きさは6-8×5.5-7 µm、粗い疣状突起でおおわれる。

日本産のものは胞子がやや小形な点で、主に広葉樹林に発生し本種の変種として取り扱われることがあるコクサハツ（*R. subfoetens*；*R. foetens* var. *subfoetens*）に近いが、同菌は肉がKOH液（10%）で濃黄色〜硫黄色に染まる性質がある。次頁のクサハツモドキはより小形で傘は淡色、胞子に刺と翼状の隆起をもつことで区別ができる。

オキナクサハツ 毒
Russula senis
ベニタケ属

【形態】傘：通常10cm位、初めまんじゅう形、のち平らに開き、中央部はくぼむ。表面は黄土褐色～汚黄土色で著しいしわがある。表皮はしばしば放射状に裂け、周辺部には放射状の溝線がある。肉：多少臭気があり、味はきわめて辛い。ひだ：ほぼ離生、黄白色～汚白色。縁部は褐色～黒褐色に縁取られる。柄：通常長さ10cm、幅1.5cm位、多少太短く、ほぼ上下同幅、中空。表面は汚黄色をおび、褐色～黒褐色の細点がある。

【生態】夏～秋、ブナやミズナラなどの林の地面に単生～群生。
【コメント】不快臭と辛みがあり、毒成分は不明だが、胃腸系の中毒を起こすといわれているので注意が必要である。

オキナクサハツ

クサハツモドキ 食不適
Russula grata
ベニタケ属

【形態】傘：通常8cm位、初め半球形、のちまんじゅう形から平らに開き、中央がくぼむ。表面は帯褐黄土色～黄土色。周辺に放射状の粒状線があり、湿時粘性がある。肉：白色、辛みと独特な臭気がある。ひだ：ほぼ離生、やや密、クリーム白色、のち汚褐色のしみを生じ、水滴を分泌する。柄：通常長さ8cm、幅1.2cm位、ほぼ上下同幅、中空。表面は白色のち汚褐色をおびる。

【生態】夏～秋、雑木林の地面に群生。
【コメント】味が辛く、食用には適さない。従来本菌に当てられていた学名 *R. laurocerasi* は本種の異名。

クサハツモドキ

ベニタケ科

キツネハツ 不明
Russula earlei
ベニタケ属

【形態】傘：通常5cm位、初め半球形、のちまんじゅう形から平らに開くが、中央はほとんどくぼまない。表面は黄褐色〜黄土色、粘性は無く、はじめほぼ平滑であるが、のちひび割れて粗いささくれ状となる。肉：白色。ひだ：ほぼ直生、厚く縁部は鋸歯状、疎、淡黄褐色、のち褐色のしみを生じる。柄：通常長さ4cm、幅1cm位、ほぼ上下同幅または下方に太まり、中空。表面は淡黄褐色、ほぼ平滑。
【生態】夏〜秋、雑木林の地面に群生。
【コメント】ベニタケ類の研究者故上田俊穂氏によって比較的最近日本新産種として紹介された種類。和名は一見キツネタケ類に似ていることから付けられた。

キツネハツ（安藤撮影）

キチャハツ 食不適
Russula sororia
ベニタケ属

【形態】傘：通常7cm位、初めまんじゅう形〜のち平らに開き、中央部がややくぼむ。表面は湿時粘性があり、淡灰褐色、中央は濃色、周辺に明瞭な溝線があり、その間に粒状突起が並ぶ。肉：白色のち淡灰色、不快臭と辛味がある。ひだ：ほぼ離生、やや密、ほぼ白色。柄：通常長さ5cm、幅1.5cm位、ほぼ上下同幅、中空。表面は白色、下部はやや灰色をおびる。

キチャハツ

【生態】夏〜秋、雑木林の地面に群生。
【コメント】味が辛く、食用には適さない。

カワリハツ 可食
Russula cyanoxantha
ベニタケ属

【形態】傘：通常10cm位、初めまんじゅう形、のちほぼ平らに開き、やや漏斗形にくぼむ。表面は紫・淡紅・青・緑・オリーブなどを交えてきわめて変化に富み、平滑、湿ると粘性がある。肉：白色、質はもろい。ひだ：やや密、白色。しばしば二股に分岐し、傘の縁および柄に向かって狭くなる。柄：通常長さ8cm、幅2cm位、ほぼ上下同幅または下方にやや細まる。表面は白色。
【生態】夏～秋、ブナ林や雑木林などの林内の地面に単生～群生。
【コメント】地方名アカバ、アオバ、ドヨウキノコなど。可食で、古くから利用されている。本種は傘の色が変化し、似た仲間も多いので注意が必要である。

カワリハツ

チギレハツタケ 可食
Russula vesca
ベニタケ属

【形態】傘：通常8cm位、初めまんじゅう形、のち平らに開き、中央がややくぼむ。表面は湿時粘性があり、帯褐肉色、周辺に多少粒状線をあらわし、成熟するにつれて縁部の表皮が剥がれ、白い地肌をあらわす。肉：緻密、白色。ひだ：上生、やや密、白色。柄：通常長さ4cm、幅1.5cm位、ほぼ上下同幅、または下方で細まる。表面は白色または多少肉色をおび、しわ状の条線ある。
【生態】夏～秋、雑木林の地面に単生～群生する。
【コメント】地方名アカバ、ドヨウキノコなど。可食で、古くから利用されているが、似た仲間が多いので注意が必要である。

チギレハツタケ

ベニタケ科　303

ニオイコベニタケ 不明

Russula bella
ベニタケ属

【形態】傘：通常4cm位、初めまんじゅう形、のち平らに開き中央がくぼむ。表面は紅赤色、微粉状、湿ると粘性がある。熟時、縁に多少溝線をあらわす。肉：白色、特有なにおいがある。ひだ：ほぼ離生、白色のちクリーム色、やや密～やや疎。縁部はときに紅色をおびる。柄：通常長さ5cm、幅8mm位、下方に細まり、しばしば中空。表面はやや縦線があり、白色で淡紅色をおび、微粉状。

【生態】夏～秋、アカマツ林やブナ林などの地面に群生。

【コメント】学名があらわしているとおりの愛らしい小型なきのこで、カブトムシ様の匂いがあり、傘の表面が粉をひいたような感じであることなどが本種の特徴。

ニオイコベニタケ

ウコンハツ 食不適

Russula flavida
ベニタケ属

【形態】傘：通常8cm位、初めまんじゅう形、のちほぼ平らに開き、さらに中央部がくぼむ。表面は鮮やかな黄色、粘性はなく、ビロード状～粉状。表皮は剥ぎ取りにくい。肉：白色。味は辛くないが一種の不快臭がある。ひだ：離生または上生、やや密～やや疎。しばしば二股に分岐し、白色のち汚白色。柄：通常長さ8cm、幅2cm位、ほぼ上下同幅または中央で多少太まり、内部は海綿状。表面に縦じわがあり、傘とほぼ同色。根もとは色が濃く、しばしば多少粒点状。

【生態】夏～初秋、アカマツの交じったミズナラ林などの地面に単生～散生。

【コメント】不快臭があり、食用には適さない。本菌は北米産のものとは傘の色や柄の状態で多少違いがあることから、同一種か今後分類学的検討が必要である。

ウコンハツ（手塚撮影）

アイタケ 可食
Russula virescens
ベニタケ属

【形態】傘：通常10 cm位、初めまんじゅう形、のち平らに開き、やや漏斗形となる。表面は緑色〜灰緑色で、表皮は不規則な多角形に細かくひび割れる。肉：白色で、幼時はかなりかたい。ひだ：上生〜直生、白色のち多少クリーム色をおび、やや密。柄：通常傘径より短い、幅2.5 cm位まで、ほぼ上下同幅、かたく、中実〜やや海綿状。表面は白色、多少しわ状の縦線をあらわす。
【生態】夏〜秋、ミズナラやブナ、ダケカンバなどの林内の地面に単生〜散生。
【コメント】地方名アオバ、ドヨウキノコなど。古くから食用にされているきのこ。同種に類似して、傘の模様が同じで、周辺部が赤色をしたものにフタイロベニタケ *R. viridirubrolimbata* がある。

アイタケ

ヤブレキチャハツ 可食
Russula crustosa
ベニタケ属

【形態】傘：通常12 cm位、初めまんじゅう形、のち平らに開き、やや漏斗形となる。表面は淡黄土色〜黄褐色で中央濃色、表皮は不規則な多角形に細かくひび割れる。肉：白色で、幼時はかたい。ひだ：上生、白色のち多少クリーム色をおび、やや密。柄：通常長さ8 cm、幅2.5 cm位、ほぼ上下同幅、かたく、中実〜やや海綿状。表面は白色、ときに淡い黄褐色をおび、多少しわ状の縦線をあらわす。
【生態】夏〜秋、ミズナラやブナ、ダケカンバなどの林内の地面に単生〜散生。
【コメント】発生は比較的まれ。傘の色を除けば前種のアイタケに極めて類似する。

ヤブレキチャハツ（安藤撮影）

ツギハギハツ 不明
Russula eburneoareolata
ベニタケ属

【形態】傘：通常8cm位、初めまんじゅう形、のち平らに開き、ついにはやや漏斗形となる。表面は象牙色、湿時弱い粘性がある。表皮は比較的厚く、成熟すると周辺から裂けてひび割れ模様となり、白い地をあらわす。傘の周辺には明瞭な粒条溝線がある。肉：白色、ややかたく、変色性は無い。ひだ：上生〜直生、淡クリーム色、やや密。柄：通常長さ6cm、幅1.5cm位、ほぼ上下同幅。表面は白色、細かいしわ状の条線がある。
【生態】初夏〜初秋、おもにブナ林内の地面に散生〜群生。
【コメント】ブナ林内にふつうに見られるが、食毒については不明。ニューギニア産の標本をもとに報告された種であるが、日本産のものは多少異質であるとされる。

ツギハギハツ

ドクベニタケ（広義） 毒
Russula emetica (s.l.)
ベニタケ属

【形態】傘：通常8cm位、初め半球形、のちまんじゅう形から平らに開き、中央部はややくぼむ。表面は湿時粘性があり、初め鮮紅色で雨に濡れると退色する。成熟すると周辺部に溝線をあらわし、表皮は剥ぎ取りやすい。肉：白色、もろく、ほとんど無臭であるが、激しい辛みがある。ひだ：直生〜ほぼ離生、白色、やや疎。柄：通常長さ6cm、幅1.5cm位、上下同幅または下方で太まり、内部は海綿状。表面は白色、多少しわ状の縦線がある。
【生態】夏〜秋、アカマツなどの針葉樹林または広葉樹林の地面に単生〜群生。
【コメント】強い辛みがあり、有毒で胃腸系の中毒を起こすとされる。肉に辛みの無いドクベニダマシ*R. neoemetica*など本種に類似した種は多く、見分けは難しい。日本で本種とされているものは数種が混同されている可能性があり、再検討が必要である。

ドクベニタケ

ニシキタケ 可食
Russula aurea
ベニタケ属

【形態】傘：通常8cm位、初めまんじゅう形、のち平に開き、中央部がくぼむ。表面は湿時粘性があり、鮮やかな黄赤色～橙黄色。成熟すると周辺部にやや粒状線を表す。肉：白色、味は温和。ひだ：ほぼ離生、初め白色のち淡黄色、縁部で濃黄色、広幅、やや密～やや疎、互いに脈によって連絡する。柄：通常長さ8cm、幅2cm位、ほぼ上下同幅。表面は白色または淡レモン色をおび、古くなると下部は黒味がかり、しわ状の縦線がある。
【生態】夏～秋、ブナ・ミズナラ林やアカマツ・ミズナラ林などの地面に単生～群生。
【コメント】従来本菌に当てられていた*R. aurata*の学名は本種の異名。類似種にシュイロハツ *R. pseudointegra* があるが、同種は傘が朱赤色、ひだが白色のちクリーム色で黄色く縁取られることはない。

ニシキタケ傘裏（安藤撮影）

ニシキタケ（安藤撮影）

チシオハツ 食不適
Russula sanguinea
ベニタケ属

【形態】傘：通常8cm位、初めまんじゅう形、のち平らに開き、中央部はくぼむ。表面は湿時粘性があり、血赤色。周辺部は短い溝線をあらわすか平坦、表皮は剥ぎ取りにくい。肉：白色、緻密、無臭であるが辛い。ひだ：上生～やや垂生、密、白色のちクリーム色をおびる。柄：通常長さ6cm、幅2cm位、上下同幅または下方に太まり、内部は中実または海綿状。表面は白色、淡紅色をおび、しわ状の縦線がある。
【生態】夏～秋、マツ林内の地面に群生。
【コメント】強い辛みがあり、食用に適さない。前頁のドクベニタケに類似するが、同種は傘の表皮が剥ぎ取りやすく、柄が赤味をおびないことで区別ができる。

チシオハツ

ツチカブリ

ツチカブリ 食不適
Lactifluus piperatus
ツチカブリ属

【形態】傘：通常10cm位、ときにそれ以上、初め中央のくぼんだまんじゅう形、のち開いて漏斗形。表面は乾燥し、多少しわがあり、白色のち淡帯黄色、しばしば汚黄褐色のしみがある。肉：白色、傷つくと白色の乳液を多量に分泌し、変色性無く、味はきわめて辛い。ひだ：多少垂生、きわめて密、狭幅。帯クリーム色。二股に分岐する。柄：通常長さ5cm、幅2cm位、下方に細まり、質はかたい。表面は白色。
【生態】夏～秋、ブナ林や雑木林、あるいはマツとナラ類の混交林などの地面に群生。

【コメント】ツチカブリ属 *Lactifluus* は、従来、旧チチタケ属 *Lactarius* (s.l.) の異名として取り扱われていたが、近年の分子系統解析の結果に基づく新分類では独立した属として認められており、本種はその基準種である。ツチカブリ属は本種やチチタケ、クロチチタケなど温帯～寒帯地域に分布する種も含むが、主に熱帯～亜熱帯地域に分布し、傘は粘性が無く、環紋を欠く。また、ひだ実質に球嚢状細胞からなる組織をもち、しばしば傘や柄の表皮に厚壁な菌糸細胞があることなどの特徴が一般に共通して認められている。しかし、例外的な場合もあり形態的特徴のみにおいて本属を区別することは難しい。旧名は *Lactarius piperatus*。

アオゾメツチカブリ 食不適
Lactifluus glaucescens
ツチカブリ属

【形態】傘：通常6cm位、ときにそれ以上、初め中低のまんじゅう形、のち開いてほぼ平らから漏斗形になるが、縁部は長く内側に巻く。表面は乾燥し、初め白色のち淡黄土白色、しばしば汚黄褐色のしみをもつ。肉：白色、傷つくと白色の乳液を分泌し、乾けば淡灰緑色となる。味はきわめて辛い。ひだ：多少垂生し、きわめて密。帯クリーム色。二股に分岐する。柄：通常長さ5cm、幅1cm位、下方に多少太まり、質はかたい。表面は白色。
【生態】夏～秋、ブナやナラの林に群生。
【コメント】前種のツチカブリに近縁な種類で強い辛みがあり、食用には適さない。同種とは乳液が青く変色することで区別ができる。旧名は *Lactarius glauscens*。

アオゾメツチカブリ

ケシロハツモドキ 食不適
Lactifluus subvellereus
ツチカブリ属

【形態】傘：通常10cm位、ときにそれ以上、初め中央がくぼんだまんじゅう形で、縁部は強く内側に巻き、のち開いて平らからやや漏斗形となる。表面は微毛におおわれビロード状、白色のち帯黄色～帯褐色のしみを生じる。肉：かたく、白色、切断面は黄色みをおびる。味は辛い。乳液は白色で多く、肉と同様の変色をする。ひだ：直生～やや垂生、淡クリーム色、狭幅、密。柄：通常長さ3cm、幅2cm位、太短く、中実または中心部が海綿状。表面は白色、ビロード状。
【生態】夏～初秋、ブナ・ミズナラ林やアカマツ・ミズナラ林の地面に群生。
【コメント】きわめて辛く、食用には適さない。類似種にケシロハツ *L. vellereus* があるが、同種はより大形でひだが粗いことで区別ができる。旧名は *Lactarius subvellereus*。

ケシロハツモドキ

チチタケ 可食

Lactifluus volemus
ツチカブリ属

【形態】傘：通常10 cm位、初め中央のくぼんだまんじゅう形、のち開いてほぼ平らから多少漏斗形となる。表面は帯褐黄色、オレンジ褐色、レンガ色など、初めやや微粉状のち平滑。肉：白色、乾燥すると強い干しニシン臭を放つ。傷つくと白色の乳液を多量に分泌し、のち褐色のしみとなる。乳液は辛みはなく、やや渋みがある。ひだ：直生〜垂生、類白〜淡黄色、ときに褐色のしみを生じ、密。柄：通常長さ8 cm、幅2 cm位、ほぼ上下同幅、内部は髄があり、やや中空。表面は傘と同色。
【生態】夏〜秋、ブナ林やアカマツ・ミズナラ林などの地面に群生。
【コメント】可食だが、放射性物質を取り込みやすいので、利用する場合は注意が必要。本菌に類似して傘がビロード状のタイプや傘の色が淡色のタイプなどがあり、これらが同一種かどうか分類学的検討が必要。旧名は*Lactarius volemus*。

ビロードタイプのチチタケ

チチタケ

ヒロハチチタケ 可食

Lactifluus hygrophoroides
ツチカブリ属

【形態】傘：通常10 cm位、初め中央のくぼんだまんじゅう形、のち開いてほぼ平らから多少漏斗形となる。表面は帯橙褐色、微粉状〜ビロード状。肉：白色、においはなし。乳液は白色で多量に分泌し、変色しない。辛みは無い。ひだ：直生〜垂生、白色のち淡黄色、疎。柄：通常長さ5 cm、幅2.5 cm位、ほぼ上下同幅、内部は髄があり、やや中空。表面は傘より淡色、しわ状の縦線がある。
【生態】夏〜初秋、アカマツ・ミズナラ林などの地面に単生〜群生。
【コメント】可食であるが、県内では発生が比較的少なく、一般に利用されていない。旧名は*Lactarius hygropholoides*。

ヒロハチチタケ（手塚撮影）

ヒロハチャチチタケ 不明
Lactifluus ochrogalactus
ツチカブリ属

【形態】傘：通常8cm位、初めまんじゅう形、のち開いて平らからやや漏斗形となる。表面は粘性なく、汚黄褐色〜茶褐色、しばしば部分的に淡色。肉：白色、乳液は初め黄褐色、空気に触れると帯紫赤褐色に変わり、さびた鉄や血のような臭いがする。ひだ：上生〜直生状垂生、やや疎、白色。柄：通常長さ5cm、幅2cm位、下方に細まる。表面は淡茶褐色、下方はほぼ白色、傷んだところは帯紫赤褐色に変色し、基部は白色菌糸でおおわれる。

【生態】夏〜初秋、ブナ・ミズナラ林内の地面に群生。
【コメント】従来から県内で発生が確認されていたが、比較的最近日本から新種 *Lactarius ochrogalactus* として報告されたきのこ。

ヒロハチャチチタケ

クロチチダマシ 可食
Lactifluus gerardii
ツチカブリ属

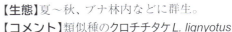

【形態】傘：通常8cm位、初めまんじゅう形、のち開いて中央部がくぼむが、中心にしばしば小形の中丘がある。表面は暗黄褐色〜黒褐色、粘性なくビロード状、多くの放射状のしわがある。肉：白色で変色性は無い。乳液は白色で、辛みはほとんど無い。ひだ：直生のち垂生、疎、白色〜淡クリーム色、しばしば暗褐色に縁取られる。柄：通常長さ6cm、幅1cm位、ほぼ上下同幅、中空。表面は傘と同色、ビロード状、頂部にはひだに続く隆起線がある。

【生態】夏〜秋、ブナ林内などに群生。
【コメント】類似種のクロチチタケ *L. lignyotus* は、ツガやモミなどの針葉樹林内に発生し、乳液が赤く変色する。旧名は *Lactarius gerardii*。

クロチチダマシ

カラハツタケ

カラハツタケ 食不適
Lactarius torminosus
カラハツタケ属

シロカラハツタケ

【形態】傘：通常10cm位、初め中央がへそ状にくぼんだまんじゅう形、縁部は強く内側に巻き、のち開いてほぼ平らからついには漏斗形となる。表面は淡赤褐色～橙黄褐色、濃色の環紋があり、しばしば繊維におおわれ、周辺には著しい綿毛状の軟毛がある。肉：ほぼ白色または多少肉色をおびる。乳液は白色で変色性なく、きわめて辛い。ひだ：垂生、淡紅黄色、幅狭く、密。柄：通常長さ6cm、幅1.5cm位、ほぼ上下同幅、中空。傘より淡色、平滑。

【生態】夏～初秋、ダケカンバ林に群生。

【コメント】きわめて辛く、食用には適さない。強い胃腸系の中毒を起こすともいわれているので注意。*Lactarius*の和名には従来チチタケ属が広く用いられてきたが、従来の（すなわち広義の）チチタケ属 *Lactarius* (s.l.) から *Lactifluus* (ツチカブリ属) に移された種類を除く狭義のチチタケ属 *Lactarius* (s.str.) は、カラハツタケを基準種とすることが定められたので属和名もそれに対応してチチタケ属からカラハツタケ属に変更されるのが望ましい。本書では狭義のチチタケ属に対してカラハツタケ属の名称をもちいた。カラハツタケ属は本種やアカモミタケ(*p.317*)など、しばしば傘に環紋を生じ粘性をおびるなどの肉眼的特徴、通常ひだ実質に球嚢状細胞をもたないなどの顕微鏡的特徴をもつ種類を多く含み、主に北半球の温帯～寒帯地域に分布する。本種に類似して傘がほぼ白色のものをシロカラハツタケ *L. pubescens* といい、本県など北日本のダケカンバ林に多く見られる。

ウスキチチタケ 不明
Lactarius aspideus
カラハツタケ属

【形態】傘：通常5cm位、初めまんじゅう形、のち平らに開き、中央がくぼむ。表面は湿時粘液におおわれ、淡黄土色、中央濃色、しばしば不明瞭な環紋をあらわし、傷つくと紫色のしみができる。縁部に微毛がある。肉：淡い黄色をおびているが、傷つけると直ちに紫変する。乳液は水様の白色で空気に触れると紫色に変わり、後味が苦い。ひだ：直生状垂生、密、白色のち淡黄色、傷ついたところが紫色のしみになる。柄：通常長さ6cm、幅1cm位、ほぼ上下同幅。表面は帯黄色で紫色のしみができる。
【生態】夏～初秋、アカマツの交じった雑木林などに単生～少数群生。
【コメント】キチチタケ(p.315)とは乳液の変色の違いで区別ができる。

ウスキチチタケ傘裏

ウスキチチタケ

トビチャチチタケ 食不適
Lactarius uvidus
カラハツタケ属

【形態】傘：通常8cm位、初め中央がくぼんだまんじゅう形、のち開いてやや漏斗形。表面は薄紫色をおびた灰褐色～淡褐色、湿時強い粘性があり、環紋は無い。肉：白色、味は温和のちやや辛みが生じる。乳液は初め白色、空気に触れるとすぐに紫色に変わる。ひだ：上生～直生、密、白色～淡クリーム色、傷んだところは紫色をおびる。柄：通常長さ10cm、幅1cm位。表面は汚白色で、多少粘性がある。
【生態】夏～秋、ブナやナラの林あるいはアカマツの林などに少数群生する。
【コメント】味が辛く、食用には適さない。

トビチャチチタケ

チョウジチチタケ 不明
Lactarius quietus
カラハツタケ属

【形態】傘：径は通常6 cm位、初め中央がくぼんだまんじゅう形、のち開いてやや漏斗形となる。表面は湿時やや粘性、帯赤褐色～肉桂褐色、やや不明瞭な環紋をあらわし、中央濃色。肉：類白色、柄の部分では褐色をおび、芳香があり、乾燥すると強くなる。乳液は白色のちクリーム色をおびる。ひだ：直生状垂生、密、類白色、傷んだところは赤褐色をおびる。柄：通常長さ4 cm、幅1 cm程度、ほぼ上下同幅、中空。表面は淡褐色。
【生態】夏～秋、ブナ・ミズナラ林内の地面に少数群生。

【コメント】類似種のニオイワチチタケ *L. subzonarius* は乳液が水様の白色で、カレー様のにおいがすることで区別ができる。

チョウジチチタケ

カラマツチチタケ 食不適
Lactarius porninsis
カラハツタケ属

【形態】傘：通常5 cm位、初めまんじゅう形から平らに開き、中央部がややくぼむ。表面は粘性があり、帯黄土橙色～橙黄色、帯赤色の同心円状の環紋をあらわす。肉：やや肌色をおび、無味、のち苦味または辛味がある。乳液は白色で変色しない。ひだ：垂生、やや密、淡橙黄色、傷つけても変色しない。柄：通常長さ5 cm、幅1 cm位、下部で膨れ、中空。表面は傘より淡色、やや縦じわがある。
【生態】夏～初秋、カラマツ林に群生。

【コメント】苦味～辛味があり、食用には適さない。次頁のキチチタケに多少類似するが、同種は乳液が黄色く変色することで区別ができる。

カラマツチチタケ

ヒロハウスズミチチタケ 食不適
Lactarius subplinthogalus
カラハツタケ属

【形態】傘：通常5cm位、初めまんじゅう形、のち中央のくぼんだ平に開くが、ときに多少中丘がある。表面は粘性なく、放射状のしわがあり、ベージュ色～きつね色、のち周辺にしばしば放射状の溝線があらわれる。肉：ほぼ白色、傷つくと橙赤色に変わり、辛味がある。乳液は白色、傷ついた部分を赤変させる。ひだ：直生～やや垂生、極めて疎、傘とほぼ同色または淡肉桂色。柄：通常長さ4cm、幅1cm位、上下同幅または下方に細まり、中空。表面はほぼ白色または傘より淡色。【生態】夏～初秋、アカマツの交じった雑木林などの地面に群生。【コメント】辛味があり、食用には適さない。写真の傘の色はあまり典型的でない。

ヒロハウスズミチチタケ

キチチタケ 食不適
Lactarius chrysorrheus
カラハツタケ属

【形態】傘：通常7cm位、初め中央のくぼんだまんじゅう形、のち開いてほぼ平らからやや漏斗形となる。表面は淡橙黄褐色、濃色の環紋があり、湿ると多少粘性がある。肉：白色、切り口は黄変する。乳液は白色で速やかに黄変し、強い辛みがある。ひだ：垂生し、密。クリーム色～淡肉色。柄：通常長さ6cm、幅1.5cm位、ほぼ上下同幅、中空。表面は傘より淡色のち濃色、平滑。【生態】秋、アカマツやミズナラなどの交じった林内に群生または単生。【コメント】辛みが強く、食用に適さない。前頁のカラマツチチタケに多少類似するが、同種はカラマツ林に発生し、乳液は変色しない。

キチチタケ（手塚撮影）

ハイイロカラチチタケ 食不適

Lactarius acris
カラハツタケ属

【形態】傘：通常5cm位、初めまんじゅう形、のち開いてほぼ平らから多少漏斗形となる。表面は粘性があり暗茶褐色〜灰褐色で多少オリーブ色をおびる。肉：白色、辛い。乳液は白色で空気に触れるとすぐ淡紅色に変わる。ひだ：直生状垂生〜やや垂生、多少狭幅、やや密、クリーム白色。柄：通常長さ5cm、幅1cm位、ほぼ上下同幅、中空。表面は白色、平滑。
【生態】夏〜初秋、ブナ・ミズナラ林や雑木林などの地面に単生〜群生。
【コメント】辛味があり食用には適さない。毒成分は不明であるが、強い胃腸系の中毒を起こすともいわれているので注意。

ハイイロカラチチタケ

ウスイロカラチチタケ 食不適

Lactarius pterosporus
カラハツタケ属

【形態】傘：通常10cm位、初めまんじゅう形、のち中央がくぼみ、ついには漏斗形となるが、時に中丘をそなえる。表面は湿時やや粘性があり乾くと微粉状、灰黄褐色〜灰褐色、ところどころに黄土色の斑紋を交え、放射状のしわがある。肉：白色、紅変性がある。乳液は白色、乾燥すると赤く変色し、辛味がある。ひだ：垂生、やや密、淡肉桂色。柄：通常長さ8cm、幅1.5cm位、ほぼ上下同幅、内部は海綿状。表面は淡肌色〜淡灰褐色。
【生態】夏〜初秋、ブナ・ミズナラ林や雑木林などの地面に単生〜群生。
【コメント】辛味があり、食用には適さない。

ウスイロカラチチタケ（安藤撮影）

アカモミタケ 可食
Lactarius laeticolor
カラハツタケ属

【形態】傘：通常10cm位、初め中央がくぼんだまんじゅう形、のち開いてほぼ平らかやや漏斗形となるが、縁部は永く内側に巻く。表面は橙黄色、やや濃色で不明瞭な環紋を生じる。肉：淡橙色、傷を受けると橙朱色の乳液を分泌するが、変色せず、無味無臭。ひだ：直生〜やや垂生、幅狭く、密、橙色。傷を受けても変色しない。柄：通常長さ8cm、幅1.5cm位、下方にやや細まり、中空。表面は傘と同色、浅い大小の濃色のくぼみを散在する。

【生態】初秋〜秋、アオモリトドマツなどモミ属の樹下に散生〜群生。

【コメント】アカハツ(p.318)に類似するが、乳液が青く変色しないことで区別ができる。

アカモミタケ

ハツタケ 可食
Lactarius hatsudake
カラハツタケ属

【形態】傘：通常10cm位、初め中央がくぼんだまんじゅう形、のち開いてやや漏斗形。表面は湿時多少粘性があり、淡紅褐色〜淡黄赤褐色。濃色の環紋があり、傷ついた部分は青緑色のしみになる。肉：ほぼ白色、柄の表面付近とひだの上部はワイン赤色、かたく、ほぼ無味無臭。乳液は少量で、暗ワイン赤色のち青緑色に変わる。ひだ：直生状垂生、密、ワイン紅色をおびる。柄：通常長さ5cm、幅2cm位、中実または中空。表面は傘と同色、平滑。

【生態】秋、アカマツ、クロマツなどのマツ林内の地面に散生〜群生。

【コメント】質がもろいが、塩焼きなどにすると美味。

ハツタケ（安藤撮影）

アカハツ 可食
Lactarius akahatsu
カラハツタケ属

【形態】傘：通常8cm位、初め中低のまんじゅう形、のち開いてやや漏斗形となる。表面は湿時多少粘性があり、淡橙黄色～淡黄赤色、不明瞭な環紋がある。肉：淡橙黄色。乳液は少量で、初め橙色のちワイン色に変色する。ひだ：多少垂生、狭幅、やや密、橙黄色、傷ついた部分は青緑色に変色する。柄：通常長さ5cm、幅2cm位、ほぼ上下同幅。表面は傘とほぼ同色。
【生態】秋、アカマツ、クロマツなどのマツ林内の地面に散生～群生。
【コメント】塩焼きなどにすると美味。ハツタケ(p.317)に類似するが、本種はひだが橙黄色であることで区別ができる。

アカハツ（安藤撮影）

アカハツモドキ 可食
Lactarius deterrimus
カラハツタケ属

【形態】傘：通常10cm位、初め中央がくぼんだまんじゅう形、のち開いて浅い漏斗形。表面は湿時粘性があり、くすんだ淡橙黄色で不明瞭な環紋をもつが、しだいに全体に淡青緑色をおび、中央濃色となる。肉：類白色、傘と柄の表皮付近で淡橙黄色。乳液は橙色、空気に触れると青緑色となる。ひだ：多少垂生し、やや密、やや狭幅。橙黄色で、傷ついた部分は青緑色となる。柄：通常長さ5cm、幅2cm位、ほぼ上下同幅、中空。傘とほぼ同色。
【生態】秋、トウヒの樹下に群生。
【コメント】前種のアカハツに類似するが、本種はトウヒ林に発生し、傘はしばしば早い時期から青緑色をおびる。

アカハツモドキ（手塚撮影）

ヒダナシタケ類
ヒダナシタケ目　APHYLLOPHORALES

　ヒダナシタケ類は、ひだを作らず子実層が初めからきのこの表面に露出、あるいは肉質が丈夫で容易に腐らないなどの特徴をもつ菌をまとめたグループで、従来、担子菌亜門・真正担子菌綱・帽菌亜綱のヒダナシタケ目に分類されてきた。きのこの形態はきわめて変異に富んでおり、一般に「サルノコシカケ」と呼ばれている多年生の種類、傘や柄を有するきのこの形をした種類、複雑に分岐したサンゴ状をした種類、さらに背着生のようにほとんど傘をつくらない種類など、様々な菌が含まれる。胞子の形成される子実層面も、管孔状、ひだ状、針状、平滑など変異が大きい。またヒダナシタケ類のきのこには材を白く腐らせる白色腐朽菌（木材中のセルロースやリグニンを分解）や褐色に腐らせる褐色腐朽（木材中のおもにセルロースを分解）が多数存在するが、これらの特徴は科または属の分類に用いられてきた。本県からは24科143種（変種、未記録種等を含む。）が知られている。

　なお、近年のDNAデータを用いた分子系統解析では、ヒダナシタケ類は多系統であることが明らかになり、サンゴ型や棍棒型のきのこは新分類体系のハラタケ目やベニタケ目、アンズタケ目、イボタケ目、ラッパタケ目などに分類された。また、サルノコシカケ科の大部分は同じく新分類体系のタマチョレイタケ目に含まれるが、一部はハラタケ目やベニタケ目、イグチ目、キカイガラタケ目、タバコウロコタケ目などに移されている。

スエヒロタケ科　Schizophyllaceae

　旧スエヒロタケ科のきのこは1属1種からなる。材上生。傘は柄を欠き、薄いが質は強靭、湿時復元性がある。ひだは縁が縦に裂ける。
　なお、本科は、従来旧ヒダナシタケ目に置かれることもあったが、新分類体系では、ハラタケ目に置かれている。

スエヒロタケ（笹撮影）

スエヒロタケ 食不適

Schizophyllum commune
スエヒロタケ属

【形態】傘：通常2.5cm位、柄はなく、傘の横または背面の一部で基物に付着し、扇形または円形、ときに手の平状に裂ける。表面は粗い毛を密生し、白色〜灰色、または灰褐色。肉：やや革質で、乾燥すると縮むが、水に浸すと元に戻る。ひだ：白色〜灰色、淡鮭肉色、またはやや紫をおび、縁は縦に裂け、2枚ずつ重なっているように見える。

【生態】春〜秋、各種の広葉樹および針葉樹の枯れ木や倒木などの材上に群生。

スエヒロタケ傘裏

【コメント】肉が強靭で、食用には適さない。かつて、アレルギー性気管支肺真菌症の原因菌として話題になったが、健康な人ではとくに問題はない。

ミミナミハタケ科　Lentinellaceae

　旧ミミナミハタケ科のきのこは、材上生で、傘がヒラタケ型、肉は強靱で、子実層托はひだ状。胞子は微細ないぼにおおわれ、アミロイド。本県からは1属2種が知られている。
　新分類体系では、本科はマツカサタケ科 Auriscalpiaceae に含められベニタケ目に置かれている。

ミミナミハタケ 食不適
Lentinellus cochleatus
ミミナミハタケ属

【形態】傘：通常6cm位、不整な漏斗形。表面は毛は無くほぼなめらかで、赤褐色〜淡黄土色。肉：淡褐色、薄く、やや強靱。通常ウイキョウに似たにおいがある。ひだ：下部まで長く垂生、淡褐色、縁は鋸歯状、やや疎。柄：通常長さ6cm、幅2cm位、中心生〜偏心生、下方に細まり、下部または基部で互いに癒着する。表面は傘と同色、平滑。
【生態】夏〜秋、ミズナラなどの広葉樹の切り株や倒木などに束生。
【コメント】肉が強靱で食用には適さない。県内では本種の発生はそれほど一般的でなく、次種のイタチナミハタケのほうが普通に見られる。

ミミナミハタケ（手塚撮影）

【コメント】材の白色腐朽を起こす。

イタチナミハタケ 食不適
Lentinellus ursinus
ミミナミハタケ属

【形態】傘：通常4cm位、ときにそれ以上、半円形〜扇形。表面は基部からほぼ中央にかけて軟毛を密生しビロード様、縁は一般にほぼ無毛、初め淡褐〜淡黄褐、またはややピンクをおびるが、しだいに基部から傘の周辺に向かって明〜暗褐色となる。肉：薄く、弾力性のある強靱な肉質。白〜ややピンクをおび、乾燥するとかたくなる。味は辛い。ひだ：密〜やや疎、比較的幅広く、淡褐〜褐灰色、鋸歯状に欠ける。柄：無いかまたは傘の基部が細まって柄のようになる。
【生態】夏〜秋、ブナなどの広葉樹の枯れ木や倒木に群生。

イタチナミハタケ

アンズタケ科　Cantharellaceae

　旧アンズタケ科のきのこは、腐生〜菌根性、傘と柄に分化し、傘が漏斗状、肉質または革肉質、子実層托は放射状のしわひだかほぼ平滑。1菌糸型。胞子紋は白色。胞子は平滑、非アミロイド。本県からは2属5種が知られている。
　新分類体系では、本科はアンズタケ目に置かれている。

アンズタケ（広義） 食注意
Cantharellus cibarius (s.l.)
アンズタケ属

【形態】傘：通常7cm位、初め円形〜不整円形、のち浅い漏斗状、しばしば周縁は浅く裂け波打つ。表面はほぼ平滑、卵黄色。肉：淡黄色、多少アンズ臭あり。子実層托：厚いしわひだ状、卵黄色、互いに脈状に連絡する。柄：通常長さ5cm、幅1cm位、ほぼ中心生または偏心生、中実。表面は卵黄色。
【生態】夏〜秋、雑木林の地面に群生。
【コメント】可食で美味とされ、ヨーロッパでは人気のあるきのこであるが、近年ごく微量の毒成分を含むことがわかっており、また、本種に類似した種が多く、複数が混同されている可能性があるので注意が必要である。

アンズタケ

アクイロウスタケ 不明

Cantharellus cinereus
アンズタケ属

【形態】傘：通常4cm位、丸山形～やや不整円形、中央は深くくぼんでラッパ状となる。縁部は内側に巻き、しばしば浅く裂ける。表面は暗褐色のち灰褐色、細かくささくれる。肉：柔軟な肉質、傘と同色。子実層托：初め灰色のち灰白色。厚い明瞭な皺ひだを生じ、互いに連絡する。柄：通常長さ6cm、幅1cm位、下方に細まり、屈曲し、中空。表面は傘と同色、平滑または多少ささくれる。

【生態】秋、ブナ・ミズナラ林などの地面に群生。

【コメント】発生は比較的まれ。クロラッパタケ(p.324)に類似するが、本種は肉質で明瞭な皺ひだをもつことで区別ができる。

アクイロウスタケ

ミキイロウスタケ(広義) 可食

Craterellus tubaeformis (s.l.)
クロラッパタケ属

【形態】傘：通常3cm位、丸山形～やや不整円形、中央は深くくぼんでラッパ状となる。縁部は内側に巻く。表面は淡黄土色～黄茶色、放射状の繊維紋をあらわす。肉：柔軟な膜状の肉質、黄色。子実層托：初め淡黄土色、のち灰黄白色。厚い脈状の皺ひだを生じ、互いに連絡する。柄：通常長さ6cm、幅5mm位、ほぼ上下同幅、中空。表面は黄色～山吹色、平滑。

【生態】夏～初秋、針葉樹とときに広葉樹林内の地面に群生。

【コメント】発生環境は限定されており、本県ではカラマツ林に多く見られるが比較的まれ。従来、*Cantharellus tubaeformis*（= *C. infundibuliformis* ?）の学名で知られアンズタケ属に置かれてきたが、現在、分子系統解析の結果から系統的にはクロラッパタケ属に置くのが妥当と考えられている。

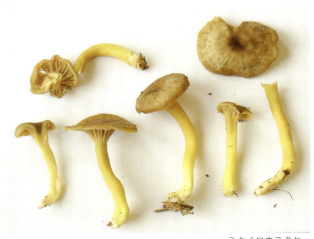

ミキイロウスタケ

トキイロラッパタケ 可食

Craterellus lutescens
クロラッパタケ属

【形態】傘：通常3cm位、不整円形、浅い漏斗状で、しばしば周縁は波打つ。表面は粘性無く、ざらつき、淡バラ色〜淡朱橙色、ときに白色〜黄色。肉：柔軟で傘と同色。子実層托：しわひだ状、隆起はきわめて浅いか、ほぼ平滑。柄：通常長さ5cm、幅8mm位、下方に細まり、中空。表面は傘と同色でより濃色、平滑。
【生態】初夏〜秋、アカマツなどの針葉樹林内の地面にときに菌輪を描いて群生。
【コメント】可食とされているが、見た目がきのこらしくないため一般にはあまり利用されていない。本菌に従来当てられていた学名 *Cantharellus luteocomus* は異名。

トキイロラッパタケ

クロラッパタケ 可食

Craterellus cornucopioides
クロラッパタケ属

【形態】傘：通常5cm位、円形または不整円形、中央は深くくぼんでラッパ状となり、縁はしばしば浅く裂けて著しく屈曲する。表面は黒褐色〜灰褐色で細かくささくれる。肉：薄く、膜質〜柔軟な肉質、傘と同色。子実層托：灰白色〜淡灰紫色。ほとんど平滑か、または柄の根もとまで低いしわを生じていることがある。柄：通常長さ5cm、幅1cm位、下方に多少細まり、中空。表面は傘との区別はほとんどなく同色。
【生態】夏〜秋、雑木林などの地面に群生。
【コメント】可食で、一旦ゆでて乾燥したものを西洋料理のスープの具などに利用されている。

クロラッパタケ

シロソウメンタケ科　Clavariaceae

　旧シロソウメンタケ科のきのこは、地上生または材上生で、棒形〜ほうき形をしている。胞子紋は白色。1〜2菌糸型。担子器は4胞子性。胞子は平滑または刺状、非アミロイド。旧ホウキタケ科とは胞子紋の色の違いで区別される。本県からは10属16種（1未記録種を含む。）が知られている。

　なお、近年の分子系統解析の結果、本科は多系統であることが分かり、シロソウメンタケ属およびナギナタタケ属、ヒメホウキタケ属はハラタケ目のシロソウメンタケ科に、フサタケ属およびハナビタケ属は同じくフサタケ科に置かれている。また、シラウオタケ属はアンズタケ目のカレエダタケ科に、スリコギタケ属はラッパタケ目のスリコギタケ科に置かれているが、同属に置かれていたホソヤリタケやクダタケはホソヤリタケ属 Macrotyphula として独立し、ガマノホタケ属などと共にハラタケ目のガマノホタケ科 Typhulaceae に置かれている。なお、シロソウメンタケ属に置かれていたムラサキナギナタタケはムラサキナギナタタケ属 Alloclavaria として独立したが、所属する科・目は未確定である。

ムラサキナギナタタケ　可食

Alloclavaria purpurea
ムラサキナギナタタケ属

【形態】**子実体**：ソウメンタケ型。**傘**：形成されず平たい棒状〜円筒状、通常高さ10 cm、幅5 mm位。表面は淡紫色〜灰紫色、平滑、古くなると先端は褐色をおびる。肉は白色〜淡紫色をおび、質もろく、無味無臭。柄は不明瞭、基部には白色でやわらかい毛が生える。
【生態】夏〜秋、アカマツなどの針葉樹林の地面に多数束生。
【コメント】とくにくせも風味も無く、食用とすることができるが、肉質がもろいこともあり、一般にはほとんど利用されていない。従来、シロソウメンタケ属 *Clavaria* に置かれていたが、近年の分類学的研究では同属とは異質な菌であることが分かり、独立したムラサキナギナタタケ属に置かれている。

ムラサキナギナタタケ（手塚撮影）

シロソウメンタケ 可食
Clavaria fragilis
シロソウメンタケ属

【形態】子実体：ソウメンタケ型。傘：形成されず平たい棒状〜円筒状、通常高さ10 cm、幅5 mm位、しばしば屈曲する。表面は全体に白色、古くなると黄色みをおび、平滑。肉は白色、質はきわめてもろく、無味無臭。柄は不明瞭。

【生態】夏〜秋、各種雑木林や草地などの地面に多数束生。

【コメント】とくにくせも風味も無く食用とすることができるとされている

が、肉質がもろいこともありほとんど利用されていない。本菌に従来当てられていた学名 *C. vermicularis* は本種の異名。

シロソウメンタケ

ムラサキホウキタケ 可食
Clavaria zollingeri
シロソウメンタケ属

【形態】子実体：ホウキタケ型。通常高さ5 cm、径4 cm位。傘：形成されず樹枝状に1〜4回細い枝を分岐する。表面は全体にスミレ色〜淡紫色で、のち退色して淡色。肉：紫色、質もろく、無味無臭。柄：太さ3 mm位、表面は淡色。

【生態】夏〜秋、ブナ林や各種雑木林などの地面に単生またはしばしば菌輪をつくって群生。

【コメント】とくにくせも風味も無く、食用とする

ことができるとされているが、1回の収穫量も少ないことから、ほとんど利用されていない。

ムラサキホウキタケ

サヤナギナタタケ 可食

Clavaria fumosa
シロソウメンタケ属

【形態】子実体：ソウメンタケ型。傘：形成されず細い棍棒状、通常高さ8cm、幅5mm位、先端は尖るかまたは鈍頭。表面は初め白色、のち淡ねずみ色～淡灰褐色、平滑。肉：白色、もろい。柄：不明瞭。
【生態】夏～秋、雑木林などの地面に多数密に束生。
【コメント】食用とすることができるとされているが、肉質がもろいこともありほとんど利用されていない。前頁のシロソウメンタケに類似するが、同種は古くなると黄色をおびることで区別ができる。

サヤナギナタタケ

ナギナタタケ 不明

Clavulinopsis fusiformis
ナギナタタケ属

【形態】子実体：ソウメンタケ型。傘：形成されずやや平たい棒状、通常高さ10cm、幅8mm位、先端は尖る。表面は全体鮮黄色～黄土色、古くなると先端は茶褐色をおび、しばしば縦の溝線がある。
肉：黄色、質もろい。
柄：不明瞭。
【生態】夏～秋、雑木林などの地面に数本～十数本が束生。
【コメント】無毒で食用可能ともいわれているが、食毒については不明である。キソウメンタケ(p.328)に類似するが、同種では1～数本束生し、子実体は先端が鈍頭で、基部に短い柄があることで区別ができる。

ナギナタタケ

キソウメンタケ 不明

Clavulinopsis helvola
ナギナタタケ属

【形態】子実体：ソウメンタケ型。傘：形成されず円筒形〜こん棒形、通常高さ8cm、幅5mm位、先端は尖らない。表面は全体に帯橙黄色、平滑。肉：淡黄色、質はもろい。柄：下部に長さ1cm位の無性の柄があり、基部は細まる。
【生態】夏〜秋、雑木林などの地面に単生または数本束生。
【コメント】無毒で食用可能ともいわれているが、食毒については不明。ナギナタタケ(*p.*327)に類似するが、同種は多数束生し子実体の先端が尖って柄が不明瞭なことで区別ができる。

キソウメンタケ（手塚撮影）

ベニナギナタタケ 可食

Clavulinopsis miyabeana
ナギナタタケ属

【形態】子実体：ソウメンタケ型。傘：形成されず初め円筒形、のち生長してやや平たい棒状、通常高さ10cm、幅1cm位、幼時先端は丸いが、のち尖る。表面は初め平滑でのち溝線があらわれ、全体に緋色〜朱赤色、のち退色して淡ピンク色〜鮮紅色。肉：淡紅色、質はもろい。柄：不明瞭。
【生態】夏〜秋、雑木林などの地面に数本〜十数本束生。
【コメント】可食とされているが、色が鮮やかなこともあり、ほとんど利用されていない。

ベニナギナタタケ（手塚撮影）

スイショウサンゴタケ(仮称) 不明
Lentaria sp.
スショウサンゴタケ属(仮称)

【形態】**子実体**：ホウキタケ型。基部から多数枝分かれし、通常高さ8 cm、径5 cm位。**傘**：形成されず先端はトサカ状または叉状に分岐する。表面は平滑で初め透明感がある白色、のち淡黄褐色から淡赤紫色をおびる。**肉**：白色のち淡黄色〜淡赤紫色をおび、弾力がある。

【生態】晩秋、ミズナラの腐朽の進んだ倒木上に群生。

【コメント】日本新産種。胞子は楕円形〜ナスビ形〜ウインナー形〜多少ヒョウタン形、大きさは5-7.5×2.5-3.5 μm、無色、平滑、弱アミロイド。一見シロヒメホウキタケ(p.330)に似るが、同種では胞子にとげがあることで異なる。本菌はヨーロッパなどで知られている日本未記録種の*Lentaria albovinacea*に類似しており、同種の可能性がある。近年の分類学的研究ではスショウサンゴタケ属(仮称) *Lentaria*はスイショウサンゴタケ科(仮称) Lentariaceaeとして独立し、ラッパタケ目に置かれている。

スイショウサンゴタケ

スショウサンゴタケ

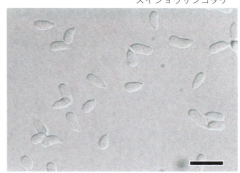

スイショウサンゴタケ胞子

シラウオタケ 食不適

Multiclavula mucida
シラウオタケ属

【形態】**子実体**：ソウメンタケ型。**傘**：形成されず円筒形〜やや平たいこん棒状で、先端は細まり、ほとんど枝分かれしないかときに二又に分岐する。通常高さ1.5cm、幅1mm位。表面は白色、先端はしばしば淡褐色をおびる。**肉**：白色、質は柔軟であるが丈夫。**柄**：不明瞭だが、透明感のあるやや淡褐色をおびた基部をもつ。
【生態】秋、ブナなどの林内の朽木の表面に生えた緑藻類上に多数群生。
【コメント】緑藻類と担子菌類が共生している地衣類の一種であり、地衣類としての別名はキリタケ。子嚢菌類との共生関係のある地衣類は多いが、担子菌類との共生関係のものは本種を含めてわずか数種であり珍しい。同属はカレエダタケ属に近縁と考えられ、近年の分類学的研究ではカレエダタケ科Clavulinaceaeに置かれている。

シラウオタケ *Multiclavula mucida*

シロヒメホウキタケ 不明

Ramariopsis kuntzei
ヒメホウキタケ属

【形態】**子実体**：ホウキタケ型。樹枝状に枝分かれし、通常高さ6cm、径5cm位。**傘**：形成されず先端は叉状分岐する。表面は全体初め白色〜クリーム色、のち黄土色、まれにピンク色〜肉色をおびることがある。**肉**：質はやわらかく、無味無臭。**柄**：柄および枝の基部はビロード状の毛におおわれる。
【生態】秋、各種林内の地面あるいは腐った材上に散生〜群生。
【コメント】食毒については不明である。胞子は類球形、表面に細かい刺がある。外見上はホウキタケ属のきのこに類似するが、同属では胞子紋が褐色であるのに対し、本種が所属するヒメホウキタケ属では胞子紋が白色である点で異なる。

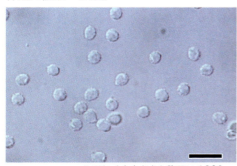

シロヒメホウキタケ胞子×1000

シロヒメホウキタケ

クダタケ 不明
Macrotyphula fistulosa
ホソヤリタケ属

【形態】子実体：ソウメンタケ型。傘：形成されず頭部はきわめて細長い根棒状。通常高さ16cm、ときにそれ以上、幅8mm位、先端が鋭く尖るが、成熟期には鈍頭になる。表面は平滑、黄褐色のち錆色～赤褐色。肉：黄色、緻密で、もろく、中空。柄：頭部と柄との境は不明瞭、基部は粗毛でおおわれる。

【生態】夏～秋、ブナなどの広葉樹の倒木や枯れ枝上に単生～群生。

【コメント】胞子は片方が尖った紡錘形、大きさは10.5-15×4-7μm。従来、次種のホソヤリタケとともにスリコギタケ属 *Clavariadelphus* に置かれていたが、近年の分類学的研究では同属とは異質な菌であることが分かり、独立したホソヤリタケ属 *Macrotyphula* が設けられ置かれている。

クダタケ（鈴木撮影）

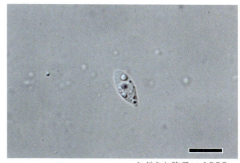

クダタケ胞子×1000

ホソヤリタケ 不明
Macrotyphula juncea
ホソヤリタケ属

【形態】子実体：ソウメンタケ型。傘：形成されず頭部はきわめて細長い根棒状。通常高さ15cm、幅2mm位、先端が鋭く尖るが、成熟期には鈍頭になる。表面は全体に淡褐色～飴色。肉：緻密で、もろくない。柄：頭部と柄との境は比較的明瞭、通常長さ5cm位、褐色、中空。

【生態】夏～秋、広葉樹の枯れた枝葉上に単生～群生。

【コメント】前種のクダタケに類似するが、本種は枯れた枝葉に発生し、より小形で頭部と柄部の境が比較的明瞭、胞子がより小形であることで区別ができる。

ホソヤリタケ（手塚撮影）

スリコギタケ（丹羽撮影）

スリコギタケ 可食

Clavariadelphus pistillaris
スリコギタケ属

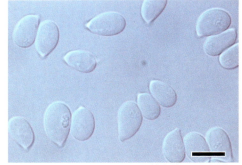

スリコギタケ胞子×1000

【形態】子実体：スリコギ型。傘：形成されず棍棒状で先端は太く鈍頭、通常高さ12cm、幅2.5cm位。表面は初め平滑のち縦じわを生じ、淡黄色〜淡黄褐色〜黄褐色、傷つくと紫褐色となる。肉：白色、傷つけば紫褐色となり、軟らかい肉質。ほとんど無味またはわずかに苦味あり、無臭。柄：不明瞭。

【生態】秋、ブナなどの広葉樹林内の地面に単生〜群生。

【コメント】胞子は広楕円形〜涙滴形、大きさは9-14×6-9μm。本菌の胞子のサイズは地域によって変異が大きいとされている。本県産の標本もヨーロッパ産のものと形態的に一致するが胞子が小形であり（ヨーロッパ産：11-16×6-10μm）、これらが同一種かどうか詳細な分類学的検討が必要である。なお、本種に類似して子実体の先端が切断されたような形をし、胞子が小形（9-13×5-8μm）なものを**スリコギタケモドキ** *C. truncatus*、本種に類似して針葉樹などの林内に発生し、子実体が小形（頂部の径が1.5cm以下）で胞子が長楕円形のものを**コスリコギタケ** *C. ligula*という。後者は本県からも発生が確認されている。

シダレハナビタケ 食不適
Deflexula fascicularis
ハナビタケ属

【形態】子実体：多数の針状の枝が基質から垂れ下がった塊状。傘：形成されず枝は通常長さ2cm位、単一あるいは分岐し、下方に曲がって垂れ下がる。表面は白色のち淡黄土色、古くなると汚れた黄土褐色になる。肉：比較的丈夫で、曲げやすい。
【生態】夏～秋、広葉樹の倒木上などに群生。
【コメント】小形で、食用としては対象外。一見、きのことは思えない形状をしている。近年の分類学的研究ではハナビタケ属はハラタケ目のフサタケ科Pterulaceaeに置かれている。

シダレハナビタケ（江口撮影）

シダレハナビタケ

フサタケ 食不適
Pterula multifida
フサタケ属

【形態】子実体：竹ほうきを逆さまにしたような形。傘は形成されず基部から多数分岐してほうき状になり、通常高さ5cm位。白色～灰白色、下方でややピンクあるいは赤褐色の色彩をおび、古くなると褐色となる。柄：発達が悪く幅1～2mm。枝：細長く（幅約1mm）、先端に向かって細まり、尖る。乾くと毛のように細くなる。表面は初め淡色のち黄褐色。肉：ややかたく、軟骨質。
【生態】夏～秋、林内とくに広葉樹林内の枯れ葉、枯れ枝上に発生。
【コメント】日本産のものは変異が大きく分類学的な再検討が必要と思われる。日本からは他にカンザシタケモドキ *P. subulata* およびカンザシタケ *P. fusispora* の2種が知られているが、共に最近の報告はない。最近の分類ではフサタケ属はフサタケ科として独立しハラタケ目に置かれている。

フサタケ（手塚撮影）

カレエダタケ科　Clavulinaceae

　旧カレエダタケ科のきのこは、地上生で、棒形〜ほうき形をしており、枝の先は一般に扁平。1菌糸型。胞子紋は白色。担子器は2胞子性で小柄は内側に曲がり、胞子放出後に二次隔壁ができることで旧ホウキタケ科とは区別がつく。胞子は球形〜類球形、平滑。本県からは1属3種が知られている。
　新分類体系では、本科はアンズタケ目に置かれている。

カレエダタケモドキ 食不適

Clavulina rugosa
カレエダタケ属

【形態】子実体：ソウメンタケ型。細いこん棒形で通常高さ5cm、幅5mm位。傘：形成されず単一または多少枝分かれし、先端はしばしば尖る。表面は全体白色〜淡クリーム色、浅い縦のしわがある。肉：白色、質はややもろい。柄：不明瞭。
【生態】初夏〜秋、雑木林の地面に群生。
【コメント】胞子は類球形、大きさは9-11.5×8.5-10.5μm、平滑。担子器は2胞子性で、小柄は内側に曲がり、胞子放出後に二次隔壁をつくる。単一のものではよくシロソウメンタケ(p.326)と間違われるが、同種は胞子がリンゴの種形で、担子器が二次隔壁をつくらないことで区別がつく。

カレエダタケモドキ

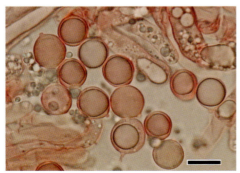

カレエダタケモドキ胞子×1000

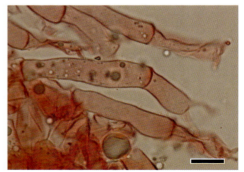

隔壁ができたカレエダタケモドキの担子器×1000

カレエダタケ 食不適

Clavulina coralloides
カレエダタケ属

【形態】子実体：ホウキタケ型。樹枝状に枝分かれするが枝は短く、分岐は不規則。通常高さ7cm、幅5cm位。傘：形成されず枝の上端は鈍頭か先の尖った細かい枝が集合してとさか状となる。表面は白色〜クリーム白色。肉：白色、もろくない肉質。柄：白色〜クリーム白色。
【生態】初夏〜秋、雑木林の地面に群生。
【コメント】胞子は類球形〜卵形、大きさは 7.5-10×6.5-8 μm、平滑。前種のカレエダタケモドキとともに無毒といわれるが、一般に食用には利用されていない。同種は本種に類似するが枝分かれが少なく、胞子も多少大形であることで区別がつく。本菌に従来当てられていた学名 *C. cristata* は本種の異名。

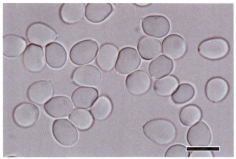
カレエダタケ胞子×1000

カレエダタケ

ハイイロカレエダタケ 食不適

Clavulina cinerea
カレエダタケ属

【形態】子実体：ホウキタケ型。樹枝状に枝分かれするが、分岐回数は少なく、上部で細かく分かれる。通常高さ4cm、幅6cm位。傘：形成されず枝の先端は鋭く尖ることなく鈍頭で不規則に屈曲。表面は暗灰色〜帯紫暗褐色。肉：ややわらかい肉質。柄：白色。
【生態】夏〜秋、ブナ林などの地面に群生。
【コメント】無毒といわれるが、一般に食用には利用されていない。しばしば前種のカレエダタケや前頁のカレエダタケモドキと混同されるが、本種は初めから黒っぽいことで区別がつく。

ハイイロカレエダタケ

フサヒメホウキタケ科　Clavicoronaceae

　旧フサヒメホウキタケ科のきのこは、材上生で、棒形〜ほうき形、先端は琴柱形に分岐し、肉質。1菌糸型。胞子紋は白色。担子器は4胞子型。胞子は表面に微細なとげをおび、アミロイド。旧ホウキタケ科に類似するが、胞子紋が白色、胞子がアミロイドである点で異なる。本県からは1属1種が知られている。

　新分類体系では、本科はマツカサタケ科Auriscalpiaceaeに含められ、ベニタケ目に置かれている。

マツノフサヒメホウキタケ(新称)　不明
Artomyces microsporus
フサヒメホウキタケ属

【形態】子実体：ホウキタケ型。樹枝状に枝分かれし、通常高さ12 cm、幅8 cm位。傘：形成されず枝の先端は王冠状。初め淡黄土色、生長するにつれて、または触ると赤褐色をおび、のち全体が黒ずむ。肉：白色、もろくない。

【生態】夏〜秋、アカマツなどの針葉樹の切り株や倒木上に単生。

【コメント】日本新産種。胞子は楕円形、大きさは3.5-5.5×2.5-3 μm、微細な刺におおわれ、アミロイド。近縁なフサヒメホウキタケ *A. pyxidatus* は、やや長い縦長の胞子 (4-6×2-3 μm) をもち、広葉樹に発生する。両種は外観的に極めて類似しているので、従来フサヒメホウキタケとして知られてきたものには恐らく本種が混同されている可能性が高い。両種ともに、従来 *Clavicorona* に置かれてきたが、胞子がアミロイド、樹上生などの特徴において同属の基準種と大きく異なることからフサヒメホウキタケを基準種として *Artomyces* (フサヒメホウキタケ属)が設立されそこに置かれている。分子系統学的研究によれば、フサヒメホウキタケや本種はイタチナミハタケ(p.321)やマツカサタケ(p.357)に近縁であるといわれており、最近ではそれらとともにマツカサタケ科Auriscalpiaceaeに置かれている。

マツノフサヒメホウキタケ胞子（メルツァー液中）×1000

マツノフサヒメホウキタケ（手塚撮影）

ホウキタケ科　Ramariaceae

　旧ホウキタケ科のきのこは、菌根性または材上生、ほうき形をしており、肉質。1～2菌糸型。担子器は4胞子性。胞子紋は褐色～黄土色。胞子は楕円形、表面はしわ状～疣状～刺状、非アミロイド。本県からは1属7種（1未記録種を含む。）が知られている。ホウキタケ類の種の概念は必ずしもまだ十分に統一されていないので、本書では国内における従来の解釈に従って種類を取り扱った。従って同一学名の下に海外において知られている種類と特徴において相違がみられる場合もある。これらについては今後の研究に待ちたい。

　新分類体系では、本科はラッパタケ科に含められラッパタケ目に置かれている。

ホウキタケ(広義)　可食
Ramaria botrytis (s.l.)
ホウキタケ属

【形態】子実体：ホウキタケ型。太い丈夫な円柱状の柄からしだいに上方に枝を分けハナヤサイ状となる。通常高さ15cm、径15cm位。傘：形成されず枝の先端部はおびただしい小枝の集合となる。表面は先端部で淡紅色～淡紫色。肉：白色、かたいがもろくはない。柄：太く、白色。
【生態】秋、雑木林などの地面に群生。
【コメント】ほとんど味にくせもなく、独特の上品な風味で美味であるが、多少苦いタイプのものもあるとされるので注意が必要である。近年の分類学的研究では国内で本種といわれている菌には複数の種が混同されている可能性があるとされている。

ホウキタケ（笹撮影）

チャホウキタケ 食不適
Ramaria stricta
ホウキタケ属

【形態】子実体：ホウキタケ型。太い円柱状の柄から上方に枝を分け先端で細かく分かれて多少ハナヤサイ状となる。通常高さ10 cm、幅8 cm位。傘：形成されず枝の上部で細かく分かれ先端部は琴柱状の小枝の集合となる。表面は淡クリーム色、部分的に黄色をおび、傷を受けたところは淡赤紫色に変色する。肉：白色または淡黄色をおび、かたいがもろくはない。苦味あり。柄：太く、淡クリーム色。
【生態】秋、広葉樹ときに針葉樹の腐朽木上に発生。
【コメント】苦味があるので食用に適さない。同じ材上生で近縁種の**チャホウキタケモドキ** *R. apiculata* は通常針葉樹上に発生する。

チャホウキタケ（安藤撮影）

ウスムラサキホウキタケ 可食
Ramaria fumigata
ホウキタケ属

【形態】子実体：ホウキタケ型。太い丈夫な円柱上の柄からしだいに上方に枝を分けほぼハナヤサイ状。通常高さ15 cm、径15 cm位、ときにそれ以上。傘：形成されず先端部は小枝の集合となる。表面はライラック色または紫色、胞子が成熟すると枝は暗褐色〜肉桂色となるが、枝先は紫色が残る。肉：白色、かたいがもろくはない。柄：太く、白色。
【生態】夏〜秋、ミズナラなどの雑木林の地面にしばしば菌輪を描いて群生。
【コメント】きれいなきのこであり、食用にしても美味。ホウキタケ属のきのこの胞子紋は有色（褐色、黄土色など）なので、成熟すると子実体の色は鈍くなる。ホウキタケ (p.337) に似るが、柄の基部を除いて全体に紫色である点で違いがある。

ウスムラサキホウキタケ

キホウキタケ（広義） 毒
Ramaria flava (s.l.)
ホウキタケ属

【形態】子実体：ホウキタケ型。太い円柱状の柄からしだいに上方に枝を分けてハナヤサイ状となる。傘：形成されず小枝の集合となり、枝の先端は二叉分岐する。通常高さ15cm、幅12cm位。表葉面は柄を除いて全体レモン色、成熟すると黄土色になり、枝部は硫黄色〜レモン色。肉：白色、傷つけたり、古くなるとしばしば赤くなる。柄：やや太く、基部は白色。
【生態】夏〜秋、ミズナラやカシワなどの雑木林の地面に単生または群生。
【コメント】食べると下痢を起こすことが多いので、注意が必要

である。黄色いホウキタケは種類が多く、肉眼だけでは見分けは難しく、近年の分類学的研究では国内で本種といわれている菌には複数の種が混同されている可能性があるとされている。

キホウキタケ（安藤撮影）

ハナホウキタケ（広義） 毒
Ramaria formosa (s.l.)
ホウキタケ属

【形態】子実体：ホウキタケ型。1つの株から幅1〜2cmの柄が多数生じ、柄から上方に枝を分岐してハナヤサイ状となる。通常高さ15cm、径15cm位。傘：形成されず先端部分は多数の小枝の集合となる。表面は橙紅〜汚桃色、枝の先端部は黄色をおびる。肉：白色で、傷つけると赤褐色に変わる。柄：太く、基部はほぼ白色。
【生態】初秋〜秋、ミズナラやコナラ、カシワなどの雑木林の地面に群生。
【コメント】軽い毒性があり、毒成分は不明だが、下痢、腹痛、嘔吐などの症状がでるので、間

違えて食べないように注意が必要。本種のような赤いホウキタケの仲間は多く、近年の分類学的研究では国内で本種といわれている菌には複数の種が混同されている可能性があるとされている。

ハナホウキタケ

カメノテホウキタケ

カメノテホウキタケ（新称） 不明
Ramaria cf. *eumorpha*
ホウキタケ属

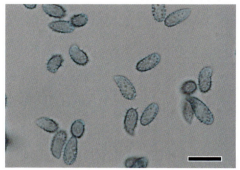

カメノテホウキタケ胞子×1000

【形態】子実体：ホウキタケ型。円柱状の柄から数回枝分かれするが、分岐回数は少なく枝は太い。通常高さ8cm、径6cm位。傘：形成されず先端で2〜3に分岐し、ツノ状に鋭く尖る。表面ははじめ淡黄土褐色のち黄土褐色、枝の先端ははじめから青味をおびる。肉：白色、弾力のある肉質、変色性はない。柄：やや細く、基部は暗褐色。
【生態】夏〜秋、カラマツの樹下に多少群生する。
【コメント】日本未記録種。胞子はナスビ形、大きさは7.5-10.5×3.5-4.5 μm、針状のとげをもつ。4胞子性。枝の先端は青色をおびることが多いが、おびないものもある。トビイロホウキタケ *R. cyanocephala* に似るが、それは、傷つけると変色することで本種と区別できる。

ラッパタケ科　Gomphaceae

　旧ラッパタケ科のきのこは、菌根性、傘と柄に分化し、傘が漏斗状、肉質、子実層托は放射状のしわひだ。1菌糸型。旧アンズタケ科に似るが、胞子紋は黄土色をしており、胞子は同科と同じく非アミロイドであるが表面が疣でおおわれる点で異なる。本県からは3属3種が知られている。

　新分類体系では、本科はラッパタケ目に置かれている。

ウスタケ　毒

Turbinellus floccosus
ウスタケ属

【形態】傘：通常10cm位、幼時は角笛形、のち漏斗形。中心は深くくぼみ、くぼみは柄の根もとまで達する。表面は朱色〜橙黄褐色、鱗片状にささくれ、ときに赤い斑紋をおび、しばしば大きな鱗片を散在。肉：無味、無臭。子実層托：脈様のしわひだ状、長く柄に垂生。黄白色〜材黄色。柄：通常高さ13cm位。基部はしばしば赤みをおび、平滑。
【生態】夏〜秋、アカマツなどの針葉樹林の地面に単生または群生。
【コメント】発生はややまれ。有毒で、胃腸系の中毒を起こすので注意が必要。従来、ラッパタケ属*Gomphus*に置かれていたが、近年の分類学的研究では同属とは異質な菌であることが分かり、独立したウスタケ属*Turbinellus*に置かれている。類似種のフジウスタケ*T. fujisanensis*は全体に鮮やかさを欠く点で異なる。

ウスタケ（安藤撮影）

ウスタケ（小泉撮影）

シロアンズタケ

シロアンズタケ 不明
Gloeocantharellus pallidus
シロアンズタケタケ属（新称）

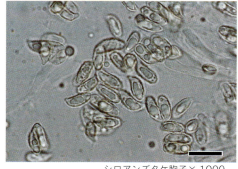

シロアンズタケ胞子×1000

【形態】傘：通常6 cm位、不整ろうと形、またはへら形～扇状、縁が反り返って不完全なろうと状をなし、あるいはいくつかの裂片に裂ける。表面は白色～クリーム色、平滑。**肉**：肉質、白色。**子実層托**：低いしわ状、初めは白いが胞子が熟するにしたがってクリーム色になる。**柄**：偏在～側生、ときに2～3回枝を分け、通常高さ8 cmとなる。内部は充実。表面は傘と同色、ときにやや淡褐色をおびる。

【生態】秋、アカマツなどの針葉樹林の地面に群生。

【コメント】胞子は長楕円形～長ナスビ形、大きさは8-11.5×3.5-4.0 μm、細かいいぼにおおわれる。従来、ラッパタケ属 *Gomphus* に置かれていたが、最近の分類学的研究によれば同属とは子実体に粘質原菌糸をもつことで異質な菌であることが分かり、別属の *Gloeocantharellus* に移されている。本種に類似し大型で紫色のものを**オオムラサキアンズタケ** *Gomphus purpuraceus* というが、同種はラッパタケ属に所属する。過去に本県からも採集例があるが極めてまれである。

コウヤクタケ科　Corticiaceae

　旧コウヤクタケ科のきのこは、材上生で、主に背着生〜半背着生、膜質〜繊維質〜膠質など、子実層托は平滑〜いぼ〜針状〜浅い孔状など。1 ときに 2 菌糸型。胞子紋は通常白色。胞子は平滑または突起をおび、非アミロイドまたはアミロイド。本県では調査が遅れており、2 属 2 種が知られているだけである。

　新分類体系では、本科は分解され、ベニタケ目やコウヤクタケ目、タマチョレイタケ目、ハラタケ目などに分類されている。

チヂレタケ 食不適
Plicaturopsis crispa
チヂレタケ属

【形態】傘：通常 3 cm 位、扇形〜ほぼ円形、周辺は多数の扇形の傘が癒着したように波状となる。表面は淡黄色〜淡黄褐色、縁部はほぼ白色、細かい毛におおわれ、不明瞭な波状の環紋をあらわす。肉：柔軟な革質。子実層托：脈状のしわひだが放射状に広がり、叉に分岐する。白色〜灰褐色であるが、晩秋に発生したものでは青味をおびたように見える。柄：無柄または短い柄をもつ。
【生態】秋遅く、ブナなどの広葉樹の倒木上や枯木上などに多数群生。

【コメント】肉が革質で食用に適さない。新分類体系では、本属はハラタケ目に置かれているが、科の所属は未確定である。

チヂレタケ

サガリハリタケ 食不適
Radulomyces copelandii
アカギンコウヤクタケ属

【形態】子実体：背着生。基質面に広がって発生する。形は不正形、通常厚さ 1 mm 位、周縁部を除いて全面から多数の針を垂らす。初め全体に白色であるが、のちクリーム色から茶色となり、乾くと暗黄橙色。肉：湿時柔軟な革質、乾くと軟骨質。子実層托：針状、長さ 10 mm、幅 1 mm 位。
【生態】秋、ブナの立枯れ木などに発生。
【コメント】材の白色腐朽を起こす。従来、サガリハリタケ属 *Mycoacia* に置かれていたが、近年、アカギンコウヤクタケ属 *Radulomyces* に含められ、新分類体系ではハラタケ目カンザシタケ科に置かれている。

サガリハリタケ

ウロコタケ科　Stereaceae

　旧ウロコタケ科のきのこは、材上生で、主に背着生～半背着生、革質～木質、子実層托は平滑～いぼ状～孔状など様々。胞子紋は白色。胞子は平滑、アミロイドまたは非アミロイド。白色腐朽をおこす。旧コウヤクタケ科に似るが、本科は傘表面の毛被と肉との間に境界層を形成する。本県からは1属2種が知られている。

　新分類体系では、本科の一部を除きキウロコタケ属などのほとんどはベニタケ目に置かれている。

キウロコタケ 食不適
Stereum hirsutum
キウロコタケ属

【形態】子実体：一年生。半背着生、多数重生し、上半部は反転して傘を張り出す。傘：半円形～棚形、通常3cm位、貝殻状に多数癒着して縁部は波状となって横に広がり、乾けば強く下方に湾曲する。表面は灰白～灰黄色の粗毛を密生、不明瞭な環紋を表す。肉：革質、薄く、厚さ2mm位、白色、毛被の下の下皮は黄褐色。子実層托：平滑、生のときは鮮橙黄色のち退色して色があせる。

【生態】夏～秋、ブナなどの切り株や倒木上に多数重生。

【コメント】肉質はかたく、食用には適さない。

キウロコタケ

チャウロコタケ 食不適
Stereum ostrea
キウロコタケ属

【形態】子実体：一年生。半背着生、多数重生し、上半部は反転して傘を張り出す。傘：通常5cm位、やや扇形で縁部は波状、つけ根部分で基質につくか、半背着生で上半部が反転して半円形。表面は灰白色と赤褐色～暗褐色とが交互して環紋をあらわし、灰白色部には短毛を密生。肉：きわめて薄く、厚さ1mm位、白色、革質。子実層托：平滑、生育時は灰白色～汚白色。

【生態】夏～秋、ミズナラやブナなどの切り株や倒木上に多数重生。

【コメント】肉質はかたく、食用には適さない。

チャウロコタケ

シワタケ科　Meruliaceae

　旧シワタケ科のきのこは、材上生で、背着生～半背着生、全体に膜質～ゼリー質、子実層托はしわ状～浅い孔状。1菌糸型。胞子紋は白色。胞子は一般にソーセージ形、非アミロイド。白色腐朽をおこす。本県からは2属2種が知られている。

　新分類体系では、本科のほとんどはタマチョレイタケ目に置かれているが、ニカワウロコタ属はフウリンタケ科Cyphellaceaeに含められ、ハラタケ目に置かれている。

シワタケ 食不適

Phlebia tremellosa
シワウロコタケ属

【形態】子実体：半背着生、上半部は反転して傘を張り出す。傘：通常3cm、初めウロコ状、のち棚状～半円形に張り出し、多数が癒着して横に広がって縁部は波状。表面は淡黄色～肉色、白くやわらかい毛でおおわれる。肉：厚さ3mm位、ゼリー質をおびて柔軟、半透明、乾けばかたくなる。子実層托：縦横のしわによって不規則形の角張ったちりめん様の浅いしわ孔状。生育中は淡黄色～肉色。

【生態】秋、ブナやミズナラなどの広葉樹、アカマツなどの針葉樹の朽ち木材上に多数重生。

【コメント】白色腐朽菌で材を白く腐らせる。従来、シワタケ属*Merulius*に置かれていたが、近年の分類学的研究ではシワウロコタケ属に置かれている。

シワタケ

ニカワウロコタケ（手塚撮影）

ニカワウロコタケ 不明

Gloeostereum incarnatum
ニカワウロコタケ属

ニカワウロコタケ

【形態】傘：通常6cm位、ときにそれ以上、初め球状、のち半円形〜貝殻形。表面は初め白色〜淡鮭肉色、短毛でおおわれ、のち暗褐色。肉：やや厚く、厚さ1cm位、ときにそれ以上、淡褐色、半透明。膠質で弾力があり、乾けば軟骨状にかたくなる。子実層托：淡鮭肉色、細かいしわ状で、やや粗面。

【生態】初夏〜秋、ハルニレやイタヤカエデなどの立ち木や枯れ枝上に少数群生。

【コメント】北海道と本州の亜高山帯で知られる。従来、本属はシワタケ科に置かれていたが、近年の分類学的研究ではフウリンタケ科に置かれることが多い。

タチウロコタケ科　Podoscyphaceae

　旧タチウロコタケ科のきのこは、地上生〜材上生、革質で有柄、子実層托は平坦〜いぼ状。胞子紋は白色。胞子は平滑、非アミロイド。旧ウロコタケ科に似るが、本科は有柄である点で異なる。本県からは1属1種が知られている。

　新分類体系では、本科はタマチョレイタケ目に置かれている。

ハナウロコタケ　食不適
Stereopsis burtianum
ハナウロコタケ属

【形態】傘：通常2cm位、ほぼ円形、縁部は波状または歯牙状、浅いろうと形。しばしば数本が互いに癒着する。表面は淡黄〜淡褐色、縁部はほぼ白色、光沢をおび、放射状の繊維紋とやや不明瞭な環紋を表す。肉：薄く、厚さ0.5mm位、白色、革質。子実層托：平滑、放射状のしわをおび、淡黄〜淡褐色。柄：通常長さ2cm、幅1mm位、中心生まれに偏在、円柱状でかたい。
【生態】初夏〜秋、林内の地面に群生。
【コメント】肉質はかたく、食用には適さない。きわめて普通。

ハナウロコタケ

カンゾウタケ科　Fistulinaceae

　旧カンゾウタケ科のきのこは、材上生で有柄〜無柄、肉質は多汁、子実層托は一本ずつ分離した管からなる。1菌糸型。胞子紋は白色。胞子は平滑で非アミロイド。褐色腐朽をおこす。日本では傘の径20cm位で肝臓〜牛の舌状をした表面が赤褐色のカンゾウタケ属 *Fistulina* カンゾウタケ *Fistulina hepatica* の1種が知られているが、本県では発生がまれで、過去にミズナラから採集された記録（成田・菅原，1990）が残るだけである。

　新分類体系では、本科はハラタケ目に置かれている。

ハナビラタケ科　Sparassidaceae

　旧ハナビラタケ科のきのこは、材上生で有柄、柄は分岐して先端は花弁状、子実層托は平坦。1菌糸型。胞子紋は白色。胞子は平滑、非アミロイド。褐色腐朽をおこす。本科は1属からなり、本県からは1種が知られている。
　新分類体系では、本科はタマチョレイタケ目に置かれている。

ハナビラタケ 可食

Sparassis crispa
ハナビラタケ属

【形態】子実体：共通の柄から繰り返して分岐し、ハボタン状となる。通常径30 cm位。傘：形成されず各枝は平たくなり、波形にうねった花弁状で、花弁は通常厚さ1 mm位。表面は白色～クリーム色またはしばしば淡黄色。肉：柔軟な軟骨質。子実層托：平滑。各片が直立するときは全面に、水平に開くときは下側に形成する特異な性質をもつ。
【生態】初夏～秋、アカマツやカラマツなど針葉樹の立ち木の根もとや切り株に発生。
【コメント】柔軟だが、丈夫な肉質で歯切れがよく、くせがない。一度ゆでてから酢の物や中華風の炒め物にすると合う。発生はやまれ。根株心材腐朽菌で材の褐色腐朽を起こす。日本産の菌は典型的なヨーロッパ産の S. crispa と形態及び分子系統において異なるとされ、別種の *S. latifolia*（中国、韓国に分布）である可能性が高いことが報告されているので学名に関しては再検討を要する。

ハナビラタケ（笹撮影）

ハナビラタケ（小泉撮影）

サンゴハリタケ科　Hericiaceae

旧サンゴハリタケ科のきのこは、材上生で、無柄、サンゴ状～ヘラ状をしており、多汁な肉質、子実層托は針状。1菌糸型。グロエオシスチジアをもつ。胞子は平滑または微細なとげをおび、アミロイド。旧エゾハリタケ科に類似するが、胞子がアミロイドである点で異なる。本県からは1属3種が知られている。

新分類体系では、本科はベニタケ目に置かれている。

ヤマブシタケ 可食

Hericium erinaceus
サンゴハリタケ属

【形態】子実体：倒卵形～球形の塊状、斜め上の位置で樹幹につき、やや垂れ下がった形で発達。通常径12cm位。傘：形成されず上面は短い毛の束を密生し、側面と下面から先の尖った針を多数垂らす。初め白色、のちしだいに淡黄色からやや茶色をおびる。肉：やわらかい肉質。内部は多孔質でスポンジ状。子実層托：針状、通常長さ1～8cm位、傘表面と同色。柄：無柄。

【生態】秋、ブナ、ミズナラなどの広葉樹の枯れ木や立ち木の損傷部分に生える。

【コメント】地方名ウサギタケなど。食用とすることができ、近年、栽培品も出回っている。淡泊な味なので、吸い物や餡かけなどにして味をからませるとよい。胞子は球形～類球形、大きさは5-6×4.5-6μm、細かい刺状突起でおおわれ、アミロイド。材の白色腐朽を起こす。

ヤマブシタケ（小泉撮影）

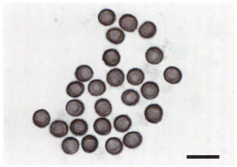

ヤマブシタケ胞子（メルツアー液中）×1000

サンゴハリタケ（広義） 可食

Hericium coralloides (s.l.)
サンゴハリタケ属

【形態】子実体：サンゴ状に共通の根もとから繰り返し枝分かれし、径は通常10cm位の塊となる。**傘**：形成されず枝は細く伸びる。表面は純白色、乾くと黄赤色〜赤褐色に変わる。**肉**：柔軟な肉質、白色。**子実層托**：針状、枝の下面に無数の針を垂らし、針の長さは1〜6mm。**柄**：ほぼ無柄。

【生態】秋、ブナなどの枯れ木や倒木上に発生。
【コメント】味にくせがないのでどんな料理にも合うが、ブナハリタケと同様きのこ臭があるので、軽く水洗いしてから利用するとよい。胞子は類球形〜広楕円形、大きさは3.5-4.5×3-3.5μm、微細な疣状突起を有し粗面、アミロイド。日本における本種の分類は混乱しており、学名に関しては検討を要する。

サンゴハリタケ

サンゴハリタケ（従来のクマガシラタイプ）

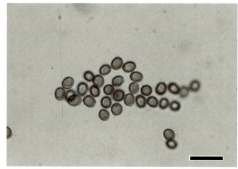

サンゴハリタケ胞子（メルツアー液中）×1000

フサハリタケ 可食
Hericium cirrhatum
サンゴハリタケ属

【形態】傘：通常8cm位、半円形〜貝殻形で、通常、数個の子実体が基部で癒着して重なりあう。傘の表面は長さ1〜3mm、ときに5mmほどの粗毛状の突起でおおわれ、白色〜クリーム色、のち淡橙褐色をおびる。肉：白色、通常厚さ3cm位、質はやわらかくて弾力性に富み、味は温和。子実層托：針状、長さ5〜15mm、傘表面と同色。柄：無柄。
【生態】秋、渓畔林のブナやミズナラ、サワグルミなどの広葉樹倒木に発生。
【コメント】著者により県内で採集された標本に基づき1992年に日本新産種として報告されたものである。胞子は広楕円形、大きさは3-4×2.5-3μm、平滑、アミロイド。環境省準絶滅危惧種に指定されている。ブナハリタケ(p.356)に類似するが、肉厚で傘の上面が粗毛でおおわれることで異なる。最近、北は北海道まで発生が知られるようになったが、発生はまれである。従来、フサハリタケ属 *Creolophus* に置かれていたが、同属は近年の分類学的研究ではサンゴハリタケ属の異名として取り扱われている。

フサハリタケ

フサハリタケ

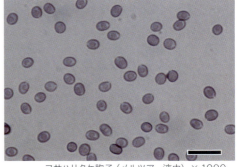

フサハリタケ胞子（メルツアー液中）×1000

カノシタ科　Hydnaceae

　旧カノシタ科のきのこは、地上生で、有柄、傘が唐傘形で肉質、子実層托は針状をしている。胞子紋は白色。胞子は平滑、非アミロイド。本県からは1属4種(1変種を含む。)が知られている。
　新分類体系では、本科はアンズタケ目に置かれている。

シロカノシタ 食注意
Hydnum repandum var. *album*
カノシタ属

【形態】傘：通常8cm位、初めまんじゅう形で縁は内側に巻き、のち平たい丸山形または不規則に起伏して不整形。表面は白色～クリーム色、ほぼ平滑。肉：白色、やや厚く、やわらかい肉質、無味無臭。子実層托：針状、長さ5mm位、柄にやや垂生、白色～クリーム色。柄：通常長さ5cm、幅2cm位、偏心生またはやや側生。表面は白色、ほぼ平滑。
【生態】秋、アカマツ林やブナ・ミズナラ林などの地面に群生。
【コメント】可食とされるが次頁のカノシタと同様注意が必要。

シロカノシタ

カノシタ

カノシタ 食注意

Hydnum repandum var. *repandum*
カノシタ属

カノシタ胞子×1000

【形態】傘：通常6cm位、初めまんじゅう形で縁は内側に巻き、のち平たい丸山形または不規則に起伏して不整形。表面は卵黄色～橙黄色、多少ビロード状またはほぼ平滑。肉：白色、やや厚く、やわらかい肉質。子実層托：針状、長さ2～5mm、柄に垂生、淡肌色～淡卵黄色。柄：通常長さ4cm、幅2cm位、偏心生またはやや側生。表面は白色～淡肌色、ほぼ平滑。
【生態】秋、アカマツ林やブナ・ミズナラ林などの地面に群生。
【コメント】可食で、西洋料理やオムレツの具などに利用されるが、近年、微量な毒成分が含まれるといわれているので注意が必要である。胞子は類球形～広楕円形、大きさは6.5-8.5×6-7.5μm。前種のシロカノシタの方が一般的。

オオミノイタチハリタケ

オオミノイタチハリタケ 不明
Hydnum umbilicatum
カノシタ属

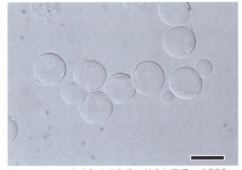

オオミノイタチハリタケ胞子×1000

【形態】傘：通常4cm位、平たい丸山形でしばしば中央で深くくぼみ、縁は多少内側に巻く。表面は橙黄色〜橙色、フェルト状またはほとんど平滑、周縁では多少ささくれて毛羽立つ。肉：やや薄く、やわらかい肉質でもろい。子実層托：針状、長さ2〜3mm、柄に離生、淡橙白色。柄：通常長さ5cm、幅8mm位、比較的細長く、中心生または多少偏心生、ほぼ平滑。

【生態】秋、ブナ林内などの地面に群生。

【コメント】日本新産種。胞子は球形〜類球形、大きさは 8-10.5 × 7.5-10 μm。しばしばカノシタ(p.353)と混同されるが、同種は傘が大形で卵黄色、針が柄に垂生し、胞子が小形な点で異なる。また、近縁種の**イタチハリタケ** *H. rufescens* は胞子が広楕円形でより小形である。

エゾハリタケ科　Climacodontaceae

　旧エゾハリタケ科のきのこは、材上生で、無柄～有柄、肉質、子実層托は針状、子実層にはシスチジアがある。1菌糸型。胞子は平滑、非アミロイド。白色腐朽をおこす。本県からは2属2種が知られている。
　新分類体系では、本科は解体され、エゾハリタケ属はマクカワタケ科Phanerochaetaceaeに、ブナハリタケ属はシワタケ科Meruliaceaeに移されタマチョレイタケ目に置かれている。

エゾハリタケ 食注意
Climacodon septentrionalis
エゾハリタケ属

【形態】子実体：多数の無柄の傘が重生し、基部が融合して大きな塊となる。塊は通常縦20cm、幅15cm位、ときにそれ以上。**傘**：やや扁平。表面は繊維質で細毛が密生し、縁に近い部分には不明瞭な環紋がある。生時は白色、乾燥すると粗いしわができ、赤味をおびた黄土色となる。**肉**：厚く、通常2cm位、質は繊維質でやや強靭。**子実層托**：針状、長さ6～18mm、先端は鋭く尖り、白色、乾くと赤褐色になる。
【生態】夏～秋、ブナなどの立ち木上に発生。
【コメント】地方名ヌケオチなど。肉質が強靭な繊維質なので、ふつうは食用に適さない。ただし、食通は、一旦ゆでて塩蔵し、のち塩抜きしてから半年ほど味噌漬けにし、やわらかくしてから食べるという。

エゾハリタケ（手塚撮影）

ブナハリタケ 可食

Mycoleptodonoides aitchisonii
ブナハリタケ属

【形態】傘：通常6cm位、扇形～へら形で基部は狭まり、互いに癒着して横に広がる。縁は薄く、多少歯牙状。表面は無毛平滑、白色～少し黄みをおびる。肉：白色、厚さ5mm位、強いきのこ臭がある。多汁質で柔軟な肉質だが、乾くとやや強靱になる。子実層托：針状、長さ3～6mm、白色～淡黄色、乾燥すると橙黄色。
【生態】秋、ブナの倒木や幹上に多数群生。
【コメント】別名カミハリタケ。地方名カヌカ、ブナカヌカなど。臭いが強いので、水にさらしてから鍋物などに利用する。肉厚のものは水けを十分切って唐揚げにすると、鳥肉風の歯ごたえを楽しめる。ただし、老熟すると酸臭がするので注意。胞子は腸詰形、大きさは5-7×2-2.5μm、平滑。

ブナハリタケ

ブナハリタケ

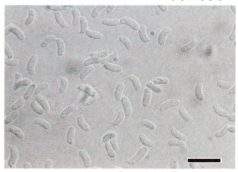

ブナハリタケ胞子×1000

マツカサタケ科　Auriscalpiaceae

　旧マツカサタケ科のきのこは、球果または材上生で、無柄〜有柄、革質、子実層托は針状。胞子紋は白色。胞子は微細なとげをおび、アミロイド。本県からは1属1種が知られている。
　新分類体系では、本科はベニタケ目に置かれている。

マツカサタケ 食不適
Auriscalpium vulgare
マツカサタケ属

【形態】子実体：しゃもじ形。腎臓形〜心臓形をした傘の横のくぼんだ部分に直立性の柄がつく。傘：通常2cm位、ほぼ扁平または丸山形。表面は茶褐色〜暗褐色、ビロード状の密毛でおおわれ、周辺部は白色の毛で縁どられる。肉：薄く白色、革質、毛の下に暗色の層がある。子実層托：針状、長さ1〜1.5mm、初め白色のち淡褐色。柄：通常長さ6cm、幅3mm位。表面は暗褐色、傘と同様ビロード状の毛でおおわれる。

【生態】晩秋、アカマツやクロマツの地面に落ちたまつかさに1〜2本ずつ生える。
【コメント】肉がかたく、食用に適さない。

マツカサタケ傘裏（安藤撮影）

マツカサタケ（安藤撮影）

イボタケ科　Thelephoraceae

　旧イボタケ科のきのこは、地上生または材上生で、背着生～有柄、革質ときに肉質、子実層托は様々。胞子紋は白色～褐色。胞子は細かい刺や粒、いぼなどをおび、非アミロイド。菌根性ときに材上生。材上生では白色腐朽をおこす。本県からは6属13種(1未記録を含む。)が知られている。

　新分類体系では、本科はイボタケ目に置かれるが、従来本科に置かれてきたマツバハリタケ属やクロハリタケ属、チャハリタケ属(別名ニオイハリタケ属)、コウタケ属、クロカワ属は分離されてマツバハリタケ科 Bankeraceae にまとめられている。

ボタンイボタケ 食不適
Thelephora aurantiotincta
イボタケ属

【形態】子実体：基部から傘を四方に二～三重に開き、八重咲きの花状、通常高さ8cm、径10cm位。傘：通常4cm位、扇状または隣接する傘が癒着して横に広がり、あるいは多数の裂片に裂けて不規則な形を呈する。傘の表面は放射状のしわがあり平坦ではなく、辺縁部は白色でやや綿質、その内側は橙黄色、大部分は白茶色。肉：軟らかい革質、淡い肌色、乾燥するとかたくなり強い香りを放つ。子実層托：細かい乳頭状のいぼでおおわれ、縁部は白色、中央に向かって橙黄色、きつね色と濃くなり、成熟した部分は橙黄色～暗褐色。
【生態】夏～秋、アカマツ林やアカマツの交じった雑木林内の地面に単生～群生。
【コメント】肉質が多少革質で食用には適さない。

ボタンイボタケ傘裏

ボタンイボタケ

イボタケ 食不適

Thelephora japonica
イボタケ属

【形態】子実体：共通の柄から花弁状に多数の裂片を開き、基部は狭まって柄となる。通常高さ3cm、幅5cm位。傘：各裂片は薄く、扇形、裂片の幅は2cm位、表面は平滑、材木色と黒褐色の斑状の環紋があり縁部は初め類白色、繊維質放射状の皺襞がある。肉：薄い革質、材木色。子実層托：乳首状の無数のいぼ状突起でおおわれ、淡褐色。
【生態】秋、ブナ・ミズナラなどの広葉樹林内の地面に単生。

【コメント】肉質が強靭で食用には適さない。変異が大きく、分類学的検討を要する種である。本和名はしばしば *T. terrestris*（チャイボタケ）に用いられているが誤り。

イボタケ

イボタケ属の一種 食不適

Thelephora sp.
イボタケ属

【形態】子実体：ホウキタケ型。柄の上部から手のひら状に多数枝分かれし、高さ5cm、幅5cm。傘：形成されず各枝はやや扁平な円筒状、基部付近で1～2度分岐し、先端は鈍頭。表面は暗赤褐色、先端は類白色。肉：柔らかい革質。子実層托：先端と柄の部分を除く全面、平滑。柄：長さ2cm、幅4mm、表面は微毛状。
【生態】秋、ブナ・ミズナラなどの広葉樹林内の地面に単生～群生。
【コメント】日本産本属でホウキタケ型をしたものには本種の他にトサカイボタケ *T. anthocephala* やモミジタケ *T. palmata* が知られているが日本における研究は十分ではなく、種の同定は難しい。

イボタケ属の一種（玉川撮影）

マツバハリタケ 可食

Bankera fuligineoalba
マツバハリタケ属

【形態】傘：通常10cm位、丸山形から平に開き、中央部が少しくぼむ。しばしば二、三が癒着し、縁は波状に屈曲する。表面は乾いて羊皮質の触感があるが鱗片はなく、淡い肉桂色～わずかに桃色をおびた材木色、周辺は白色。肉：中央で厚く、縁に向かって薄い。質は柔軟、初め白色、のちくすんだ色、放射状に繊維紋をあらわす。味は淡白、芳香がある。子実層托：針状、初め白色、のちしだいに材木色、軟らかい。柄：通常長さ3cm、幅1.2cm位、太短く、中実。表面は傘より濃色。
【生態】秋、アカマツ林内の地面に群生。
【コメント】可食であるが、発生は少なくあまり利用されていない。

マツバハリタケ（笹撮影）

ニオイハリタケモドキ 食不適

Hydnellum caeruleum
チャハリタケ属

【形態】傘：通常8cm位、肉厚でほぼ扁平～浅く皿状にくぼむ。表面は初め軟らかいビロード状の毛でおおわれ、青味をおびた白色、のち中央から帯褐色～暗褐色となるが、縁部はしばらく青白色、表面は不規則な凸凹面をあらわす。肉：傘では白色～帯淡橙褐色で青色の環紋があり、柄では橙褐色、芳香はない。子実層托：針状、長さ5mm位、初め淡青灰色、のちチョコレート色。柄：通常長さ4cm、幅1.5cm位、芯はかたく、逆円錐状。フェルト質の菌糸層でつつまれる。表面は帯橙褐色。
【生態】秋、アカマツやクロマツなどの針葉樹林内の地面に群生。
【コメント】ニオイハリタケ *H. suaveolens* は本種に類似するが芳香がある。

ニオイハリタケモドキ

キハリタケ 食不適
Hydnellum aurantiacum
チャハリタケ属

【形態】傘：通常4cm位、ほぼ円形、初め扁平のち浅い皿状。周辺はしばしば不規則に裂け、多数が癒着する。表面は放射状の隆起またはしわ状の突起があり、橙黄色〜朱褐色。縁は白色、短い軟毛がある。肉：橙黄色、条線があり、革質。子実層托：針状、長さ3mm位、柄に垂生、傘の縁には形成されない。初め白色のち暗褐色。柄：通常長さ2cm、幅1cm位、傘と同色で太短く、円柱状、かたいコルク質。基部は塊状または不規則なこぶ状。
【生態】秋、ブナやミズナラなどの広葉樹林の地面に群生。
【コメント】近縁のチャハリタケ *H. concrescens* は表面が茶褐色で、針葉樹に発生することで区別ができる。

キハリタケ（手塚撮影）

クロハリタケ 食不適
Phellodon niger
クロハリタケ属

【形態】傘：通常6cm位、不正円形、扁平〜浅い皿形、しばしば互いに癒着して大きくなる。表面は凹凸を呈し、厚いフェルト状の毛被におおわれ、初め青灰色、のち中心部から青黒〜灰黒色になり、ほとんど環紋をあらわさない。周縁は成育中は白色、のち灰褐色。肉：かたくコルク質、青黒〜黒色。子実層托：針状、多少垂生、初め白色のち灰色、長さ2mm位。柄：通常長さ3cm、幅1cm位、不正円柱状、表面に厚いフェルト状の柔軟な組織をこうむり、内外異質で芯はかたい。
【生態】秋、ミズナラなどの雑木林内の地面に群生。
【コメント】肉質が強靭で食用には適さない。普通に見られる。

クロハリタケ

コウタケ（笹撮影）

コウタケ 食注意

Sarcodon aspratus
コウタケ属

コウタケ（手塚撮影）

【形態】傘：通常20cm位、ときにそれ以上、漏斗形で、縁は内側に巻く。傘の中心は深くくぼみ、穴は柄の根もとまで達する。表面は淡茶褐色、大形角状の鱗片が密生し、中央部では特に粗大で、強く反り返る。肉：生時は桃紅白色、乾くと黒褐色。子実層托：針状、柄に垂生、初め灰白色のち暗褐色、長さ10mm。柄：通常長さ5cm、幅2cm位、太短く、傘と同色。

【生態】秋、ミズナラ林などの地面に群生。

【コメント】独特の芳香があり、歯切れもよい優秀な食用菌。生のものは焼いたり油炒めに、乾燥品は炊きこみご飯などに適するが、アクが強く、人によっては生のものを口に含むとかぶれることもあるので注意が必要。本種はヨーロッパで知られている次種のシシタケときわめて類似し混同されているが、同種はトウヒ属の林に発生し、傘鱗片はやや小さいものの、傘縁まで密生する。今後、日本のコウタケとの違いを分類学的に比較検討する必要がある。

シシタケ（手塚撮影）

シシタケ 可食

Sarcodon imbricatus
コウタケ属

マツシシタケ

【形態】傘：通常20cm位、漏斗形で、縁は内側に巻き、傘の中心はくぼむ。表面は淡茶褐色、大形で強く反り返った角状の鱗片を密生する。
肉：生時は桃紅白色、乾くと黒褐色。
子実層托：針状、柄に垂生、初め灰白色のち暗褐色、長さ10mm。柄：通常長さ5cm、幅2cm位、太短く、傘と同色。
【生態】秋、エゾマツなどトウヒ属の林内の地面に群生。
【コメント】食の適否については前種のコウタケと同じ。環境省絶滅危惧種に指定されている。類似種にマツ属の林に発生し、やや小形で傘の中央が深くくぼまず、鱗片がレンガ状をした**マツシシタケ** *S. squamosus*がある。従来、日本ではコウタケに類似し傘の中央が深くくぼまないものを本種としてきたが、それはヨーロッパで *S. imbricatus*の異名とされていた *S. squamosus*の特徴に基づくものであると考えられる。ヨーロッパにおいて両者は長い間同種として取り扱われてきたが、近年別種として取り扱うべきとする報告があり、ここではその意見に従った。

ケロウジ 食不適
Sarcodon scabrosus
コウタケ属

【形態】傘：通常7 cm位、円形で丸山形、のち開いて浅い漏斗形。表面は淡褐色〜茶褐色〜暗褐色、微毛を密生し、毛はのちに叢生し鱗片状となる。肉：緻密、淡桃紅色、柄の基部は青黒色、味は苦い。子実層托：針状、柄に垂生、長さ8 mm位、淡褐色、先端は白色。柄：通常長さ4 cm、幅1.5 cm位、太短く、淡褐色、基部は青黒色。
【生態】秋、アカマツ林などの地面に群生。

【コメント】苦くて食用には適さない。マツシシタケ（p.363）と類似するが、本種は傘に初め微毛を密生し、柄の基部が紫色のしみを生じる点で区別できる。

ケロウジ

クロカワ 食注意
Boletopsis grisea
クロカワ属

【形態】傘：通常15 cm位、外周はほぼ円形。初め丸山形で縁は内側に巻き、のち平たい丸山形。表面は平滑、初め灰白色で中央灰褐色、のち中央で細かくひび割れてささくれ、暗灰褐色。周縁は淡色、縁はしばしば裂ける。肉：厚く、ほぼ白色で、傷つくと淡紫灰色に変わる。質は丈夫だが、縦に裂ける。子実層托：管孔状、柄に垂生。孔口はやや微細で白色。柄：通常長さ6 cm、幅2 cm位、太短く、傘と同色。
【生態】秋、荒地や乾いた赤土などの環境のアカマツ林の地面に単生〜群生。

【コメント】本菌には従来 *B. leucomelaena* の学名があてられていたが、同種はトウヒ林の腐葉の多い地上に発生し、傘は黒色で平滑、質はもろく、近年の分類学的研究では本種とは異なる旨報告されている。なお、和名のクロカワは本種に採用した。

クロカワ

ニンギョウタケモドキ科　Scutigeraceae

旧ニンギョウタケモドキ科のきのこは、菌根性で、有柄、傘が唐傘形、肉質、子実層托は管孔状。1菌糸型。胞子紋は白色。胞子は平滑、アミロイドまたは非アミロイド。本県からは1属4種が知られている。

新分類体系では、本科はベニタケ目に置かれている。

コウモリタケ 不明
Albatrellus dispansus
ニンギョウタケモドキ属

【形態】子実体：マイタケ型。著しく分岐した柄と多数の傘からなり、全体の高さ15cm、径20cm位。**傘：**へら形～扇形～半円形、通常幅6cm、厚さ3mm位。表面は鮮黄色、縁は下方に屈曲して波をうつ。**肉：**薄く、もろく、味は辛い。**子実層托：**管孔状、垂生し、短く、長さはほぼ1mm、白色。孔口は微細、円形～不正形。**柄：**通常長さ3cm、幅1.5cm位、不正円柱状。白色。

【生態】秋、アカマツなどの針葉樹林内の地面に単生～群生。

【コメント】胃腸系の中毒を起こすとも言われているので注意が必要。

コウモリタケ（手塚撮影）

ザボンタケ 不明
Albatrellus cristatus
ニンギョウタケモドキ属

【形態】傘：通常6cm位、初め丸山形のち平らに開き、縁はしばしば反り返り波打ち、しばしばいくつか癒着し、横に広がる。表面は帯緑黄色、初め淡色のち濃色。微毛状でなめし革様感触がある。肉：全体にもろい。子実層托：管孔状、柄に垂生。初め白色、古くなると傘と同色。柄：通常長さ3cm、幅1cm位、中心生～偏心生、白色。
【生態】秋、ミズナラなどの雑木林の地面に群生。
【コメント】有毒の可能性もあるので注意が必要。コウモリタケ(p.365)に多少類似するが、同種はマイタケ型を呈し、傘は鮮黄色であることで異なる。

ザボンタケ

センニンタケ 不明
Albatrellus pes-caprae
ニンギョウタケモドキ属

【形態】傘：通常12cm位、ときにそれ以上、半円形～腎臓形。表面はやや毛羽だった鱗片を生じ、暗黄緑色、のち緑褐色または淡桃紫色をおびた灰褐色、不規則な亀裂を生じて地肌をあらわす。肉：厚く、帯黄白色。子実層托：管孔状、柄に垂生、淡黄白色。孔口は不整多角形。柄：通常長さ5cm、幅1.5cm位、側生～偏心生、白色。
【生態】夏～初秋、ブナ林の崖地などの裸地に群生。
【コメント】モミなどの菌根菌とされているが、本県ではブナとの菌根関係も推測されている。

センニンタケ

ニンギョウタケ（手塚撮影）

ニンギョウタケ 可食
Albatrellus confluens
ニンギョウタケモドキ属

ニンギョウタケ

【形態】子実体：傘は有柄で、共通の根もとから数本かたまって成長し、高さ15 cm径20 cmを超える。傘：扇形〜へら形、通常幅15 cm、厚さ3 cm位、しばしばいくつか互いに押しあって癒着し、形は著しくゆがみ、縁は波状にうねる。表面は黄白色〜肌色、平滑。肉：柔軟な肉質、白色。子実層托：管孔状、柄に長く垂生、白色〜クリーム色。孔口はやや細かく、円形のち多角形。柄：通常長さ4 cm、幅2 cm位、太く、ほぼ側生。表面は白色〜クリーム色。

【生態】秋、アカマツやキタゴヨウマツなどの針葉樹林の地面に群生。

【コメント】可食とされているが、発生が比較的少ないためあまり利用されていない。

多孔菌（サルノコシカケ）科　Polyporaceae

　旧多孔菌科のきのこは、一般に材上生で、背着生～無柄または有柄、肉質が革質、コルク質、木質など、子実層托は様々。本県からは34属57種（1不確定種含む。）のほか、ブクリョウ属Wolfiporiaのブクリョウ *W. cocos* 1種が知られている（成田・菅原，1990）。
　近年の分子系統解析の結果から、従来の多孔菌科（邦和名はタマチョレイタケ科に変更）は多系統であることが分かり、一部がツガサルノコシカケ科 Fomitopsidaceae やトンビマイタケ科 Meripilaceae、シワタケ科 Meruliaceae、マクカワタケ科 Phanerochaetaceae などに置かれた（各属の詳細は解説参照）。また、マツノネクチタケ属はミヤマトンビマイ科 Bondarzewiaceae に移されベニタケ目に置かれたが、同目に置かれたウスベニオシロイタケ属の所属科は未確定である。キカイガラタケ属はキカイガラタケ科 Gloeophyllaceae としてキカイガラタケ目に置かれた。ツヤナシマンネンタケ属はタバコウロコタケ科 Hymenochaetaceae に移され、タバコウロコタケ目に置かれたが、同目に置かれたシロサルノコシカケ属やシハイタケ属、オツネンタケ属の所属科は未確定である。

ハチノスタケ 食不適
Neofavolus alveolaris
ハチノスタケ属

【形態】傘：通常幅6cm、厚さ5mm位、半円形～腎臓形。表面は淡～濃黄茶色、扁平な細かい鱗片をおび、無毛。肉：白のちクリーム色、柔軟な革質。子実層托：管孔状、深さ3mm位。孔口は放射状に長い蜂の巣状。大きさは2×1mm位、濃～淡クリーム色。柄：側生～偏心生、短く、しばしば痕跡状。
【生態】初夏および秋、広葉樹の立ち木や枯れ木上に群生。

【コメント】肉が強靭で食用に適さない。材の白色腐朽を起こす。従来、本種はタマチョレイタケ属に置かれていたが、近年の分類学的研究ではハチノスタケ属として独立している。

ハチノスタケ（笹撮影）

アミヒラタケ 食不適

Polyporus squamosus
タマチョレイタケ属

【形態】傘：通常幅30 cm、ときに50 cm以上、厚さ3 cm位、うちわ形～漏斗形。表面は淡黄色～淡黄茶色、茶褐色の圧着した繊維状紋でおおわれる。肉：淡黄白色。初め柔軟な肉質、のちかたく強靭になり、乾けばほとんどコルク質。子実層托：管孔状、柄に垂生し白色。孔口はやや大型、円形から放射状に長くなる。柄：通常長さ3 cm、幅2 cm位、側生～偏心生、太短くてかたく、根もとは黒色。

【生態】初夏および秋、ヤナギなどの広葉樹の立ち木や枯れ木上に発生。

【コメント】若いときから肉が強靭で食用に適さない。材の白色腐朽を起こす。胞子は長楕円形～紡錘形、大きさは11.5-18×5-7.5 μm。本県産では胞子が大型であり、今後詳細な検討を要する。本種はしばしば樹上生のタマチョレイタケ(p.372)(若いとき可食)と混同されているが、同種では傘表面は鱗片におおわれる点で区別ができる。新分類体系では本属はタマチョレイタケ科に置かれている。

アミヒラタケ

アミヒラタケ

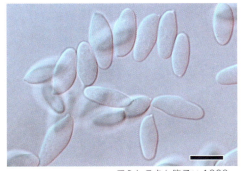

アミヒラタケ胞子×1000

アミスギタケ 食不適

Polyporus arcularius
タマチョレイタケ属

【形態】**傘**：円形で、通常径5cm、厚さ3mm位、はじめ丸山形から平らに開くが、中心はへそ状にくぼんで全体はやや浅いろうと形。表面は黄白〜淡いこげ茶色の小さなささくれ状の鱗片をおびる。**肉**：薄く、白〜クリーム色、柔軟な革質。**子実層托**：管孔状、深さ1〜2mm、白〜クリーム色。孔口は放射状にのびた楕円形、大きさは1×0.5mm位。**柄**：中心生、通常長さ4cm、幅3mm位、円柱状、肉はかたい。表面は暗褐色の微細な鱗片をおびる。

【生態】秋、ブナなどの広葉樹の枯れ木、枯れ枝に群生。

【コメント】肉が革質で食用に適さない。材の白色腐朽を起こす。

アミスギタケ（手塚撮影）

オツネンタケモドキ 食不適

Polyporus brumalis
タマチョレイタケ属

【形態】**傘**：通常幅5cm、厚さ4mm位、ほぼ円形、平たい丸山形〜扁平。表面は灰色〜灰褐色、細かい毛でおおわれるが、のち平滑。**肉**：白色、柔軟な革質、乾くとかたくなる。**子実層托**：管孔状、柄に垂生、白色。孔口は小型。**柄**：通常長さ3cm、幅5mm位、中心生、円筒形。表面は傘とほぼ同色、まだら模様がある。

【生態】秋、ブナなどの広葉樹の倒木や枯れ木、落枝上に群生。

【コメント】肉が革質で食用不適。従来は次種のアシグロタケと共にオツネンタケモドキ属 *Polyporellus* に分類され、本種はその基準種であった。

オツネンタケモドキ（手塚撮影）

アシグロタケ

アシグロタケ 食不適
Polyporus badius
タマチョレイタケ属

アシグロタケ（手塚撮影）

【形態】傘：通常幅15 cm、厚さ5 mm位、浅い漏斗形、周辺は波形に屈曲する。表面は平滑、光沢があり、初め淡黄灰褐色、のち栗褐色で中央黒褐色。肉：白色で薄く、生のとき柔軟な革質、乾くとかたくなる。子実層托：管孔状、類白色。孔口はきわめて微細。柄：通常長さ5 cm、幅1 cm位、側生または中心生。表面は黒褐色。
【生態】秋、ブナなどの倒木上に多数群生。
【コメント】強靭できのこ臭も強く、食用に適さない。本書でタマチョレイタケ属としたものは多系統で、今後転属される種があると考えられる。

タマチョレイタケ 可食

Polyporus tuberaster
タマチョレイタケ属

【形態】傘：通常径10cm、ときに20cm以上、厚さ1cm位、ほぼ円形で開くと浅い漏斗状。表面は黄茶色、淡褐色の繊維状鱗片を生じる。肉：柔軟、やや強靭。子実層托：管孔状、柄に垂生し白色。孔口は円形のち放射状、やや大型。柄：ほぼ中心生、通常長さ8cm、幅1cm位。表面は淡黄白色、地上生のものでは基部に球塊状またはショウガ根状の黒色の菌核をつける。

【生態】春〜秋、ブナやミズナラの倒木や枯れ木上に単生、または地中の偽菌核から発生。

【コメント】若いときは可食だが、やや歯ごたえがある。球塊状の菌核は土や根を巻き込み石のようにかたい。ブナの倒木に生えるものではときにきわめて大形で、傘が20cm以上となるものもある。変異が大きく、今後分類学的検討が必要。

大形なタマチョレイタケ

タマチョレイタケ菌核（手塚撮影）

タマチョレイタケ（材上生）

チョレイマイタケ 可食

Dendropolyporus umbellatus
チョレイマイタケ属

【形態】**子実体**：根もとから複雑に枝分かれした柄と傘からなるマイタケ型。1株は高さ15 cm、径20 cm位、ときにそれ以上になる。**傘**：通常幅4 cm、厚さ5 mm位、ほぼ円形、中心はくぼんで浅い漏斗形。表面は黄白色〜淡きつね色、黄褐色で、細鱗片状のささくれを密生。**肉**：白く、菌切れのよい肉質、乾けばもろい。**子実層托**：管孔状、柄に垂生、厚さ1〜2 mm。孔口は白色、円形、やや微細。**柄**：多数枝分かれして細くなり、白色。地上に発生するものでは基部に多数の瘤が連なったような不規則な形の黒い菌核をつける。

【生態】初夏および秋、ミズナラなどの広葉樹の樹下の地中の菌核またはときに立ち木などから発生。

【コメント】可食で比較的美味である。胞子は長楕円形、大きさは7-10×3-4 μm。冷温帯地域に多く、発生はまれの上に、菌核の乱獲により近年減少傾向にあり、環境省準絶滅危惧種に指定されている。新分類体系では本属はタマチョレイタケ科に置かれている。

チョレイマイタケ

チョレイマイタケ菌核（手塚撮影）

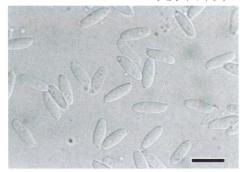

チョレイマイタケ胞子×1000

マイタケ（手塚撮影）

マイタケ 可食

Grifola frondosa
マイタケ属

【形態】子実体：多数の枝分かれした先に傘を生じるマイタケ型。1株は高さ20 cm、径30 cm位、ときにそれ以上になる。傘：通常幅5 cm、厚さ4 mm位、扇形〜へら形〜半円形。表面は放射状の繊維紋とやや不鮮明な環紋をあらわし、初め黒褐色〜帯紫黒色、のちしだいに色は淡くなり灰褐色となる。肉：白く、柔軟で歯切れのよい肉質。子実層托：管孔状、類白色、厚さ1〜3mm、柄に垂生。孔口は小型で円形〜不整円形。柄：類白色、やや強靭。

【生態】秋やや早く、ミズナラ、トチ、クリなどの広葉樹の大木の根際に単生〜群生。

【コメント】1株の直径が50cm余り、重さ10kg以上に達するものもある。新分類体系では本属はタマチョレイタケ目マイタケ科に置かれている。

マイタケ（手塚撮影）

マイタケ幼菌（笹撮影）

シロマイタケ 可食
Grifola albicans
マイタケ属

【形態】子実体：多数の枝分かれした先に傘を生じるマイタケ型。1株は高さ20cm、径30cm位。傘：通常幅6cm、厚さ8mm位、扇形〜へら形など。表面は放射状の繊維紋をあらわし、初めほぼ白色〜クリーム色、古くなるとしだいに淡褐色をおびてくる。肉：やや薄く、白色、質はややもろい。子実層托：管孔状、類白色、厚さ1〜3mm、柄に垂生。孔口はやや中型で円形〜不整円形、しばしば迷路状となる。柄：通常長さ10cm、幅4cm位、類白色〜クリーム色。
【生態】秋やや遅く、ミズナラなどの根際に発生する。
【コメント】発生はまれ。肉質が多少もろく、味、歯切れともマイタケよりは劣る。傘の肉の菌糸に不規則に肥大化し径30μm位に達するものを含むことでマイタケとは異なる。本県下北半島から採集された標本に基づき新種報告されて以来、採集記録が少ないため、しばしばマイタケの白色タイプと混同されている。日本特産種。

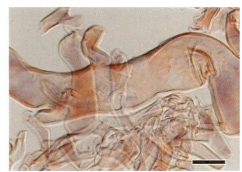

シロマイタケの傘肉菌糸×400

シロマイタケ

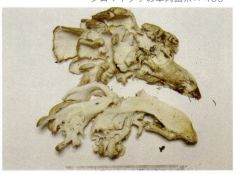

シロマイタケ断面

トンビマイタケ 可食

Meripilus giganteus
トンビマイタケ属

【形態】子実体：根もとから多数の大形の傘を八重咲き状に張り出したマイタケ型。1株は高さ30 cm、径40 cm位、ときにそれ以上になる。傘：通常幅20 cm、厚さ2 cm位、やや扇形、周辺部は波形に屈曲する。表面はトビ茶色～濃い茶褐色、放射状に走る繊維紋と同心円状の環紋がある。肉：初め白

トンビマイタケ（小泉撮影）

トンビマイタケ幼菌（笹撮影）

色であるが、しだいに黒変する。質は初め柔軟だが、のち強靭。**子実層托**：管孔状、厚さ2〜3mm、柄に垂生、白色、触れると速やかに黒変する。孔口は微細で円形。
柄：クリーム色、やや強靭。
【生態】夏〜初秋、ブナ大木の根もとや倒木周辺、切り株などに発生。
【コメント】地方名ブナマイタケ。可食であるが古くなると肉質が強靭になるため、食用には肉の白い若いものを利用し、天ぷらなどにすると美味である。黒変を防ぐため、一旦ゆでてから冷蔵庫で保存するとよい。新分類体系では本属はトンビマイタケ科に置かれている。

トンビマイタケ幼菌（小泉撮影）

トンビマイタケ成菌（小泉撮影）

マスタケ

マスタケ 食注意
Laetiporus cremeiporus
アイカワタケ属

【形態】子実体：多数の大形の傘が重なり合って張り出したマイタケ型。1株は高さ20 cm、径30 cm位、ときにそれ以上になる。**傘**：通常幅20 cm、厚さ3 cm位、ほぼ扇形、縁部は不規則に波打つ。表面は朱紅色、乾燥すると退色して類白色。放射状のしわと環紋がある。**肉**：淡紅色、柔軟な肉質、のち乾燥するときわめてもろくなる。**子実層托**：管孔状、厚さ5 mm位、類白色〜クリーム色。孔口は微細、円形。
【生態】夏〜秋、ミズナラなどの広葉樹の生木の根際または枯れ木や立ち木、倒木などに発生。
【コメント】可食とされているが、生食すると中毒するといわれており、注意が必要。従来、本菌には *L. sulphureus* var. *miniatus* の学名が当てられていたが、近年の分類学的研究で同種とは別種とされ、本学名が与えられている。新分類体系では本属はツガサルノコシカケ科またはアイカワタケ科に置かれている。

マスタケ

アイカワタケ(ヒラフスベ) 食注意
Laetiporus versisporus
アイカワタケ属

【形態】子実体：数枚の傘が重なり合って張り出したマイタケ型。傘：通常幅20cm、厚さ3cm位、扇形～半円形、縁部は不規則に波打つ。表面は淡黄色～鮮黄色、ときに紅橙色。放射状のしわと環紋がある。肉：多汁質で柔軟、黄色、乾燥すると退色して白～汚白色になり、もろく砕けやすい。子実層托：管孔状、厚さ5mm位、黄色、ときにクリーム色。孔口は微細、円形。
【生態】夏～秋、ミズナラなどの広葉樹の立ち木の幹や枯れ木などに発生。
【コメント】食の適否はマスタケに同じ。本種はしばしばまんじゅう形をした異形体を形成する。異形体は初め淡黄色のち褐色、内部は厚壁胞子を形成して粉状となる。従来、本菌はヒラフスベ *L. versisporus* と別の菌として *L. sulphureus* の学名が与えられていたが、近年の分類学的研究で同じ種であることが判明している。

アイカワタケ（横沢撮影）

ミヤママスタケ 食注意
Laetiporus montanus
アイカワタケ属

【形態】子実体：多数の大形の傘が重なり合って張り出したマイタケ型。傘：通常幅15cm、厚さ2cm位、柄部が細まった扇形～円形、縁部は不規則に波打つ。表面は帯紅橙色～朱紅色、乾燥すると退色して類白色。放射状のしわと環紋がある。肉：類白色～帯紅色、もろい肉質で裂けやすい。子実層托：管孔状、淡黄色～鮮黄色。孔口はやや微細、円形。
【生態】秋、モミ、ツガなどの針葉樹の枯れ木や倒木、生木などに多数重生。
【コメント】食の適否は前頁のマスタケに同じ。従来、本菌は広葉樹に発生するマスタケと同種とされていたが、近年の分類学的研究で針葉樹に発生するものは別種とされ、本学名が与えられた。マスタケとは傘の下面が黄色いことでも区別ができる。

ミヤママスタケ

オオオシロイタケ 不明

Postia tephroleuca
オオオシロイタケ属

【形態】子実体：無柄。一年生。傘：通常幅10 cm、厚さ2 cm位、半円形、丸山形〜低い蹄形。表面は粗毛でおおわれているかときに無毛、初め白色〜クリーム白色、ときに淡褐色をおびる。肉：白色、多汁な肉質、乾けばもろい。多少苦味がある。子実層托：管孔状、白色。孔口は微細。
【生態】秋、ブナ・ミズナラなどの広葉樹の立ち木や倒木上に単生〜群生。
【コメント】材の褐色腐朽をおこす。従来本種の学名はオシロイタケに与えられていたが、オシロイタケは傘表面が無毛で白色腐朽を起こすことで本種とは異なることから近年オシロイタケ属の *Tyromyces chioneus* とされている。本種の属の学名は、近年では *Oligoporus* ではなく、*Postia*（オオオシロイタケ属）を用いる研究者が多く、本書でも採用した。新分類体系では本属はツガサルノコシカケ科に置かれている。

オオオシロイタケ

アオゾメタケ 不明

Postia caesia
オオオシロイタケ属

【形態】子実体：無柄。一年生。傘：通常幅6 cm、厚さ2 cm位、半円形、丸山形〜低い蹄形。表面は微毛〜粗毛をおび、初め白色、のち汚黄褐色、周辺付近は青味をおびる。肉：白色、多汁な肉質、乾けばもろい。子実層托：管孔状、白色、しだいに青味をおびる。孔口は微細。
【生態】秋、アカマツなどの針葉樹やブナ・ミズナラなどの広葉樹の腐朽材上に単生。
【コメント】胞子紋が淡青藍色のため、成熟すると傘に胞子が積もり青味をおびる。材の褐色腐朽をおこす。本種は前種のオオオシロイタケに類似するが、同種は青味をおびず、傘肉が苦みをもつことで区別ができる。

アオゾメタケ

ウスベニオシロイタケ

ウスベニオシロイタケ 不明

Taiwanoporia roseotincta
ウスベニオシロイタケ属

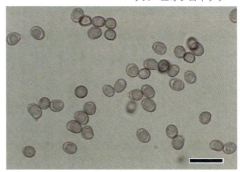

ウスベニオシロイタケ胞子（メルツアー液中）×1000

【形態】子実体：無柄～半背着生。一年生。初め柔軟で多汁な菌糸塊から傘を形成して多数重なる。傘：通常幅10 cm、厚さ1.5 cm位、ほぼ円形から扇形、中央が浅く窪んだ丸山形で周辺は盛り上がり、縁部は薄く不規則に波打つ。表面は初め白色でところどころ淡赤紫色をおび、のち淡褐色、ビロード状、中央にはしばしば粗毛をもつ。肉：白色、しばしば淡赤紫色をおび、柔軟な肉質で多汁、のち乾燥するとかたくなる。子実層托：管孔状、白色のち淡黄褐色をおびる。孔口は微細。
【生態】夏～秋、ブナの切り株上などに群生。
【コメント】胞子は広楕円形、大きさは4-5×3-4 μm、アミロイド、表面に微突起を有するが確認し難い。近年、八甲田の各地のブナの切り株等にみられるようになってきたきのこで、本菌に感染した切り株ではクロゲナラタケ（*p.112*）の発生が減少してきている。新分類体系では本属はベニタケ目に所属すると考えられている（服部私信）が所属科は未確定である。

ヒトクチタケ 食不適

Cryptoporus volvatus
ヒトクチタケ属

【形態】傘：通常幅3.5 cm、厚さ2.5 cm位、丸山形でクリの実様。側面で木につき無柄。表面は黄褐色～栗褐色、ニスを塗ったような光沢があり、無毛平滑。下面は革質の被膜でおおわれ、初め子実層托を露出しないが、のち傘のつけ根に近い部分に穴ができ、外に開く。肉：白色、革質～コルク質、生のときには乾魚様の強い臭気がある。子実層托：管孔状、長さ2～5㎜。孔口は灰褐色、円形。柄：無し。
【生態】春～夏、マツの立枯れ木に群生。
【コメント】松枯れの木によく発生し、県内ではややまれであったが、近年しばしば見かけるようになった。新分類体系では本属はタマチョレイタケ科に置かれている。

ヒトクチタケ

ヤケイロタケ 食不適

Bjerkandera adusta
ヤケイロタケ属

【形態】子実体：半背着生～無柄、多数の傘を重生する。傘：通常幅5 cm、しばしば横に癒着してそれ以上、厚さ4㎜位、半円形～貝殻状。表面は灰褐色の不明瞭な環紋をあらわし、縁部は成長時白色、または全体灰白～汚黄白色、短い密毛をこうむるかまたはほとんど無毛、放射状の繊維紋をあらわす。肉：強靭な革質、乾くとかたくなり、ほとんど白～汚白色。断面では子実層托との間に暗色の線がある。子実層托：管孔状、厚さ1～2㎜、生育時は灰色であるが指で圧すると黒くなる。孔口は微細、ほぼ円形。
【生態】秋、ブナなどの広葉樹の枯れ木、切株などに群生。
【コメント】肉が強靭で食用に適さない。材の白色腐朽を起こす。新分類体系では本属はマクカワタケ科に置かれている。

ヤケイロタケ

ヤニタケ(広葉樹型) 可食
Ischnoderma resinosum
ヤニタケ属

【形態】子実体：無柄。一年生。傘：通常幅20cm、厚さ2cm位、半円形。表面は薄い柔軟な表皮をもち、茶褐色～黒褐色、縁は類白色。初め微細な密毛をおびビロード状であるが、のち不明瞭な環紋と放射状の浅いしわをあらわす。肉：類白色～淡褐色、水分に富んだ柔軟な肉質、乾くとコルク質。子実層托：管孔状、初め灰白色、指で押すと、ただちに暗褐色に変わる。孔口は微細、円形。
【生態】秋、ブナなどの広葉樹の枯れ木、倒木に多数重なりあって発生。

【コメント】若いときは可食で、比較的美味という。新分類体系では本属はタマチョレイタケ目に置かれ、ヤニタケ科に所属させるとする説がある。

ヤニタケ(広葉樹型)

ヤニタケ(針葉樹型) 可食
Ischnoderma benzoinum
ヤニタケ属

【形態】子実体：無柄。一年生。傘：通常幅15cm、厚さ2cm位、半円形、表面は薄い柔軟な表皮をもち、茶褐色～黒褐色、縁は類白色。初め微細な密毛をおびビロード状であるが、のち不明瞭な環紋と放射状の浅いしわをあらわす。肉：初め類白色のち成熟すると暗褐色、水分に富んだ柔軟な肉質、乾くとコルク質。子実層托：管孔状、初め灰白色、指で押すと、ただちに暗褐色に変わる。孔口は微細、円形。
【生態】秋、アカマツなどの針葉樹の枯れ木、倒木に多数重なりあって発生。

【コメント】広葉樹型に類似するが、本種はアカマツなどに発生し、傘肉が暗褐色になることで区別ができる。本県では広葉樹型が普通に見られる。針・広葉樹型とも同じ和名が使われているが、種が異なることから新たな和名が求められる。

ヤニタケ(針葉樹型)

カンバタケ 食不適

Piptoporus betulinus
カンバタケ属

【形態】傘：通常幅20cm、厚さ8cm位、腎臓形～平たいまんじゅう形で、くぼんだ位置に太短い柄をつけるが、ときには半円形で柄は痕跡的。縁は鈍縁で、やや下に湾曲する。表面は無毛平滑、なめし革様、淡褐色～たばこ色、初め環紋があるが、のち不明瞭。表皮はしだいに裂けて剥がれ落ちる。
肉：厚く、白色、緻密でやわらかく丈夫、酸味がある。子実層托：管孔状、白色～黄白色、周辺部は下に巻き込んだ傘の周縁部で縁取られている。孔口は微細。
【生態】夏～秋、ダケカンバなどのカンバ類の枯れ木または生木上に発生。
【コメント】亜高山地帯のカンバ類の林に多く見られる。昔、ヨーロッパでは本菌の傘肉を剃刀の刃をとぐ革砥の代用にしたという。新分類体系では本属はツガサルノコシカケ科に置かれている。

カンバタケ

コカンバタケ 食不適

Piptoporus quercinus
カンバタケ属

【形態】子実体：無柄。一年生。傘：通常幅6cm、厚さ3cm位、半円形～扇形で基部は細くなる。傘表面は黄褐色のち淡褐色～褐色、初めビロード状のちほぼ平滑または細かい粉をおびる。
肉：類白色で初め柔らかい肉質、のち成熟するとかたくなり、革質。子実層托：管孔状、初め類白色、傷つけると褐変する。孔口は小型。
【生態】夏～秋、ミズナラなどの枯木上や落枝上に単生～少数群生。
【コメント】かたく食用には適さない。材の褐色腐朽を起こす。環境省準絶滅危惧種に指定されている。発生は極めてまれであるため本菌の本県および日本における研究は遅れており、今後分類学的検討が必要。

コカンバタケ

シロカイメンタケ 食不適

Piptoporus soloniensis
カンバタケ属

【形態】子実体：無柄。一年生。傘：通常幅25 cm、厚さ3 cm位、半円形、表面は初め鮮橙色、のち類白色～淡褐色、放射状のゆるいしわがある。肉：紅色のち白色、初めやや柔軟で多汁な肉質、のち強靭になり、乾燥するとコルク質で軽くなる。子実層托：管孔状、長さ3～15 mm。傘の肉とほぼ同色。孔口は微細、不整形～多角形。
【生態】夏～秋、ミズナラなどの枯れ木上に発生。
【コメント】マスタケ(*p.*378)に類似し、しばしば混同されているが、本種は傘が半円形で波打たず、1～数個重なって生えるが、株状にならず、肉質もやや強靭であることで区別がつく。褐色腐朽菌。近年 *Piptoporus soloniensis* という学名が提唱されている。

シロカイメンタケ

シロカイメンタケ幼菌

シロカイメンタケ老菌

ニッケイタケ 食不適
Coltricia cinnamomea
オツネンタケ属

【形態】**傘**：通常幅3 cm、厚さ2 mm位、円形、中心はへそ状にややくぼみ、周縁は薄く、前縁または歯牙縁。表面はさび褐色、同心的環紋と放射状の繊維紋をおび、絹糸状をあらわす。**肉**：ややもろい革質。**子実層托**：管孔状、垂生、厚さ1.5 mm。孔口はやや多角形、やや微細、口縁はやや歯牙状。**柄**：円柱状、通常長さ4 cm、幅5 mm、根もとは球状にふくらみ、中実でかたい。表面はビロード状、暗褐色。
【生態】夏〜秋、林内の裸地などの地面に群生。

【コメント】肉質が強靭で食用には適さない。類似種に**オツネンタケ** *C. perennis* があるが、同種は傘の表面がビロード状であり、本県では未確認である。新分類体系では本属はタバコウロコタケ目に置かれているが、所属科は未確定である。

ニッケイタケ

カイメンタケ 食不適
Phaeolus schweinitzii
カイメンタケ属

【形態】**傘**：通常幅30 cm、厚さ1 cm位、半円形〜扇形〜腎臓形、しばしば数枚が重なり合って大きな塊となり、ときに傘のつけ根は長く伸びて、柄のようになる。表面は初め帯褐黄色であるが、すぐに赤褐色から暗褐色になり、やわらかいビロード状の毛を被り、濃淡の環紋をあらわす。**肉**：生育時は多湿、柔軟で、ややもろいフェルト質。乾燥すると軽くて砕けやすい海綿質になり、暗褐色。**子実層托**：管孔状、初め帯緑黄色〜黄色、のち褐黄色〜暗褐色。孔口はやや小型、多角形でしばしば乱れる。
【生態】秋、アカマツやエゾマツなど針葉樹の根際に発生。
【コメント】肉質が強靭で、食用に適さない。一年生。材の褐色腐朽を起こす。

新分類体系では本属はツガサルノコシカケ科またはアイカワタケ科に置かれている。

カイメンタケ

イロヅキタケ 食不適
Spongipellis delectans
ヒツジタケ属

【形態】子実体：無柄。一年生。傘：通常幅5 cm、厚さ2.5 cm位、半円形、平たい丸山形〜やや扁平。表面は粗毛におおわれ、類白色、触れたり乾燥すると淡赤褐色をおびる。肉：生育時は多湿、柔軟な肉質、乾燥すると多少コルク質となる。子実層托：管孔状、厚さ1.5 cm位、初め類白色、乾燥すると淡赤褐色をおびる。孔口はやや広く径1 mm位、多角形、しばしば口縁は多少鋸歯状となる。

【生態】秋、ブナなどの広葉樹の倒木や枯木上に発生。

【コメント】胞子は類球形〜広楕円形、5-8 × 4.5-6 μm、平滑。一年生。材の白色腐朽を起こす。新分類体系では本属はシワタケ科に置かれている。

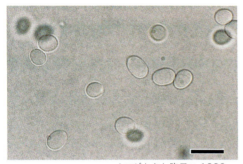

イロヅキタケ胞子×1000

イロヅキタケ

シュタケ 食不適
Pycnoporus cinnabarinus
シュタケ属

【形態】子実体：無柄。一年生。傘：通常幅6 cm、厚さ1.5 cm位、半円形で、しばしば数枚が癒着して横に広がり、ときに側方でくびれて基質につく。平たい丸山形〜扁平。表面は黄朱色〜朱色、古くなると色あせて淡色となる。無毛平滑または細かいしわをおび、不鮮明な環溝をあらわす。肉：コルク質、濃淡の朱色の環紋をあらわす。子実層托：管孔状、長さ3〜8 mm、朱紅色。孔口は円形〜多角形、小型。

【生態】通年、ブナなどの枯れ木に群生。

【コメント】材の白色腐朽を起こす。本種はブナ帯でふつう。同属で本県未記録種のヒイロタケ *P. coccineus* は本種に類似するが、同種は孔口が肉眼で認めがたいほど微細であり、暖帯生であることで区別ができる。新分類体系では本属はタマチョレイタケ科に置かれている。

シュタケ

ホウロクタケ 食不適

Daedalea dickinsii
ホウロクタケ属

【形態】子実体：無柄。ほぼ一年生。傘：通常幅15cm、厚さ2cm位、半円形、ほとんど扁平であるが、中央厚く周辺は薄くなるため断面はくさび形、つけ根でははるかに厚い。表面は新鮮なときコルク色、のち汚れて暗褐色、乾くと灰白色に色があせる。無毛で細かいしわと浅い環溝をあらわし、平たいいぼ状の小さいこぶをつけることが多い。肉：厚さ1～1.5cm、濃～淡コルク色、コルク質。子実層托：管孔状、長さ3～10mm、肉と同色。孔口はやや小型、円形、または部分的に迷路状。

【生態】通年、ミズナラやクリなどの倒木に群生。

【コメント】ブナ・ミズナラ林では普通に見られる。材の褐色腐朽を起こす。新分類体系では本属はツガサルノコシカケ科に置かれている。

ホウロクタケ

カイガラタケ 食不適

Lenzites betulinus
カイガラタケ属

【形態】子実体：無柄。一年生。傘：通常幅8cm、厚さ1cm位、半円形、扁平～貝殻状。表面は短い粗毛を密生し、灰褐色で黄褐色、灰白色、茶褐色などの多数の幅狭い環紋をあらわすが、古くなるとしばしば藻類が繁殖して緑色をおび、またときに毛は脱落する。肉：白色、革質、厚さ1～2mm、表面の毛被の下に暗色の下皮がある。子実層托：ひだ状、やや密、しばしば分岐し、隣同士が連絡する。初め白色～黄白色、古くなる暗灰色。

【生態】夏～晩秋、ブナやミズナラなどの広葉樹、まれに針葉樹の枯れ木上に多数重なって発生。

【コメント】かたくて食用に適さない。きわめてふつうに見られる。材の白色腐朽を起こす。新分類体系では本属はタマチョレイタケ科に置かれている。

カイガラタケ（手塚撮影）

エゾシロアミタケ 食不適

Haploporus odorus
エゾシロアミタケ属

【形態】子実体：無柄。一年生。傘：通常幅10 cm、厚さ5 cm位、半円形、無柄、釣鐘形～まんじゅう形、表面は粉状微毛をおび、類白色。肉：類白色、肉厚、コルク質、桜餅様の匂いがある。子実層托：管孔状、管孔は長さ5 mm、類白色～多少材木色をおびる。孔口は円形のち類円形、微細。
【生態】春～秋、ヤマザクラなどの立ち木に単生～群生。
【コメント】かたくて食用に適さない。材の白色腐朽を起こす。新分類体系では本属はタマチョレイタケ科に置かれている。

エゾシロアミタケ幼菌

エゾシロアミタケ（横沢撮影）

サカズキカワラタケ 食不適

Trametes conchifer
シロアミタケ属

【形態】子実体：無柄。一年生。傘：通常幅4 cm、厚さ3 mm位、半円形～腎臓形、扁平で薄い。表面は白色～灰色、ほぼ無毛。基部に椀状の付着物をつける。肉：白色、柔軟な革質。子実層托：管孔状、長さ1 mm位、淡黄白色。孔口は円形～多角形、小型。縁はしばしば鋸歯状。
【生態】春および秋、ハンノキやミズナラ、ニレなどの広葉樹の枯れ枝上に群生。
【コメント】ややまれとされるが、県内では普通に見られる。材の白色腐朽を起こす。新分類体系では本属はタマチョレイタケ科に置かれている。

サカズキカワラタケ（手塚撮影）

カワラタケ 食不適
Trametes versicolor
シロアミタケ属

【形態】子実体：無柄。一年生。傘：通常幅4cm、厚さ2mm位、半円形〜扇形、多数が横に連なる。表面は黒褐色、灰褐色、濃青色など、短毛でおおわれ、環紋がある。肉：白色、薄く、強靭な革質。子実層托：管孔状、長さ1mm位、白色。孔口は円形で微細。
【生態】夏〜秋、種々の広葉樹または針葉樹の切り株や枯れ木上に多数が群がって発生。
【コメント】材の白色腐朽を起こす。抗がん作用があるとして一時注目されたが、健康に害があるともいわれ、注意が必要である。

カワラタケ（手塚撮影）

オオチリメンタケ 食不適
Trametes gibbosa
シロアミタケ属

【形態】子実体：無柄。一年生。傘：通常幅10cm、厚さ4cm位、ときにそれ以上、半円形、扁平〜平たい丸山形、しばしば基部が厚く縁が薄いくさび形。表面は初め白色〜灰色、密毛を被りビロード状、同心円状の環溝がある。古くなると、しばしば緑藻類が繁殖して緑色になり、毛が離脱して粗面になる。肉：白色、コルク質。子実層托：管孔状、長さ2〜8mm、白色のちわら色。孔口は放射状に長く、迷路状〜ちりめん状。
【生態】夏〜秋、ブナなどの倒木上に群生。
【コメント】かたくて食用には適さない。白色腐朽菌。同属のチリメンタケ *T. elegans* は本種に類似するが、傘表面は無毛で暖温帯以南に分布し、県内では未記録。

オオチリメンタケ

アラゲカワラタケ 食不適
Trametes hirsuta
シロアミタケ属

【形態】子実体：無柄。一年生。傘：通常幅5cm、厚さ8mm位、半円形～扇形。表面は類白色、のち灰褐色、顕著な粗毛でおおわれ、環紋と環溝がある。肉：白色、やや厚く、革質～コルク質。子実層托：管孔状、長さ4mm位、白色～クリーム色のち灰色～淡褐色。孔口は円形～多少角ばり、やや微細。
【生態】夏～秋、種々の広葉樹の倒木や切り株、枯れ木上に群生。
【コメント】かたくて食用に適さない。

アラゲカワラタケ

ヤキフタケ 食不適
Trametes pubescens
シロアミタケ属

【形態】子実体：無柄～やや半背着生。一年生。傘：通常幅6cm、厚さ5mm位、半円形。傘の表面は類白色～クリーム色、短毛を被るかあるいはほぼ無毛、放射状の繊維紋としわがあり、普通環紋は不明瞭。肉：白色、強靭な肉質～革質。子実層托：管孔状、長さ1～2mm、白色～クリーム色。孔口は角形、小～中形、しばしば迷路状。
【生態】夏～秋、ブナなどの広葉樹の倒木や枯れ木上に多数群生。
【コメント】胞子は長楕円形～腸詰形、大きさは5-7×2-2.5 μm。本種に類似種した種にシロオウギタケ *T. glabrata* があるが、同種は傘が扇形で表面は全くの無毛、胞子はより短形(4-5 μm)で、日本特産。

ヤキフタケ

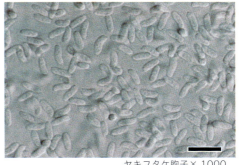

ヤキフタケ胞子×1000

ミノタケ 食不適

Trametopsis cervina
ミノタケ属(仮称)

【形態】子実体：無柄～やや半背着生。一年生。傘：通常幅6cm、厚さ1cm位、半円形～扇形、数枚が癒着して多少不整形、扁平。表面は肉色～褐色または黄土色、縁部は白色、圧着した剛毛におおわれ、しばしば褐色の環紋をあらわす。肉：淡褐色、薄く、柔らかい革質。子実層托：管孔状、長さ5mm位、淡黄褐色。孔口は円形～多角形、やや小型、みだれやすく迷路状、しばしば口縁は鋸歯状。
【生態】初夏～秋、ブナなどの広葉樹の倒木や枯れ木上に群生。

【コメント】肉が強靭で食用には適さない。材の白色腐朽を起こす。従来、本種はシロアミタケ属に置かれていたが、近年の分類学的研究では*Trametopsis*ミノタケ属(仮称)として独立している。

ミノタケ

ダイダイヒメアミタケ 食不適

Antrodiella aurantilaeta
ニカワオシロイタケ属

【形態】子実体：無柄で楔形～丸山形または半背着生。傘：半円形、通常幅5cm、厚さ1.5cm位、しばしば横に連なって長くなる、傘表面は黄橙色～オレンジ色であるが乾燥すると退色し、ビロード状～ほとんど無毛。肉：黄橙色で強靱な肉質。子実層托：管孔状、長さ5mm位。孔口は角形～ややみだれて迷路状、鮮橙色で乾燥しても退色しにくい。
【生態】夏～秋、ブナなどの広葉樹の倒木や枯れ木上に群生。

【コメント】肉が強靭で食用には適さない。材の白色腐朽を起こす。新分類体系では本属はマクカワタケ科に置かれている。

ダイダイヒメアミタケ

ニクウスバタケ 食不適
Cerrena zonata
ミダレアミタケ属

【形態】子実体：無柄〜やや半背着生。傘：半円形、通常幅2.5cm、厚さ2mm位、縁辺は薄く鋭く全縁またはやや鋸歯状、乾けば強く下側に湾曲する。表面は初めクリーム色、のち肉色〜赤褐色、無毛平滑、細い放射状の繊維紋と不明瞭な環紋をそなえる。肉：きわめて薄く、強靱、乾けばかたい。材白色。子実層托：鋸歯状。長さ1〜2mmの薄歯状の突起が密生、材白色〜肌色。
【生態】春〜秋、ブナなどの広葉樹の倒木や枯れ木上に群生。
【コメント】春から初夏にかけて著しく成長し、胞子を放出する。材の白色腐朽を起こす。従来、本菌にはニカワオシロイタケ属の *Antrodiella zonata* の学名が与えられていたが、近年、ミダレアミタケ属の本学名が与えられている。新分類体系では本属はタマチョレイタケ目に置かれ、近年、ミダレアミタケ科（仮称）が提唱された。

ニクウスバタケ

ビスケットタケ 食不適
Antrodiella brunneomontana
ニカワオシロイタケ属

【形態】子実体：無柄または半背着生。一年生。傘：半円形〜扇形、扁平または丸山形、通常幅6cm、厚さ1cm位、しばしば数枚横に連なって広がる。表面は肌色〜肉色、縁部は初め白色、平滑、不明瞭な環紋をあらわす。肉：柔軟なコルク質、灰白色。子実層托：管孔状、長さ1mm位、白色。孔口は円形、微細。
【生態】夏〜秋、ブナなどの広葉樹の枯れ木上に多数重なって発生。
【コメント】形の変異は大きく、傘をつくるものからつくらないものまである。白色腐朽を起こす。従来本菌に当てられていた学名 *A. ussurii* は本種の異名。

ビスケットタケ

シハイタケ 食不適

Trichaptum abietinum
シハイタケ属

【形態】子実体：半背着生。一年生。傘：通常幅2cm、厚さ1.5mm位、半円形〜横に連なって多少不整形。表面は白色〜灰白色、短い毛を被り、不明瞭な環紋をあらわす。肉：やや膠質、薄く、淡肉色。子実層托：浅い管孔状、初め薄いピンク色〜スミレ色のち退色する。孔口は円形〜迷路状、口縁はやや歯牙状。
【生態】夏〜秋、アカマツなどの針葉樹の枯れ木上に多数重なって発生。
【コメント】本県でも見られる類似種のウスバシハイタケ *T. fuscoviolaceum* は、アオモリトドマツなどに発生し、傘の毛が多少長く、管孔の壁が裂けて薄歯形になる点で異なる。新分類体系では本属はタバコウロコタケ目に置かれたが、所属科は不明。

シハイタケ

ハカワラタケ 食不適

Trichaptum biforme
シハイタケ属

【形態】子実体：半背着生。一年生。傘：通常幅5cm、厚さ2mm位、半円形または基部が狭まって扇形、薄く、厚さ1〜2mm。縁は鋭く、乾燥時、下側に巻き込む。表面は灰白色〜淡灰褐色、縁は紫色をおびる。初め短毛に密におおわれ、環紋をあらわす。肉：強靭な革質、薄く、白色。子実層托：初め浅い管孔状、のち裂けて薄歯状の針となる。初めサクラ色〜紫色をおびるが、のち速やかに退色して淡褐色となる。
【生態】夏〜秋、ミズナラなどの広葉樹の立枯れ木や枯れ枝上に多数重なり合って発生。
【コメント】材の白色腐朽を起こす。

ハカワラタケ

ハカワラタケ傘裏

エゴノキタケ 食不適

Daedaleopsis styracina
チャミダレアミタケ属

【形態】子実体：半背着生。一年生。傘：通常幅4cm、厚さ3mm位、半円形〜貝殻状、基部は材に幅広くつき、上下に長く連なる。表面は粉毛でおおわれるが、しだいに平滑、黒褐色、赤褐色、焦げ茶色などの幅狭い環紋があり、細かい放射状のしわをあらわす。肉：かたい革質、薄く、ほぼ白色。子実層托：ひだ状〜迷路状、汚白色〜灰褐色。
【生態】夏〜秋、エゴノキの枯れ木に多数重生。
【コメント】エゴノキの白色腐朽を起こす。新分類体系では本属はタマチョレイタケ科に置かれている。

エゴノキタケ（手塚撮影）

チャカイガラタケ 食不適

Daedaleopsis tricolor
チャミダレアミタケ属

【コメント】前種も含め、かたく食用に適さない。

【形態】子実体：無柄。一年生。傘：通常幅6cm、厚さ8mm位、半円形〜平たい貝殻状、縁は薄く鋭い。表面はほぼ無毛平滑、しばしばさび褐色の粉を被るものもある。茶、紫、黒褐色などの環紋があり、放射状のしわをあらわす。肉：かたい革質。子実層托：ひだ状、やや密、縁は鋸歯状。灰白色のち灰褐色。
【生態】夏〜秋、広葉樹の枯れ木に多数重生。

チャカイガラタケ（手塚撮影）

チャミダレアミタケ 食不適

Daedaleopsis confragosa
チャミダレアミタケ属

【形態】子実体：無柄。一年生。傘：通常幅10 cm、厚さ1 cm位、基部では広がり4 cm位、半円形、扁平～やや丸山形、縁は薄い。表面は無毛、わら色～材木色～茶褐色、放射状の隆起と環溝をあらわし平坦ではない。肉：かたく強靭、材木色～淡い肉桂色。子実層托：管孔状ときにひだ状、初め白色～灰白色、のち暗褐色、手で触れると赤褐色に変色する。孔口は微細、円形～多角形～迷路状で、変化が大きくしばしばひだ状になる。
【生態】夏～秋、広葉樹の枯れ木に群生。
【コメント】材の白色腐朽を起こす。本種に類似するミイロアミタケ *D. purpurea* は傘に顕著な環紋をそなえることで異なるが、本種の変異の一つとする意見もある。

チャミダレアミタケ

チャミダレアミタケ傘表

チャミダレアミタケ傘裏

ホウネンタケ 食不適
Abundisporus pubertatis
ホウネンタケ属

【形態】子実体：無柄～半背着生。一年生～多年生。傘：通常幅8cm、厚さ2cm位、丸山形～薄い蹄形、しばしば横に連なり、基部は材に幅広くつく。表面は初め淡紫色、のち淡紫褐色から褐色に変色し、ビロード状または無毛。肉：褐色、質はかたい。子実層托：管孔状、淡紫色。孔口は微細、円形。
【生態】通年、ミズナラなどの広葉樹の立ち木や倒木、枯れ木上などに発生。
【コメント】肉がかたくて、食用には適さない。属名として*Roseofomes*が用いられたこともあるが、これは正式に発表されていない無効名である。現在では、淡黄色で楕円形の胞子をもつ他の近縁種とともに*Abundisporus*属に置かれている（服部）。新分類体系では本属はタマチョレイタケ科に置かれている。

ホウネンタケ

カタオシロイタケ 食不適
Fomitopsis spraguei
ツガサルノコシカケ属

【形態】子実体：無柄。一年生。傘：通常幅10cm、厚さ2cm位、基部で広く基質につき、ときに厚さ5cm位、楔形、半円形～やや扇形。表面は初め乳白色のち淡褐色、ほぼ無毛、凹凸があり粗面、若いときしばしば水滴を出す。肉：類白色、柔軟なコルク質であるが乾くとかたく、生時臭気がある。子実層托：管孔状、長さ5mm位、白色のち帯黄色。孔口は白色のち帯黄色、円形、微細。
【生態】夏～秋、サクラ（ソメイヨシノ）などの広葉樹の立ち木や枯れ木に単生。
【コメント】かたく食用に適さない。材の褐色腐朽を起こす。新分類体系では本属はツガサルノコシカケ科に置かれている。

カタオシロイタケ幼菌（湯口撮影）

カタオシロイタケ（湯口撮影）

ツガサルノコシカケ

ツガサルノコシカケ 食不適
Fomitopsis pinicola
ツガサルノコシカケ属

【形態】**子実体**：無柄。多年生。**傘**：通常幅25 cm、厚さ10 cm位、ときにそれ以上、初め白色で半球形のこぶ状、のちしだいに傘を張り出して半円形で丸山形。表面はかたい殻皮を被り、灰褐色〜灰黒色のちほとんど黒色、その外側にニス状の光沢がある赤褐色帯があり、さらにその周りは黄白色の若い発育部で縁取られる。生長の過程を示す環溝がある。**肉**：木質、白っぽい材木色、環紋をあらわす。**子実層托**：管孔状、黄白色。孔口は円形、微細。
【生態】通年、ヒバやコメツガなどの針葉樹、まれに広葉樹の立ち木、倒木上などに発生。

ツガサルノコシカケ（手塚撮影）

【コメント】肉質はかたく、食用に適さない。多年生のきのこで、材の褐色腐朽を起こす。

レンガタケ 食不適

Heterobasidion orientale
マツノネクチタケ属

【形態】子実体：無柄。一年生。傘：通常幅6cm、厚さ1.5cm位、半円形～不整形、縁は薄く鋭い。初め黄白色、のち赤褐色～茶褐色、周縁部は黄白色。無毛、不鮮明な環紋があり、細かい放射状のしわがある。肉：革質～木質。子実層托：管孔状、類白色。孔口は小型、円形またはやや迷路状。
【生態】夏～秋、モミやアカマツなどの針葉樹の切り株や生木の根もとに群生。
【コメント】白色腐朽菌。従来、本菌には*H. insulare*の学名が与えられていたが、近年、同菌とは異なるとして本学名に変更された。新分類体系では本属はミヤマトンビマイ科に置かれている。

レンガタケ（手塚撮影）

ツヤナシマンネンタケ 食不適

Pyrrhoderma sendaiense
ツヤナシマンネンタケ属

【形態】傘：通常6cm、腎臓形、扁平あるいは貝殻状に湾曲。表面は厚く、かたい殻皮でおおわれ黒褐色、乾けば黄褐色、にぶい光沢をおび、放射状に走るしわ状の凹凸と浅い環溝がある。肉：コルク質、乾けばかたくなる。子実層托：管孔状、灰褐色。孔口は微細。柄：通常長さ7cm、幅1cm位、偏心生～側生、直立性。表面は淡褐色。
【生態】秋、ブナなどの広葉樹の枯れ木や切り株の根際などに少数群生。
【コメント】かたくて食用に適さない。マンネンタケの名前がつくが、マンネンタケとは別の仲間であり、同種のような薬効は期待できない。従来、同属は暫定的にサルノコシカケ科に置かれていたが、近年はタバコウロコタケ科に含められている。

ツヤナシマンネンタケ

クロサルノコシカケ

クロサルノコシカケ 食不適
Melanoporia castanea
クロサルノコシカケ属

【形態】子実体：無柄。多年生。傘：通常幅30 cm、厚さ20 cm位、馬蹄形〜鐘形〜丸山形、縁は厚く鈍縁、ときに背着生。表面は黒褐色〜紫黒色、周辺の成長部分は淡灰紫褐色、微細な密毛をおびてなめし革状、古い部分では表皮はかたくなり殻皮化する。表面はゆるやかな凹凸があり、環状の幅広いうね状の隆起と著しい環溝をそなえる。
肉：コルク質〜木質、暗紫褐色。子実層托：管孔状で多層、灰紫褐色〜暗紫褐色。孔口は微細。
【生態】通年、ミズナラなどの立ち木、倒木などに群生。
【コメント】多年生で褐色腐朽を起こす。胞

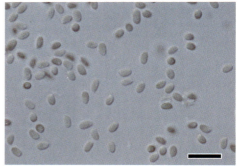

クロサルノコシカケ胞子×1000

子は長楕円形、大きさは3.5-5×2-2.5 μm。従来、ツガサルノコシカケ属に置かれていたが、近年の分類学的研究でクロサルノコシカケ属に置かれている。従来本菌に当てられていた *Fomitopsis nigra* の学名は誤適用である。新分類体系では本属はツガサルノコシカケ科に置かれている。

ザイモクタケ 食不適

Oxyporus corticola
シロサルノコシカケ属

【形態】子実体：無柄。一年生。傘：半円形～扇形、通常幅5cm、厚さ5mm位、しばしば横に連なって広くなり、扁平～やや楔形、縁は薄く、細かい鋸歯状。傘の表面は初め淡黄白色のち退色して白色、ビロード状～粗面、不明瞭な環紋をあらわし、しばしば藻類によって緑色をおびる。肉：白色、柔軟な革質～コルク質。子実層托：管孔状。管孔は長さ1～3mm、初めクリーム白色のち退色して白色。孔口は多角形、大小不規則、しばしばみだれて迷路状となる。
【生態】初夏～晩秋、ブナなどの広葉樹倒木上に群生。
【コメント】材の白色腐朽を起こす。新分類体系では本属はタバコウロコタケ目に置かれているが、所属する科は未確定。

ザイモクタケ

ベッコウタケ 食不適

Perenniporia fraxinea
キンイロアナタケ属

【形態】子実体：無柄。一年生。初め卵黄色、半球状の瘤状であるが、しだいに棚状に傘を張り出し、多数重なりあう。傘：通常幅15cm、厚さ10cm位、半円形、扁平、乾けば下方に湾曲する。表面は薄い殻皮を被り、初め卵黄色、のち黄褐色から栗色～黒褐色となり、無毛、不鮮明な環紋と環溝をあらわす。肉：材木色、コルク質。子実層托：管孔状、長さ1cm位、濃い材木色。孔口は微細、初め黄白～灰白色、のち灰褐色～暗褐色のしみをあらわす。
【生態】街路樹や庭木などの広葉樹の幹の地際部に大きな塊となって群生。
【コメント】根株部の心材の白色腐朽を起こし、風倒木の原因となる。従来、オオスルメタケ属 *Fomitella* に置かれていたが、近年タマチョレイタケ科のキンイロアナタケ属に置かれている。

ベッコウタケ

ツリガネタケ（小型） 食不適

Fomes fomentarius
ツリガネタケ属

【形態】子実体：無柄。多年生。傘：通常幅4cm、厚さ3cm位、半円形、蹄形〜釣鐘形で肉はやや薄い、周縁は管孔面より突出して垂れ、鋭角。表面はかたくて厚い殻皮でおおわれ、初め黄茶色、のち灰白色〜灰褐色となるが、翌年の新生部は黄茶色、年々の成長過程で生じた環溝と黒褐色の細い幅広い環紋をあらわす。肉：黄褐色、強靭なフェルト質。子実層托：管孔状で多層、灰白色。孔口は円形、やや微細。
【生態】通年、ブナの立ち木、倒木などに多数群生。
【コメント】古い子実体の隙間に年々新しい子実体が形成され、古い子実体が長く残っているため多数群がった状態になる。胞子は早春に放出され、長楕円形、大きさは16.5-21 (-23) × 5-7 (-7.5) μm。

本菌は大型タイプとは子実体が小形であることに加え、傘の縁が管孔面より突出することや多数群生することなど形態・生態的に異なる。

ツリガネタケ（小型）の発生状態　白っぽいのが1年目の子実体

ツリガネタケ（小型）周囲の白い部分は胞子

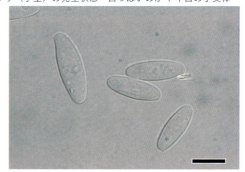

ツリガネタケ（小型）の胞子×1000

ツリガネタケ（大型） 食不適
Fomes fomentarius
ツリガネタケ属

【形態】**子実体**：無柄。一年生～多年生。**傘**：通常幅30 cm、ときに50 cm以上、厚さ15 cm位。半円形、丸山形～蹄形で肉厚、周縁は鈍縁。表面は初め黄茶色でなめし革感があり、縁部は白色、のち灰白色～灰褐色となり、かたくて厚い殻皮でおおわれ、環溝と幅広い環状の隆起帯をあらわす。生育中の周縁は淡黄茶色、縁部は茶褐色。**肉**：黄褐色、強靭なフェルト質。**子実層托**：管孔状で多層、灰白色。孔口は円形、やや微細。

【生態】通年、ブナの立ち木、倒木などに単生～群生。

【コメント】白色腐朽を起こす。県内では倒木に発生するものでは、冬季、雪に埋もれ1年で終わるものが多い。古くなった子実体が早くに基質から落下するため群がった状態で生えることはない。胞子は長楕円形、大きさは16-19×5-7 μm。本菌には大・小の2タイプがあるが、これらを別々の種とする意見も出ており、今後の研究が待たれる。新分類体系では本属はタマチョレイタケ科に置かれている。

ツリガネタケ（大型）の発生状態（笹撮影）下の方は1年目の子実体

ツリガネタケ（大型）

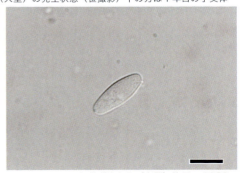

ツリガネタケ（大型）胞子×1000

多孔菌（サルノコシカケ）科

マンネンタケ科　Ganodermataceae

　旧マンネンタケ科のきのこは、地上生または材上生で、有柄〜無柄、子実層托は管孔状をしている。胞子は二重膜で内側は多数の突起をおびる(マンネンタケ型)。材上生では白色腐朽をおこす。本県からは1属5種が知られている。

　新分類体系では、本科はタマチョレイタケ科にまとめられタマチョレイタケ目に置かれている。

マンネンタケ 食不適
Ganoderma lucidum
マンネンタケ属

【形態】**子実体**：有柄。一年生。
傘：棒状の柄の先に発達し、通常幅8cm、厚さ1.5cm位、ときにそれ以上、腎臓形〜円形で扁平。やや椀形に下方に湾曲する。表面は顕著な環溝をそなえ、初め淡黄白色、のち赤褐色〜栗褐色、漆状の光沢があり、しばしばココア状の粉を被る。**子実層托**：管孔状、類白色のち肉桂色。孔口は微細、円形。**柄**：通常長さ10cm、幅1cm位、側生〜中心生、細長く、円筒形。表面は暗赤褐色で漆状の光沢がある。
【生態】夏〜秋、ミズナラなどの広葉樹の立ち木や切り株の根際などに発生。
【コメント】名前は「万年茸」であるが、きのこは1年生。古来から「霊芝」と呼ばれ、飾り物や煎じて漢方薬として利用するなど重宝されている。最近は栽培ものが簡単に入手できるようになった。胞子はマンネンタケ型、大きさは8.5-11×5.5-7.5 μm。最近、東アジア産の"マンネンタケ"に対して*G. lingzhi*の学名が用いられているが、さらに検討が必要と思われる。

マンネンタケ

マンネンタケ胞子×1000

マゴジャクシ 食不適
Ganoderma neo-japonicum
マンネンタケ属

【形態】子実体：有柄。一年生。傘：棒状の柄の先に発達し、通常幅10 cm、厚さ2 cm位、ときにそれ以上、腎臓形〜円形、やや椀形に下方に湾曲する。表面は暗赤褐色〜紫褐色、ついには漆黒色。放射状に走る畝状の隆起をあらわし、環紋は不鮮明、周縁部は生育中はほぼ白色。肉：コルク質。子実層托：管孔状、黄白色のち肉桂色。孔口は微細、円形。柄：通常長さ12 cm、幅1 cm位、側生〜中心生、細長く、直立生。表面は黒色。
【生態】夏〜秋、アカマツなどの針葉樹の切り株の根際または立ち木上などに発生。
【コメント】前種のマンネンタケに類似するが、同種は広葉樹に発生し、傘が赤褐色であることで区別ができる。

マゴジャクシ

ツガノマンネンタケ 食不適
Ganoderma tsugae
マンネンタケ属

【形態】子実体：有柄またはほぼ無柄。一年生。傘：通常幅20 cm、ときにそれ以上、厚さ3 cm位、半円形〜扇形〜腎臓形で扁平。表面は環溝をあらわし、初め淡黄白色、のち赤褐色から黒褐色、漆状の光沢がある。子実層托：管孔状、孔口は微細、黄緑色をおびた白色。柄：太短く、通常長さ5 cm、幅4 cm位、基部で細まり、側生、または材から直接傘を迫り出しほぼ柄を欠く。表面は傘等同色。
【生態】夏〜秋、アオモリトドマツの立ち木や倒木などに発生。
【コメント】県内では故新山正俊氏によって初めて採集されているが、発生は比較的まれである。前頁のマンネンタケに類似するが、同種は広葉樹の根際に発生し長く発達した柄をつくることで区別ができる。

ツガノマンネンタケ

コフキサルノコシカケ

コフキサルノコシカケ 食不適
Ganoderma applanatum
マンネンタケ属

コフキサルノコシカケ

【形態】子実体：無柄。多年生。傘：通常幅30 cm、ときに50 cm以上、厚さ15 cm位、半円形、平たい丸山形〜楔形、ときには蹄形〜釣り鐘形。表面はかたい殻皮でおおわれ、灰白色〜灰褐色、周縁は初め白色、しばしば胞子を堆積し、ココア状の粉でおおわれる。肉：チョコレート色、繊維状コルク質。子実層托：管孔状、類白色〜黄白色。孔口は微細、傷つけると褐変する。
【生態】通年、ブナやミズナラなどの広葉樹の倒木や立ち木などに発生。
【コメント】かたくて食用に適さないが、がんなどの民間薬として利用されることもあり、高価で販売されている。類似のツリガネタケ(p.402)とは肉の色で区別がつくが、近年、本種には多数の類似種が混同されている可能性があるとされている。

エビタケ 食不適

Ganoderma tsunodae
マンネンタケ属

【形態】**子実体**：無柄。一年生。**傘**：通常幅20 cm、ときにそれ以上、厚さ5 cm位。半円形または基部が細まり、肉厚の舌状〜扇形、または浅い漏斗形、ときに蹄形。傘の表面はかたい不規則な粒状の突起があり、著しくざらつき、淡褐色〜黄褐色。しばしば胞子を堆積し、緑黄色をおびる。**肉**：類白色、やや柔軟な繊維質、乾燥すると収縮して、きわめてかたい。**子実層托**：管孔状、類白色〜淡褐色。孔口は微細。

【生態】初夏〜秋、ブナの立枯れ木や倒木上に群生。

【コメント】県内のブナ林では普通に見られる。胞子はマンネンタケ型、大きさは20-24×14-17 μmと他のマンネンタケ類に比べて巨大。材の白色腐朽を起こす。

エビタケ（子実体は積った胞子で緑黄色となっている）

エビタケ幼菌

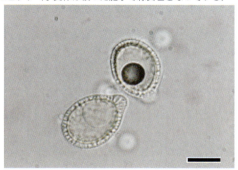

エビタケ胞子×1000

ミヤマトンビマイ科　Bondarzewiaceae

　旧ミヤマトンビマイ科のきのこは、材上生で、有柄、傘が漏斗状で多数が重なってマイタケ状となり、子実層托は管孔状。胞子紋は白色。胞子は表面が細かい突起でおおわれ、アミロイド。白色腐朽をおこす。本県からは1属2種が知られている。
　新分類体系では、本科はベニタケ目に置かれている。

ミヤマトンビマイ 食注意

Bondarzewia mesenterica
ミヤマトンビマイ属

【形態】子実体：太く短い柄から扇形の大形の傘を一方または四方に1～3重に開き、通常径30cm位に達する。**傘**：通常20cm、厚さ2cm位、扇形～さじ形または漏斗形。表面は帯紫淡褐色～きつね色、微毛をおび、放射状の条紋と環紋をあらわす。**肉**：類白色、強靭な肉質、乾燥するともろくなる。**子実層托**：管孔状、柄に垂生、類白色～クリーム色。孔口は比較的大きく、初め丸いが、のち多角形からしばしば乱れて不整形。**柄**：太短く、中心生～偏心生、ときに未発達。

【生態】夏～秋、アオモリトドマツなどの針葉樹の生木の根際や切り株に発生。

【コメント】若くやわらかいときは可食。次種のオオミヤマトンビマイは広葉樹に発生し、大形であることで区別ができる。本菌に従来当てられていた学名 *B. montana* は本種の異名。

ミヤマトンビマイ（手塚撮影）

オオミヤマトンビマイ

オオミヤマトンビマイ 食注意
Bondarzewia berkeleyi
ミヤマトンビマイ属

【形態】子実体：太く短い柄から扇形の大形の傘を一方または四方に多重に開き、しばしば径50cmにも達する。傘：通常幅25cm、厚さ3cm位、扇形～さじ形または漏斗形。表面は淡黄褐色～淡いきつね色、短密毛をおび、放射状に走る条紋とにぶい環紋をあらわす。肉：クリーム色、初めは柔軟な肉質だが成熟すると強靭となる。子実層托：管孔状、柄に垂生、ほぼ白色。孔口は初め丸いがやがて形はくずれて多角形から不正形。柄：太短く、中心生～偏心生、ときに未発達。

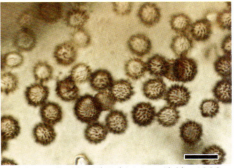

オオミヤマトンビマイ胞子（メルツァー液中）×1000

【生態】夏～秋、ミズナラなどの広葉樹の生木の根際や切り株に発生。

【コメント】若くやわらかいときは可食。胞子は球形～類球形、大きさは7-8.5×6-8μm、とさか状突起でおおわれ、アミロイド。材の白色腐朽をおこす。

タバコウロコタケ科　Hymenochaetaceae

　旧タバコウロコタケ科のきのこは、材上生、ときに地上生で、背着生〜無柄または有柄、傘がうろこ形〜多孔菌型、子実層托は様々。菌糸は黄褐色をしてしばしば剛毛体をもつ。胞子は無色または有色で平滑または突起を有する。材上生では白色腐朽をおこす。本県からは2属4種が知られている。
　新分類体系では、本科はタバコウロコタケ目に置かれている。

カバノアナタケ 食不適
Inonotus obliquus
カワウソタケ属

【形態】子実体：背着生。寄主の樹皮下に薄く平たく広がってでき、傘を全くつくらない。表面は黄褐色〜褐色、かたいコルク質、充実して重い。全面に管孔を密布し、長さ2〜8mm。孔口は微細でほぼ円形、暗褐色。菌核：大きな塊となって樹幹の樹皮を破って発達する。表面はきわめてかたいコルク質、充実して重く、炭黒色で多数の亀裂を生じる。

カバノアナタケ子実体と菌核（花田撮影）

【生態】夏〜秋、ダケカンバなどのカンバ類の立枯れ木や倒木上に発生。
【コメント】かたくて食用に適さないが、菌核を漢方薬として利用されることもあり、乱獲が著しく、環境省準絶滅危惧種に指定されている。本種は、従来は *Fuscoporia* 属に置かれていた。

カバノアナタケ（手塚撮影）

サジタケ 食不適
Inonotus scaurus
カワウソタケ属

【形態】子実体：有柄。一年生。傘：通常幅8cm、厚さ1cm位、ほぼ扇形〜腎臓形、周縁部では薄い。表面は黄褐色〜暗褐色、周辺で鮮黄色、著しい放射状のしわを生じる。肉：木質でかたく、黄褐色。子実層托：管孔状、初め鮮黄色のち暗褐色。孔口は微細。柄：傘が狭まった状態で太短く、しわ状で不整形または不明瞭。

【生態】夏〜秋、ブナやミズナラなどの広葉樹の切り株、枯れ木の根際に発生。

【コメント】かたくて食用には適さない。一年生。材の白色腐朽を起こす。本種は従来ニセカイメンタケ属 *Onnia* に置かれていた。

サジタケ

ミヤマウラギンタケ 食不適
Inonotus radiatus
カワウソタケ属

【形態】子実体：無柄。一年生。傘：通常幅4cm、厚さ1cm位、半円形、縁部で切れこみ、不整形で横に連なり長くなる。表面は黄褐色〜赤褐色のち黒褐色、ビロード状〜ほとんど無毛、凹凸のしわがある。肉：黄褐色、コルク質。子実層托：管孔状、淡い黄褐色または見る角度によって銀白色で金属様光沢をもつ。孔口は微細で円形。

【形態】夏〜秋、渓畔林のブナなど広葉樹の倒木や枯れ木上に多数重なって発生。

【コメント】かたくて食用に適さない。材の白色腐朽を起こす。

ミヤマウラギンタケ（手塚撮影）

ニクウスキコブタケ

ニクウスキコブタケ 食不適
Phellinus acontextus
キコブタケ属

【形態】子実体：無柄。多年生。傘：通常幅3 cm、厚さ2 cm位、半円形。表面は茶褐色、多数の環紋をあらわす。肉：極めて薄く、黄褐色、木質。子実層托：管孔状、長く、断面のほとんどを占め、黄褐色。孔口は多角形、微細。
【形態】ブナの立ち木の損傷部分に多数重なって発生。
【コメント】材の白色腐朽を起こす。発生は比較的まれで、県内の南八甲田産の標本に基づき日本新産種として報告されている。胞子は広楕円形、大きさは5-6.5×3-4 μm、平滑、褐色。

ニクウスキコブタケ胞子×1000

腹菌類　腹菌亜綱　GASTEROMYCETIDAE

　担子胞子が外界に露出せず子実体の内部（腹）で成熟する菌を一般に腹菌類とよんでいる。腹菌類のきのこは、担子器を支える組織であるグレバと胞子が成熟するまでグレバを包んで外界から保護する被膜からできており、多くが初め団子状、卵状あるいは塊状で時に柄をもつ。胞子の外への分散はグレバを包む被膜が壊れてあるいはそれに穴があいて、またはグレバが被膜を突き破って外界に露出し行われる。腹菌類以外の担子菌類のきのこでは、胞子は成熟すると担子器から弾き飛ばされて離脱するが、腹菌類では胞子が成熟すると担子器と胞子をつないでいた小柄あるいは担子器そのものが消失して胞子が分離する特徴をもつ。生態は腐生性あるいは菌根性と様々で、多くは地上生であるが、地下生あるいは半地下生のものも少なくない。

　この腹菌類は、従来、胞子形成とその分散様式において特徴的な担子菌類の1群（腹菌綱あるいは腹菌亜綱）として取り扱われ、グレバの発達様式やきのこの形態などの特徴に基づいていくつかの菌群（目や亜目）に分けられてきた（例：原色日本新菌類図鑑では腹菌亜綱としてニセショウロ目、ケシボウズタケ目、メラノガステル目、チャダイゴケ目、ホコリタケ目、スッポンタケ目、ヒメノガステル目の7目）。しかし、近年の分子系統学的な研究の結果、従来の腹菌類は系統的に異質な菌群からなる人為的な分類群であることが明らかとなり、解体されて新たな内容のハラタケ目、イグチ目、あるいはベニタケ目の中に組み入れられて再編されつつある。

　ここでは便宜的に原色日本新菌類図鑑の分類に従って本県産の種類（6目42種）を整理し、必要に応じて新たな分類体系での所属を示した。

ニセショウロ目　SCLERODERMATALES

旧ニセショウロ目では日本および本県からは次の2科が知られている。

ツチグリ科　Astraeaceae

はじめ地中生のち地上生。はじめ球形。被膜は2層からなり、外皮は成熟すると星形に裂開し、乾湿により伸縮する。グレバは熟時粉状の胞子塊。1科1属で、本県からは次の1種が知られている。

新分類体系では、本科はディプロシスチジア科 Diplocystidiaceae に変更され、イグチ目に置かれている。

ツチグリ　食不適
Astraeus hygrometricus
ツチグリ属

【形態】子実体：初め地中生〜半地中生、類球形、通常径3cm位。外皮表面は淡灰褐色で、黒い菌糸束を付着する。のち地上にあらわれ、外皮が6-10片に裂けて星形に広がり、中央に丸い薄膜質の袋（内部に粉状の胞子を入れる）をつける。開いた外皮の内側（裂片の表面）は不規則にひび割れ、裂片は湿度に応じて変形してきのこが乾燥すると強く内側に巻く性質がある。

【生態】夏〜秋に林内の裸地に多数群生。
【コメント】一般には食用とされていないが、他県の中には、まだ開かず割ったときに内部が白い幼菌を食用にするところもある。コツチグリ *A. hygrometricus* var. *koreanus* は本種の変種であるが、砂地のクロマツ林に発生し、より小形で、裂片が多い（13-15片）特徴がある。

ツチグリ

ニセショウロ科　Sclerodermataceae

地上生。類球形でときに偽柄あるいは柄をもつ。被膜は1層で胞子放出期に不規則に裂けあるいは崩壊する。グレバは熟時粉状の胞子塊。本県からは1属4種が知られている。新分類体系ではイグチ目に置かれている。

ハマニセショウロ　不明

Scleroderma bovista
ニセショウロ属

【形態】子実体：地上生、偏球形、通常径3cm位、基部に白色の根状菌糸束がのびた短い偽柄をもつ。表皮は薄く1mm以下、表面はほぼ平滑、黄褐色、多少褐色の粒状鱗片を付着し、のちときに多少ひび割れる。断面は白色で切断しても変色しない。グレバは白色の脈状の模様が散在し、暗紫色から黒色となる。

【生態】夏〜秋、海岸のクロマツ林などの砂地に単生。

【コメント】胞子は球形、大きさ9–12μm、表面には網目状隆起があり、泡状被覆物を付着する。「ショウロ」の名がついているが、ほんとうのショウロ（食用）の仲間ではない。近年、微量な毒成分が含まれているとされているので注意が必要。本種が所属するニセショウロ属の種類を調べるには胞子の表面の状態や大きさが重要で、胞子を顕微鏡で観察しないと種の区別は難しい。本菌に類似した種として国内ではニセショウロ *S. citrinum* が知られているが、同種は表面が粗い鱗片状〜粒状ささくれでおおわれ、表皮は厚いことで異なる。しかし、県内からはこれら2種に類似した菌が複数見つかっており、本菌も含め今後の詳細な分類学的検討が必要と考える。

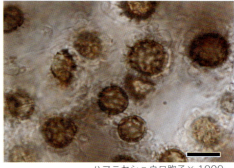

ハマニセショウロ胞子×1000

ハマニセショウロ（土屋撮影）

ヒメカタショウロ 不明
Scleroderma areolatum
ニセショウロ属

【形態】子実体：半地中生、類球形、通常径3cm位、基部に短い偽柄（柄状のもの）をもつ。表皮は薄く、表面は淡褐色～黄褐色、成熟すると多数の微細な鱗片にひび割れ暗褐色となる。内部は初め充実し帯紫黒色、のち粉状となり黒褐色。初めややかたいが、内部がしだいに粉状となってやわらかくなり、表皮が破れて胞子を飛散して偽柄だけが残る。偽柄は土に埋まり、少数の根状菌糸束につながっている。

【生態】春～秋、林内や公園、庭などの樹下（主にブナ科）に群生。

【コメント】胞子は球形、大きさ10-18μm、表面に針状突起を有する。本県からは類似種としてザラツキカタカワタケ（ザラツキカタワタケは誤記、ザラツキニセショウロは異名）*S. verrucosum*が知られているが、同種は一般に偽柄がより発達し、胞子が本種より小形（8-11μm）であることで異なる。

ヒメカタショウロ

タマネギモドキ 不明
Scleroderma cepa
ニセショウロ属

【形態】子実体：半地中生、類球形、通常径3cm位、基部に白色の根状菌糸束がのびた短い偽柄をもつ。表皮は厚く1.5mm以上、表面はときに鱗片を散布するがほぼ平滑、初め白色、のち淡黄土灰白色、擦ると赤紫色に変色し、古くなるととしばしば多少亀裂を生じ暗赤褐色となる。グレバは白色の脈状の模様が散在し、暗紫色から黒色となる。

【生態】夏～秋、林内や公園などの芝生ややせ地または林地周辺地面に群生。

【コメント】胞子は球形、大きさ8-12μm、表面に針状突起を有する。前種のヒメカタショウロは表皮が細かくひび割れ、また、薄く（厚さ1mm以下）、擦っても変色しないことで異なる。

タマネギモドキ

ケシボウズタケ目　TULOSTOMATALES

　旧ケシボウズタケ目では日本からケシボウズタケ科およびクチベニタケ科の2科が、本県からはクチベニタケ科が知られている。

クチベニタケ科　Calostomataceae

　はじめ地中生のち地上生。球形の頭部と根状で軟骨質の偽柄からなる。グレバは成熟すると粉状で黄白色の胞子塊となり、胞子塊には厚壁の弾糸様の菌糸（古いきのこでは消失）が介在する。本県からは1属2種（1未記録種を含む。）が知られている。
　新分類体系では、本科はイグチ目に置かれている。

クチベニタケ 食不適

Calostoma japonicum
クチベニタケ属

【形態】子実体：類球形の頭部とひげ根状の基部からなる。頭部は通常径10mm位、表面は淡いあめ色、ささくれまたは点々とかさぶた状に破片を付着する。頂部にはやや星状の裂口があり、その縁は鮮紅色を呈する。基部はひげ根状で軟骨質、飴色をした多数の細長い菌糸束をつける。
【生態】秋、山地の切り通しや裸地、斜面などに群生または散生。

【コメント】次種のホオベニタケは全体に赤味をおびることで区別される。

クチベニタケ（手塚撮影）

ホオベニタケ 食不適

Calostoma sp.
クチベニタケ属

【形態】子実体：類球形の頭部とひげ根状の基部からなる。頭部は通常径10mm位、全体に淡紅色をおび、点々とかさぶた状に破片を付着する。頂部に星形にやや隆起した裂口があり、鮮紅色。成熟したものでは頂部から白色の胞子を噴き出す。基部はひげ根状で軟骨質、飴色をした多数の細長い菌糸束をつける。
【生態】秋、山地の切り通しや裸地、斜面などに群生または散生。

【コメント】本種は日本固有種とされているが、まだ学名が与えられていない。

ホオベニタケ（手塚撮影）

チャダイゴケ目　NIDULARIALES

旧チャダイゴケ目では日本および本県からはタマハジキタケ科およびチャダイゴケ科の2科が知られている。

タマハジキタケ科　Sphaerobolaceae

地上生。地面の腐葉、腐木、わらなどに群生し、極めて小型。はじめ球形、成熟すると頂部が星形に裂開し、内部から粘着力のある球体（グレバ）を放出する。本県からは1属1種が知られている。

新分類体系では、本科はヒメツチグリ目に置かれている。

タマハジキタケ 食不適
Sphaerobolus stellatus
タマハジキタケ属

【形態】子実体：幼菌は球形、通常径2mm位。白色で淡黄色の細毛をおびる。熟すると頂部が6〜10片の星形に裂開し、内部から黄色の、径1mm位の粘着力をもった粘球体を発射する。粘球体は初め黄色、のち褐色となり、中に5〜8個の胞子が座生した担子器を多数形成する。
【生態】初夏および秋、林内の落枝上、腐木、あるいは用材上などに群生。
【コメント】外皮が星形に裂開して中の玉を弾き飛ばす様子は極めて特異であるが、玉を弾き飛ばすのは瞬時で、また、乾燥に弱いため、梅雨や秋の雨の多いときでないとなかなかその場面を見ることはない。

タマハジキタケ

チャダイゴケ科　Nidulariaceae

地上生。地面、落枝、腐木などに群生し、小型。球形、樽形、コップ形など。グレバは成熟すると多数の碁石状の小塊粒となり、寒天様の物質に埋まるあるいはひも状の構造物で被膜の内壁とつながるが、後者ではやがてきのこ頂部の被膜が消失して開口する。本県からは2属2種が知られている。

新分類体系では、本科はハラタケ科に含められ、ハラタケ目に置かれている。

ツネノチャダイゴケ 食不適

Crucibulum laeve
ツネノチャダイゴケ属

【形態】子実体：きわめて小形なコップ形で内部に円盤状の小粒（ペリディオール）をもつ。通常高さ8mm、径8mm位。外側はフエルト状で黄土色の細毛を密生するが、のちほぼ平滑となり色あせる。コップの口は初め膜で閉ざされるが、のち破れ、円盤状の小粒が入った内部をあらわす。内面は平滑、黄白色。小粒は、径1mm位。初め白いが、のち黒くなり、下面の中央に細いひもがつき、コップの壁につながる。
【生態】夏～秋、倒木や腐木、用材や枯れ枝、枯れた草本などに群生する。
【コメント】胞子は碁石のような円盤状の小粒の中につくられる。この仲間は小さくて目に触れにくいが、県内ではほかに数種が存在するようである。

ツネノチャダイゴケ（手塚撮影）

ハタケチャダイゴケ 食不適

Cyathus stercoreus
チャダイゴケ属

【形態】子実体：きわめて小形な倒円錐状のコップ形、ろうと形で内部に円盤状の小粒をもつ。通常高さ10mm、径8mm位。外側は黄褐色～褐色で毛を密生するが、成熟すると剥落する。コップの口は初め膜で閉ざされるが、のち破れ、円盤状の小粒が入った内部をあらわす。内面は平滑、鉛色。小粒は径2mm位、黒色～黒褐色、中に平均30～35個が入っており、へその緒状のひもで内面の壁についている。
【生態】初夏～秋、もみ殻や古畳などの植物遺体上に群生する。
【コメント】通常、林内にはあまり見られず、路傍や耕作地周辺でよくみかける。内部の小粒についているひもは、水分を得ると伸びて、小粒が外に飛び出す。

ハタケチャダイゴケ（手塚撮影）

ホコリタケ目　LYCOPERDALES

旧ホコリタケ目では日本および本県から2科が知られている。

ヒメツチグリ科　Geastraceae

地上生。腐植の多い地面に群生。被膜は内外2層からなり、外皮は厚い肉質で成熟すると星形に裂開するが、伸縮性はない。グレバはよく発達した柱軸があり、成熟すると粉質な胞子塊となるが、胞子塊には弾糸が介在する。胞子は内皮の頂孔から放出される。本県からは1属5種が知られている。

新分類体系では、本科はヒメツチグリ目に置かれている。

コフキクロツチガキ 食不適
Geastrum pectinatum
ヒメツチグリ属

【形態】子実体：頂部が円錐状に突出した類球形、通常径2.5cm位。表面は褐色～赤褐色。外皮は成熟すると7～10片の星形に裂開して反転し、内皮で包まれた胞子袋を露出する。胞子袋は短い柄で開いた外皮の中央の丸く区画された部位（円座）の中心につながり、薄い紙質、類球形、頂部に明瞭な溝線のある円錐形の孔縁盤をもつが円座は無い。色は初め鉛色でしばしば白粉におおわれ、のちに青黒色となる。胞子袋の下面は放射状の明瞭な溝線があり、柄に連なる。柄は褐色～淡褐色でリングがあるが、脱落しやすい。

【生態】秋、朽ちたブナの腐朽した切り株の周囲などに群生。

【コメント】県内では比較的発生がまれである。胞子は球形、大きさ4-6μm、先端が切断された粗い突起でおおわれ、暗褐色、KOH液でこげ茶色に変色する。

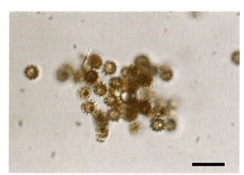
コフキクロツチガキ胞子（KOH液中）×1000

コフキクロツチガキ

エリマキツチグリ 食不適
Geastrum triplex
ヒメツチグリ属

【形態】子実体：初め頂部が突出したタマネギ形で通常径3cm位。腐植土や落葉層に埋生するがしだいに表出する。表面は繊維状でしばしば鱗片状にささくれ、緑褐色～黄緑色をおびる。成長すると外皮が4～7片の星形に裂開し、内皮で包まれた胞子袋を露出する。外皮は厚肉質で外屈するが中程で横裂し、胞子袋の下部を取り囲むように襟巻状盃を作る。胞子袋は類球形、膜質で平滑、灰褐色～汚褐色で無柄、頂部に突き出た放射繊維状の孔縁盤をもち、その周囲には広い明瞭な円座がある。基本体(胞子袋の内部)は暗褐色。

【生態】夏～秋、林内の落葉の多い場所に群生。
【コメント】別名エリマキツチガキ。フクロツチガキ(p.422)に類似するが、同種は外皮の内側が裂けて襟巻状にならないことで区別ができる。

エリマキツチグリ（手塚撮影）

ヒナツチガキ 食不適
Geastrum mirabile
ヒメツチグリ属

【形態】子実体：基物表面に広がった白色の菌糸マット上に群生し、類球形～倒卵形で頂部は突出せず、通常径1cm位。表面は赤褐色の綿毛状菌糸におおわれ、成熟すると外皮は5～8片の星形に裂けるが、半開きで全体的にキキョウの花状となり内皮で包まれた胞子袋をあらわす。内皮は薄い紙質、淡褐色～暗褐色。胞子袋の円座は広く、孔縁盤は繊維質、突出して孔口は鋸歯状に裂ける。

【生態】初夏～晩秋、広葉樹および針葉樹林内の落葉の堆積した地面に白色の菌糸をマット状に広げ、その上に群生。

【コメント】小型なヒメツチグリ属菌で、地面の落葉や落枝などの基物表面に広がった白色の菌糸マット上に群生する特徴がある。フクロツチガキ(p.422)に類似するが、同種はより大形の菌で初め外皮で包まれた子実体の頂部が突出する。

ヒナツチガキ（安藤撮影）

トガリフクロツチグリ 食不適
Geastrum lageniforme
ヒメツチグリ属

【形態】子実体：初め地中に埋生するがしだいに表出する。頂部が高く円錐状に突き出したクワイの球茎形で、通常径3cm位。表面は黄褐色〜茶褐色、ほぼ平滑あるいはしわ状。外皮は成熟すると6〜7片の星形に裂開し、内皮で包まれた胞子袋を露出する。外皮は胞子袋のほぼ半ばまで開いて反転し、内面は暗褐色。裂片は細長く、先端に向かって徐々に細まり、基部で肉を横裂することがあってもエリマキツチグリのような襟帯を形成せず、また、先端がしばしばねじれる。内皮は薄く紙質、白色のち粘土色、無柄。胞子袋は円座があり、孔縁盤は突出し繊維質で光沢をおびる。基本体は濃紫褐色。
【生態】初夏〜秋、雑木林内の落葉内に群生。
【コメント】本種に類似する次種のフクロツチガキは、本種と同様幼菌時頂部は突出するものの短く、外皮は絨毛におおわれ、裂片は幅広い基部から先端に向かって急に細まる。

トガリフクロツチグリ（手塚撮影）

フクロツチガキ 食不適
Geastrum saccatum
ヒメツチグリ属

【形態】子実体：初め地中に埋生するかまたは半表生する。頂部が突出したタマネギ形、通常径3cm位。表面は幼時淡褐色の絨毛におおわれ、成熟すると外皮が5〜9片に裂け、半開きとなり内皮で包まれた胞子袋をあらわす。裂片は基部から先端に向かって急に細まり、先端は老熟するとねじれ、また、二つに裂けることが多い。内皮は薄い紙質、黄褐色。胞子袋の円座は広く、孔縁盤は繊維質、円錐形で尖る。
【生態】初夏〜秋、林内の落葉の堆積した地面に群生。
【コメント】前種のトガリフクロツチグリに類似するが、同種は幼菌時に頂部がくちばし状に長く突出し、外皮は絨毛におおわれない。

フクロツチガキ

ホコリタケ科　Lycoperdaceae

　地上生、ときに材上生(腐木)。類球形〜洋梨形、無性基部があるかまたはない。内皮は頂孔をもつかまたは崩壊して剥離する。胞子は粉状。胞子塊には弾糸が介在する。本県からは2属8種が知られている。
　新分類体系では、本科はハラタケ科に含められハラタケ目に置かれている。

オニフスベ 可食
Calvatia nipponica
ノウタケ属

【形態】子実体：きわめて大型で球形または扁球形、無柄、通常径25cm位、ときに50cm以上。初め全体白色、成熟が進むと、白い外皮が剥離・脱落して、茶色い薄膜質の内皮をあらわす。内部のグレバは初め白色でマシュマロ様であるが、胞子が成熟すると黄褐色をおび、しだいに綿状かつ粉状となる。内皮が破れて、胞子がすべて飛散したあとには何も残らない。
【生態】夏〜秋、芝生などの草地やリンゴ畑、雑木林などの地面に単生または散生。
【コメント】内部が白色の若いときものは食用になり、吸い物の具などにすると合う。近年の分類学的研究では従来のオニフスベ属 *Lanopila* をノウタケ属 *Calvatia* に含める説が有力であり、ここではその考えに従った。

オニフスベ（手塚撮影）

ノウタケ 可食

Calvatia craniiformis
ノウタケ属

【形態】子実体：膨らんだ頭部と太い柄からなり倒洋ナシ形、通常高さ10cm位。頭部はまんじゅう形、径8cm位。表面は橙褐色～明茶色、平滑または細鱗片状、ときに顕著なしわを生じる。胞子がつくられる頭部の肉は初め白色、のち黄褐色の粉まみれ古綿状となる。表皮が不規則に破れて胞子が飛散すると、頭部はなくなり、柄の部分(無性基部)が残る。
【生態】初夏～秋、草地や林道脇などの有機物の多い地面に単生または少数群生。
【コメント】比較的普通に見られる種類で、内部が白い若いものは食用になる。

ノウタケ（手塚撮影）

ホコリタケ 可食

Lycoperdon perlatum
ホコリタケ属

【形態】子実体：倒洋ナシ形で明瞭な柄(無性基部)をもち、通常高さ6cm位。頭部は類球形、頂端は少し突出し、きのこが成熟すると、そこに穴があいて胞子が飛散する。頭部の表面は白色で、灰褐色円錐状の取れやすい刺におおわれ、刺が落ちた跡は網目模様をあらわす。グレバは初め白色でマシュマロ様、のちオリーブ褐色となり粉まみれ古綿状となる。柄は淡褐色、肉はスポンジ状で強靭。
【生態】初夏～秋、林地や草地に群生。
【コメント】食用には内部が白色の幼菌の皮を剥いで利用し、吸い物や中華風の炒めものなどに向く。別名キツネノチャブクロ。

ホコリタケ（手塚撮影）

タヌキノチャブクロ 可食
Lycoperdon pyriforme
ホコリタケ属

【形態】子実体：倒洋ナシ形または倒卵形、逆三角錐の柄（無性基部）をもつかほとんど無柄。通常高さ4cm位。頭部は類球形、頂部に低い中丘をもつ。表面は初め淡灰褐色でぬか状〜粉状、のち褐色で平滑、しばしば亀甲状に細かくひび割れる。グレバは初め白色のちオリーブ褐色となり、臭気の強い液汁を出す。成熟すると、暗褐色の粉状胞子塊となり、頂孔から飛散する。柄は淡灰褐色、肉は白色。
【生態】初夏〜秋、広葉樹の朽ちた切り株や倒木上に群生。
【コメント】食用として利用する場合は前種のホコリタケに同じ。

タヌキノチャブクロ（手塚撮影）

アラゲホコリタケ 不明
Lycoperdon echinatum
ホコリタケ属

【形態】子実体：倒洋ナシ形、基部はくびれて柄（無性基部）となり、通常高さ5cm位。頭部は類球形。表面は白色のち褐色、5mm位の長い刺でおおわれ、刺は3〜4本が先端で集合し、成熟すると脱落してあばた状のあとを残す。内皮は赤褐色、紙質。グレバは初め白色、のち紫褐色の粉状胞子塊となる。成熟すると頂孔が開き、胞子を飛散する。柄は短い円柱状、根もとに白色の菌糸糸束をつける。
【生態】夏〜秋、林内地面に散生。
【コメント】食毒については不明である。アラゲホコリタケモドキ *L. caudatum* は本種に類似するが、同種は外皮の表面の刺がより短く容易に脱落すること、胞子塊がオリーブ褐色〜灰褐色であること、また、顕微鏡下において胞子に長い柄をもつことで区別できる。

アラゲホコリタケ

クロホコリタケ 不明

Lycoperdon nigrescensu
ホコリタケ属

【形態】子実体：倒洋ナシ形、基部はくびれて柄（無性基部）となり、通常高さ5cm位。頭部は類球形。表面は白色のち淡褐色、2mm位の黒褐色の円錐状の刺でおおわれ、刺は比較的永続性、脱落後はあばた状のあとを残す。内皮は紙質。グレバは初め白色、のち紫褐色の粉状胞子塊となる。成熟すると頂孔が開き、胞子を飛散する。柄は短い円柱状。
【生態】夏～秋、林内地面に散生。
【コメント】食毒については不明である。従来当てられていた学名 *L. foetidum* は異名。

クロホコリタケ（安藤撮影）

キホコリタケ 食不適

Lycoperdon spadiceum
ホコリタケ属

【形態】子実体：倒洋ナシ形、基部に長い柄（無性基部）をもち、通常高さ8cm位。頭部は扁球形、頂部はやや中丘状。表面は初め白色、糠状、粉状、粒状などの外皮でおおわれるが、のち剥落し、黄色の内皮があらわれ、ついには光沢のある黄土色～黄褐色となる。内皮は薄く成熟すると紙質となり、頂孔を開く。グレバは初め黄土色からのち褐色となる。柄部は倒円錐形で急に下部が細まり、通常高さ5cm位、白色から黄褐色、のち褐色となる。
【生態】秋、林内草地などの地面に群生。
【コメント】胞子は球形、大きさ4μm、刺状の微細な突起でおおわれる。

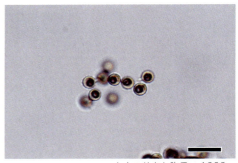

キホコリタケ胞子×1000

キホコリタケ

スッポンタケ目　PHALLALES

旧スッポンタケ目では本県からはアカカゴタケ科、スッポンタケ科およびプロトファルス科の3科が知られている。これらのきのこは、はじめ球形、卵形あるいは楕円形などで基部の1点において根状の菌糸束につながっており、また極めて弾力に富む。プロトファルス科のものではきのこの発達後期においても形に変化はないが、前2科では被膜(殻皮)が破れてグレバを載せた様々な形の構造物(托)を外界に現すので、発達初期の球形〜楕円形の状態のものを特に「菌卵」あるいは「菌蕾」(きんらん)と呼ぶことがある。

スッポンタケ科　Phallaceae

地上生。菌卵が成熟して裂開すると単柄で中空円筒状の托をのばし、上部に傘があるかまたはなく、傘の表面または托の上部に粘質な胞子塊をつける。本県からは3属9種(1変種を含む。)が知られている。

新分類体系ではアカカゴタケ科を吸収。

ヒメスッポンタケ　食不適
Phallus tenuis
スッポンタケ属

【形態】子実体：菌卵は白色で卵形、成熟すると裂開して托を伸ばし、通常高さ10cm位となる。先端に円錐状鐘形の傘をつける。傘の頂部は白色〜黄色の盤状で開孔し、柄の先と連なる。傘表面は鮮黄色で、網目状の隆起があり、暗緑色の粘液化した悪臭のあるグレバをつける。柄は円筒形で中空。表面は鮮黄色、1層の泡状の組織よりなる。
【生態】初夏〜秋、林内のブナなどの腐朽した倒木や切り株、枯れ幹上に群生。
【コメント】悪臭があり、食用には適さない。キイロスッポンタケ(p.428)と混同されやすいが、柄の泡状の組織が同種では2〜3層であるのに対し、本種は1層である点で区別ができる。

ヒメスッポンタケ（小泉撮影）

キイロスッポンタケ 食不適

Phallus flavocostatus
スッポンタケ属

【形態】子実体：菌卵は白色で類球形、通常径2.5cm位、基部に白色の菌糸束をつける。成熟すると頂部が裂開して托が伸長し、先端に円錐状釣り鐘形の傘をつけ、通常高さ12cm位。傘の頂部は盤状で開孔し、柄の上部と連なる。表面は黄色で網目状、暗緑色の粘液化した悪臭のあるグレバをつける。柄は円筒形、中空。表面は黄色で多数の小孔を開き、2〜3層の泡状の組織よりなる。

【生態】初夏〜初秋、林内の腐朽材上に群生。

【コメント】悪臭があり、一般に食用に適さない。本菌に従来当てられていた学名 *P. costatus* は本種の異名。本県からは本種の変種として報告されたアミガサスッポンタケ *P. costatus* var. *epigaeus* も発生する。同変種は基本種に類似するが、地面に発生し、柄は淡黄色または白色で、胞子が基本種よりも極めて大きいことで異なるとされている。

キイロスッポンタケ（手塚撮影）

キイロスッポンタケ断面（手塚撮影）

アミガサスッポンタケ

スッポンタケ 可食

Phallus impudicus
スッポンタケ属

【形態】子実体：菌卵は半地中生、白色でほぼ球形。内部に厚いゼラチン質な層をもち、触った感触はやわらかい。成熟すると裂開して托を伸ばし、通常高さ13 cm位。柄の部分は円筒形で中空、白色。先端に円錐状釣り鐘形の傘をつけ、頂部は開孔する。傘の表面は白色～淡黄色で網目状。初め暗緑色のグレバでおおわれるが、グレバはのち粘液化して流れ落ちる。
【生態】初夏～秋、落ち葉の堆積した林内の地面に群生～単生。
【コメント】頭部は悪臭があるが、若いときの柄の白い部分だけを取り出し、ゆでて乾燥させてから中華料理などに利用する。

スッポンタケ（手塚撮影）

マクキヌガサタケ 可食

Phallus duplicatus
スッポンタケ属

【形態】子実体：菌卵は淡褐色で類球形、通常径5 cm位、基部に菌糸束をつける。成熟すると裂開して托を伸ばし、通常高さ15 cm位。傘は円錐状釣り鐘形で白色、表面に網目状の隆起があり、暗緑色粘液状の悪臭のあるグレバをつける。傘の裏面から汚白色のマントを垂らすが、マントは縮れたレース状で、不規則な角形の網目をもち、柄の中ほどまで垂れる。マントの下縁部は鋸歯状。柄は円筒形、中空。表面は白色で、多数の小孔を開く。
【生態】初夏～秋、各種林内の地面に単生～群生。
【コメント】食用としての利用方法は前種のスッポンタケと同様。ここでは従来のキヌガサタケ属 *Dictyophora* をスッポンタケ属 *Phallus* に含める考えに従った。

マクキヌガサタケ（手塚撮影）

アカダマキヌガサタケ 不明
Phallus rubrovolvatus
スッポンタケ属

【形態】子実体：菌卵は赤褐色で類球形、通常径5 cm位、菌糸束を地中に伸ばす。成熟すると裂開して托を伸ばし、通常高さ20 cm位。先端に円錐状釣り鐘形の傘をつけ、表面は網目状、暗緑色粘液状の悪臭のあるグレバをつける。傘の裏面から、白色レース状で多角形の大きな網目をもったマントを、柄の2/3程度まで垂らす。柄は円筒形、中空。表面は白色で、多数の小孔を開く。
【生態】初夏、笹の茂った林道脇に散生。
【コメント】発生は比較的まれである。本種に近縁のキヌガサタケ *P. indusiatus* は菌卵が白色で、マントは地上近くまで垂れ下がり、網目が円形で比較的小さいことで異なり、本県では未確認である。

アカダマキヌガサタケ

キツネノロウソク 食不適
Mutinus caninus
キツネノロウソク属

【形態】子実体：菌卵は白色、長卵形、通常径1 cm位。成熟すると頂部が裂け、1本の円筒形の托を伸ばす。托は通常高さ8 cm位、中空で泡沫状の1～2層の小室からなり、頭部と柄部の境界は明瞭。頭部は頂部で細くなって尖り、表面は濃紅色、低い疣状またはしわ状、暗緑色で粘液質のグレバを付着する。グレバは粘液化すると強い悪臭を放つ。柄部は紅色～淡紅色、下方に向かって淡色。
【生態】初夏～秋、林内の地面に単生～群生。
【コメント】悪臭があり、食用に適さない。本種に類似して托が小形で柄の泡沫状小室のほとんどが外側に開孔するものを品種キタキツネノロウソク *M. caninus* f. *septentrionalis* として区別することがあるが、正式な記載はなく学名は裸名である。

キツネノロウソク（河井撮影）

キツネノエフデ 食不適
Mutinus bambusinus
キツネノロウソク属

【形態】子実体：菌卵は白色、長卵形、通常径2cm位。成熟すると頂部が裂け、1本の円筒形の托を伸ばす。托は通常高さ10cm位、頂部に向かって徐々に細くなり、中空、泡沫状の1層の小室からなり、上部で黒褐色粘液状のグレバを付着し濃赤色をおびるが、色は下方に向かって徐々に淡色となる。頭部と柄部との境界は不明瞭。グレバは液化すると強い悪臭を放つ。

【生態】初夏〜秋、林内の地面に単生〜群生。

【コメント】前種のキツネノロウソクに類似するが、同種は托の頭部と柄部の境界が明瞭であることで区別ができる。

キツネノエフデ（手塚撮影）

コイヌノエフデ 食不適
Jansia borneensis
シマイヌノエフデ属

【形態】子実体：菌卵は白い長卵形、通常径1cm位。成熟すると頂部が裂け、円筒形の托を伸ばす。托は通常高さ6cm位、頂部に小孔を開き、中空。頭部と柄部の境界は明瞭。頭部は赤褐色で網目状、赤色の薄い膜がある。柄部は白色〜淡紅色。グレバは緑褐色粘液状で、木片の焦げたような臭気を放つ。

【生態】初夏〜初秋、林内の地面に散生〜群生。

【コメント】発生はややまれ。悪臭があり、食用に適さない。

コイヌノエフデ（笹撮影）

アカカゴタケ科　Clathraceae

地上生。菌卵が成熟して裂開すると格子状、かご状、腕状、紡錘形などの様々な托をのばし、内側に粘質で悪臭のある胞子塊をつける。本県からは2属2種が知られている。
　本科は新分類体系ではスッポンタケ目のスッポンタケ科に吸収されている。

サンコタケ 食不適
Pseudocolus schellenbergiae
サンコタケ属

【形態】子実体：菌卵は白色で長卵形、通常、径1.5 cm位。のち成熟すると殻皮の頂部が裂開して、通常3本、ときに4本の腕（托枝）と円柱状の柄（托）を伸ばす。腕は黄色～橙黄色、弓形に大きく張り、頂部で結合する。柄は下部になるにしたがい白色で、つねに腕より短い。腕の内側には褐色～黒褐色のグレバを付着し、成熟して粘液化すると強い悪臭を放つ。
【生態】初夏～秋、林内の地面や笹やぶ、路傍などに群生または単生。

【コメント】国外では本種に類似したいくつかの種が知られており、托の張り方や色の違いで区別されている。

サンコタケ（小泉撮影）

ツマミタケ 食不適
Lysurus mokusin
ツマミタケ属

【形態】子実体：菌卵は白色で卵形～長卵形、通常径2 cm位。成熟して殻皮が裂開すると、単一托（頭部及び柄部）と腕を伸ばし、通常高さ10 cm位となる。柄部は4～6、通常5角柱、中空、多くは基部で細く上部に向かって太まり、上部は淡紅色、下部はしだいに淡色～白色となり、角柱の稜角面端が突き出す。腕は柄部の角数と同じ本数を伸ばして頂部で結合し、紅～赤褐色で横じわがあり、内側に黒～褐色の粘性であるグレバをつけ、悪臭を放つ。
【生態】夏、庭園や林内の地面に群生または単生、ときに観賞用植物の鉢の中に発生。

【コメント】本種に類似して頂部に角状の突起をもつものを、本種の品種ツノツマミタケ *L. mokusin* f. *sinensis* という。

ツマミタケ（手塚撮影）

プロトファルス科　Protophallaceae

地上生。類球形〜塊形でゼラチン質あるいは軟骨質。グレバは舌状などの多数の小区画に分かれ、寒天様の液で満たされる。本県からは1属1種が知られている。
　新分類体系においても本科は内容的に大きな変化は無くスッポンタケ目に残る。

シラタマタケ　不明
Kobayasia nipponica
シラタマタケ属

【形態】子実体：半地中生、白〜淡黄褐色、類球形〜凹凸のある塊状、通常径5cm位、基部に寒天組織を含んだ太い根状菌糸束がのびる。表面は平滑、ときに小さくひび割れる。グレバは暗緑色の舌状の多数の寒天質〜軟骨質の小区画からなり、寒天質の組織で囲まれているが、成熟すると寒天質層は液状となってなくなり、空洞をつくる。小区画は殻皮より中心に向かって放射状にならぶ。

【生態】夏〜秋、アカマツやアオモリトドマツなどの林内の地面に群生。
【コメント】胞子は楕円形、大きさ4-5×1.5-2μm、平滑。

シラタマタケ（手塚撮影）

若いシラタマタケの断面

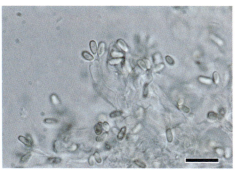

シラタマタケ胞子×1000

ヒメノガステル目　HYMENOGASTRALES

　胞子の形態的特徴やグレバの性質などからハラタケ類（広義）との類縁関係が推定されてきた、あるいは腹菌類の他目に置くのが難しい地下生あるいは半地下生の腹菌類を収容した菌群。子実体は地中生、まれに半地中生で塊茎状、通常柄は無いか痕跡的；基部あるいは殻皮表面に菌糸束をつける；殻皮は通常薄く、裂けたり剥がれ落ちることは無い；グレバは肉質あるいは軟骨質で小腔室からなり、多孔状〜迷路状、熟後ゼラチン化することはあっても粉状にはならない；弾糸を欠く；中軸は通常ないか樹枝状；胞子は平滑、粗造、ときに筋状の隆起があり、多くは楕円形〜紡錘形、稀に球形、多くは非アミロイド、ときにアミロイド；担子器は腔室の内壁に子実層を形成する；菌糸はクランプを欠くなどの特徴によってまとめられてきた。

　旧本目の種類としては県内からここに紹介する7種が知られ、それぞれヒメノガステル科 Hymenogasteraceae のアオゾメクロツブタケ属 *Chamonixia*（1種）、ジャガイモタケ科 Ovtaviniaceae のジャガイモタケ属 *Octavianina*（2種）、ヒドナンギュウム科 Hydnangiaceae のヒドナンギュウム属 *Hydnangium*（1種）、ショウロ科 Rhizopogonaceae のショウロ属 *Rhizopogon*（3種）などに置かれてきた。しかし近年のDNA解析に基づく分類の進歩や新たな材料に基づく調査研究によって、現在、目の解体と所属菌の大幅な分類の変更（所属する科や属の変更、誤同定の訂正）がおこなわれている。

トゥルマリネア属の一種　不明

Turmalinea sp.
トゥルマリネア属

【形態】子実体：地中生、類球形〜まんじゅう形、多少凹凸があり、通常径約2 cm位まで。基部に痕跡状の柄があり白色の菌糸束をつける。表面は綿毛状、白色、ところどころスス状の黒い部分があり、傷をつけると弱い青変性がある。グレバは黒褐色、迷路状の小腔室がありスポンジ状、弾力がある。柱軸は無いが、子実体基部には少し発達した淡褐色、寒天質な組織（無性基部）がある。
【生態】晩秋、渓畔林内のカエデの根際に単生。
【コメント】日本未記録種。2007年に笹孝氏によって採集された。胞子は広楕円形〜レモン形、大きさは12.5-14×9-11 μm、表面には高さ

トゥルマリネア属の一種

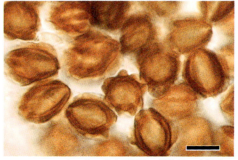

トゥルマリネア属の一種胞子×1000

2-3μmの垂直翼状の隆起が6-9本あり、褐色。アオゾメクロツブタケ *Rossbeevera eucyanea*（従来日本で *Chamonixia mucosa* と誤同定されてきたもの）に似るが、同種は外皮および内部に強い青変性があることや、胞子が楕円形で4本の畝状隆起をもつことなどで異なる。新分類体系ではアオゾメクロツブタケ属およびトゥルマリネア属はイグチ目のイグチ科に置かれている。

ジャガイモタケ 不明
Heliogaster columellifer
ジャガイモタケ属

【形態】子実体：半地中生、類球形〜塊状、しばしば不規則な凹凸があり、大きさは通常径7cm位まで。薬品臭がある。外皮は薄く、表面は平滑〜フェルト状、淡黄色〜淡黄褐色、傷つけると青色から褐色〜黒色に変色する。グレバは肉質で白色〜淡黄褐色、不整形な小腔室からなり迷路状。柱軸はややゼラチン質〜軟骨質、しばしば樹枝状であるが発達の程度は様々で、外皮に向かい放射状に細かく枝分かれしてグレバを幾つかの小区画に分ける。グレバや柱軸は切断等により空気に触れると青〜紫色に変色する。
【生態】秋、林内草地上に群生。
【コメント】胞子は球形、大きさ10-18μm、鈍角の円錐刺状突起におおわれ、偽アミロイド。従来、*Octaviania*（= *Octavianina*）属（旧ジャガイモタケ属）に入れられ、クラマノジャガイモタケ *O. asterospora* の名前で知られていたものであるが、最近の研究によって同属菌と異なることが分かり、本種を基準種として新属 *Heliogaster* が提唱された。なお、新属の和名としてはジャガイモタケ属がそのまま用いられ、同属は新分類体系においてイグチ目のイグチ科に置かれている。

ジャガイモタケ

ジャガイモタケ胞子×1000

ヒメノガステル目 435

ミヤマホシミノタマタケ

ミヤマホシミノタマタケ(折原仮称) 不明

Octaviania japonimontana
ホシミノタマタケ属

ミヤマホシミノタマタケ胞子×1000

【形態】子実体：半地中生。類球形～歪な団子形、基部に痕跡的な柄がある。ゴムの様な弾力があり、大きさは通常径3cm位まで。成熟すると甘い香りがする。表面はフェルト状、ときに亀甲状にひび割れ、白色(～淡黄色)、しばしば部分的に淡紅色の染みを生じ、傷を付けると青く変色する。グレバは胞子がつまった類球形～類楕円形の小腔室からなり、成熟すると暗茶褐色。腔室間には無性基部からのびた白色の基層板が網目状に介在する。柱軸は無い。グレバは空気に触れると青く変色し、のち青黒色。切断すると水様物を滲み出す。

【生態】夏～初秋、ミズナラの根際に散生。

【コメント】近年新種として報告された種である。和名は新種報告者の折原貴道氏による。従来、*Octaviania*(＝ *Octavianina*)にはジャガイモタケ属の和名が用いられていたが、その和名は現在ジャガイモタケが所属する*Heliogaster*に採用されている。*Octaviania*には新たにホシミノタマタケ属の和名が提案されており、新分類体系で同属はイグチ目のイグチ科に置かれている。

コイシタケ 不明

Russula sp.
ベニタケ属

【形態】子実体：地中生～半地中生、球形～類球形、通常径1.5cm位、多少スポンジ様の弾力に富む。表面は粉状～綿毛状の菌糸でおおわれ、類白色（～淡黄色）、初め平滑、のち網目状にひびわれる。グレバは白色のち山吹色～淡橙色。微細な中空の腔室からなり迷路状。柱軸は無い。

【生態】夏～初秋、広葉樹林内の地面に散生。

【コメント】担子器は1胞子性。胞子は球形、大きさ12-15μm、高さ1.5-2.5μmの細い円錐形の刺状突起でおおわれ、非アミロイド。従来 *Hydnangium carneum* の学名で知られヒドナンギュウム科に置かれてきたが、同種とは形態的特徴および分子系統的にも異なることが最近明らかにされた。ベニタケ属の系統内で分化したシクエストレート菌の1種と考えられている。類似のミヤマコイシタケは2胞子性で、胞子はアミロイド。

コイシタケ

コイシタケ断面（右）

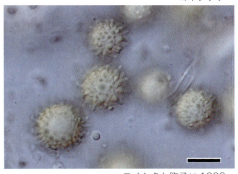

コイシタケ胞子×1000

ショウロ 可食

Rhizopogon roseolus
ショウロ属

【形態】子実体：半地中生～地中生、球形～扁球形、通常径3 cm位。表面は初め白色～淡紫褐色、綿毛状～フェルト状で菌糸束が張り付いている。地表に出ると黄褐色～赤色をおび、傷をつけると淡赤色～赤紫色に変わる。グレバは迷路状の小腔室からなり、初めスポンジ状肉質で弾力に富み白いが、のち粘性をおび黄土色～オリーブ色となる。特有の芳香があるが、老熟すると悪臭に変わる。

【生態】夏および秋～晩秋、おもに海岸のクロマツ林内の砂地の中に群生。

【コメント】芳香があり、吸い物などに合う。胞子は長楕円形、大きさ7.5-9.5×2.5-3.5 μm。アカショウロ *R. succosus*（= *R. superiorensis*）は本種に似るが、きのこははじめ黄色～橙黄色（のち赤褐色）で傷をつけても変色しない、切断すると透明な粘質な液を分泌する、乾燥すると非常に硬くなり切断できないことなどの特徴で区別できる。類似のホンショウロ *R. luteolus* は赤変性が無い、乾燥すると固くて切断できないなどの点で異なり、アカショウロの方により似るが、切断しても同種のように粘質な液を分泌することは無い。従来、本菌に用いられてきた学名 *R. rubescens* は異名。ショウロ属は新分類体系ではイグチ目のショウロ科に置かれている。

ショウロ（笹撮影）

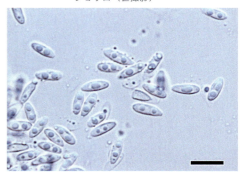

アカショウロ（笹撮影）　　ショウロ胞子×1000

キクラゲ類　異型担子菌綱　HETEROBASIDIOMYCETES

　キクラゲ類は、従来、一般に担子菌亜門・異型担子菌綱にまとめられてきた。きのこは形が椀状〜耳状、花弁状、膜状、角状〜やり状、樹枝状、あるいはクッション状〜脳塊状などと変化に富み、ゼラチン質や蝋質で湿っているときは柔らかいが、乾くと縮んで膠や軟骨のように硬くなるものが多い。そのため膠質菌類とも呼ばれることもある。一般的なハラタケ類やヒダナシタケ類のきのこと比べて、担子器が隔壁で仕切られて多室、あるいは1室であっても上部が二又に分かれてY字形あるいは太い指状の小柄をもつなど異なった型をしていること、また、胞子が菌糸を伸ばして発芽する以外に、反復発芽をすることなどで特徴づけられてきた。本県からは21種（未記録種を含む。）が知られ、従来、キクラゲ目、シロキクラゲ目、およびアカキクラゲ目の3目に分類されてきた。

　DNA解析の基づく現在の分類では、従来の異担子菌綱は系統的に異質な菌群として廃止され、キクラゲ目はハラタケ綱に編入、シロキクラゲ目およびアカキクラゲ目はそれぞれシロキクラゲ綱およびアカキクラゲ綱に置かれている。

キクラゲ目　AURICULARIALES

　きのこの形は変化に富む。担子器は円筒形、球形～類球形、あるいは棍棒形などで縦または横の隔壁によって仕切られ、多室である。胞子は発芽して菌糸あるいは分生子を生じる。本県からは2科(キクラゲ科およびヒメキクラゲ科) 5属(キクラゲ属、ヒメキクラゲ属、ムカシオオミダレタケ属、ニカワハリタケ属、ニカワジョウゴタケ属)が知られている。
　新分類では本目はハラタケ綱に置かれ、現在7科が認められているが、系統関係が不明で所属する科が不明な属(ニカワハリタケ属、ニカワジョウゴタケ属など)も少なくない。

キクラゲ科　Auriculariaceae

　担子器が長円筒形で横の隔壁によって仕切られる。本県からは1属2種が知られている。
　新分類では従来のヒメキクラゲ科の諸属菌の一部(ヒメキクラゲ属、オロシタケ属など)を含み、科の内容が拡大されている。

アラゲキクラゲ 可食

Auricularia polytricha
キクラゲ属

【形態】子実体：椀状、耳状などで、ときにいくつか癒着し、不規則な形となる。通常径6 cm位、ときに10 cm以上。背面の一部で基物につくが、背面は灰褐色で、白色の細毛に密におおわれる。内面(地面側を向いた面)は暗褐色～暗紫褐色、平滑。肉は厚みがあり、ゼラチン質で丈夫。乾燥時には収縮してかたくなるが、湿ると元に戻る。

【生態】ほぼ1年を通して、各種広葉樹の枯れ木や枯枝上に群生。

【コメント】一般にキクラゲと混同されており、栽培された乾燥品がキクラゲの名前で販売されているが、食感は劣る。菌ごたえがクラゲのようにこりこりしているため、中華料理のほか酢の物によい。胞子は腎臓形～腸詰形、大きさは13-17×5-7 μm。

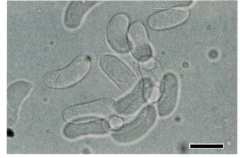

アラゲキクラゲ胞子×1000

アラゲキクラゲ（横沢撮影）

キクラゲ 可食

Auricularia auricula-judae.
キクラゲ属

【形態】子実体：椀状や耳状、または癒着して花びら状で、通常径6cm位、縁部はしばしば波打つ。背面の一部で基物の樹皮面につく。内面（地面側を向いた面）は淡褐色〜褐色、ほぼ平滑。背面は同色でしわがあり、微毛状〜ほぼ平滑。ゼラチン質で乾くと著しく収縮して、黒色あるいは黒褐色に変わり、かたい軟骨質となる。

【生態】春〜秋、広葉樹の比較的新しい倒木上などに多数発生。

【コメント】優秀な食用菌であり美味。炒め物や酢の物などの中華風の料理やみそ汁の具など広く利用できる。栽培品が市販されているが、本種のものは少なく、高価である。前種のアラゲキクラゲは本種に類似するが、内面が紫色をおび、外面は顕著な粗毛におおわれることで区別がつく。胞子は腎臓形〜腸詰形、大きさは11-14.5×4.5-5.5μm。本菌に従来当てられていた学名 *A. auricula* は本種の異名。

キクラゲ（手塚撮影）

キクラゲ

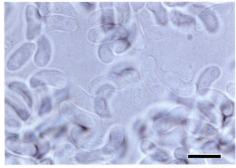
キクラゲ胞子×1000

ヒメキクラゲ科　Exidiaceae

担子器が類球形あるいは頭部が膨らんだ棍棒形で縦の隔壁によって仕切られる。本県からは4属6種が知られている。

現在は独立した科としては認められておらず、旧ヒメキクラゲ科に置かれていたヒメキクラゲ属、オロシタケ属などはキクラゲ科に、またムカシオオミダレタケ属、ニカワハリタケ属、ニカワジョウゴタケ属などはキクラゲ目において所属する科が不明な属として取り扱われている。

ムカシオオミダレタケ

ムカシオオミダレタケ 食不適

Protodaedalea foliacea
ムカシオオミダレタケ属

【形態】子実体：無柄で傘の側面で基物につき、半円形。湿時軟骨質でややもろいが、乾燥時著しく収縮してかたくなる。傘：通常径10cm位。表面は初め乳白色、のち淡褐色、羽毛状に分枝した短粗毛があり、ざらつく。裏面はひだ状、傘と同色で厚く、放射状～迷路状。
【生態】初夏～秋、ブナやイタヤカエデの立枯れ木又枯れ幹上に群生。

ムカシオオミダレタケ

【コメント】本菌に従来当てられていた学名 *Protodaedalea hispida* は本種の異名。

サカヅキキクラゲ 不明

Exidia recisa
ヒメキクラゲ属

【形態】子実体：一つずつ個別に発達し、互いに融合しない。初め小さな嚢状に生じ、発達して半球形～倒円錐状～盃状～耳状となり、通常径4cm位、縁部は細かい鋸歯状。ゼラチン質。黄褐色～褐色～暗褐色。内面は多少しわがあり、その全面に子実層が生じる。疣は存在しない。外面（茎部）は上面とほぼ同色で、小鱗片状の凹凸におおわれ、不稔。湿時ゼラチン質で、乾くと黒色、軟骨質の小塊となる。

【生態】初夏～秋、各種広葉樹の倒木や落枝上に群生。

【コメント】キクラゲの仲間だが、食毒は不明。胞子は腸詰形、大きさ 11–14 × 3–3.5 μm。キクラゲ(p.441)に類似するが、本種は個別に発達し、外面が粒状であり、胞子が狭幅なことで区別がつく。

サカヅキキクラゲ

サカヅキキクラゲ裏面拡大

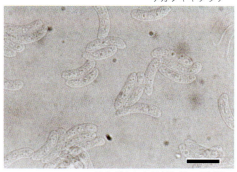

サカヅキキクラゲ胞子×1000

ヒメキクラゲ 可食

Exidia glandulosa
ヒメキクラゲ属

【形態】子実体：歪んだ倒円錐状〜塊状、しばしば多数が列状に癒着して、不定形な盤状の塊となる。表面は多少ともしわ状で、黒褐色〜黒色。全面に子実層を生じ、細かいいぼ状突起があり、粗面。裏面は淡色で基物に圧着する。乾燥すると、収縮して薄膜状となり、かたい。
【生態】初夏〜秋、各種広葉樹の倒木や落枝上に群生。
【コメント】可食とされているが、不気味さもありあまり利用されていない。

ヒメキクラゲ

タマキクラゲ 不明

Exidia uvapassa
ヒメキクラゲ属

【形態】子実体：初め樹皮を破り嚢状に突出して生じ、互いに融合せず、一つずつ個別に成長する。形状は多様で、球状〜クッション状〜洋ごま状〜耳状〜薄い平板状。通常径2cm位、ときにそれ以上。全体黄褐色〜灰褐色〜褐色〜暗褐色〜赤褐色。上面は波状〜脳状、ときに尖ったうね状となり、その全面に子実層が生じ、疣状突起でおおわれる。下面は上面とほぼ同色、しばしば褐色の鱗片状の模様におおわれ、不稔。湿時ゼラチン質、乾くと収縮し、黒褐色の軟骨質の小塊あるいは薄膜片となる。
【生態】春〜秋、各種広葉樹の倒木や落枝上に群生。
【コメント】食毒については不明。

タマキクラゲ

ニカワハリタケ 可食

Pseudohydnum gelatinosum
ニカワハリタケ属

【形態】子実体：半円形やへら形、扇形など。無柄あるいは短い柄を側面にもつ。肉質はゼラチン質でやわらかい。傘表面は灰色～灰褐色、細かい毛状突起によっておおわれる。裏面は白色～黄白色で、長円錐状の刺を密生する。
【生態】秋、針葉樹（おもにスギ）の根もとや切り株に単生～群生。

【コメント】地方名ネコノシタ。独特の食感で寒天のような舌ざわりがある。

ニカワハリタケ（安藤撮影）

ニカワジョウゴタケ 不明

Guepinia helvelloides
ニカワジョウゴタケ属

【形態】子実体：地上生。全体がへら形～そり返ったイチョウ型～不完全なじょうご型、下半部が柄となって直立し、通常高さ8cm位。湿時ゼラチン質、淡朱紅～淡黄赤色、乾くと収縮し、堅い軟骨質となる。上部に向かい背腹両面に分かれ、子実層は外側の腹面（下面）に発達し、平滑～しわ状。背面（上面）は平滑か網状のしわをもち、不稔。
【生態】秋、針葉樹林内の地面に単生～群生。

【コメント】比較的発生はまれ。従来、本種に用いられてきた学名 *Phlogiotis helvelloides* は、近年改訂された命名規約によってここで用いた学名 *Guepinia helvelloides* の異名となる。

ニカワジョウゴタケ（手塚撮影）

シロキクラゲ目　TREMELLALES

　シロキクラゲ目のきのこは、一般に花弁状あるいはクッション状〜脳塊状、ときに角状〜やり状など。担子器が縦あるいは斜めに走る隔壁によって仕切られ、多室である。胞子は反復発芽でき、発芽して菌糸を生じる、あるいは酵母状の発芽を行う。本県からは1科2属が知られているが、そのうちのニカワツノタケ属は本目を代表するシロキクラゲ属とは系統的に大きく異なるとされ、新しい分類ではシロキクラゲ綱においてシロキクラゲ目から独立したニカワツノタケ目HOLTERMANNIALESに置かれている（ニカワツノタケを参照）。

シロキクラゲ科　Tremellaceae

　シロキクラゲ科のきのこは、担子器が球形〜楕円形で一つずつ独立して形成され、長い小柄をもつ。本県からは2属7種（2未記録種を含む。）が知られている。

シロキクラゲ　可食
Tremella fuciformis
シロキクラゲ属

【形態】子実体：八重咲きの花状で、花びら状裂片が不規則に重なりあって集合体となり、通常径10cm、高さ5cm位。全体白色で、裂片の外縁部は波状あるいは不規則に切れこむ。表面は平滑で、その両側面に子実層が発達する。湿時はややかたいゼラチン質で、乾燥すると膠状にかたく収縮する。
【生態】初夏、広葉樹（おもにミズナラ）の枯れ木や倒木の樹皮の裂け目から発生する。
【コメント】中華料理や酢の物などに適している。県内での本種の発生はまれで、ブナに発生する次種のニカワシロキクラゲの方が一般によく見かける。

シロキクラゲ

ニカワシロキクラゲ（仮称） 不明

Tremella sp.
シロキクラゲ属

【形態】子実体：八重咲きの花状で、花びら状裂片が不規則に重なりあった塊となり、通常径15 cm、高さ5 cm位。全体白色で、裂片は厚く、外縁部は波状となるが切れこむことはない。表面は平滑で、その両側面に子実層が発達する。湿時外側はやわらかいゼラチン質で、内部はゼリー状、乾燥すると、収縮して膜状となり、かたい。

【生態】初夏、ブナの立ち木下部や倒木上のコケでおおわれた部分に群生。

【コメント】日本未記録種。前種シロキクラゲと間違えて食べた例があるが中毒の報告はない。胞子は広楕円形〜倒卵形、大きさは7.5-9.5 × 5.5-7 μm。担子器は類球形〜倒卵形、大きさは15-18.5 × 11.5-14 μm。シロキクラゲに類似するが、裂片は厚く内部はゼリー状で乾燥すると全体膜状になることで異なる。

ニカワシロキクラゲ（仮）

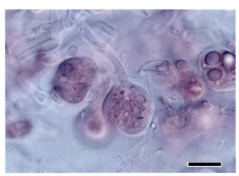

ニカワシロキクラゲ担子器×1000

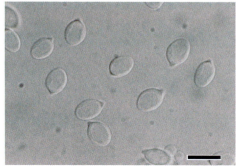

ニカワシロキクラゲ胞子×1000

マルミノシロニカワタケ(新称) 不明

Tremella sp.
シロキクラゲ属

【形態】子実体：塊状で著しいしわ状の隆起を生じ、通常、高さ1cm位、多数が癒着して広がり、不定形な盤状の塊となる。表面は初め全体白色、古くなると淡赤色をおびる。湿時はやわらかいゼラチン質、乾燥すると収縮して弾力のある軟骨質となる。
【生態】晩秋、ブナの倒木上に発生。

【コメント】担子器は卵形〜楕円形、縦の隔膜で2〜4室に仕切られる。胞子は球形、大きさは12-16 μm。担子器は球形〜広卵形、大きさは25-36×19-30 μm。日本特産とされているシロニカワタケ *T. pulvinaris* に類似するが、同種は子実体が径2〜3cm、胞子が卵形〜楕円形で小形(7-10×4-6 μm)であることで異なる。既知種に該当するものはなく新種と考えられる。

マルミノシロニカワタケ

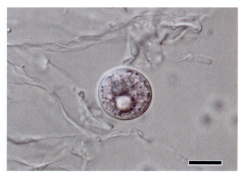

マルミノシロニカワタケ胞子×1000

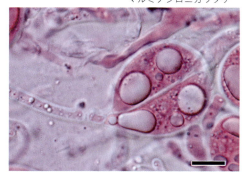

マルミノシロニカワタケ担子器×1000

ハナビラニカワタケ 可食

Tremella foliacea
シロキクラゲ属

【形態】子実体：八重咲きの花状で、不規則な花びら状裂片が重なりあって集合体となり、通常径15 cm、高さ10 cm位。各裂片の外縁部はゆるく波打つ。全体淡褐色～淡い肉色をおびた褐色で、古くなると暗赤褐色となる。裂片の表面は平滑で、その両側面に子実層が発達する。湿時はやわらかく、ゼラチン質であるが(根もとは軟骨質)、乾けば収縮してかたくなる。

【生態】初夏～秋、ブナやミズナラなどの広葉樹の枯れ木や倒木に発生。

【コメント】食用にできるが、利用度は低い。歯ごたえはキクラゲ(p.441)に比べると物足りないが、くせがないので中華料理や酢の物などさまざまな料理に利用できる。

ハナビラニカワタケ（小泉撮影）

クロハナビラニカワタケ 不明

Tremella fimbriata
シロキクラゲ属

【形態】子実体：八重咲きの花状で、不規則な花びら状裂片が互いに重なりあって集合体となり、通常径6 cm、高さ4 cm位。各裂片の表面は平滑で、その両側面に子実層が発達する。湿時は暗褐色で、ややかたいゼラチン質であるが、乾燥すると、収縮してかたく、黒褐色となる。

【生態】秋、広葉樹の枯れ木に発生。

【コメント】子嚢菌のクロムラサキハナビラタケ(p.468)に類似するが、同種はゼラチン質ではなく乾燥しても収縮しないことで区別ができる。

クロハナビラニカワタケ

コガネニカワタケ 不明
Tremella mesenterica
シロキクラゲ属

【形態】子実体：初めしわの寄った塊状、のちしわの部分が波状〜花びら状に隆起して、通常径6cm、高さ4cm位。全体に黄色〜橙黄色、古くなると退色し、淡色。湿時はやわらかいゼラチン質であるが、乾燥すると収縮してかたくなる。
【生態】初夏〜秋、広葉樹の枯れ木に発生する。
【コメント】本種は、シロキクラゲ属の基準種である。落枝上に発生することが多い。

コガネニカワタケ（手塚撮影）

ニカワツノタケ 不明
Holtermannia corniformis
ニカワツノタケ属

【形態】子実体：円筒形〜角形で、先端はやや尖る。通常、分岐しないが、まれに二股に分岐する。通常高さ1cm、基部の径2mm位。ゼラチン質で初め暗紫色、のちほぼ白色、半透明状。熟後は帯赤黄色となり、液化する。湿時柔軟であるが、乾燥すると軟骨質となる。
【生態】初夏〜秋、各種広葉樹の枯れ木や落枝上に多数群生。
【コメント】発生は比較的少ない。日本特産。新分類ではニカワツノタケ目HOLTERMANNIALESのニカワツノタケ科Holtermanniaceaeに置かれている。

ニカワツノタケ

アカキクラゲ目　DACRYMYCETALES

　きのこは一般に橙色、黄色などの鮮やかな色をおび、ゼラチン質。形は粒状～クッション状、角状、樹枝状、杯状、へら状など変化に富む。担子器は隔壁がなく単室であり、上端は分岐してY字形。胞子は発芽して菌糸あるいは分生子を生じる。本県からは1科5属が知られている。

　新分類体系では、本目はアカキクラゲ綱として独立してハラタケ亜門に置かれている。

アカキクラゲ科　Dacrymycetaceae

　科の特徴は目と同じである。本県からは5属6種が知られている。

ツノフノリタケ 不明
Calocera cornea
ニカワホウキタケ属

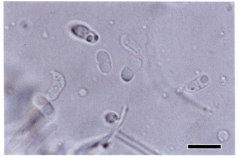

ツノフノリタケ胞子×1000

【形態】子実体：単一の円筒形、ときに基部または先端で分岐し、通常高さ10㎜、幅1㎜位。上下同幅または中央で多少膨らんで上部に向かって細まり、先端はやや鈍頭または尖る。かたいゼラチン質～軟骨状にかわ質。子実層は全面に生じ、はじめ淡黄色のち橙黄色、先端は濃色、平滑で無毛、多少ぬめりがある。

【生態】初夏～秋、針葉樹や広葉樹の腐朽材上に単生～群生。

【コメント】胞子は腎臓形～腸詰形、大きさは7-9.5×3-5㎛、通常1隔壁を有する。

ツノフノリタケ

ニカワホウキタケ 不明

Calocera viscosa
ニカワホウキタケ属

【形態】子実体：サンゴ形。一つの柄から二又に枝分かれ樹枝状、通常高さ5cm位。全面鮮やかな橙黄～橙～濃黄色。基部は円筒形～圧縮された円筒形、先端に向かい二又分岐をくり返す。先に向かうほど節間及び幅が短くなり、枝の末端は小円錐状で長さ0.5～2mm。肉は白色で軟骨状ゼラチン質であるが、乾燥するとかたくなる。
【生態】秋、カラマツなどの針葉樹の腐朽材上あるいは落葉上に群生。
【コメント】サンゴ形で、一見、ホウキタケ類のきのこを思わせるが、アカキクラゲの仲間である。

ニカワホウキタケ

ハナビラダクリオキン 不明

Dacrymyces chrysospermus
アカキクラゲ属

【形態】子実体：形は変化に富みクッション状～倒円錐状、しばしば互いに癒着し、不規則に波打った塊状、ときに多少花びら状。全体橙色～橙赤色、通常径10mm位、まれに癒着して径6cm、高さ3cm程度に達する。湿時丈夫なゼラチン質であるが、乾燥すると収縮してかたい軟骨質となる。
【生態】夏～秋、カラマツなどの針葉樹の枯れ幹上に発生。
【コメント】コガネニカワタケ（p.450）に多少類似するが、同種は広葉樹に発生し、担子器が縦の隔壁で2～4室に仕分けされることで区別ができる。従来用いられてきた学名 *D. palmatus* は異名。

ハナビラダクリオキン（手塚撮影）

フェムスジョウタケ 不明
Ditiola peziziformis
ディティオラ属

【形態】子実体：浅い杯状〜円錐状、無柄または基部に向かって細まり有柄状、通常高さ8mm、径1cm位。内面は子実層を生じ、平らまたはやや浅くくぼみ、黄色〜橙黄色、平滑。外面は白色〜黄白色、フェルト状。丈夫なゼラチン質で乾燥するとかたくなる。

【生態】初秋、ブナなどの広葉樹の落枝上ときにエゾマツなどの枯れ枝上に群生。

【コメント】一見、子嚢菌のチャワンタケ類のきのこを連想させるが、アカキクラゲの仲間である。胞子は腸詰形、大きさ17-25 × 7-10 μm、成熟すると多室となる。フエムスジョウタケ属 *Femsjonia* に置き *F. peziziformis* の学名が用いられることもある。

フエムスジョウタケ

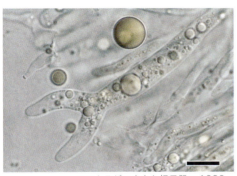
フエムスジョウタケ担子器×1000

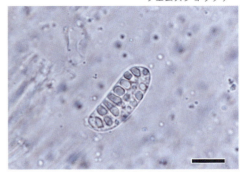
フエムスジョウタケ胞子×1000

タテガタツノマタタケ 不明

Guepiniopsis buccina
タテガタツノマタタケ属

【形態】子実体：洋杯形で、柄をもつ。椀は通常径4mm、柄は長さ8mm位。熟時、椀部はしばしば盾形に広がる。全体橙黄色〜黄色。椀の内面は子実層を生じ、平滑。外面には縦じわがある。湿時軟骨様ゼラチン質であるが、乾燥するとかたい軟骨質となる。
【生態】初夏〜秋、ブナなどの倒木や枯れ幹上に群生。
【コメント】椀形をしており、一見、子嚢菌チャワンタケ類のきのこを思わせるが、アカキクラゲの仲間である。

タテガタツノマタタケ

ツノマタタケ 不明

Dacryopinax spathularia
ツノマタタケ属

【形態】子実体：有柄でへら形〜扇形、しばしば先端は浅い叉状（ツノマタ状）に広がり、通常高さ10mm、幅5mm位。軟骨状にかわ質。子実層は片面に生じ、黄色〜橙黄色、平滑で多少ぬめりがあり、反対側は無性で短毛を生じる。
【生態】初夏〜秋、針葉樹や広葉樹の枯木上に群生。
【コメント】近年の菌類命名規約の改定に伴い、旧 *Guepinia*（旧ツノマタタケ属）から *Dacryopinax* 属に移された。それに伴いツノマタタケ属は *Dacryopinax* の属和名となる。

ツノマタタケ（手塚撮影）

盤菌類 盤菌綱 DISCOMYCETES

　盤菌類のきのこは、通常、椀形や皿型で、子嚢が並んだ子実層と呼ばれる層が、外界に広く露出しているが、例外として地中に発生するものもある。従来、盤菌綱 DISCOMYCETES としてまとめられてきた。本県からは本書に紹介している4目72種（変種、未記録種を含む。）が知られている。

　なお、近年のDNA解析を反映した研究結果では盤菌綱は解体され、本書に掲載しているおもなものとしてチャワンタケ綱 PEZIZOMYCETES、エウロチウム綱 EUROTIOMYCETES、ズキンタケ綱 LEOTIOMYCETES、テングノメシガイ綱 GEOGLOSSOMYCETES、フンタマカビ綱 SORDARIOMYCETES に分類されている。

オストロパ目　OSTROPALES

　旧オストロパ目のきのこは、ほぼ地上生で、基質上に露出して生じる。子嚢は無弁型、著しく細長く、その先端は厚壁、胞子は糸状で子嚢とほぼ同じ長さである。本県からはきのこをつくる科として1科が知られている。

　なお、新分類体系では、本目のほとんどの菌はチャシブゴケ綱 LECANOROMYCETES に置かれているが、オストロパ科 Ostropaceae の一部はビョウタケ目 HELOTIALES に含められ、ズキンタケ綱に置かれている。

オストロパ科　Ostropaceae

　旧オストロパ科には数属があり、きのこをつくるものとしてはピンタケ属 *Vibrissea* が知られているが、同科の他属の特徴とは異質であることが指摘されている。本県からは1属1種が知られている。

　新分類体系では、本科に含まれていたピンタケ属はピンタケ科 Vibrisseaceae として独立し、ズキンタケ綱のビョウタケ目 HELOTIALES に置かれている。

ピンタケ　不明
Vibrissea truncorum
ピンタケ属

【形態】子実体：有柄頭状の子嚢盤を形成し、通常高さ15mm位。子嚢盤：頭部は半球形あるいは凸レンズ形、径2-5mm位、卵黄色〜橙黄色、平滑。表面は子実層でおおわれる。縁は内側に屈曲して、柄に付着する。柄は細長く、円筒形。表面は白色で、黒い鱗片をつける。

【生態】春、湿地の腐朽根株や、雪解け水が流れる沢の水に浸った落ち枝などに群生。

【コメント】きわめて小さく、食用の対象とならないため、食毒については知られていない。ピンタケ属を代表する種類で、ごく普通に見られる。

ピンタケ

ビョウタケ目（ズキンタケ目） HELOTIALES

　旧ビョウタケ目のきのこは一般に小型で、多くは椀状または棍棒状。子嚢は棍棒形で無弁型。胞子は様々である。本県からは5科が知られている。

　なお、新分類体系では、本目菌のほとんどはズキンタケ綱のビョウタケ目HELOTIALESに置かれているが、テングノメシガイ科やズキンタケ科の一部は同綱のリティスマ目RHYTISMATALESやズキンタケ目LEOTIALES、テングノメシガイ綱のテングノメシガイ目GEOGLOSSALESに置かれている。

テングノメシガイ科　Geoglossaceae

　旧テングノメシガイ科のきのこは有柄で、根棒形〜へら形、または不規則な頭部をもつ。本県からは5属7種が知られている。

　新分類体系では、本科はテングノメシガイ目に置かれている。また、本科に置かれていたホテイタケ属とヘラタケ属はホテイタケ科Cudoniaceaeに分類され、リティスマ目に置かれている。カンムリタケ属はビョウタケ目に置かれたが所属する科は未確定である。

クラタケ 不明
Cudonia helvelloides
ホテイタケ属

【形態】子実体：鞍形の頭部をもった有柄の子嚢盤を形成し、通常高さ7cm位。子嚢盤：頭部は傘状で初め丸山形のち鞍形、縁は内に巻くが柄に接着しない。子実層面は淡黄色のち淡渋色、ややしわ状。裏面はしわ状、白色のち淡灰褐色、綿毛を生じる。柄は円柱状または多少扁平、縦のすじがあり、基部がやや膨らむ。初め白色綿毛状の鱗片をつける。
【生態】秋、林内の地面に群生。
【コメント】発生はややまれ。胞子は糸状に細長い。チャワンタケ目のアシボソノボリリュウ(*p.*481)に類似するが、同種は鞍形の傘の両端が反り返って不規則な円形状を呈し、傘の裏面は無毛平滑である。また、胞子が楕円形であることで区別ができる。

クラタケ

テングノメシガイ（手塚撮影）

テングノメシガイ 不明
Trichoglossum hirsutum f. *hirsutum*
テングノメシガイ属

テングノメシガイ子嚢×400

【形態】子実体：有柄こん棒状の子嚢盤を形成し、通常高さ6cm位。子嚢盤：頭部は広楕円形、先端は鈍頭、多少扁平状、全長の1/10～1/3を占める。表面は黒色～黒褐色、ビロード状。柄は円柱状～やや扁平。表面はビロード状。黒色～黒褐色。頭部および柄の表面をルーペで観察すると、尖った黒色の剛毛が多数存在するが、これはテングノメシガイ属の特徴。
【生態】夏～秋、腐朽の進んだ材上または腐植上に単生または群生。
【コメント】見分けるには顕微鏡観察が必要。胞子は両端が細まった円筒状棍棒形、大きさ100-170×5-7.5μm、15隔膜を生じる。次項のナナフシテングノメシガイは本種に類似するが、胞子が小形で、通常7隔壁を生じることで区別ができる。

ナナフシテングノメシガイ

ナナフシテングノメシガイ 不明
Trichoglossum walteri
テングノメシガイ属

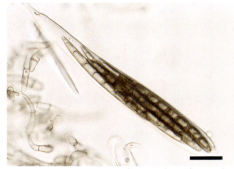

ナナフシテングノメシガイ子嚢×400

【形態】子実体：有柄こん棒状の子嚢盤を形成し、通常高さ5cm位。子嚢盤：頭部は楕円形～紡錘形、先端は鈍頭で多少扁平状、全長の1/3～1/2を占め、縦に走る溝をもつ。表面は黒色～黒褐色、ビロード状。柄は円柱状～やや扁平。表面は黒色、ビロード状で、ルーペ下で暗褐色の剛毛を密生。

【生態】夏～秋、芝生の中や林内の腐朽材上あるいは腐植質上に単生～群生。

【コメント】胞子は両端が細まった円筒状棍棒形、大きさ70-90×4.5-6 μm、7隔膜まれに5隔膜を生じる。ヒメテングノメシガイ属の**ナナフシテングノハナヤスリ** *Geoglossum glutinosum* は本種に類似するが、頭部が平滑で粘性をおびることで区別ができる。テングノメシガイ属とヒメテングノメシガイ属は外観的に良く似るが、前者では子実層に長くて尖った黒褐色の剛毛を生じている。この剛毛はルーペ下でも容易に認められるので、ルーペを用いてきのこを観察すれば野外でも両属を区別できる。しかし、種類の区別は顕微鏡を用いなければ困難である。

マツバシャモジタケ 不明
Microglossum viride
シャモジタケ属

【形態】子実体：有柄こん棒状子嚢盤を形成し、通常高さ5 cm位。子嚢盤：頭部は細長い紡錘形あるいは楕円形で鈍頭、ときに不整形でやや扁平状、浅い縦溝があり、柄との境は明瞭。表面は初め灰オリーブ色、のち緑色、平滑。柄は円筒形〜わずかに扁平状。表面は頭部と同色〜やや淡色、明瞭な鱗被をつける。
【生態】初夏〜秋、肥沃で湿った林内に群生。
【コメント】本種はしばしばコケの間に発生して目立たないため、一般に探しにくい。

マツバシャモジタケ

カンムリタケ 不明
Mitrula paludosa
カンムリタケ属

【形態】子実体：有柄円筒状の子嚢盤を形成し、通常高さ5 cm位。子嚢盤：頭部は初めほぼ類球形、のち不規則な円筒形〜長楕円形。頭部と柄の境界は明瞭。表面は橙黄色〜卵黄色、平滑、湿時粘性がある。柄は細長く、白色〜帯黄色、平滑、湿時粘性をおび、半透明。
【生態】春、スギ林など針葉樹林内の湿地や水たまりの落ち葉、落ち枝、腐朽材などの上に群生。
【コメント】本種の仲間には、頭部が類球形で黄色のものなど複数種が知られている。

カンムリタケ（手塚撮影）

ヘラタケ 不明

Spathularia flavida
ヘラタケ属

【形態】子実体：有柄へら状の子嚢盤を形成し、通常高さ6cm位。子嚢盤：頭部は扁平な倒卵形〜へら形、全長の1/3〜1/2を占める。表面は黄〜黄褐色、幼時は淡色である。柄は頭部の中ほどまで入り込み、傘との区別は明瞭、円柱状、基部はやや球根状にふくれることが多い。表面は黄〜黄褐色、頭部よりやや濃色。頭部の全表面に子実層がある。

【生態】初秋、カラマツ林やアカマツ林などの針葉樹林内の地面に群生。

【コメント】胞子は糸状、大きさ54-76×2-2.5μm、多くの隔膜があり多室。側糸は糸状で先端は渦巻き状に屈曲する。日本産類似種に柄に褐色の短毛を密生する**コゲエノヘラタケ** *S. velutipes* があるが、県内からはまだ確認されていない。

ヘラタケ

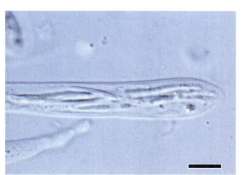

ヘラタケ子嚢と子嚢の中の胞子×1000

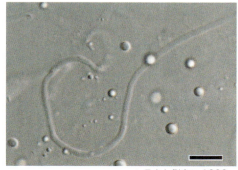

ヘラタケ側糸×1000

キンカクキン科　Sclerotiniaceae

　キンカクキン科のきのこは、椀形～皿形で、通常有柄、子座または菌核から生じる。子嚢の頂孔はほとんどがヨード試薬で青く染まる。本県からは4属4種が知られている。
　新分類体系では、本科はビョウタケ目に置かれている。

ツバキキンカクチャワンタケ　不明
Ciborinia camelliae
ニセキンカクキン属

【形態】**子実体**：ツバキの花弁に生じた菌核から発生して、有柄椀状の子嚢盤を形成。**子嚢盤**：浅い椀形～皿形、中央は多少くぼみ、通常径2cm位。子実層面は淡褐色～褐色。外面は多少粉状で、初め白色をおびるが、のち子実層面と同色となる。柄は円筒形、屈曲し、下方に向かって細く、長さは変化に富む。基部は土に埋まった黒い破片状の菌核（正確には植物組織を取り込んだ偽菌核）と連結する。菌核は楕円形または不定形で破片状。
【生態】早春、各種のツバキの樹下の地上に発生。
【コメント】ツバキの病害菌の一つ。花びらに本菌の胞子が付着し、感染すると褐色～黒色に変色する。落下した花の花弁は菌核化して土に埋まり、それから翌年の春に子嚢盤が生じる。本県夏泊半島のヤブツバキに発生するものが北限とされている。

ツバキキンカクチャワンタケ（手塚撮影）

キツネノワン　不明
Ciboria shiraiana
キボリアキンカクキン属

子実体：クワの実に生じた菌核から発生して、有柄椀状の子嚢盤を形成する。
子嚢盤：やや深い椀形、通常径1cm位。子実層面は汚褐色をおびる。柄は細短く、上下同幅。基部は土に埋まった菌核と連結する。菌核は不規則な長形塊状でかたく、長さ2cm位、表面は黒色で凹凸がある。
【生態】春、クワ（ヤマグワやマグワ）の樹下の地面に発生する。
【コメント】クワの病害菌の一つ。クワの開花時に合わせてきのこが発生し、胞子を噴出して花から感染する。感染したクワの実は熟さず、白化し、地上に落下して菌核（偽菌核）となり、翌年それからきのこが生ずる。

キツネノワン（手塚撮影）

キツネノヤリタケ 不明
Scleromitrula shiraiana
キツネノヤリタケ属

【形態】子実体：クワの実に生じた菌核から発生し、有柄棍棒状の子嚢盤を形成。通常高さ6cm位。子嚢盤：頭部は円筒形～紡錘形あるいは長卵形、先端はしばしば尖る。表面は黄土色～淡褐色、数本のほぼ縦に走る隆起がある。柄は細長く、円筒形。表面は上部淡褐色、下部は黒褐色。基部は菌核と連結する。菌核は黒色、不定形、長さ1-1.5cm位。
【生態】春、クワの樹下の地面に、菌核化したクワの実から1～数個発生する。
【コメント】クワの病害菌の一つ。菌核（偽菌核）はクワの果実がミイラ化したもの。生態は前種のキツネノワンに同じで、しばしば同種の側に発生している。

キツネノヤリタケ（手塚撮影）

アネモネタマチャワンタケ 不明
Dumontinia tuberose
タマキンカクキン属

子実体：菌核から発生し、有柄椀状の子嚢盤を形成する。子嚢盤：椀形～鉢形、あるいはろうと形、通常径3cm位。子実層面はコハク色～暗肉桂色。柄は径2mm、長さ10cm位。基部に菌核をもち、菌核付近では毛を生じ、土壌粒子を付着する。菌核（偽菌核）は地中に生じ、球状あるいは不規則な塊状で黒色、ただし内部は白色、径1～4cm。最も外側の細胞の外壁は厚く、著しいメラニン色素を沈着する。
【生態】早春、ニリンソウ、キクザキイチゲ、アズマイチゲなどの植物群落地に群生。
【コメント】本種はイチリンソウ属植物が開花するころに発生が見られる。

アネモネタマチャワンタケ菌核

アネモネタマチャワンタケ

ヒナノチャワンタケ科　Hyaloscyphaceae

　ヒナノチャワンタケ科のきのこは、有柄または無柄の椀形〜皿形で、柔らかい肉質、椀の縁および外面に顕著な毛を生じる。本県からは1属1種が知られている。
　新分類体系では、本科はビョウタケ目に置かれている。

ブナノシロヒナノチャワンタケ
食不適

Dasyscyphella longistipitata
ニセヒナノチャワンタケ属

【形態】**子実体**：有柄椀状の子嚢盤を形成する。**子嚢盤**：浅い椀形〜皿形、通常径3mm位。椀の内側は白色、成熟すると黄色くなる。外面は白色の微毛でおおわれる。柄は細長く、表面は白色、微毛でおおわれる。
【生態】春、ブナ林ので地上に落下したブナの殻斗上に群生。
【コメント】本種の子嚢盤外面の毛の表面は、先端の2〜3細胞を除き、透明な小顆粒におおわれる。しばしばシロヒナノチャワンタケ属 *Lachnum* のシロヒナノチャワンタケ *L. virgineum* と混同されるが、同種はより小型（径1mm）で柄が短く、毛の細胞全体が顆粒におおわれることで区別ができる。

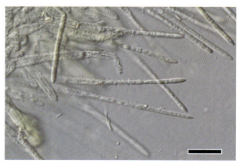
ブナノシロヒナノチャワンタケ毛先端×600（細矢撮影）

ブナノシロヒナノチャワンタケ（細矢撮影）

ズキンタケ科　Leotiaceae

　旧ズキンタケ科のきのこは、椀形〜皿形で、肉質〜軟骨質、ほとんど外面に毛を生ずることはない。旧ビョウタケ目（ズキンタケ目）のどの科にも属しない菌をまとめたもので、大きな科である。本県からは11属16種（1未記録種含む。）が知られている。

　新分類体系では、ズキンタケ属はズキンタケ科としてズキンタケ目に置かれている。残りの属はビョウタケ目に置かれ、ほとんどはビョウタケ科 Helotiaceae に分類されているが、ゴムタケ属はゴムタケ科 Bulgariaceae に、コケイロサラタケ属はヘミファキジウム科 Hemiphacidiaceae に分類され、クロムラサキハナビラタケ属、ロクショウグサレキン属、ビョウタケ属は所属の科が未確定である。

ムラサキゴムタケ　不明
Ascocoryne cylichnium
ムラサキゴムタケ属

ムラサキゴムタケ

【形態】子実体：ほぼ無柄の皿状の子嚢盤を形成し、通常径1cm位。子嚢盤：初め球状、のち椀形〜皿形、中央がくぼみ、縁はしばしば波打つ。子実層面は初め平滑、熟時しばしばしわを生じ、ライラック色〜紫色。外面は同色、平滑。ほぼ無柄で、裏面中央付近で基質に着生する。

【生態】秋、ブナやミズナラ林内の湿り気の多い腐朽材上、落枝上などに群生〜単生。

【コメント】胞子は長楕円形、大きさ 19-26×5-7μm、4〜6の隔膜があり多室、しばしば分生子を生ずる。肉眼的に類似する菌が存在し、今後分類学的検討が必要である。新分類体系では本属はビョウタケ科に置かれている。

ムラサキゴムタケ

ニカワチャワンタケ 不明
Neobulgaria pura
ニカワチャワンタケ属

【形態】子実体：洋駒形のゼラチン質な子嚢盤を形成し、通常径2cm位。しばしば数個集まって群生する。子嚢盤：はじめ上部が椀形にくぼんだ類球形、のち洋ごま形からクッション状となる。半透明状で、色はバラ色〜淡紫色、ときに類白色。盤面（子実層面）はややへこむか、またはほぼ平ら、平滑。縁はわずかに鋸歯状。外面は盤面より幾分濃色で、顆粒を有し、粗面。

【生態】秋、ブナやミズナラなどの倒木上に群生。

【コメント】別名ゴムタケモドキ。暗紫色のタイプを本種の変種 *N. pura* var. *foliacea* とする意見もある。新分類体系では本属はビョウタケ科に置かれている。

ニカワチャワンタケ

ゴムタケ 不明
Bulgaria inquinans
ゴムタケ属

【形態】子実体：洋駒状の黒い子嚢盤を形成し、通常径2.5cm位。ゼラチン質で新鮮な時は弾力がある。子嚢盤：初め球形〜倒卵形、のち頂部に丸い口が開き、ついには上面がやや浅くくぼんだ洋ごま形となり、その内面（盤面）に子実層ができる。盤面は平滑、黒色、湿時光沢がある。外面は茶褐色で、暗褐色の粒でおおわれる。

【生態】秋、ブナやミズナラなどの倒木上に群生。

【コメント】見かけは不気味だが、食用にすることができるとされている。新分類体系では本属はゴムタケ科に置かれている。

ゴムタケ

ズキンタケ 不明
Leotia lubrica f. *lubrica*
ズキンタケ属

【形態】子実体：有柄頭状の、ゼラチン質で弾力に富んだ子嚢盤を形成し、通常高さ6cm位。**子嚢盤**：頭部は平たい饅頭形〜クッション状、径1cm位。しばしば不規則にゆがむ。縁は内側に巻きこみ鈍縁。子実層面は頭部表面をおおい、黄橙色〜黄土色、しばしば淡緑色をおびる。柄は細長く、幅5mm位。円柱状またはやや扁平、下方で多少太まる。表面は黄色〜帯黄土色、同色の微細な鱗被におおわれる。
【生態】秋、ブナやミズナラなどの林内の腐植上に群生。
【コメント】色の変異が多く、いくつかの種や品種に分けられている。頭部が緑色、柄が淡緑色で緑色の顆粒を点在する種をアオズキンタケ *L. chlorocephala* f. *chlorocephala* という。新分類体系では本属はズキンタケ科に置かれている。

ズキンタケ（安藤撮影）

アカエノズキンタケ 不明
Leotia stipitata
ズキンタケ属

【形態】子実体：有柄頭状の子嚢盤を形成し、通常高さ5cm位。**子嚢盤**：頭部は平たい饅頭形〜クッション状、径1cm位。縁は内側に巻きこみ鈍縁。子実層面は頭部表面にでき、緑色〜暗緑色。柄は細長く、幅5mm位。円柱状あるいは幾分扁平、上方に向かって多少細まる。表面は黄橙色、緑色の顆粒が点在する。
【生態】初秋〜秋、ブナやミズナラなどの林内の地面に群生。
【コメント】ズキンタケ類は小形で食用の対象とされていないため、食毒は不明である。前種のズキンタケとは頭部が濃い緑色をおび、また、柄が黄橙色の地に緑色の微細な鱗被をもつ点で区別されるが、ときに両者の中間的なものもあり、別種としての妥当性については今後検討されるべきであろう。

アカエノズキンタケ（安藤撮影）

クロムラサキハナビラタケ

クロムラサキハナビラタケ 〔不明〕
Ionomidotis irregularis
クロムラサキハナビラタケ属

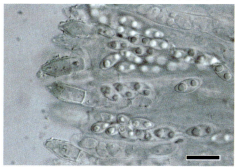

クロムラサキハナビラタケ側糸×1000

【形態】子実体：有柄の花びら状の子嚢盤を形成し、通常径6cm、高さ4cm位。子嚢盤：花びら状～不完全な椀形、周囲は不規則に波打ち、長さ4cm、幅3cm、厚さ2mm位。しばしば数個が集まって束状となり、短い柄をもつ。子実層面は黒褐色。外面は暗茶褐色、放射状の弱いしわがあり、粗面で細粒状。基部付近はしばしば褐色の粉状物でおおわれる。

【生態】秋、ブナの朽ちた切り株や倒木上に発生。

【コメント】日本新産種。胞子は長楕円形、大きさは7-9×3-4μm。側糸は糸状。先端部は肥大して槍状に尖り、厚壁。子実層より突出する。本種は北方系で、本県のほか、茨城県筑波山（服部）、鳥取県大山（長澤）のブナ林で発生が知られている。県内からは1997年に、手塚豊氏によって旧十和田湖町から初めて採集されている。環境省準絶滅危惧種に指定されている。類似種のクロハナビラタケ *I. frondosa*（有毒種）は、子実体が小形で、胞子が腸詰形、糸状の側糸の先端が鉤状に屈曲すること等で異なる。同種はシイやカシなどに生えて西日本に分布し、本県からは見つかっていない。国内では鹿児島県から1未記録種（子実体が小形、子嚢が極めて長く、胞子が大形）が確認されており（長澤）、合わせて4種が産するが、このうちクロハナビラタケは本属菌としては異質であり、今後分類学的な検討が必要と考えられる。

ムツノクロハナビラタケ

ムツノクロハナビラタケ 不明
Ionomidotis sp.
クロムラサキハナビラタケ属

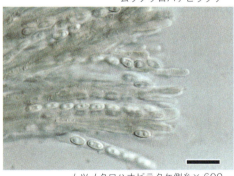

ムツノクロハナビラタケ側糸×600

【形態】子実体：有柄の花びら状の子嚢盤を形成し、通常径12cm、高さ6cm位。子嚢盤：花びら状ないし扇状、周縁は不規則に波打ち、反り返って不完全な漏斗状をなし、長さ6cm、幅4cm、厚さ2mm位。しばしば数個が集まって束状となり、短い柄をもつ。子実層面はほぼ黒に近い紫色。外面は放射状の弱いしわがあり、粗面で細粒状、暗茶褐色。基部付近はしばしば褐色の粉状物でおおわれる。

【生態】秋、林内の土に埋もれた広葉樹の材上に発生。

【コメント】1993年に手塚豊氏によって八甲田山麓から採集された標本に基づき、2000年の日本菌学会大会で新種として発表した。胞子は両端が細まった長楕円形、大きさは7.5-10×3-3.5 μm。側糸は糸状で、先端部分は棒状、ときに多少細長いアンプル状。前種のクロムラサキハナビラタケ *I. irregularis* に類似するが、同種は側糸の先端が厚壁で槍状に膨らむ点で異なる。新分類体系では本属の所属科は未確定である。

クチキトサカタケ 不明

Ascoclavulina sakaii
クチキトサカタケ属

【形態】**子実体**：塊状の子嚢盤を形成し、無柄。通常幅10 cm、高さ5 cm位。
子嚢盤：共通の基部から多数のくさび形や扁平状の突起を生じ、とさかに似る。突起部の表面は子実層でおおわれ、粉状、平滑もしくは微細な縦じわを生じる。色は灰黄緑色～明るい緑灰色、のちに淡オリーブ褐色～オリーブ褐色。肉質は弾力性があるが、膠質ではない。
【生態】夏～秋、ブナの倒木上に発生。

【コメント】日本特産種。ブナを特異基質とし、県内のブナ林内では普通に見られる。新分類体系では本属はビョウタケ科に置かれている。

クチキトサカタケ

ビョウタケ 食不適

Bisporella citrina
ビョウタケ属

【形態】**子実体**：有柄皿状の子嚢盤を形成する。**子嚢盤**：皿型で、通常径3 mm位。内面に子実層を形成し、子実層面は黄色のち橙黄色、平滑。外面は淡黄色。柄は皿状の盤部との境が不明瞭で、基部に向かって細まり、きわめて短い。
【生態】夏～秋、広葉樹の朽木や落枝上に群生。
【コメント】きわめて小さく食用の対象とされない。胞子は長楕円形～紡錘形、大きさは8.5-12.5×3-4 μm。類似種のモエギビョウタケ *B. sulfurina* は、子実体がより小形（0.5～1.5 mm）、子実層面が鮮黄色、胞子が小形であることなどで区別ができる。新分類体系では本属の所属する科は未確定である。

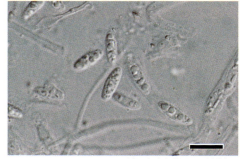

ビョウタケ胞子×1000

ビョウタケ拡大写真（河井撮影）

ナガミノクロサラタケ 食不適

Holwaya mucida subsp. *nipponica*
ナガミノクロサラタケ属

【形態】子実体：有柄皿状の子嚢盤を形成する。子嚢盤：肉質で初め椀形からのちほとんど平な皿型となり、通常径1.2 cm位。縁は外側に屈曲する。多くは中央がくぼみ、全体帯緑黒色。柄は短く円筒形。通常長さ5 mm、径3 mm位。

【生態】晩秋、ブナの倒木上に樹皮を破って群生。

【コメント】胞子は1端が丸く、片方に向かって次第に細まって先端がやや尖った長円筒形。大きさ100-140×3-5 μmで20〜40個程度の隔膜を有する。アメリカのKorfら（1971）によって、日本産のものが H. mucida の亜種として報告されている。基本種は、胞子が短く、上下4本ずつ2束状に生じる。本菌は北海道だけから知られていたが、近年県内からも見つかっている。新分類体系では本属はビョウタケ科に置かれている。

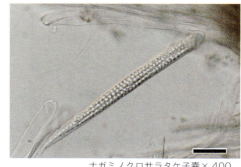

ナガミノクロサラタケ子嚢×400

ナガミノクロサラタケ

ミズベノニセズキンタケ 不明

Cudoniella clavus
ミズベノニセズキンタケ属

【形態】子実体：有柄椀状〜有柄傘状の子実体を形成し、通常高さ4 cm位。子嚢盤：頭部は初め浅い椀状、のち反り返って丸山形または頭巾状に広がり、径1 cm位。頭部表面の子実層面は淡褐色〜淡灰色で、しばしば紫色をおびる。柄は円柱状、幅3 mm位。表面は平滑、淡灰白色で、基部ではしばしば褐色〜暗褐色。

【生態】春〜初夏、沢の水に浸かった枯枝や、イタドリなどの枯れ茎に群生。

【コメント】雪解け水が緩やかに流れる小さな沢などで見かけるが、発生はややまれ。新分類体系では本属はビョウタケ科に置かれている。

ミズベノニセズキンタケ

コケイロサラタケ 不明
Chlorencoelia versiformis
コケイロサラタケ属

【コメント】北方系のきのこであり、県内ではブナ帯に多く見られる。新分類体系では本属はヘミファキジウム科に置かれている。

【形態】子実体：有柄皿状の子嚢盤を形成し、通常径１cm位。子嚢盤：初め浅い椀形、のち縁が反り返って凸形となり、しばしば中央で浅くくぼむ。新鮮なとき内および外面ともにオリーブ黄色～オリーブ緑色あるいはオリーブ褐色。乾くと栗褐色～黒色となる。柄はきわめて短く、長さ３mm、幅１mm位。
【生態】秋、ブナなどの腐朽材上に群生。

コケイロサラタケ（手塚撮影）

ロクショウグサレキン 食不適
Chlorociboria aeruginosa
ロクショウグサレキン属

ウグサレキンモドキ *C. aeruginascens* は外層の細胞の毛が平滑で、柄が偏心生であることで区別ができる。新分類体系では本属の所属科は未確定である。

【形態】子実体：有柄椀状の子嚢盤を形成し、通常径５mm位。子嚢盤：初め椀形のち浅い皿形となり、周縁は不規則に波打つ。子実層面は青緑色、平滑。外面は内面と同色で、最外層の細胞から毛を生じるため多少白っぽく見える。毛の細胞壁には顆粒がつく。柄は中心生、円柱状。高さ３mm、幅１mm位。
【生態】夏～秋、ブナなどの腐朽材上に群生。
【コメント】本菌が発生している材は青緑色に染まる。本種に類似したロクショ

ロクショウグサレキン

チャワンタケ目　PEZIZALES

　旧チャワンタケ目のきのこは、地上生で、有弁型の子嚢をもつものをまとめたものである。本県からは6科が知られている。
　なお、新分類体系では、クロチャワンタケ科やノボリリュウタケ科およびピロネマキン科の一部において分類が再構成されているが、他の科については変更がない。

クロチャワンタケ科　Sarcosomataceae

　旧クロチャワンタケ科のきのこは、革質～やや膠質～コルク質、メラニン様色素を含んで色は暗色。子嚢はヨード試薬で染まらず、側糸は通常カロチノイド色素を欠く。本県からは2属2種が知られている。
　新分類体系では、本書で紹介している2属はクロチャワンタケ科のままである。

エツキクロコップタケ　不明
Urnula craterium
エツキクロコップタケ属

【形態】子実体：有柄椀形の子嚢盤を形成し、通常高さ4cm位。子嚢盤：初め閉じて球形、のち頂部が裂けて開き深い椀形～洋杯形。径3cm、深さ2cm位。縁は浅く裂け、粗い鋸歯状。盤内側の子実層面は暗褐色～黒色。外側は密に絡みあった暗褐色の毛状菌糸におおわれ、肉眼では多数の鱗片におおわれるように見える。柄はやや太く、長さ2cm位、椀との境は不明瞭。表面は盤部の外面と同様、基部付近から基質表面に暗褐色の粗い菌糸が拡がる。
【生態】早春、スギ林や雑木林内などで、半ば土に埋もれた落ち枝から単生～群生。
【コメント】食毒については不明。

エツキクロコップタケ（安藤撮影）

キツネノサカズキ（笹撮影）

キツネノサカズキ 不明
Galiella japonica
オオゴムタケ属

【形態】子実体：肉厚な有柄椀状の子嚢盤を形成し、通常高さ4cm位。子嚢盤：幼時、倒洋ナシ形、のち頂部が星状に裂けて次第に子実層面を露出し、椀状〜盤状となる。星状に裂けた周縁はのち外側に反り返る。裂開した椀の径は通常4cm、深さ5mm位。子実層面は新鮮時、褐色〜肉桂色、乾燥するにつれ暗褐色を経て焦げ茶色となる。肉は緻密で弾力がある。柄は長さ2cm、幅1cm位で柱状。基部には黒色の菌糸束が付着する。柄および椀の外面は黒色、縦じわがある。
【生態】初夏、アカマツの落葉や落枝上、腐朽した樹皮やまつかさ上に群生。

キツネノサカズキ（手塚撮影）

【コメント】1918年に岩手県から採集された標本に基づき新種報告されたもので、その後、1980年に新潟県から発見されるまで62年間採集報告のなかった菌である。本県からは1991年に手塚豊氏によって採集されているが発生は比較的まれで、環境省絶滅危惧種に指定されている。

ベニチャワンタケ科　Sarcoscyphaceae

旧ベニチャワンタケ科のきのこは、革質～やや膠質～コルク質で色は鮮やかである。子嚢はヨード試薬で染まらず、側糸は通常カロチノイド色素を含む。本県からは3属6種が知られている。

新分類体系では、本書で紹介している3属はベニチャワンタケ科のままである。

ミミブサタケ 不明
Wynnea gigantea
ミミブサタケ属

【形態】子実体：菌核から生じ、共通の柄から多数の縦に長いウサギの耳状の子嚢盤を形成する。子嚢盤：通常高さ6cm、幅2cm位。盤内側の子実層面は初め淡褐色～レンガ色のち暗赤褐色。外面は初め内側と同色、のち赤褐色、縦じわがある。柄はほぼ円柱状で長さ1.5cm位、縦じわがあり、盤部と同色あるいは暗色。基部は土に埋まったショウガの根のような黒褐色の菌核につながる。

【生態】春～秋、ミズナラなどの雑木林内の地面に発生。

【コメント】発生は比較的まれ。ナラタケ類と密接な関係があるといわれている。本種に類似するオオミノミミブサタケ(p.476)はより大形で子嚢盤の外側は黒褐色、細粒状でざらつき、胞子が大形で両端に乳頭状突起があることで区別ができる。

ミミブサタケ

オオミノミミブサタケ 不明

Wynnea macrospora
ミミブサタケ属

【形態】子実体：菌核から生じ、共通の柄から多数の縦に長い椀状の子嚢盤を形成する。子嚢盤：ウサギの耳状で、通常高さ12 cm、幅3 cm位。盤内側の子実層面は初め暗赤紫色〜褐色、のち帯紫黒色。外面は顆粒状でざらざらしており、初め暗赤褐色のち黒褐色、乾くと著しい縦じわを生じる。柄はほぼ円柱状で長さ3 cm位、縦じわがあり、外面と同色あるいは暗色。基部は菌核につながり、菌核は塊茎状、数個の塊に分かれ、表面にはいちじるしい凹凸がある。

【生態】初夏〜初秋、渓畔林のダケカンバやミズナラの樹下に発生。

【コメント】胞子は片側が膨らんだ紡錘形、両端に小さな乳頭状突起があり、大きさ38-45×14.5-17.5 μm、1個の大型な楕円状の油球を有し、側面からみると表面に1-2本の不明瞭な縦線状模様がある。学名についてはなお検討が必要であるが、中国から1987年に新種として報告された *W. macrospora* に主要な特徴においてほぼ一致するので、この学名を暫定的に採用した。従来、オオミノミミブサタケには *W. americana* の学名があてられてきたが、北米に産する同種は胞子がより短く（長さ40 μm以下）、また、成熟した胞子において多数の小油球を有すること、両端の乳頭状突起が不明瞭で、表面にはより多くの縦線状模様があることなどの点で日本の菌とは異なる。

オオミノミミブサタケ

オオミノミミブサタケ

オオミノミミブサタケ胞子×1000

ベニチャワンタケ 不明

Sarcoscypha coccinea
ベニチャワンタケ属

【形態】**子実体：**有柄の椀形の子嚢盤を形成する。**子嚢盤：**やや浅い椀形で、通常径5cm位、縁は多少鋸歯状。子実層面は鮮紅色、平滑。椀の外側は白色で、綿毛を生じている。肉質は強靱。柄はしばしば偏心生でやや扁平、短く太い。表面は白色で、綿毛状の菌糸におおわれている。
【生態】晩秋および早春、湿り気のある雑木林内の腐朽材や落枝上に単生～群生。
【コメント】本菌は北方系で北日本などに多く発生する。また、類似種に西日本で多く発生するベニチャワンタケモドキ *S. occidentalis* がある。しかし、日本産のベニチャワンタケは新種 *S. hosoyae*、ベニチャワンタケモドキは新種 *S. kuixoniana* として取り扱うべきとの報告があり、今後、本県産のものについても分類学的検討が必要である。

ベニチャワンタケ

ヨソオイチャワンタケ 不明

Sarcoscypha vassiljevae
ベニチャワンタケ属

【形態】**子実体：**有柄椀形の子嚢盤を形成する。**子嚢盤：**椀形のち開いてやや浅い椀形となり、通常径6cm位、縁部は多少細かい鋸歯状で濃色。子実層面は淡黄白色または多少淡紅色をおび、平滑。外面は細かい皺があり、内面より多少淡色。柄はしばしば偏心生、長さ3cm、幅1cm位、基部で細まる。表面はしばしば白色綿毛状の菌糸でおおわれ、乾くと淡黄白色となる。
【生態】夏～秋、主にブナ林において土に埋まった落枝上に単生～群生。
【コメント】発生はややまれである。

ヨソオイチャワンタケ

シロキツネノサカズキ

シロキツネノサカズキ 不明

Microstoma floccosum
シロキツネノサカズキ属

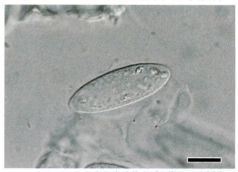

シロキツネノサカズキ胞子×1000

【形態】子実体：有柄椀状の子嚢盤を形成し、通常高さ3cm位。子嚢盤：初め閉じて球形、のち椀形～杯形に開き、通常径10mm、深さ10mm位。椀の縁は平滑で長い毛を生じる。内側の子実層面は深紅色、平滑。外面は白く長い毛におおわれる。柄は細長く長さ2cm、幅2mm位、類白色、椀の外側と同じ白い毛におおわれる。

【生態】初夏、湿り気のある林内の半ば埋もれた落枝上に束生。

【コメント】全国的に分布するが、県内での発生はまれ。胞子は長楕円形、大きさ20-36×10-12μm。側糸は上部で網目状に連絡し、先端はやや膨らむ。次種のシロキツネノサカズキモドキに極めて類似するが、同種は晩秋から早春にかけて発生し、椀の縁が浅く裂けて裂片状となり、胞子が大型であることなどで区別ができる。

シロキツネノサカズキモドキ（横沢撮影）

シロキツネノサカズキモドキ 不明
Microstoma macrosporum
シロキツネノサカズキ属

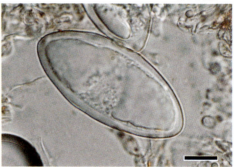

シロキツネノサカズキモドキ胞子×1000

【形態】子実体：有柄椀状の子嚢盤を形成し、通常高さ6cm位。子嚢盤：初め閉じて球形、のち椀形～杯形に開き、通常径12 mm、深さ10 mm位。椀の縁は浅く裂け、裂片状を呈する。内側の子実層面は深紅色、平滑。外面は白く長い毛におおわれる。柄は細長く長さ5 cm、幅2 mm位、類白色、椀の外側と同じ白い毛におおわれる。

【生態】晩秋および早春、湿りけのある林内のケヤキなどの広葉樹やヒバなどの針葉樹の半ば埋もれた落枝上に多数束生。

【コメント】北方系の種で、日本海側の積雪地帯でよく見られる。胞子は紡錘状楕円形、大きさ42-56×19-24 μm、厚壁、従来、シロキツネノサカズキ *M. floccosum* の変種とされていたが、寒冷期に発生し、胞子がきわめて大形なことなど、生態および形態的特徴に明らかな違いがあり、青森県産の標本を基準種として原田・工藤により別種（新種）とされた。

ノボリリュウタケ科　Helvellaceae

　旧ノボリリュウタケ科のきのこは、大形で、通常有柄、頭部は椀形～皿形あるいは鞍形、肉質でもろい。子嚢はヨード試薬で染まらず、胞子には1～2、まれに3個の油球を有する。本県からは4属11種が知られている。
　新分類体系では、本科のフクロシトネタケ属およびシャグマアミガサタケ属はフクロシトネタケ科Discinaceaeに、ツチクラゲ属はツチクラゲ科Rhizinaceaeに分類されている。

ナガエノチャワンタケ　不明
Helvella macropus
ノボリリュウタケ属

【形態】子実体：有柄椀状～鞍状の子嚢盤を形成し、通常高さ6cm位。子嚢盤：通常浅い椀形であるが、ときに椀の両端で縁が反り返って鞍形となり、通常径3cm位。傘表面の子実層面は灰色～淡灰褐色、平滑。傘の裏面は表面と同色、軟毛を密生する。柄は細長く、円筒状、長さ5cm、幅3mm位。表面は灰色、軟毛を密生する。
【生態】夏～秋、ブナ・ミズナラ林やカラマツ林など各種林内の地面に単生～群生。
【コメント】胞子は両端がやや尖った紡錘形、大きさは21-25.5×9.5-11.5μm。この胞子の特徴は他の類似種との見分け方のポイントとなっている。県内には本種に類似した種としてクラガタノボリリュウ *H. ephippium* が知られているが、同種は胞子の両端が鈍頭の楕円形をしていることで区別ができる。新分類体系では本属はノボリリュウタケ科に置かれている。

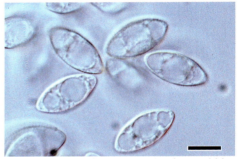

ナガエノチャワンタケ胞子×1000

ナガエノチャワンタケ（手塚撮影）

ウラスジチャワンタケ 不明

Helvella acetabulum
ノボリリュウタケ属

【形態】**子実体：**有柄椀状の子嚢盤を形成し、通常高さは5cm位。**子嚢盤：**幾分深い椀形からのち開いて浅い皿形になり、通常径5cm位。子実層面は平滑、灰褐色。下面は多少淡色。柄は通常長さ4cm、幅1cm位、基部に向かって細まる。表面はしわひだがあり椀の下面にまで脈状に伸び、淡灰褐色、基部に向かい白っぽくなり、粉状。

【生態】初夏〜秋、ブナ・ミズナラ林や雑木林内の地面に単生〜群生。

【コメント】本菌は椀の形状や大きさに変異があり、数種に分類する研究者もいる。日本産にも数タイプがあるが、これらが混同されている可能性もあり、県内のものも含め今後詳細に検討を要すると思われる。

ウラスジチャワンタケ

アシボソノボリリュウ 不明

Helvella elastica
ノボリリュウタケ属

【形態】**子実体：**有柄傘状の子嚢盤を形成し、通常高さ10cm位。**子嚢盤：**鞍形の傘状、通常幅3cm位、傘の両端は反り返ってしばしば円形状を呈す。傘表面の子実層面は帯黄色〜黄土色、多少凹凸状。裏面は無毛平滑。柄は細長い円柱状で長さ8cm、幅4mm位、類白色、無毛平滑で下方に少し太まる。基部はしばしば多少扁平。

【生態】秋、各種林内の地面に単生。

【コメント】本種に類似した**クロアシボソノボリリュウ** *H. atra* は、子嚢盤および柄とも黒いことで区別ができる。

アシボソノボリリュウ（手塚撮影）

ノボリリュウ 食注意

Helvella crispa
ノボリリュウタケ属

【形態】子実体：有柄傘状の子嚢盤を形成し、通常高さ8 cm位。子嚢盤：傘は鞍形または葉片状で幅4 cm位、しばしばねじれ、波打つ。表面の子実層面は類白色～黄白色あるいは黄土色、平滑。傘裏面は淡褐色、平滑で、幼時軟毛がある。柄は長さ6 cm、幅2 cm位、ほぼ白色で太く、縦に走る顕著なうね状の隆起がある。内部は中空。

【生態】初夏～秋、雑木林内の地面に単生～群生。

【コメント】可食とされているが、微量の揮発性有毒物質ジロミトリンを含むとされるので、調理のさいにはゆでこぼすこと。

ノボリリュウ

クロノボリリュウ 不明

Helvella lacunosa
ノボリリュウタケ属

【形態】子実体：有柄傘状の子嚢盤を形成し、通常高さ10 cm位。子嚢盤：傘は鞍形または葉片状で幅5 cm位、しばしば不規則にねじれ、波打ち、縁は内に巻く。子実層面は傘表面に発達し、平滑。下面は幼時から軟毛を欠く。柄は太く長さ8 cm、幅2 cm位、中空。全体にわたり顕著な縦に走るうね状の隆起をもつ。

【生態】初夏～秋、雑木林内の地面に単生～群生。

【コメント】色の変異が大きい。子実体が淡色のものは前種のノボリリュウに似るが、同種は灰色をおびることはない。

クロノボリリュウ

オオシトネタケ 不明

Discina parma
フクロシトネタケ属

【形態】子実体：有柄皿状の子嚢盤を形成する。子嚢盤：初め椀形から皿状に開き、通常径12 cm位。縁は波状にうねり、しばしば外側に屈曲する。子実層面は凹凸状、しわを生じ、中央は通常くぼみ、黄褐色〜暗赤褐色、乾くと暗色。外面は淡褐色〜類白色。柄は太くて短く、隆起した縦すじがあるが、すじはしばしば椀の外面まで伸びる。表面は淡褐色〜類白色。
【生態】初夏、ブナやトチなどの立ち枯れ木の根際やその周りに群生または単生。
【コメント】胞子は表面が粗い網目状で、両端に多数の刺状突起があるが、胞子が未熟だと確認できない。従来、属和名はシトネタケ属とされていたが、同和名は既に別の属に用いられているため、同属の基準種である**フクロシトネタケ** *D. perlata* に基づきフクロシトネタケ属と変更されている。新分類体系では本属はフクロシトネタケ科に置かれている。

オオシトネタケ

シャグマアミガサタケ 猛毒

Gyromitra esculenta
シャグマアミガサタケ属

【形態】子実体：有柄傘状の子嚢盤を形成し、通常高さ8 cm位。子嚢盤：傘は類球形、通常径10 cm、ときにそれ以上。表面は著しい凹凸やしわがあって脳みそ状。縁は内に巻き、ときに柄に接するが、癒着しない。柄は太短く幅4 cm位、円柱状あるいは下方に向かって太まり、淡黄土褐色〜淡赤褐色。
【生態】春、アカマツ林内の地面に群生〜単生。
【コメント】ヨーロッパではゆでこぼして食用としているところもある。しかし、きわめて毒性の強い揮発性有毒物質ジロミトリンが含まれ、加熱不十分による中毒事故やゆでこぼす際の蒸気を吸い込んでの中毒事故が起きているので注意が必要である。新分類体系では本属はフクロシトネタケ科に置かれている。

シャグマアミガサタケ

トビイロノボリリュウ 不明

Gyromitra infula
シャグマアミガサ属

【形態】子実体：有柄傘状の子嚢盤を形成し、通常高さ8cm位、ときにそれ以上。子嚢盤：傘は不規則な凹凸状に波打った鞍形、通常幅5cm位。縁は内側に巻き、しばしば一部で柄に癒着する。傘表面の子実層面は赤褐色～肉桂色、あるいは紫褐色から黒色となる。裏面は白色で、細軟毛を生じている。柄は円筒形、幅2cm位、基部でやや膨大し、中空。表面は平坦またはわずかに凹凸があり、白色、多少ビロード状。

【生態】秋、ダケカンバなどの腐朽材上またはアカマツ林などの地面に単生～群生。

【コメント】別名ヒグマアミガサタケ。食毒不明であるが、揮発性有毒物質のジロミトリンを含んでいる可能性があり十分注意が必要とされている。

トビイロノボリリュウ

ツチクラゲ 不明

Rhizina undulata
ツチクラゲ属

【形態】子実体：マット状の子嚢盤を形成し、通常径10cm、厚さ3mm位。子嚢盤：地面上にマット状に平らに広がる。表面の子実層は赤褐色で波状のうねりがあり、縁部は淡色。下面は淡黄土色、地中に入る仮根状の菌糸束を多数生じている。

【生態】夏～秋、アカマツなどの林内のたき火あとに群生あるいは単生。

【コメント】マツ林に発生しマツを枯らす害菌。特に林内の焚火の後に発生し、このきのこの生じたところを中心にマツの枯損が起こることがあるので、焚火には注意が必要である。新分類体系では本属はツチクラゲ科に置かれている。

ツチクラゲ（手塚撮影）

アミガサタケ科　Morchellaceae

　アミガサタケ科のきのこは、大形で、有柄。椀形または円錐形〜楕円形〜類球形あるいは鐘状の傘(頭部)があり、肉質でもろい。子実層面は帯褐色。子嚢はヨード試薬で染まらず、胞子には油球がない。本県からは3属7種(2変種含む。)が知られている。
　新分類体系においても、本科に所属する属の変更はない。

オオズキンカブリ 不明
Ptychoverpa bohemica
オオズキンカブリ属

【形態】子実体:有柄傘状の子嚢盤を形成し、通常高さ12cm位、ときにそれ以上。**子嚢盤**:傘は釣り鐘形〜深編笠形、通常高さ5cm、幅3cm、中央で柄につき、深く被さる。表面は放射状に隆起した顕著なしわがあり、黄土褐色〜褐色。柄はほぼ白色、中空、長円筒形、幅2cm位。表面は綿くず様の鱗被におおわれる。
【生態】春、雑木林内の地面に単生または群生。
【コメント】食毒不明であるが胃腸系の中毒を起こすともいわれているので注意が必要。本種は北方系の種で、北海道からしか知られていなかったが、1990年に故新山正俊氏によって青森市郊外の山林から初めて採集された。発生は比較的まれ。子嚢は通常2まれに4胞子を生じ、胞子は大きな長楕円形で、60-82×16-21μm。子嚢が2個の大形の胞子を生じる点を重視し、次頁のテンガイカブリタケ *Verpa digitaliformis* とは別の本属に置かれるが、この差を認めず、テンガイカブリタケ属(*Verpa*)の菌として取り扱われることもある。

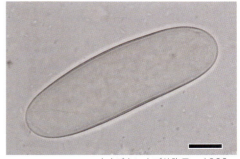

オオズキンカブリ胞子×1000

オオズキンカブリ(手塚撮影)

テンガイカブリタケ 不明

Verpa digitaliformis
テンガイカブリタケ属

【形態】子実体：有柄の傘状の子嚢盤を形成し、通常高さ8cm位。子嚢盤：傘は帽子状〜釣り鐘状、長さ3cm、幅2cm位、柄に深くかぶさる。表面は平滑でやや凹凸があり、多少しわ状。子実層は傘の表面に生じ、黄土褐色〜褐色。柄は円筒形、幅1.5cm位、中空。表面はほぼ白色で、環状に小鱗被がある。
【生態】春、雑木林内の地面に多少群生。
【コメント】発生はややまれ。可食といわれることもあったが、このグループには有毒な種が多いため注意が必要である。オオズキンカブリ(p.485)は本種に類似するが、傘表面に著しいしわがあり、子嚢に2個の子嚢胞子が形成されることで異なる。

テンガイカブリタケ（横沢撮影）

アミガサタケ 食注意

Morchella esculenta var. *esculenta*
アミガサタケ属

【形態】子実体：有柄傘状の子嚢盤を形成し、通常高さ9cm位。子嚢盤：傘は卵形〜広卵形、中空、柄につながる。通常高さ5cm、幅4cm位。表面はよく発達した縦および横に走る顕著な隆起があり網目状、淡黄褐色〜灰褐色。網目は不規則な多角形で、大きさや配列も不ぞろい。柄はほぼ白色、中空。傘の2/3程度の幅で、通常、傘と同じくらいの長さか、やや短く、下部で多少太まる。表面はわずかに縦じわがあり、やや顆粒状。
【生態】春、雑木林内の地面あるいは畑地や路傍などに単生または群生。
【コメント】食用とすることができ、ゆでこぼしてから乾燥させ、スープや煮こみの材料として利用。ただし、生食は中毒するとされているので十分注意が必要である。

アミガサタケ

マルアミガサタケ 食注意

Morchella esculenta var. *rotunda*
アミガサタケ属

【形態】子実体：有柄傘状の子嚢盤を形成し、通常高さ7cm位。子嚢盤：傘はほぼ球形で柄に接着し、通常径5cm位、中空。表面は網目状、淡黄土色〜淡黄土褐色、古くなると所々に褐色のしみを生じる。ひだ状の隆起は縦、横方向ともによく発達し、これに囲まれた網目は類円形〜不規則な多角形状。柄はほぼ白色、中空。円筒形で、基部は多少太まる。表面は多少凹凸があり、わずかに縦溝を生じ、微粒状〜やや粉状。
【生態】春、雑木林内の地面あるいは畑地や路傍などに群生または単生。
【コメント】傘がほぼ球形で色が一般に淡色であることで典型的なアミガサタケと区別され、その変種とされている。しかし、近年は、あえて区別せず広義のアミガサタケに含めて取り扱う意見がある。

マルアミガサタケ（手塚撮影）

チャアミガサタケ 食注意

Morchella esculenta var. *umbrina*
アミガサタケ属

【形態】子実体：有柄傘状の子嚢盤を形成し、通常高さ8cm位。子嚢盤：傘は類卵形〜類球形、通常高さ5cm、幅4cm位、中空。表面は網目状。ひだ状の隆起は縦および横方向ともによく発達し、網目は多角形状〜類円形または不整形。子実層面は網目の縁を除く傘表面全体に発達し、暗灰褐色〜黒褐色、のちやや淡色となる。網目の縁は淡灰色。柄はほぼ白色、中空。円筒形、基部で多少太まる。表面は多少凹凸がある。
【生態】春、雑木林内の地面あるいは畑地や路傍などに群生または単生。
【コメント】傘が卵形で色が暗灰褐色であることで典型的なアミガサタケと区別され、その変種とされている。しかし、近年は、あえて区別せず広義のアミガサタケに含めて取り扱う意見がある。

チャアミガサタケ

トガリアミガサタケ 食注意
Morchella conica
アミガサタケ属

【形態】**子実体**：有柄傘状の子嚢盤を形成し、通常高さ 10 cm 位。**子嚢盤**：傘は円錐形～卵状円錐形、先端は鈍頭あるいは鋭頭、中空。通常高さ 6 cm、幅 3 cm 位。下端は柄からわずかに離れ隔生する。表面（子実層面）は網目状、褐色、稜はのち黒くなる。ひだ状の隆起は縦方向によく発達し、網目は長形で狭い。柄は円筒形、ほぼ同幅または下方で太まり、中空。表面は淡褐白色、白粉をつけ粒状。
【生態】春、雑木林内や林道脇あるいは草地などの地面に群生または単生。
【コメント】可食で、調理方法などはアミガサタケ(*p.*486)と同様。生食は中毒し、とくに微量な揮発性の毒成分（ジロミトリン）を含むとされるので、調理には注意が必要。

トガリアミガサタケ

トガリフカアミガサタケ 食注意
Morchella semilibera
アミガサタケ属

【形態】**子実体**：有柄傘状の子嚢盤を形成し、通常高さ 10 cm 位、ときにそれ以上。**子嚢盤**：傘は鈍円錐形で、半分位まで柄にかぶさり、通常高さ 5 cm、幅 5 cm 位。表面（子実層面）は網目状、オリーブ黄～オリーブ褐色、網目の縁ではしばしば濃色あるいは黒味をおびる。縦筋の隆起の発達が良好なのに対し横筋は発達が悪く、網目は縦長で、深さも比較的浅い。柄は円筒形、中空、白色～黄土色で粉状。
【生態】春、草地および林内地上などの地面に単生～散生。
【コメント】可食だがアミガサタケ(*p.*486)と同様注意が必要。発生はまれ。県内では 1990 年に故新山正俊氏によって青森市内から初めて採集されたが、その後の採集報告はない。従来、*Morchella patula* の変種とされていたが、近年の研究により独立種とされている。

トガリフカアミガサタケ

チャワンタケ科　Pezizaceae

　チャワンタケ科のきのこは、中〜大形で、椀形〜皿形〜凸レンズ形。柄を欠くかあるいは短い柄をもつ。肉質はもろい。チャワンタケ目の中で子嚢（特に上部の壁）がヨード試薬で染まるものを集めた科であり、他の科とはこの点で区別できる。本県からは1属4種が知られている。
　新分類体系においても、本科に所属する属の変更はない。

モリノチャワンタケ　不明
Peziza arvernensis
チャワンタケ属

【形態】**子実体：**柄の無い椀状の子嚢盤を形成し、通常径5cm位。**子嚢盤：**椀形でのち縁は波打つ。子実層は淡黄褐色でほぼ平坦。肉は薄くもろい。外面は淡色、とくに縁の近くでは類白色で細かい鱗被があり糠状、のちに平滑となる。椀の裏面中央で土壌に着生する。
【生態】初夏、林内の落葉間の地面に単生〜群生。

【コメント】胞子は楕円形、大きさは14-18×9-11μm、細かい疣におおわれ粗面。

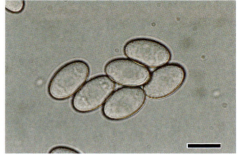

モリノチャワンタケ胞子×1000

モリノチャワンタケ

フジイロチャワンタケモドキ 不明
Peziza praetervisa
チャワンタケ属

【形態】子実体：柄の無い浅い椀状の子嚢盤を形成し、通常径3cm位。
子嚢盤：初め椀形、のち開いて皿状になり、縁は波打つ。子実層面は美しいふじ色、のちしだいに褐色〜茶褐色となる。肉質はもろい。外側は類白色〜淡紫褐色。椀の裏面中央付近で土壌に固着する。
【生態】秋、焚き火あとや林道脇の地面に単生〜群生。

【コメント】モリノチャワンタケ同様、胞子は楕円形で表面が細かい疣でおおわれるが、より小形（長径で15μm以下。）である。

フジイロチャワンタケモドキ

クリイロチャワンタケ 不明
Peziza badia
チャワンタケ属

【形態】子実体：柄の無い椀状の子嚢盤を形成し、通常径8cm位。子嚢盤：椀形、生長するにつれて縁は不規則に波打つ。椀内側の子実層面は帯オリーブ褐色、乾くと暗褐色、縁は顆粒状。肉質はもろい。椀の外側は帯赤褐色、米ぬか状の細鱗被がある。椀の裏面中央付近で土に固着する。
【生態】秋、林内の地面に単生〜群生。
【コメント】有毒扱いされるが、食毒は不明。本種の胞子は楕円形で、大きさはモリノチャワンタケ(p.489)とほぼ同じであるが、表面は網目模様でおおわれる。本属は種類が多く、外見だけでは同定が困難であり、胞子の顕微鏡観察が重要である。

クリイロチャワンタケ（手塚撮影）

スナヤマチャワンタケ 不明
Peziza ammophila
チャワンタケ属

【形態】子実体：有柄椀状の子嚢盤を形成する。子嚢盤：初め倒洋ナシ形、のち頂部が開口し、深い椀形、通常径3cm、高さ3cm位。縁部は不規則で、しばしば切れこむ。椀の内側は淡褐橙色。外側はより淡色。柄は長さ2cm、幅1cm位、柱状。表面は淡褐色で、菌糸と砂が密に絡み合っている。

【生態】秋〜初冬、砂浜の波打ち際にほぼ砂に埋もれた状態で発生。

【コメント】比較的発生のまれな菌で、子実体の大部分が砂に埋まっているため見つけにくい。胞子は楕円形、大きさ15-17.5×8.5-9.5μm、平滑。本種は国内では1981年に新潟県内の砂丘から初めて採集されているが、本県では2007年に湯口竹幸・三ツ谷順子氏らによって三沢市海岸の砂浜から採集されている。

スナヤマチャワンタケ（三ツ谷撮影）

スナヤマチャワンタケ（安藤撮影）

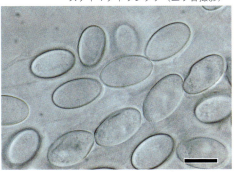

スナヤマチャワンタケ胞子×1000

ピロネマキン科　Pyronemataceae

　旧ピロネマキン科のきのこは、小形で椀形～皿形、ほとんど無柄、肉質でもろい。子嚢はヨード試薬で染まらない。チャワンタケ目の中でどの科にも属さない菌をまとめたもので雑多である。本県からは7属9種が知られている。
　新分類体系では、ほとんどの属はピロネマキン科のままであるが、キチャワンタケ属は独立してキチャワンタケ科Caloscyphaceaeに分類されている。

ヒイロチャワンタケ　不明

Aleuria aurantia
キンチャワンタケ属

【形態】子実体：柄の無い浅い椀状の子嚢盤を形成し、通常径6cm位、ときにそれ以上。
子嚢盤：初め浅い椀形、のち開いてほぼ平らとなるが、群生時にはしばしば互いに押し合って不規則にゆがむ。子実層面は緋色～紅赤色、平滑。椀外側は淡朱色で、白い粉毛をおびる。肉質はもろい。
【生態】初夏～晩秋、粘土質な裸地あるいは林道脇などの地面に群生。
【コメント】胞子は楕円形で大きさは14-16×7-9μm、著しい網目でおおわれる。ふつうに見られる種類で、できたばかりの林道脇の裸地や造成地に発生することが多い。

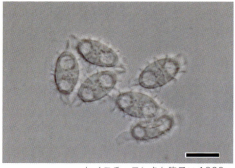

ヒイロチャワンタケ胞子×1000

ヒイロチャワンタケ（安藤撮影）

キンチャワンタケ 不明

Aleuria rhenana
キンチャワンタケ属

【形態】子実体：有柄椀状の子嚢盤を形成する。子嚢盤：多少深い椀形、通常径3cm位。子実層面は橙黄色〜鮮黄色、平滑。椀外側は淡黄色。肉質はもろい。柄は長さ3cm、径1cm位、円筒形、基部で太まる。表面は白色。
【生態】夏〜秋、林内の地面に群生。
【コメント】県内にはほかに類似する種として**キチャワンタケ** *Caloscypha fulgens*（キチャワンタケ属）がある。同種は針葉樹林内に発生し、柄は無く、子嚢盤が傷んだところで緑色に変色することで区別ができるが、発生はややまれ。

キンチャワンタケ（手塚撮影）

アラゲコベニチャワンタケ 食不適

Scutellinia scutellata
アラゲコベニチャワンタケ属

【形態】子実体：柄の無い椀状の子嚢盤を形成し、通常径10mm位。子嚢盤：初め椀形、のち皿形となる。中央で基質に固着する。子実層面は赤色〜橙赤色、平滑、縁には褐色で、長さ1mmを超える剛毛を生じる。裏面は褐色の剛毛を密生。
【生態】春〜晩秋、ブナやミズナラなどの湿った腐朽材上に群生。
【コメント】胞子は楕円形、大きさは17.5-23×10.5-13μm、細かい疣におおわれ粗面、疣はしばしば互いに連なって低いうね状を呈す。剛毛は長さ1000μm以上で、つけ根は数回分岐する。本属の同定には胞子の形状や表面の模様、剛毛のつけ根などの顕微鏡観察が必要である。本種はしばしば本属の代表として紹介されているが、本県での発生はまれである。本種に類似しやはり腐朽材上に発生するものに**コブミノアラゲコベニチャワンタケ** *S. badio-berbia* があるが、同種は胞子に顕著な疣状の模様をもつ。

アラゲコベニチャワンタケ

ベニサラタケ 食不適
Melastiza chateri
ベニサラタケ属

チャワンタケ(*p*.493)に類似するが、本種は毛が短く、地面に発生することで区別ができる。

【形態】**子実体**：柄の無い皿状の子嚢盤を形成し、通常径1.5 cm位。**子嚢盤**：皿形で、皿内側の子実層面は紅赤色。縁部にごく短い剛毛を散生するが、目立たない。皿外面は内面より淡色、微毛状。外面中央の菌糸束で地表と連結する。
【生態】初夏～秋、湿った裸地などに群生。
【コメント】アラゲコベニ

ベニサラタケ

シロスズメノワン 不明
Humaria hemisphaerica
シロスズメノワン属

【形態】**子実体**：柄の無い椀状の子嚢盤を形成し、通常径2.5 cm位。**子嚢盤**：初め球形、のちしだいに頂部が開いて深い椀形となる。子実層面は椀の内側で、白色。椀の縁および外側には褐色の剛毛が密生するが、縁の剛毛はとくに長くて顕著。
【生態】初夏～秋、林内の地面やコケの間、腐朽の著しい倒木上などに単生または少数群生。
【コメント】色彩的に目立つきのこであるが、発生はあまり一般的でない。胞子は楕円形、大きさ21-25 × 11-14 μm、細かい疣でおおわれる。

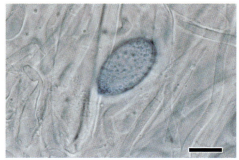

シロスズメノワン胞子（コットンブルー液中）× 1000

シロスズメノワン（安藤撮影）

ザラツキアカハナビラタケ(新称) 不明
Ascosparassis heinricheri
アカハナビラタケ属

【形態】子実体：地中に埋まった塊状の菌組織から有柄の花びら状の子嚢盤を形成し、通常径15 cm、高さ6 cm位。子嚢盤：初め一つの基部から多数角状に枝分かれし、成熟して扁平不規則な直立した円筒形となり、先端部分は開いて不規則にうねりまたは多切れ込み、ケイトウの花びら様になる。子実層面は平滑、初め橙赤色、古くなると暗赤褐色。外面は表面と同色、淡色の疣に密におおわれる。柄部は淡橙赤色で基部に向かって淡色。地中の菌糸組織は不整な塊状で4-5 × 6-8 cm、肉質で柔らかく、白色。

【生態】アカマツ老木立ち木根際地面に群生。

【コメント】日本新産種。極めてまれ。1994年に故伊藤進氏によって青森市で初めて採集されたが、2006年にアカマツが倒壊後は発生が見られなくなった。胞子は楕円形、大きさ6-7 × 3.5-4 μm、平滑。側糸は糸状で先端は鉤状に屈曲し、内部にカロチノイド顆粒を含む。外面の最も外側の細胞の一部から幅1.5 μmのヒゲ根状突起を伸ばす。本種はアカハナビラタケ *A. shimizuensis* に類似するが、同種は子嚢盤が花びら状で淡色、外面がほぼ平滑、胞子がやや短形(5.5-6.5 × 3.5-4 μm; Kobayasi, 1960)であることで異なる。なお、*A. shimizuensis* を本種の異名とする研究者もいるが、両者が同じ種かどうかは上記理由により疑問がある。

ザラツキアカハナビラタケ

ザラツキアカハナビラタケ拡大

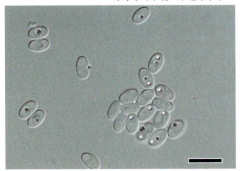

ザラツキアカハナビラタケ胞子× 1000

ニセチャワンタケ 不明

Otidea alutacea
ウスベニミミタケ属

【形態】子実体：ほぼ柄の無い椀状の子嚢盤を形成し、通常径4cm位。子嚢盤：椀形をしているが、一部で切れ込んで底まで裂け、不正形。子実層面はもみ革色～灰褐色。外側は淡色でやや粉状。

【生態】初秋、林内の地面に単生または少数群生。

【コメント】一見チャワンタケ属の菌に見えるが子嚢盤の一部は切れ込み、子嚢はヨード試薬で染まらないことからウスベニミミタケ属の菌である。胞子は楕円形、大きさ13-17×6-7.5μm、平滑、2油球をもつ。側糸は先端がかぎ状に屈曲する。

ニセチャワンタケ

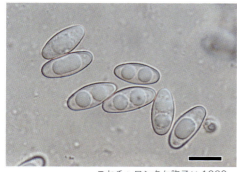

ニセチャワンタケ胞子×1000

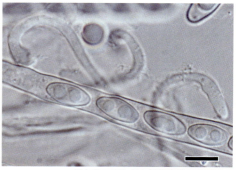

ニセチャワンタケ側糸先端×1000

セイヨウショウロ目　TUBERALES

旧セイヨウショウロ目のきのこは、通常、地中生で、胞子を空中に放出しない。子嚢は球形〜根棒形。本県からは2科が知られている。

なお、新分類体系では、本目は解体されチャワンタケ目に含められている。

セイヨウショウロ科　Tuberaceae

旧セイヨウショウロ科のきのこは、地中生で、類球形〜不整形、中に空洞がある。子嚢は球形〜根棒形。本県からは1属2種（1未記録種を含む。）が知られている。

セイヨウショウロ属の一種　不明

Tuber sp.
セイヨウショウロ属

【形態】子実体：地中生で、類球形〜歪な球形の子嚢果を形成し、通常径10 mm位。表面は不規則な凹凸状、ほぼ平滑。はじめ類白色、のち淡黄褐色となり、ところどころ淡赤褐色の染みを生ずる。断面は初め白色、のち褐色となり、大理石模様をあらわす。

【生態】秋、ブナ・ミズナラ林内の地中に発生。

【コメント】いわゆる白トリュフと言われているきのこの仲間。2007年に笹孝氏によって採集されたが、発生はややまれ。子嚢は類球形、1〜4個の胞子を生ず。胞子は球形〜類球形、大きさは23-46 × 22-41 μm、表面は高さ5 μmの網目でおおわれ、褐色。トリュフの中でも最も高価な *T. borchii* に類似するが、同種は胞子が楕円形ときに類球形とされ、今後詳細な分類学的検討が必要である。

セイヨウショウロ属の一種（笹撮影）

セイヨウショウロ属の一種

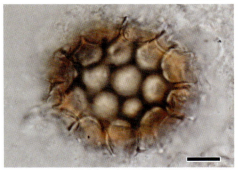
セイヨウショウロ属の一種胞子×1000

イボセイヨウショウロ 可食

Tuber indicum
セイヨウショウロ属

【形態】子実体：地中生で、類球形の子嚢果を形成し、通常4cm位。表面は黒褐色で、ピラミッド型をした低い疣状の突起におおわれる。肉はかたくしまり、断面は初め類白色、のち黒色となり、大理石模様をあらわす。特有のにおいがある。

【生態】秋、ナラ林内の地中に発生。

【コメント】欧州で三大珍味として珍重されているトリュフの一種で、いわゆる黒トリュフと言われているきのこの仲間。発生はややまれ。青森産の標本では子嚢は類球形で、中に1～5個の楕円形、暗褐色、大きさ28-37×16-26μmの胞子を生じ、胞子表面は高さ4-5μmの刺でおおわれる。近年、各地で類似種が見つかっており、種の同定には子嚢や胞子などの顕微鏡的観察が必要である。

イボセイヨウショウロ（笹撮影）

イボセイヨウショウロ断面（笹撮影）

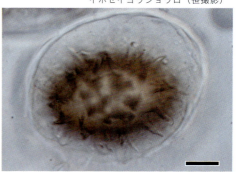

イボセイヨウショウロ胞子×1000

イモタケ科　Terfeziaceae

　旧イモタケ科のきのこは、地中生で、類球形〜不整形、中に空洞はない。子嚢は球形〜根棒形。本県からはイモタケ属イモタケおよびロウツブタケ属ロウツブタケの2属2種が知られているが、新分類体系では、イモタケ属はアミガサタケ科に、ロウツブタケ属はチャワンタケ科に置かれている。

ロウツブタケ 不明
Hydnobolites cerebriformis
ロウツブタケ属

【形態】子実体：地中生。歪な類球形の子嚢果を形成し、通常5mm位。表面は凹凸がある。初め類白色で多少フェルト状、のち成熟すると淡黄土褐色、平滑となる。断面は白色から淡黄土褐色の不明瞭な大理石模様があり外につながる隙間がある。匂いは弱い。
【生態】晩秋、広葉樹や針葉樹の樹下の腐葉土中に発生。
【コメント】2009年に八甲田から採集された標本に基づきヒメクルミタケ属(仮称) Hydnobolites の日本未記録種ヒメクルミタケ(仮称) *H. cerebriformis* と仮同定したものである。子嚢は類球形、8胞子性。胞子は類球形、大きさは径20-23μm。表面は高さ3-4μmのやや粗い網目模様でおおわれる。本菌は、その後佐々木ら(2016年)によってロウツブタケの和名で報告されており、ここではそれを採用した。

ロウツブタケ（笹撮影）

ロウツブタケ

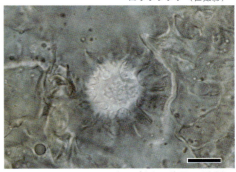
ロウツブタケの胞子×1000

イモタケ 不明

Imaia gigantea
イモタケ属

【形態】子実体： 地中生。類球形～類楕円形あるいはやや不整形な子嚢果を形成し、通常径10 cm位。表面は淡黄白色～帯褐橙色、不規則な凹凸があり、また大小の低い疣があって粗面。断面は初め一様に類白色、のち黄褐色～暗褐色となり、ところどころに白いすじ状のものが見られる。

【生態】 秋、雑木林の崖地や林道脇など土が露出した場所の地中に発生。

【コメント】 本県では2004年に川口金次郎氏によって上北鉱山で初めて採集されている。従来、*Terfezia*（イモタケ属）に置かれていたが、同属としては異質であることから、最近、本種に基づいて1属1種の新属 *Imaia* が設立された。国内に広く分布するが、発生は比較的まれ。

イモタケ（三ツ谷撮影）

イモタケ断面

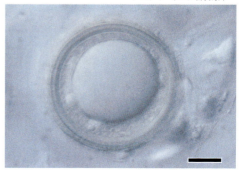

イモタケ胞子×1000

核菌類 核菌綱 PYRENOMYCETES

　核菌類のきのこは、一般に子嚢殻とよばれる頂部に開口部（孔口）をもったフラスコ形やとっくり形などの容器をつくり、その内壁に子嚢が並んだ層（子実層）を生じるが、胞子は孔口から外界に放出される。核菌類のきのこでは子座とよばれる菌糸組織が発達しており、子嚢殻はこの子座の表層に埋没～半埋没、あるいは裸生して作られる。このような仲間は、従来、核菌綱PYRENOMYCETESにまとめられてきたが、本県からは本書に掲載しているバッカクキン目、ニクザキン目、クロサイワイタケ目の3目24種が知られている。

　なお、近年のDNA解析結果を反映した分類では、きのこをつくる核菌類は多くがフンタマカビ綱SORDARIOMYCETESのボタンタケ目HYPOCREALESとクロサイワイタケ目XYLARIALESに置かれている。

バッカクキン目　CLAVICIPITALES

旧バッカクキン目のきのこは、動植物に寄生し菌核をつくり、これからきのこ（子座とそこに埋まった子嚢殻からなる）を生じる。本県では1科が知られているが、一般的なきのこの形をしていないため観察会などで採集される例は少ない。県内で知られている種類はごく少数で、今後の調査に期待したい。

なお、新分類体系では、本目はボタンタケ目にまとめられている。

バッカクキン科　Clavicipitaceae

旧バッカクキン科のきのこは、昆虫やクモ、きのこであるツチダンゴ類あるいは植物の種子などに寄生し、その体内に内生菌核をつくり、これからきのこを生じる。本県からは5属9種が知られている。

新分類体系では、旧バッカクキン科はバッカクキン科を含む3科に解体されている。冬虫夏草属 Cordyceps としてまとめられていたグループは細分類され、ノムシタケ科 Cordycipitaceae やオフィオコルジケプス科 Ophiocordycipitaceae に置かれているが、未解析のため所属する科が未確定のものもある。

サナギタケ 食不適
Cordyceps militaris
ノムシタケ属

【形態】子実体：鱗翅類のさなぎから発生し、頭部と柄からなる細長い棍棒形の子座を形成し、通常高さ5cm位。子座：頭部は円柱状紡錘形、通常長さ3cm、幅5mm位、橙黄色。表面は頭部表層に埋まった子嚢殻のため粒状にざらつく。柄は頭部より淡色で白色の菌糸膜と菌糸束で虫体につながる。
【生態】初夏～初秋、ブナなど林内の地中の蛾のさなぎまたは幼虫から1～数本発生。
【コメント】県内のブナ林ではブナの葉を食い荒らすブナアオシャチホコのさなぎに寄生して死滅させる天敵となっている。本県ではほかに奥入瀬からベニイロクチキムシタケ *C. roseostromata* が採集されており、鞘翅類の幼虫から発生するとされているが、同地域は国立公園の特別保護地域内であり確認していない。なお、*Cordyceps* 属は和名が冬虫夏草属からノムシタケ属に変更され、ノムシタケ科に分類されている。

サナギタケ

ヌメリタンポタケ 食不適
Elaphocordyceps canadensis
ハナヤスリタケ属

【形態】子実体：地中のツチダンゴ類（*Elaphomyces* spp.)子実体から発生して、頭部と柄からなる子座を形成し、通常高さ7cm位。子座：頭部は球形または扁球形、径10mm位、初め黄褐色〜帯緑褐色、のち暗色となる。表面は粘性があり、埋没した子嚢殻によって細粒状。柄は円柱形、頭部との境は明瞭、幅6mm位、やや脆い肉質、帯緑褐色（地面に埋まった部分はより淡色）。基部は直根状に寄主とつらなる。
【生態】初夏〜初秋、ブナ、ミズナラ林内などの地中のツチダンゴ類からに発生。
【コメント】同じくツチダンゴ類に寄生するタンポタケは本種に類似するが、頭部の表面に粘性がないことで異なる。従来、冬虫夏草属に置かれていたが、新分類体系ではハナヤスリタケ属に置かれ、オフィオコルジケプス科に分類されている。

ヌメリタンポタケ

ハナヤスリタケ 食不適
Elaphocordyceps ophioglossoides
ハナヤスリタケ属

【形態】子実体：地中のツチダンゴ類子実体から発生し、頭部と柄からなる子座を形成して通常地上部は高さ8cm位。子座：頭部は棍棒形、長さ3cm、径10mm位、初め黄褐色、のちオリーブ褐色となる。表面は埋没した子嚢殻で細粒状。柄は円柱形、頭部との境はやや不明瞭、幅6mm位、頭部とほぼ同色。土に埋まった基部は淡黄色〜淡橙色、ひも状に長く伸びて寄主とつらなる。
【生態】初夏〜初秋、ブナ、ミズナラ林内などの地中のツチダンゴ類からに発生。
【コメント】前種のヌメリタンポタケ同様ツチダンゴ類に寄生するが、同種は頭部が類球形で、柄の基部は直根状に寄主とつらなることで区別ができる。従来、冬虫夏草属に置かれていたが、新分類体系ではハナヤスリタケ属に置かれている。

ハナヤスリタケ（笹撮影）

バッカクキン科

サビイロクビオレタケ 食不適

Ophiocordyceps ferruginosa
オフィオコルジケプス属

【形態】子実体：鞘翅類の幼虫から発生し、頭部と柄からなる細長い棍棒形の子座を形成して通常高さ12 mm位。子座：細い棒状、幅1 mm位、鉄さび色。子嚢殻を生じている部分（頭部）はクッション状で上部に側生し、径3 mm位、表面は多少粒状で黄褐色。柄は円柱形、基部は直根状に寄主とつらなる。
【生態】初夏〜初秋、ブナなどの腐朽材の中の鞘翅類の幼虫から発生。
【コメント】鞘翅類の幼虫に寄生。従来、冬虫夏草属に置かれていたが、新分類体系ではオフィオコルジケプス属に置かれ、オフィオコルジケプス科に分類されている。本県ではほかに奥入瀬から**オイラセクチキムシタケ** *O. rubiginosoperitheciata* が採集されており、鞘翅類の幼虫から発生するとされているが、同地域は国立公園の特別保護地域内であり確認していない。

サビイロクビオレタケ（笹撮影）

カメムシタケ 食不適

Ophiocordyceps nutans
オフィオコルジケプス属

【形態】子実体：カメムシ類の成虫から発生し、頭部と柄からなる細長い棍棒形の子座を形成して通常高さ8 cm位。子座：頭部は円柱状、長さ10 mm、幅3 mm位、鈍頭、橙黄色、繊維状肉質、表面に目立たない粒点がある。柄は細く針金状、幅1 mm位、黒色、革質。子嚢殻：頭部の表層に斜めに埋まって形成されている。
【生態】夏〜秋、宿主の胸部より1〜数本生じる。
【コメント】別名ミミカキタケ。カメムシ類に寄生し、県内のブナやミズナラ林内ではツノアオカメムシなどに発生するものが多く見られる。従来、冬虫夏草属に置かれていたが、新分類体系ではオフィオコルジケプス属に置かれている。

カメムシタケ（手塚撮影）

ヤンマタケ 食不適
Hymenostilbe odonatae
ヒメノスティルベ属

【形態】子実体：トンボ類の成虫から発生し、頭部と柄からなる小さな棍棒状の子実体を形成して通常高さ4mm位。頭部は棍棒形あるいは類球形、径1mm位、淡桃色、子嚢殻をつくらず、分生子のみ形成。柄は短く、やや不明瞭、表面は頭部と同色。
【生態】晩秋、小枝などに止まったトンボの胸や腹の体節から発生する。
【コメント】時期的に見つけにくいが、三ツ谷順子氏によって採集されている。新分類体系ではヒメノスティルベ属はオフィオコルジケプス科に分類されている。

ヤンマタケ

ハナサナギタケ 不明
Paecilomyces tenuipes
マユダマタケ属

【形態】子実体：鱗翅類のさなぎから発生し、房状かつ粉状の頭部と柄からなり、通常高さ4cm位。頭部は房状で、無数の胞子（分生子）がつくられるため白い粉状となる。柄は円柱状、淡黄白色。
【生態】夏〜秋、ブナ・ミズナラなど林内の地中の蛾のさなぎなどから発生。
【コメント】本菌は研究者により学名の取扱いが異なるが、ここでは本学名を採用した。本菌はウスキサナギタケ *Cordyceps takaomontana* の無性生殖時代と考えられている。ウスキサナギタケ(有性生殖時代)では、淡黄色、棍棒状の子座がつくられて、そこに子嚢殻ができ、その中に子嚢胞子が形成される。

ハナサナギタケ（手塚撮影）

バッカクキン科 505

ボタンタケ目（ニクザキン目） HYPOCREALES

旧ニクザキン目のきのこは、材上や地上に生える腐生菌、またはきのこに寄生する菌生菌で、通常子座を伴って子嚢殻を生じている。本県からは2科が知られている。

現在はボタンタケ科を含む7科に分類されているが、きのこを作るものは大部分がボタンタケ科に所属する。

ボタンタケ科　Hypocreaceae

ボタンタケ科のきのこは、子座が肉質で柔らかく、一般に黄色、橙色などの鮮やかな色彩をおびる物が多い。菌寄生菌あるいは腐生菌。本県からは2属2種が知られている。

カエンタケ　猛毒
Podostroma cornu-damae
ツノタケ属

【形態】子実体：棒状～角状あるいは鶏のとさか状の子座を形成し、通常高さ10cm位。子座：単一か、上部で枝分かれし、先端は丸いか、または鈍く尖る。表面はほぼ平滑、赤橙色、古くなると少し退色し、成熟したものでは放出された胞子で白く汚れる。内部は白く、かたくしまった肉質。子嚢殻：子座上部の表層に形成され、埋没性。

【生態】夏～秋、ブナ林などの林内地上に少数散生、あるいは群生。

【コメント】発生は比較的まれで、採集報告は少ないが、致命的な猛毒種である。腎不全や肝不全、呼吸器不全、さらに脳障害や皮膚のただれなどを起こし、死亡例がある。皮膚刺激が強いとされているので、汁を皮膚につけたり、かじってみたりしてはいけない。なお、本属を認めずボタンタケ属*Hypocrea*に置く意見もある。

カエンタケ（手塚撮影）

イマイオボタンタケ 食不適

Hypocrea cerebriformis
ボタンタケ属

【形態】平たいクッション状の子座を形成し、裏面は一部で基物に付着する。通常径2〜4cm、厚さ10mm位。**子座**：表面はほぼ平滑、淡褐色〜橙色、成熟したものでは放出された胞子で白い粉状となる。裏面は放射状の皺があり褐色、ほぼ中央で円錐状に突き出して柄状になり、暗褐色、高さ12mm位。内部は赤褐色をおび、かたくしまった肉質。**子嚢殻**：子座上部の表層に形成され、埋没性。

【生態】秋、渓畔林などのブナの倒木上に散生。

【コメント】子嚢は最終的に16胞子性。子嚢胞子は微細な突起でおおわれ、中央からやや上に隔壁を生じ2細胞性で初め8個作られるが、成熟すると隔壁部で2つに別れ16胞子となる。上（子嚢の先端側にある方）の胞子は類球形、大きさ$4-5 \times 3.5-5 \mu m$、下の胞子は広楕円形〜楕円形、大きさ$4.5-6(-10) \times 3-4 \mu m$。本菌は1935年に故今井三子博士により北海道から新種 *H. grandis* として報告されたもので、本県からも知られているが、発生はまれである。その後、ボタンタケ類の専門家である土居祥悦博士は、この *H. grandis* をオーストラリアから新種として報告された *H. cerebriformis* と同一種とみなしその異名として取り扱っており、ここでもそれに従った。しかし、両種は分布が異なり、また形態的特徴にも微妙な違いあり、学名の取り扱いには今後検討の余地があると思われる。なお、オオボタンタケの和名は本菌のほかに南方系の *H. peltata* にも用いられているが、環境省の絶滅危惧種に指定されているのは本菌の方である。異なった2種に対して同じ名前が付けられていることは望ましくない。本種にたいしては長澤栄史氏により報告者にちなんで「イマイオオボタンタケ」が提唱されており、ここではそれを採用した。もう一つの**オオボタンタケ** *H. peltata* は本菌に類似するが、子座の内部が白色であること、胞子が大きさにおいて明瞭に異なった2つの胞子集団（大形のもの8個と小形のもの8個）からなる2形性を示すことで区別されている。

イマイオオボタンタケ

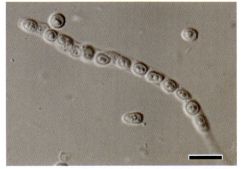

イマイオオボタンタケ子嚢×1000

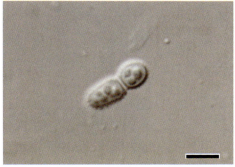

イオオボタンタケ胞子×2000

ヒポミケスキン科　Hypomycetaceae

　旧ヒポミケスキン科の菌は、きのこなどに生える寄生菌。近年本県からも多数見つかっているが、ここではカビ世代（anamorph）も含め一般に知られている種および本県産標本に基づいて新種記載された種など本県の代表的な3属7種について紹介する。本科を代表するヒポミケス属菌では、寄主となるきのこ上に菌糸が絡み合ったマット状の構造物（スビクルム、子実体形成菌糸層、あるいは菌じょく等の名称で呼ばれ、偽柔組織状の子座と区別されるが、未発達な子座と考えることもできる）をつくり、この中に埋まって子嚢殻が作られる。このように、本科において○○タケと呼ばれているものは、他科のように学名であらわされている菌単独ではなく、本科に所属する菌とその寄主との複合体を指している。
　近年、旧ヒポミケスキン科の菌はボタンタケ科にまとめられている。

タケリタケ 食不適

Hypomyces hyalinus
ヒポミケス属

【形態】テングタケ属の幼子実体にスビクルム（子実体形成菌糸層）を形成。**スビクルム**：未発達で菌糸マット状。寄主のテングタケ類子実体表面を薄くおおう。侵された子実体は傘が開かず、柄の先に虚無僧笠のようにつき、全体として棍棒状となる。**子嚢殻**：マット状の菌糸に半ば埋まって多数形成される。そのため、きのこ表面は細かい粒状となり、ざらつく。
【生態】夏〜秋、林内に発生しているテングタケ属のきのこから生じる。
【コメント】タケリタケの名は、寄生を受けて奇形となった子実体につけられたもの。寄主であるテングタケの種類によって食毒も異なるので、試食してはいけない。子嚢胞子は紡錘形からボート形、基部付近に隔壁を生じ2細胞性、大きさ22-25×6.5-7μm。

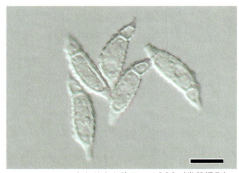

タケリタケ胞子×1000（常盤撮影）

タケリタケ

アワタケヤドリタケ 食不適
Hypomyces chrysospermus
ヒポミケス属

【形態】イグチ類の子実体にスビクルムを形成。**スビクルム**：未発達で菌糸マット状。寄主の一部または全面に白色状菌糸が拡がり、厚壁胞子が生じてまもなく鮮黄色に変わり、やがて寄主全面が粉状鮮黄色におおわれる。**子嚢殻**：マット状の菌糸に半ば埋まって多数形成される。

【生態】夏～初秋、林内の腐朽したイグチ類に発生。

【コメント】子嚢胞子は紡錘形、基部付近に隔壁を有し、2細胞性、大きさ17-21×5-5.5μm。厚壁胞子は亜球形、表面は疣状、大きさ12.5-20μm。

アワタケヤドリタケ（常盤撮影）

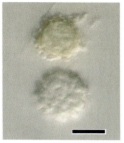
厚膜胞子×1000

アワタケヤドリタケ胞子×1000（左とも常盤撮影）

カワラタケキセイキン 食不適
Hypomyces subiculosus
ヒポミケス属

【形態】カワラタケなどの子実体にスビクルムを形成。**スビクルム**：未発達で菌糸マット状。寄主子実体表面を白色の菌糸がおおい、のち橙色となる。**子嚢殻**：マット状の菌糸に半ば埋まって多数形成される。

【生態】夏～初秋、林内の腐朽したカワラタケなどの1年生多孔菌に発生。

【コメント】子嚢胞子は紡錘形、中央部に隔壁を有し、2細胞性、大きさ14-17.5×5-5.5μm。子嚢殻はKOH水溶液で赤から紫色に変色する（KOH陽性菌）。

カワラタケキセイキン（常盤撮影）

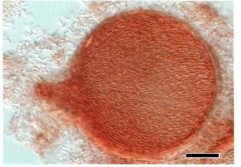
カワラタケキセイキン子嚢殻（KOH水溶液中）×200

カワラタケキセイキン胞子×1000（左とも常盤撮影）

チャウロコヤドリタケ（新称）　食不適

Hypomyces penicillatus
ヒポミケス属

【形態】チャウロコタケ類の子実体にスビクルムを形成。**スビクルム**：未発達で菌糸マット状。寄主上に白色綿毛状の菌糸がおおい、その表面に分生子（カビ胞子）を形成する。**子嚢殻**：マット状の菌糸に半ば埋まって多数形成される。
【生態】夏～秋、林内の腐朽したチャウロコタケに発生。
【コメント】近年、新種報告された種で、2007年に蔦沼周辺でカビ世代（anamorph）の発生が確認されている。子嚢胞子は紡錘形、中央部に隔壁を有し、2細胞性、大きさ15-19×4.5-5.5 μm。子嚢殻はKOH水溶液で変色を認めない（KOH陰性菌）。

チャウロコヤドリタケ（常盤撮影）

チャウロコヤドリタケ子嚢殻×200（常盤撮影）

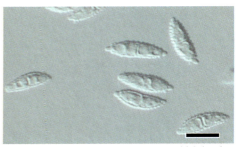
チャウロコヤドリタケ胞子×1000（常盤撮影）

オロシタケダオシ　食不適

Protocrea pallida
プロトクレア属

【形態】オシロイタケの子実体にスビクルムを形成。**スビクルム**：未発達で菌糸マット状。寄主のオシロイタケ子実体の子実層面を薄くおおい、黄白色。**子嚢殻**：寄主子実体の管孔口のマット状の菌糸に半ば埋まって多数形成される。
【生態】夏～初秋、林内の腐朽したオシロイタケに発生。
【コメント】主にオシロイタケ類を寄主とする。子嚢胞子は亜球形から卵楕円形、中央部から分離する2細胞性、上部細胞は大きさ3×2-2.5 μm、下部細胞は大きさ3-3.5×2-2.5 μm。

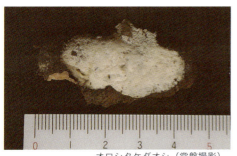
オロシタケダオシ（常盤撮影）

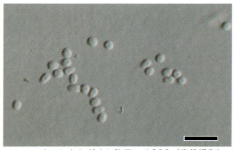
オロシタケダオシ胞子×1000（常盤撮影）

ハラタケアカグサレキン（新称） 食不適
Mycogone rosea
ミコゴネ属

【形態】ハラタケ科の子実体に発生。寄主子実体は全面が白色菌糸におおわれ、厚壁胞子の発生とともに赤褐色粉状となる。無性生殖時代の菌であり、子嚢殻は形成されない。

【生態】夏〜初秋、林内の腐朽したハラタケ類から発生する。

【コメント】厚壁胞子は2細胞性、上部細胞は暗褐色または紫赤褐色、亜球形、疣状、大きさ18-39 μm、下部細胞は樽形、平滑、大きさ10-22 × 2.8-8 μm。

ハラタケアカグサレキン（常盤撮影）

ハラタケアカグサレキン厚壁胞子×1000（常盤撮影）

ノボリリュウアカグサレキン（新称） 食不適
Mycogone cervina
ミコゴネ属

【形態】ノボリリュウタケ類（*Helvella* spp.）の子実体に発生。寄主子実体は全面が白色菌糸におおわれ、やがて粉状となり、肉桂色の厚壁胞子を多数形成する。無性生殖時代の菌であり、子嚢殻は形成されない。

【生態】夏〜初秋、林内の腐朽したナガエノチャワンタケ（p.480）などノボリリュウタケ属の子実体上に発生。

【コメント】厚壁胞子は2細胞性、上部細胞は黄褐色から褐色、亜球形、疣状、大きさ11-13 μm、下部細胞は樽形、平滑、大きさ5.5-7 × 6.5-8 μm。本菌はハラタケ類から発生する前種のハラタケアカグサレキンより厚壁胞子が小形である。

ノボリリュウアカグサレキン（常盤撮影）

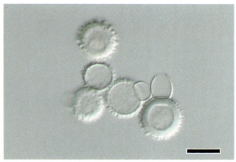

ノボリシュウアカグサレキン厚壁胞子×1000（常盤撮影）

クロサイワイタケ目　XYLARIALES

　クロサイワイタケ目のきのこは、暗色〜黒色の炭質で硬い子座をつくり、子嚢殻を埋没〜裸生する。本県からはクロサイワイタケ科1科が知られている。
　なお、新分類体系においても、目内における配置の変更はない。

クロサイワイタケ科　Xylariaceae

　クロサイワイタケ科のきのこの特徴は目に同じ。本県からは3属6種が知られている。

チャコブタケ 食不適

Daldinia childiae
チャコブタケ属

【形態】**子実体**：こぶ状の塊の子座を形成する。**子座**：半球形から不規則なこぶ状、通常径3cm位。表面は赤黒〜黒褐色、のち成熟した胞子が放出され黒い粉におおわれる。内部の髄層はコルク質で暗褐色、幅1mmほどの間隔で同心的に並ぶ環紋がある。
子嚢殻：子座表面に小さな孔口を開き、黒色粉状の子嚢胞子を放出する。
【生態】秋、ブナなどの広葉樹の倒木や枯れ枝上に群生。
【コメント】材の白色腐朽を起こす。子座はKOHに接触させると黄色系の液を浸出する。子嚢胞子は両端が多少細まりやや紡錘形、不明瞭な縦状溝がある。近年、従来本菌に当てられていた *D. concentrica* は子座をKOHに接触させた時の浸出液が紫系であることで異なり、誤適用とされている。

チャコブタケ胞子×1000

チャコブタケ

オオミコブタケ 食不適
Kretzschmaria deusta
トゲツブコブタケ属

オオミコブタケ

【形態】子実体：各種広葉樹の腐朽材上に不正形〜円盤状に広がる子座を形成する。子座：不正形〜円盤状、通常径6cm、厚さ5mm位、かたく炭質。表面は初め灰白色のち成熟するにつれ黒色となり、粗面。子嚢殻：子座表面に小さな孔口を開き、黒色粉状の子嚢胞子を放出する。

【生態】初夏〜晩秋、ブナやトチノキなどの倒木上などに群生。

【コメント】子嚢胞子は片側が膨らんだ紡錘形、大きさは30–37×6.5–8μm、黒色、線状の発芽溝をもつ。従来本種に当てられていた*Ustulina deusta, U. vulgaris*および*U. maxima*は本種の異名。

オオミコブタケ胞子×1000

マメザヤタケ 食不適
Xylaria polymorpha
マメザヤタケ属

【形態】子実体：棍棒状の子座を形成する。子座：すりこぎ形〜棍棒形、通常高さ6cm、幅1cm位、変形しやすく、ときに多少扇状。表面はやや粗面でかたい。内部の肉は白色で丈夫。子嚢殻：子座表面に小さな孔口（ルーペ下で黒い点として見える）を開き、黒色粉状の子嚢胞子を放出する。

【生態】夏〜秋、広葉樹の朽木上に群生。

【コメント】形態の変異が大きい。類似種が多く、種の特定には顕微鏡観察が欠かせない。本県からはほかに千葉多兵衛氏によってキソマメザヤタケ*X. longipes*が採集されている。同種は短い柄をもった長い棍棒状で高さ8cm位の子座を形成するが、発生は比較的まれである。

マメザヤタケ（安藤撮影）

ホソツクシタケ 食不適

Xylaria magnoliae
マメザヤタケ属

【形態】子実体：地上に落ちたホオノキの果体に発生し、細い棒状の子座を形成する。**子座**：槍状、通常高さ6 cm、幅5 mm位、先端に向かって細まり、多少折れ曲がる。表面は初め白色平滑で多少粉状、のち黒色でかたくなり、粒状にざらつく。**子嚢殻**：子座の頂部と基部を除くほぼ全体に形成され、表面にやや隆起する。

【生態】春～秋に発生し、秋に成熟する。
【コメント】未熟な子座表面の白い粉は、分生子(無性生殖時代につくられる胞子)。

ホソツクシタケ

ブナノホソツクシタケ 食不適

Xylaria carpophila
マメザヤタケ属

【形態】子実体：地上に落ちたブナの殻斗上に発生し、細い棒状の子座を形成する。**子座**：針金状、通常高さ5 cm、幅1.5 mm位、ときに上方で2～3つに分かれる。不規則に屈曲し、先端は鋭く尖る。未熟な時は上方が白い。成熟すると全体に黒くなり、先端より少し下の狭い範囲に子嚢殻がつくられるが、その部分はこぶ状に隆起する。**子嚢殻**：子座に埋まるが、子座の肉が薄いので隆起して見える。

【生態】春～秋、ブナの殻斗上まれに堅果上に1～数本発生し、秋に成熟する。
【コメント】子座が初め白いのは、分生子のため。

ブナノホソツクシタケ

索　引

和名索引 p.516
学名索引 p.523

索引の見方
目・科については解説が掲載されている頁、属については所属する種が初めて出て来る頁、種については写真と解説のある頁です。なお、属・種について異名や類似種など見出しだけの場合は頁を斜体で示しています。

和名索引

ア

アイカワタケ	379
アイカワタケ属	378
アイシメジ	96
アイゾメイグチ	258
アイゾメクロイグチ	284
アイタケ	305
アイバシロハツ	297
アオイヌシメジ	82
アオズキンタケ	467
アオゾメクロップタケ	435
アオゾメクロップタケ属	435
アオゾメタケ	380
アオゾメッチカブリ	309
アオネヤマイグチ	291
アカアザタケ	121
アカアザタケ属	121
アカイボガサタケ	248
アカエノオトメノカサ(仮)	40
アカエノキンチャヤマイグチ	290
アカエノズキンタケ	467
アカカゴタケ科	432
アカカバイロタケ	299
アカキクラゲ科	451
アカキクラゲ属	452
アカキクラゲ目	451
アカキツネガサ	184
アカギンコウヤクタケ属	343
アカゲシメジ	105
アカジコウ	278
アカショウロ	438
アカダマキヌガサタケ	430
アカチシオタケ	140
アカチャカレバタケ	122
アカツブフウセンタケ	230
アカツムタケ	216
アカヌマベニタケ	59
アカバシメジ	141
アカハツ	318
アカハツモドキ	318
アカハナビラタケ	495
アカハナビラタケ属	495
アカヒダササタケ	234
アカモミタケ	317
アカヤマタケ	47
アカヤマタケ属	45
アカヤマドリ	288
アカヤマドリ属	288
アキヤマタケ	65
アクイロウスタケ	323
アクイロヌメリタケ	65
アケボノアワタケ(広義)	282
アケボノサクラシメジ	31
アケボノタケ	54
アシグロタケ	371
アシナガタケ	140
アシナガヌメリ	224
アシベニイグチ	276
アシボソノボリリュウ	481
アセタケ属	220
アネモネタマチャワンタケ	463
アマタケ	124
アミガサスッポンタケ	428
アミガサタケ	486
アミガサタケ科	485
アミガサタケ属	486
アミスギタケ	370
アミタケ	265
アミハナイグチ	260
アミハナイグチ属	260
アミヒラタケ	369
アメリカウラベニイロガワリ	280
アヤメイグチ	294
アラゲカワキタケ	25
アラゲカワラタケ	391
アラゲキクラゲ	440
アラゲコベニチャワンタケ	493
アラゲコベニチャワンタケ属	493
アラゲホコリタケ	425
アラゲホコリタケモドキ	425
アワタケ	268
アワタケヤドリタケ	509
アワタケ属	268
アンズタケ(広義)	322
アンズタケ科	322
アンズタケ属	322

イ

イグチ科	258
イタチタケ	198
イタチナミハタケ	321
イタチハリタケ	354
イチョウタケ	253
イチョウタケ属	253
イッポンシメジ科	249
イッポンシメジ科	242
イッポンシメジ属	244
イヌセンボンタケ	197
イボセイヨウショウロ	498
イボタケ	359
イボタケ科	358
イボタケ属	358
イボタケ属の一種	359
イボテングタケ	154
イマイオオボタンタケ	507
イモタケ	500
イモタケ科	499
イモタケ属	500
イロガワリキヒダタケ	267
イロガワリベニタケ	299
イロヅキタケ	387

ウ

ウコンガサ	29
ウコンハツ	304
ウスアカヒダタケ	38
ウスアカヒメノカサ	46
ウスイロカラチチタケ	316
ウスキサナギタケ	505
ウスキチチタケ	313
ウスキテングタケ	153
ウスキブナミタケ	143
ウスゲツチイロタケ	298
ウズゲツチイロタケ属	298
ウスタケ	341
ウスタケ属	341
ウスバシハイタケ	394
ウスハダイロガサ	39
ウスヒラタケ	23
ウスベニオシロイタケ	381
ウスベニオシロイタケ属	381
ウスベニミミタケ属	496
ウスムラサキアセタケ	222
ウスムラサキガサ	44
ウスムラサキシメジ	86
ウスムラサキホウキタケ	338
ウスムラサキヤマドリ	273
ウツロイイグチ	280
ウツロイイグチ属	280
ウツロベニハナイグチ	261
ウバノカサ	43
ウメハルシメジ	245
ウラグロニガイグチ	283
ウラスジチャワンタケ	481
ウラベニガサ	176
ウラベニガサ科	174
ウラベニホテイシメジ	250
ウラムラサキ	80
ウラムラサキシメジ	90
ウラムラサキシメジ属	90
ウラムラサキヤマタケ	60
ウロコタケ科	344

エ

エゴノキタケ	395
エセオリミキ	122
エゾシロアミタケ	389
エゾシロアミタケ属	389
エゾノビロードツエタケ	132
エゾノビロードツエタケ属	131
エゾハリタケ	355
エゾハリタケ科	355
エゾハリタケ属	355
エツキクロコップタケ	473
エツキクロコップタケ属	473
エノキタケ	147
エノキタケ属	147
エビタケ	407
エリマキツチグリ	421

オ

オイラセキチムシタケ	504
オウギタケ	257
オウギタケ科	255
オウギタケ属	257
オオイチョウタケ	117
オオイチョウタケ属	116
オオイヌシメジ属	85
オオオシロイタケ	380
オオオシロイタケ属	380
オオキツネタケ	80
オオキヌハダトマヤタケ	220
オオクロニガイグチ	286
オオコゲチャイグチ	279
オオゴムタケ属	474

オオシトネタケ	483
オオシロカラカサタケ属	182
オオズキンカブリ	485
オオズキンカブリ属	485
オオスルメタケ属	*401*
オオチリメンタケ	390
オオツガタケ	227
オオツルタケ	158
オオヒメノカサ	*46*
オオフクロタケ	174
オオフクロタケ属	174
オオホウライタケ	138
オオボタンタケ	*507*
オオミコブタケ	513
オオミノイタチハリタケ	354
オオミノクロアワタケ	274
オオミノミミブサタケ	476
オオミヤマトンビマイ	409
オオムラサキアンズタケ	*342*
オオワライタケ	235
オキナサハツ	301
オキナタケ科	200
オキナタケ属	202
オクヤマニガイグチ	285
オシロイシメジ	73
オシロイタケ	*380*
オシロイタケ属	380
オシロイヌメリガサ	34
オストロパ科	456
オストロパ目	456
オソムキタケ	*127*
オツネンタケ	*386*
オツネンタケモドキ	370
オツネンタケモドキ属	*370*
オツネンタケ属	386
オドタケ	148
オトメノカサ	40
オトメノカサ属	39
オニイグチ	293
オニイグチモドキ	293
オニイグチ属	293
オニタケ	189
オニタケ属	189
オニテングタケ	*169*
オニナラタケ	111
オニフスベ	423
オニフスベ属	*423*
オフィオコルシケプス属	504
オロシタケダオシ	510

カ

カイガラタケ	388
カイガラタケ属	388
カイメンタケ	386
カイメンタケ属	386
カエンタケ	506
カオリツムタケ	215
カキシメジ	105
カクミノシメジ	74
カサヒダタケ	181
カタオシロイタケ	397
カノシタ	353
カノシタ科	352
カノシタ属	352
カバイロオオホウライタケ	138

カバイロツルタケ(広義)	158
カバイロテングタケ(仮称)	159
カバノアナタケ	410
カブラテングタケ	170
カブラマツタケ	192
カブラマツタケ属	192
カメノテホウキタケ	340
カメムシタケ	504
カヤタケ	85
カラカサタケ	183
カラカサタケ属	183
カラキシメジ	95
カラハツタケ	312
カラハツタケ属	312
カラマツシメジ	104
カラマツチタケ	314
カラマツベニハナイグチ	261
カレエダタケ	335
カレエダタケモドキ	334
カレエダタケ科	334
カレエダタケ属	334
カレバキツネタケ	81
カワウソタケ属	410
カワキタケ	26
カワキタケ属	25
カワムラフウセンタケ	229
カワラタケ	390
カワラタケキセイキン	509
カワリハツ	303
カワリワカクサタケ	50
カンザシタケ	*333*
カンザシタケモドキ	*333*
カンゾウタケ	*347*
カンゾウタケ科	347
カンゾウタケ属	347
カンタケ	*22*
ガンタケ	167
カンバタケ	384
カンバタケ属	384
カンムリタケ	460
カンムリタケ属	460

キ

キアミアシイグチ	276
キアミアシイグチ属	274
キイボガサタケ	247
キイロイグチ	270
キイロイグチ属	270
キイロイッポンシメジ(仮)	251
キイロスッポンタケ	428
キウロコタケ	344
キウロコタケ属	344
キオウギタケ	257
キオキナタケ	202
キクバナイグチ属	294
キクラゲ	441
キクラゲ科	440
キクラゲ属	440
キクラゲ目	440
キコガサタケ	203
キコブタケ属	412
キサケツバタケ	205
キサマツモドキ	89
キシメジ	*94*
キシメジ科	69

キシメジ属	91
キショウゲンジ	224
キショウゲンジ属	224
キソウメンタケ	328
キソマメザヤタケ	*513*
キタキツネノロウソク	*430*
キタマゴタケ	162
キチチタケ	315
キチャハツ	302
キチャワンタケ	*493*
キチャワンタケ属	493
キッコウスギタケ	*209*
キッコウスギタケ属	209
キツネタケ	80
キツネノエフデ	431
キツネノカラカサ属	190
キツネノサカズキ	474
キツネノチャブクロ	*424*
キツネノハナガサ	186
キツネノヤリタケ	463
キツネノヤリタケ属	463
キツネノロウソク	430
キツネノロウソク属	430
キツネノワン	462
キツネハツ	302
キツブナラタケ	113
キツブヤマイグチ	*289*
キツムタケ	236
キナメツムタケ	218
キヌオフクロタケ	175
キヌガサタケ	*430*
キヌガサタケ属	*429*
キヌカラカサタケ	186
キヌカラカサタケ属	185
キヌメリイグチ	264
キヌメリガサ	37
キヌメリタケ(仮)	67
キノボリツエタケ	133
キノボリツエタケ属	133
キハリタケ	361
キヒダタケ	266
キヒダタケ属	266
キヒダマツシメジ	104
キヒラタケ	20
キヒラタケ属	20
キホウキタケ(広義)	339
キホコリタケ	426
キボリアキンカクキン属	462
キヤマタケ	64
キララタケ	196
キララタケ属	196
キンイロアナタケ	401
キンカクキン科	462
キンチャフウセンタケ	231
キンチャヤマイグチ	289
キンチャワンタケ	*493*
キンチャワンタケ属	492

ク

クギタケ	256
クギタケ属	255
クサウラベニタケ(広義)	245
クサハツ(広義)	300
クサハツモドキ	301
クサミノシカタケ	180

和名索引 517

クダアカゲシメジ	105	コ		サクラタケ	142
クダタケ	331	コイシタケ	437	サケツバタケ	204
クチキトサカタケ	470	コイヌノエフデ	431	サケバタケ	253
クチキトサカタケ属	470	コウジタケ	294	サケバタケ属	253
クチキフミヅキタケ	200	コウタケ	362	ササクレシロオニタケ	172
クチベニタケ	417	コウタケ属	362	ササクレヒトヨタケ	194
クチベニタケ科	417	コウモリタケ	365	ササクレヒメノカサ	61
クチベニタケ属	417	コウヤクタケ科	343	ササクレフウセンタケ	229
クヌギタケ属	139	コオトメノカサ	40	ササタケ	233
クラガタノボリリュウ	480	コガサタケ属	203	ササタケ属	233
クラタケ	457	コガネイロガワリ(仮称)	275	サジタケ	411
クラマノジャガイモタケ	435	コガネカレバタケ	124	サナギタケ	502
クリイロイグチ	259	コガネヌカカラカサタケ	185	サビイロクビオレタケ	504
クリイロイグチモドキ	259	コガネタケ	193	ザボンタケ	366
クリイロイグチ属	258	コガネタケ属	193	サマツモドキ	88
クリイロカラカサタケ	190	コガネテングタケ	167	サマツモドキ属	88
クリイロチャワンタケ	490	コガネニカワタケ	450	サヤナギナタタケ	327
クリゲノチャヒラタケ	241	コガネヤマドリ	275	ザラエノハラタケ	188
クリタケ	206	コカラカサタケ	182	ザラツキアカハナビラタケ	495
クリタケモドキ	207	コカンバタケ	384	ザラツキカタカワタケ	416
クリフウセンタケ	226	コキイロウラベニタケ	246	ザラツキカタワタケ	416
クロアザワタケ	268	コキララタケ	196	ザラツキニセショウロ	416
クロアシボソノボリリュウ	481	コクサハツ	300	ザラミノシメジ	119
クロアワタケ	274	コケイロサラタケ	472	ザラミノシメジ属	117
クロイグチ属	284	コケイロサラタケ属	472	サルノコシカケ科	368
クロカワ	364	コケイロヌメリガサ	37	サンコタケ	432
クロカワ属	364	コゲノヘラタケ	461	サンコタケ属	432
クロゲキヤマタケ	63	コゲチャアワタケ	269	サンゴハリタケ	350
クロゲシメジ	97	コゲチャイロガワリ	279	サンゴハリタケ科	349
クロゲナラタケ	112	コゲチャヒロハアンズタケ	254	サンゴハリタケ属	349
クロゲヤマタケ	63	コササクレシロオニタケ	172	
クロサイワイタケ科	512	コサマツモドキ	89	シ	
クロサイワイタケ目	512	コザラミノシメジ	118	シイタケ	120
クロサカズキシメジ	115	コショウイグチ	267	シイタケ属	120
クロサカズキシメジ属	115	コショウイグチ属	267	シタケ	363
クロサルノコシカケ	400	コシロオニタケ	171	シダレハナビタケ	333
クロサルノコシカケ属	400	コスリコギタケ	332	シトネタケ属	483
クロシワオキナタケ	203	コタマゴテングタケ	166	シハイタケ	394
クロチチタケ	311	コッチグリ	414	シハイタケ属	394
クロチチダマシ	311	コツブヒメヒガサヒトヨタケ	198	シブイロスギタケ	210
クロチャワンタケ科	473	コテングタケモドキ	166	シブイロスギタケ属	210
クロニガイグチ	286	コナカブリベニツルタケ	149	シマイヌノエフデ属	431
クロノボリリュウ	482	コバヤシアセタケ	222	シメジ属	69
クロハツ	297	コビチャニガイグチ	286	シモコシ	94
クロハツモドキ	297	コフキクロツチガキ	420	シモフリシメジ	95
クロハナビラタケ	468	コフキサルノコシカケ	406	シモフリヌメリガサ	35
クロハナビラニカワタケ	449	コフクロタケ	175	ジャガイモタケ	435
クロハリタケ	361	コブミノアラゲコベニチャワンタケ	493	ジャガイモタケ科	435
クロハリタケ属	361	コブミノイチョウタケ	87	シャカシメジ	72
クロフチシカタケ	178	コブリブナノモリツエタケ	132	シャグマアミガサタケ	483
クロホコリタケ	426	ゴムタケ	466	シャグマアミガサタケ属	483
クロムラサキハナビラタケ	468	ゴムタケモドキ	466	シャモジタケ属	460
クロムラサキハナビラタケ属	468	ゴムタケ属	466	シュイロハツ	307
クロヤマイグチ	292	コムラサキシメジ	87	シュタケ	387
クロヤマイグチ属	291	コレラタケ	219	シュタケ属	387
クロラッパタケ	324			ショウゲンジ	225
クロラッパタケ属	323	サ		ショウゲンジ属	225
		ザイモクタケ	401	ショウロ	438
ケ		サカズキカワラタケ	389	ショウロ属	438
ケガワタケ属	27	サカヅキキクラゲ	443	シラウオタケ	330
ケシボウズタケ目	417	サガリハリタケ	343	シラウオタケ属	330
ケショウシメジ	98	サガリハリタケ属	343	シラゲアセタケ	220
ケシロハツ	309	サクライロタケ	142	シラタマタケ	433
ケシロハツモドキ	309	サクラシメジ	30	シラタマタケ属	433
ケロウジ	364			シロアミタケ属	389

シロアンズタケ	342
シロアンズタケ属	342
シロイボガサタケ	247
シロウラベニガサ	177
シロウロコツルタケ	165
シロオウギタケ	*391*
シロオオハラタケ	189
シロオニタケ	171
シロカイメンタケ	385
シロカノシタ	352
シロカラカサタケ属	184
シロカラハツタケ	312
シロキクラゲ	446
シロキクラゲ科	446
シロキクラゲ属	446
シロキクラゲ目	446
シロキツネノサカズキ	478
シロキツネノサカズキモドキ	479
シロキツネノサカズキ属	478
シロコタマゴテングタケ	*166*
シロコナカブリ	139
シロサルノコシカケ属	401
シロシメジ	92
シロスズメノワン	494
シロスズメノワン属	494
シロソウメンタケ	326
シロソウメンタケ科	325
シロソウメンタケ属	326
シロタモギタケ	75
シロタモギタケ属	75
シロツルタケ	156
シロトマヤタケ	221
シロナメツムタケ	217
シロニカワタケ	*448*
シロニセトマヤタケ	223
シロヌメリイグチ	261
シロヌメリガサ	*34*
シロヌメリカラカサタケ	173
シロノハイイロシメジ	82
シロハツ	296
シロヒガサ	54
シロヒナノチャワンタケ	*464*
シロヒナノチャワンタケ属	*464*
シロヒメカヤタケ属	73
シロヒメホウコタケ	330
シロマイタケ	375
シロマツタケモドキ	103
シロムキタケ	127
シワウロコタケ属	345
シワカラカサタケ属	191
シワカラカサタケ属	191
シワカラカサモドキ	192
シワタケ	345
シワタケ科	345
シワタケ属	*345*
シワチャヤマイグチ	289
シワナシキオキナタケ	202
ジンガサドクフウセンタケ	*230*

ス

スイショウサンゴタケ(仮)	329
スイショウサンゴタケ属	329
スエヒロタケ	320
スエヒロタケ科	320
スエヒロタケ属	320
スギエダタケ	136
スギタケ	212
スギタケモドキ	213
スギタケ属	211
スギノタマバリタケ	139
スギヒラタケ	121
スギヒラタケ属	121
ズキンタケ	467
ズキンタケ科	65
ズキンタケ属	467
ズキンタケ目	457
ススケイグチ	*277*
ススケヤマドリタケ	277
スッポンタケ	429
スッポンタケ科	427
スッポンタケ属	427
スッポンタケ目	427
スナヤマチャワンタケ	491
スミゾメキヤマタケ	48
スミゾメシメジ	74
スミゾメヤマイグチ	291
スリコギタケ	332
スリコギタケモドキ	*332*
スリコギタケ属	332

セ

セイヨウショウロタケ科	497
セイヨウショウロ	497
セイヨウショウロ属の一種	497
セイヨウショウロ目	497
セイヨウタマゴタケ	*161*
セイヨウタマゴタケ近縁種	161
センニンタケ	366
センボンイチメガサ	219
センボンイチメガサ属	219
センボンクズタケ	199

タ

ダイコンシメジ	73
ダイダイトメノカサ	42
ダイダイヌメリガサ	36
ダイダイヒメアミタケ	392
タケリタケ	508
多孔菌科	368
タチウロコタケ科	347
タテガタツノマタタケ	454
タテガタツノマタタケ属	454
タヌキノチャブクロ	425
タネサシヒメシロウラベニタケ	243
タバコウロコタケ科	410
タマウラベニタケ	244
タマキクラゲ	444
タマキンカクキン属	463
タマゴタケ	160
タマゴタケモドキ	164
タマゴテングタケ	*164*
タマゴテングタケモドキ	163
タマシロオニタケ	170
タマチョレイタケ	372
タマチョレイタケ属	369
タマツキカレバタケ	125
タマネギモドキ	416
タマハジキタケ	418
タマハジキタケ科	418
タマハジキタケ属	418

タマバリタケ属	139
タモギタケ	24

チ

チギレハツタケ	303
チシオタケ	141
チシオハツ	307
チチアワタケ	264
チチタケ	310
チチタケ属	*312*
チヂレタケ	343
チヂレタケ属	343
チャアミガサタケ	487
チャイボタケ	*359*
チャウロコタケ	344
チャウロコヤドリタケ	510
チャカイガラタケ	395
チャコブタケ	512
チャコブタケ属	512
チャダイゴケ科	418
チャダイゴケ属	419
チャダイゴケ目	418
チャツムタケ	236
チャツムタケ属	234
チャナメツムタケ	217
チャニガイグチ	287
チャハリタケ	*361*
チャハリタケ属	360
チャヒメオニタケ	191
チャヒラタケ	238
チャヒラタケ科	237
チャヒラタケ属	237
チャホウキタケ	338
チャホウキタケモドキ	*338*
チャミダレアミタケ	396
チャミダレアミタケ属	395
チャワンタケ科	489
チャワンタケ属	489
チャワンタケ目	473
チョウジチチタケ	314
チョレイマイタケ	373
チョレイマイタケ属	373
チリメンタケ	*390*

ツ

ツエタケ属	131
ツガサルノコシカケ	398
ツガサルノコシカケ属	397
ツガタケ	*227*
ツガノマンネンタケ	405
ツギハギハツ	306
ツキミタケ	65
ツキヨタケ	78
ツキヨタケ属	78
ツクリタケ	*187*
ツチカブリ	308
ツチカブリ属	308
ツチクラゲ	484
ツチクラゲ属	484
ツチグリ	414
ツチグリ科	414
ツチグリ属	414
ツチスギタケ	213
ツチスギタケモドキ	212
ツチダンゴ類	*503*

和名索引 519

ツチナメコ	201	トビチャチチタケ	313	ニセキンカクキン属	462
ツネノチャダイゴケ	419	トンビマイタケ	376	ニセコナカブリ	237
ツネノチャダイゴケ属	419	トンビマイタケ属	376	ニセシジミタケ	128
ツノシメジ	114	**ナ**		ニセシジミタケ属	128
ツノシメジ属	114			ニセショウロ	*415*
ツノシロオニタケ	169	ナガエノスギタケ	223	ニセショウロ科	415
ツノタケ属	506	ナガエノチャワンタケ	480	ニセショウロ属	415
ツノマツミタケ	*432*	ナガエノヤグラタケ	*77*	ニセショウロ目	414
ツノフノリタケ	451	ナカグロモリノカサ	188	ニセチャワンタケ	496
ツノマタタケ	454	ナガミノクロサラタケ	471	ニセヒナノチャワンタケ属	464
ツノマタタケ属	454	ナガミノクロサラタケ属	471	ニセマツカサシメジ	145
ツバキキンカクチャワンタケ	462	ナギナタタケ	327	ニセマツカサシメジ属	145
ツバサクレシメジ	103	ナギナタタケ属	327	ニッケイタケ	386
ツバナシフミヅキタケ	201	ナスコンイッポンシメジ	248	ニワタケ	253
ツバヒラタケ	21	ナナイロヌメリタケ	67	ニンギョウタケ	367
ツバフウセンタケ	233	ナナフシテングノハナヤスリ	*459*	ニンギョウタケモドキ科	365
ツバマツオウジ	28	ナナフシテングノメシガイ	459	ニンギョウタケモドキ属	365
ツブエノシメジ	117	ナメコ	211	**ヌ**	
ツブエノシロヤマタケ	58	ナヨタケ属	198		
ツブカラカサタケ	184	ナラタケ	108	ヌメリイグチ	263
ツマミタケ	432	ナラタケモドキ	106	ヌメリイグチ属	260
ツマミタケ属	432	ナラタケモドキ属	106	ヌメリガサ科	29
ツヤナシマンネンタケ	399	ナラタケ属	108	ヌメリガサ属	29
ツヤナシマンネンタケ属	399	**ニ**		ヌメリカラカサタケ属	173
ツリガネタケ(小型)	402			ヌメリコウジタケ	*281*
ツリガネタケ(大型)	403	ニオイアシナガタケ	*140*	ヌメリコウジタケ属	281
ツリガネタケ属	402	ニオイオオタマシメジ	193	ヌメリササタケ(広義)	232
ツルタケ(広義)	156	ニオイカワキタケ	27	ヌメリスギタケ	214
ツルタケダマシ	163	ニオイキシメジ	92	ヌメリスギタケモドキ	214
テ		ニオイコベニタケ	304	ヌメリタンポタケ	503
		ニオイハリタケ	*360*	ヌメリツバタケ	*281*
ディティオラ属	453	ニオイハリタケモドキ	360	ヌメリツバタケモドキ	*129*
テンガイカブリタケ	486	ニオイハリタケ属	*358*	ヌメリツバタケ属	*129*
テンガイカブリタケ属	486	ニオイヒメノカサ	45	ヌメリニガイグチ	287
テングタケ	153	ニオイワチチタケ	*314*	**ネ**	
テングタケダマシ	155	ニガイグチモドキ	284		
テングタケ科	149	ニガイグチ属	282	ネズミシメジ	97
テングタケ属	149	ニガクリタケ	208	**ノ**	
テングツルタケ	155	ニガクリタケ属	206		
テングノメシガイ	458	ニガムキタケ	*127*	ノウタケ	424
テングノメシガイ科	457	ニカワウロコタケ	346	ノウタケ属	423
テングノメシガイ属	458	ニカワウロコタケ属	346	ノボリリュウ	482
ト		ニカワオシロイタケ属	392	ノボリリュウアカブサレキン	511
		ニカワジョウゴタケ	445	ノボリリュウタケ科	480
冬虫夏草属	*502*	ニカワジョウゴタケ属	445	ノボリリュウタケ属	480
トゥルマリネア属の一種	434	ニカワシロキクラゲ(仮)	447	ノムシタケ属	502
トゥルマリネア属	434	ニカワチャワンタケ	466	**ハ**	
トガリアミガサタケ	488	ニカワチャワンタケ属	466		
トガリドクフウセンタケ	230	ニカワツノタケ	450	ハイイロカラチチタケ	316
トガリフカアミガサタケ	488	ニカワツノタケ科	450	ハイイロカレエダタケ	335
トガリフクロツチグリ	422	ニカワツノタケ属	450	ハイイロシメジ	81
トガリベニヤマタケ	47	ニカワツノタケ目	450	ハイイロシメジ属	81
トガリユキヤマタケ	52	ニカワハリタケ	445	ハイカグラテングタケ	168
トガリワカクサタケ	49	ニカワハリタケ属	445	ハイムラサキガサ	43
トキイロヒラタケ	25	ニカワホウキタケ	452	ハエトリシメジ	96
トキイロラッパタケ	324	ニカワホウキタケ属	451	バカマツタケ	99
ドクカラカサタケ	182	ニクウスキコブタケ	412	ハカワラタケ	394
ドクツルタケ	164	ニクウスバタケ	393	ハダイロガサ	41
ドクベニタケ(広義)	306	ニクザキン目	506	ハダイロサクラシメジ	31
ドクベニダマシ	*306*	ニシキタケ	307	ハダイロヌメリガサ	33
ドクヤマドリ	272	ニセアシナガタケ属	144	ハタケシメジ	69
トゲツブコブタケ属	513	ニセアシベニイグチ	277	ハタケチャダイゴケ	419
トサカイボタケ	*359*	ニセアブラシメジ	226	ハチノスタケ	368
トビイロノボリリュウ	484	ニセカイメンタケ属	*411*	ハチノスタケ属	368
トビイロホウキタケ	*340*	ニセキッコウスギタケ	209	バッカクキン科	502

バッカクキン目	502
ハツタケ	317
ハナイグチ	262
ハナウロコタケ	347
ハナウロコタケ属	347
ハナオチバタケ	136
ハナガサイグチ	270
ハナガサタケ	215
ハナサナギタケ	505
ハナビタケ属	333
ハナビラダクリオキン	452
ハナビラタケ	348
ハナビラタケ科	348
ハナビラタケ属	348
ハナビラニカワタケ	449
ハナホウキタケ(広義)	339
ハナヤスリタケ	503
ハナヤスリタケ属	503
ハマニセショウロ	415
バライロツルタケ	157
ハラタケ	187
ハラタケアカクサレキン	511
ハラタケモドキ	187
ハラタケ科	182
ハラタケ属	187
ハラタケ目	19
ハリガネオチバタケ	137
ハルシメジ(広義)	245
ハンノキイグチ	260
ハンノキイグチ属	260

ヒ

ヒイロガサ	55
ヒイロタケ	387
ヒイロチャワンタケ	492
ヒイロベニヒダタケ	181
ヒカゲウラベニタケ	242
ヒカゲウラベニタケ属	242
ヒグマアミガサタケ	484
ビスケットタケ	393
ヒダナシタケ目	319
ヒダハタケ	252
ヒダハタケ科	252
ヒダハタケ属	252
ヒツジタケ属	387
ヒトクチタケ	382
ヒトクチタケ科	382
ヒトヨタケ	195
ヒトヨタケ科	195
ヒトヨタケ属	194
ヒナツチガキ	421
ヒナノチャワンタケ科	464
ヒナノヒガサ	115
ヒナノヒガサ属	115
ヒポミケスキン科	508
ヒポミケス属	508
ヒメオニタケ属	191
ヒメカタショウロ	416
ヒメカバイロタケ	144
ヒメカバイロタケ属	144
ヒメキクラゲ	444
ヒメキクラゲ科	442
ヒメキクラゲ属	443
ヒメクルミタケ(仮称)	499
ヒメクルミタケ属(仮称)	499
ヒメコナカブリツルタケ	150
ヒメシロタモギタケ	83
ヒメシロタモギタケ属	83
ヒメスギタケ	219
ヒメスギタケ属	219
ヒメスッポンタケ	427
ヒメツキミタケ	68
ヒメツキミタケ属	68
ヒメツチグリ科	420
ヒメツチグリ属	420
ヒメテングノメシガイ属	459
ヒメヌメリイグチ	266
ヒメノガステル属	434
ヒメノスティルベ属	505
ヒメヒガサヒトヨタケ	198
ヒメヒガサヒトヨタケ属	198
ヒメヒトヨタケ	195
ヒメヒトヨタケ属	195
ヒメヒロヒダタケ属	148
ヒメベニテングタケ	150
ヒメホウキタケ属	330
ヒメムキタケ	125
ヒメムキタケ属	125
ヒメムラサキシメジ	77
ヒメムラサキシメジ属	77
ビョウタケ	470
ビョウタケ属	470
ビョウタケ目	457
ヒョウモンウラベニガサ	179
ヒョウモンクロシメジ	98
ヒラタケ	22
ヒラタケ科	20
ヒラタケ属	21
ヒラフスベ	379
ビロードイグチモドキ	295
ビロードツエタケ属	131
ピロネマキン科	492
ヒロハアンズタケ	254
ヒロハアンズタケ属	254
ヒロハウスズミチチタケ	315
ヒロハチチタケ	310
ヒロハチャチチタケ	311
ヒロハチャヒラタケ	240
ヒロヒダタケ	134
ヒロヒダタケ属	134
ピンタケ	456
ピンタケ属	456

フ

フウセンタケ科	220
フウセンタケ属	225
フエムスジョウタケ	453
フエムスジョウタケ属	453
フカミドリヤマタケ	57
ブクリョウ	368
ブクリョウ属	368
フクロシトネタケ	483
フクロシトネタケ属	483
フクロタケ	175
フクロツチガキ	422
フクロツルタケ	165
フサクギタケ	255
フサタケ	333
フサタケ属	333
フサハリタケ	351
フサハリタケ属	351
フサヒメホウキタケ	336
フサヒメホウキタケ科	336
フサヒメホウキタケ属	336
フジイロアマタケ	145
フジイロチャワンタケモドキ	490
フジウスタケ	341
フタイロシメジ	93
フタイロベニタケ	305
フチドリツエタケ	130
フチドリベニヒダタケ	179
ブナシメジ	76
ブナノキナメツムタケ	218
ブナノシラユキタケ	83
ブナノシロヒナノチャワンタケ	464
ブナノベニテングタケ(仮称)	152
ブナノホソヅクシタケ	514
ブナノモリツエタケ	131
ブナハリタケ	356
ブナハリタケ属	356
フミヅキタケ	200
フミヅキタケ属	200
フユヤマタケ	35
プロトクレア属	510
プロトファルス科	433

ヘ

ベッコウタケ	401
ベニイロクチキムシタケ	502
ベニコナアシタケ	143
ベニサラタケ	494
ベニサラタケ属	494
ベニタケ科	296
ベニタケ属	296
ベニチャワンタケ	477
ベニチャワンタケモドキ	477
ベニチャワンタケ科	475
ベニチャワンタケ属	477
ベニテングタケ	151
ベニナギナタタケ	328
ベニハナイグチ	262
ベニヒガサ	59
ベニヒダタケ	178
ベニヤマタケ	64
ヘビキノコモドキ	168
ヘラタケ	461
ヘラタケ属	461

ホ

ホウキタケ(広義)	337
ホウキタケ科	337
ホウキタケ属	337
ホウネンタケ	397
ホウネンタケ属	397
ホウライタケ属	136
ホウロクタケ	388
ホウロクタケ属	388
ホオベニタケ	417
ホコリタケ	424
ホコリタケ科	423
ホコリタケ属	424
ホコリタケ目	420
ホシアンズタケ	146
ホシアンズタケ属	146
ホシミノタマタケ属	436

和名索引 521

ホソツクシタケ	514
ホソヤリタケ	331
ホソヤリタケ属	331
ボタンイボタケ	358
ボタンイボタケ科	506
ボタンタケ属	507
ボタンタケ目	506
ホテイシメジ	84
ホテイシメジ属	84
ホテイタケ属	457
ホンシメジ	71
ホンショウロ	*438*

マ

マイタケ	374
マイタケ属	374
マクキヌガサタケ	429
マゴジャクシ	405
マスタケ	378
マツオウジ	27
マツオウジ属	27
マツカサキノコモドキ	135
マツカサキノコ属	135
マツカサタケ	357
マツカサタケ科	357
マツカサタケ属	357
マツシシタケ	363
マツタケ	101
マツタケモドキ	102
マツノキヌメリタケ	68
マツノネクチタケ属	399
マツノフサヒメホウキタケ	336
マツバシャモジタケ	460
マツバハリタケ	360
マツバハリタケ属	360
マメザヤタケ	513
マメザヤタケ属	513
マユダマタケ属	505
マルアミガサタケ	487
マルミノシロニカワタケ	448
マルミノシロヤマタケ	51
マルミノチャヒラタケ	239
マンネンタケ	404
マンネンタケ科	404
マンネンタケ属	404

ミ

ミイノベニヤマタケ	55
ミイノモミウラモドキ	246
ミイロアミタケ	*396*
ミキイロウスタケ	323
ミコゴネ属	511
ミズゴケノハナ	*59*
ミズベノニセズキンタケ	471
ミズベノニセズキンタケ属	471
ミダレアミタケ	393
ミドリシメジ	91
ミドリスギタケ	234
ミドリニガイグチ(広義)	282
ミドリヌメリタケ	53
ミドリヤマタケ	56
ミネシメジ	91
ミノタケ	392
ミノタケ属(仮)	392
ミミナミハタケ	321

ミミナミハタケ科	321
ミミナミハタケ属	321
ミミブサタケ	475
ミミブサタケ属	475
ミヤマアワタケ	268
ミヤマイロガワリ	278
ミヤマウラギンタケ	411
ミヤマオチバタケ	137
ミヤマコイシタケ	*437*
ミヤマコウジタケ	281
ミヤマシメジ	144
ミヤマタマゴタケ	162
ミヤマトンビマイ	408
ミヤマトンビマイ科	408
ミヤマトンビマイ属	408
ミヤマベニイグチ	294
ミヤマホシミノタマタケ	436
ミヤママスタケ	379
ミヤマミドリニガイグチ	283

ム

ムカシオオミダレタケ	442
ムカシオオミダレタケ属	442
ムキタケ	126
ムキタケ属	126
ムササビタケ	199
ムジナタケ	197
ムジナタケ属	197
ムツアケボノサクラシメジ	32
ムツノウラベニタケ	244
ムツノウラベニタケ属	244
ムツノクロハナビラタケ	469
ムツササクレキヤマタケ	61
ムツノダイダイササクレガサ	62
ムラサキアセタケ	221
ムラサキアブラシメジモドキ	231
ムラサキゴムタケ	465
ムラサキゴムタケ属	465
ムラサキシメジ	86
ムラサキシメジ属	86
ムラサキナギナタタケ	325
ムラサキナギナタタケ属	325
ムラサキフウセンタケ	232
ムラサキホウキタケ	326
ムラサキヤマドリタケ	273
ムレオオイチョウタケ	116
ムレオフウセンタケ	228

モ

モエギタケ	205
モエギタケ科	204
モエギタケ属	204
モエギビョウタケ	*470*
モミジタケ	*359*
モリノカレバタケ	123
モリノカレバタケ属	123
モリノコフクロタケ	175
モリノチャワンタケ	489
モリノツエタケ	*122*

ヤ

ヤギタケ	38
ヤキフタケ	391
ヤグラタケ	77
ヤグラタケモドキ属	125

ヤグラタケ属	77
ヤケアトツムタケ	216
ヤケイロタケ	382
ヤケイロタケ属	382
ヤチナラタケ	110
ヤチヒロヒダタケ	107
ヤナギマツタケ	*201*
ヤニタケ(広葉樹型)	383
ヤニタケ(針葉樹型)	383
ヤニタケ属	383
ヤブレキチャハツ	305
ヤマイグチ	290
ヤマイグチ属	282
ヤマドリタケ	271
ヤマドリタケモドキ	272
ヤマドリタケ属	271
ヤマブシタケ	349
ヤワナラタケ	*109*
ヤンマタケ	505

ユ

ユキワリ属	*77*

ヨ

ヨソオイチャワンタケ	477

ラ

ラッパタケ科	341
ラッパタケ属	341

レ

レンガタケ	399

ロ

ロウツブタケ	499
ロウツブタケ属	499
ロクショウグサレキン	472
ロクショウグサレキンモドキ	*472*
ロクショウグサレキン属	472

ワ

ワクサタケ	66
ワクサタケ属	65
ワカフサタケ属	224
ワサビカレバタケ	123
ワサビタケ	128
ワサビタケ属	128
ワタカラカサタケ	190
ワタゲナラタケ	109
ワタゲヌメリイグチ	263

学名索引

A

- *Abundisporus* — 397
  - *pubertatis* — 397
- Agaricaceae — 182
- AGARICALES — 19
- *Agaricus* — 187
  - *arvensis* — 189
  - *bisporus* — *187*
  - *campestris* — 187
  - *moelleri* — 188
  - *placomyces* — 187
  - *praeclaresquamosus* — 188
  - *subrutilescens* — 188
- *Agrocybe* — 200
  - *acericola* — 200
  - *cylindracea* — *201*
  - *erebia* — 201
  - *farinacea* — 201
  - *praecox* — *200*
- *Albatrellus* — 365
  - *confluens* — 367
  - *cristatus* — 366
  - *dispansus* — 365
  - *pes-caprae* — 366
- *Aleuria* — 492
  - *aurantia* — 492
  - *rhenana* — 493
- *Alloclavaria* — 325
  - *purpurea* — 325
- *Amanita* — 149
  - *abrupta* — *170*
  - aff. *caesarea* — 161
  - *caesarea* — *161*
  - *caesareoides* — 160
  - *castanopsidis* — 171
  - *ceciliae* — 155
  - *citrina* var. *alba* — *166*
  - *citrina* var. *citrina* — 166
  - *cokeri* — *172*
  - *cokeri* f. *roseotincta* — *172*
  - *cralisquamosa* — 165
  - *eijii* — 172
  - *farinosa* — 150
  - *flavipes* — 167
  - *fulva* s.l. — 158
  - *gemmata* — *153*
  - *gymnopus* — 170
  - *hemibapha* — *161*
  - *ibotengutake* — 154
  - *imazekii* — 162
  - *javanica* — 162
  - *longistriata* — 163
  - *muscaria* — 151
  - *orientogemmata* — 153
  - *pantherina* — 153
  - *parcivolvata* — *149*
  - *perpasta* — *169*
  - *phalloides* — *164*
  - *pseudoporphyria* — 166
  - *punctata* — 158
  - *rubescens* — 167
  - *rubrovolvata* — 150
  - *sinensis* — 168
  - sp. — 149
  - sp. — 152
  - sp. — 157
  - sp. — 159
  - sp. — 169
  - *sphaerobulbosa* — 170
  - *spissacea* — 168
  - *spreta* — 163
  - *squarrosa* — 172
  - *subjunquillea* — 164
  - *sychnopyramis* f. *subannulata* — 155
  - *vaginata* f. *alba* — 156
  - *vaginata* s.l. — 156
  - *virgineoides* — 171
  - *virosa* — 164
  - *volvata* — *165*
- Amanitaceae — 149
- *Ampulloclitocybe* — 84
  - *clavipes* — 84
- *Antrodiella* — 392
  - *aurantilaeta* — 392
  - *brunneomontana* — 393
  - *ussuri* — *393*
  - *zonata* — *393*
- APHYLLOPHORALES — 319
- *Armillaria* — 108
  - *cepistipes* — 112
  - *gallica* — 109
  - *mellea* subsp. *nipponica* — 108
  - *nabsnona* — 110
  - *ostoyae* — 111
  - sp. — 113
- *Artomyces* — 336
  - *microsporus* — 336
  - *pyxidatus* — *336*
- *Ascoclavulina* — 470
  - *sakaii* — 470
- *Ascocoryne* — 465
  - *cylichnium* — 465
- *Ascosparassis* — 495
  - *heinricherii* — 495
  - *shimizuensis* — *495*
- *Asterophora* — 77
  - *lycoperdoides* — 77
  - *parasitica* — *77*
- Astraeaceae — 414
- *Astraeus* — 414
  - *hygrometricus* — 414
  - *hygrometricus* var. *koreanus* — *414*
- *Aureoboletus* — 281
  - *auriporus* var. *novoguineensis* — *281*
  - sp. — 281
  - *thibetanus* — *281*
- *Auricularia* — 440
  - *auricula* — *441*
  - *auricula-judae* — 441
  - *polytricha* — 440
- Auriculariaceae — 440
- AURICULARIALES — 440
- Auriscalpiaceae — 357
- *Auriscalpium* — 357
  - *vulgare* — 357

B

- *Baeospora* — 145
  - *myosura* — 145
  - *myriadophylla* — 145
- *Bankera* — 360
  - *fuligineoalba* — 360
- *Baorangia* — *277*
- *Bisporella* — 470
  - *citrina* — 470
  - *sulfurina* — *470*
- *Bjerkandera* — 382
  - *adusta* — 382
- Bolbitiaceae — 200
- *Bolbitius* — 202
  - *reticulatus* — 203
  - *titubans* var. *olivaceus* — 202
  - *titubans* var. *titubans* — 202
  - *variicolor* — *202*
  - *vitellinus* — *202*
- Boletaceae — 258
- *Boletellus* — 294
  - *chrysenteroides* — 294
  - *fallax* — 295
  - *obscurecoccineus* — 294
- *Boletinus* — *260*
  - *asiaticus* — 261
- *Boletopsis* — 364
  - *grisea* — 364
  - *leucomelaena* — *364*
- *Boletus* — 271
  - *aereus* — *277*
  - *aurantiosplendens* — 275
  - *brunneissimus* — 279
  - *calopus* — 276
  - *edulis* — 271
  - *fraternus* — *294*
  - *griseus* var. *fuscus* — *274*
  - *hiratukae* — 277
  - *obscureumbrinus* — *279*
  - *pseudocalopus* — 277
  - *reticulatus* — 272
  - *sensibilis* — 278
  - *separans* — 273
  - sp. — 275
  - *speciosus* — 278
  - *subvelutipes* — 280
  - *umbriniporus* — *279*
  - *venenatus* — 272
  - *violaceofuscus* — 273
- *Bondarzewia* — 408
  - *berkeleyi* — 409
  - *mesenterica* — 408
- Bondarzewiaceae — 408
- *Bulgaria* — 466
  - *inquinans* — 466

C

- *Caloboletus* — *276*
- *Calocera* — 451
  - *cornea* — 451
  - *viscosa* — 452
- *Calocybe* — *77*
- *Caloscypha* — 493
  - *fulgens* — *493*
- *Calostoma* — 417
  - *japonicum* — 417
  - sp. — 417
- Calostomataceae — 417
- *Calvatia* — 423
  - *craniiformis* — 424
  - *nipponica* — 423
- *Camarophyllus* — *40*
- Cantharellaceae — 322
- *Cantharellus* — 322

cibarius s.l.	322
cinereus	323
infundibuliformis?	*323*
luteocomus	*324*
tubaeformis	*323*
Cerrena	393
consors	393
Chalciporus	267
piperatus	267
Chamonixia	*435*
mucosa	*435*
Chiua	*282*
Chlorencoelia	472
versiformis	472
Chlorociboria	472
aeruginascens	*472*
aeruginosa	472
Chlorophyllum	182
neomastoideum	182
Chroogomphus	255
rutilus	256
tomentosus	255
Ciboria	462
shiraiana	462
Ciborinia	462
camelliae	462
Clathraceae	432
Clavaria	326
fragilis	326
fumosa	327
vermicularis	*326*
zollingeri	326
Clavariaceae	325
Clavariadephus	332
ligula	*332*
pistillaris	332
truncatus	*332*
Clavicipitaceae	502
CLAVICIPITALES	502
Clavicorona	*336*
Clavicoronaceae	336
Clavulina	334
cinerea	335
coralloides	335
cristata	*335*
rugosa	334
Clavulinaceae	334
Clavulinopsis	327
fusiformis	327
helvola	328
miyabeana	328
Climacodon	355
septentrionalis	355
Climacodontaceae	355
Clitocella	244
popinalis	244
Clitocybe	81
gibba	*85*
infundibuliformis	*85*
lignatilis	*83*
nebularis	81
odora	82
robusta	82
Clitocybula	148
esculenta	148
Clitopilus	242
prunulus	242
scyphoides f. *omphaliformis*	243
Collybia	125

cookei	125
Coltricia	386
cinnamomea	386
perennis.	*386*
Conocybe	203
albipes	*203*
apala	203
lactea	*203*
Coprinaceae	195
Coprinellus	196
disseminatus	197
micaceus	196
radians	196
Coprinopsis	195
atramentaria	195
friesii	*195*
Coprinus	194
comatus	194
Cordyceps	502
militaris	502
roseostromata	*502*
takaomontana	*505*
Corticiaceae	343
Cortinariaceae	220
Cortinarius	225
armillatus	233
aureobrunneus	231
bolaris	230
caperatus	225
cinnamomeus	233
claricolor	227
claricolor var. *turmalis*	*227*
multiformis	*227*
pholideus	229
praestans	228
pseudosalor s.l.	232
purpurascens	229
rubellus	230
salor	231
semisanguineus	234
speciosissimus	*230*
tenuipes	226
violaceus	232
Craterellus	323
cornucopioides	324
lutescens	324
tubaeformis	323
Creolophus	*351*
Crepidotaceae	237
Crepidotus	237
applanatus	239
badiofloccosus	241
malachius	240
mollis	238
subsphaerosporus	237
Crucibulum	419
laeve	419
Cryptoporus	382
volvatus	382
Cudonia	457
helvelloides	457
Cudoniella	471
clavus	471
Cuphophyllus	39
canescens	44
flavipes	43
lacmus	43
niveus var. *niveus*	40
niveus var. *roseipes*	40

pratensis	41
sp.	39
sp.	42
virgineus	40
Cyathus	419
stercoreus	419
Cyclocybe	*201*
Cystoderma	191
amianthinum	191
neoamianthinum	192
terreii	*191*
Cystodermella	191
cinnabarina	191

D

Dacrymyces	452
chrysospermus	452
palmatus	*452*
Dacrymycetaceae	451
DACRYMYCETALES	451
Dacryopinax	454
spathularia	454
Daedalea	388
dickinsii	388
Daedaleopsis	395
confragosa	396
purpurea	*396*
styracina	395
tricolor	395
Daldinia	512
childiae	512
concentrica	*512*
Dasyscyphella	464
longistipitata	464
Deflexula	333
fascicularis	333
Dendropolyporus	373
umbellatus	373
Dermocybe	*233*
Desarmillaria	106
ectypa	107
tabescens	106
Descolea	224
flavoannulata	224
Dictyophora	*429*
Discina	483
parma	483
perlata	*483*
Ditiola	453
peziziformis	453
Dumontinia	463
tuberosa	463

E

Echinoderma	189
aspera	189
Elaphocordyceps	503
canadensis	503
ophioglossoides	503
Elaphomyces spp.	*503*
Entoloma	244
abortivum	244
album	247
atrum	246
clypeatum s.l.	245
kujuense	248
luridum	*251*
murrayi	247
murrayi f. *album*	*247*

quadratum	248
rhodopolium s.l.	245
sarcopus	250
sepium	*245*
sinuatum	249
sp.	251
staurosporum	246
Exidia	443
glandulosa	444
recisa	443
uvapassa	444
Exidiaceae	442

F

Femsjonia	*453*
pezizifromis	*453*
Fistulina	347
hepatica	*347*
Fistulinaceae	347
Flammulina	147
velutipes	147
Fomes	402
fomentarius	403
fomentarius	402
Fomitella	*401*
Fomitopsis	397
nigra	*400*
pinicola	398
spraguei	397
Fuscoporia	*410*

G

Galerina	*219*
fasciculata	*219*
Galiella	474
japonica	474
Ganoderma	404
applanatum	406
lingzhi	*404*
lucidum	404
neo-japonicum	405
tsugae	405
tsunodae	407
Ganodermataceae	404
Geastraceae	420
Geastrum	420
lageniforme	422
mirabile	421
pectinatum	420
saccatum	422
triplex	421
Geoglassaceae	457
Geoglossum	*459*
glutinosum	*459*
Gerronema	115
Gliophorus	65
irrigata	*65*
laetus	67
laetus var. flava	67
psittacinus	66
unguinosus	65
Gloeocantharellus	*342*
pallidus	*342*
Gloeostereum	346
incarnatum	*346*
Gloioxanthomyces	68
sp.	68
Gomphaceae	341
Gomphidiaceae	255
Gomphidius	257
maculatus	257
roseus	257
Gomphus	341
purpuraceus	*342*
Grifola	374
albicans	375
frondosa	374
Guepinia	445
Guepinia	*454*
helvelloides	445
Guepiniopsis	454
buccina	454
Gymnopilus	234
aeruginosus	234
liquiritiae	*236*
penetrans	236
picreus	236
spectabilis	235
Gymnopus	123
confluens	124
dryophilus	123
peronatus	123
subsulphureus	124
Gyrodon	260
lividus	260
Gyromitra	483
esculenta	483
infula	484
Gyroporus	258
castaneus	259
cyanescens	258
longicystidiatus	259

H

Haploporus	389
odorus	389
Harrya	*282*
Heboloma	224
radicosum	223
spoliatum	224
Heliogaster	435
columellifer	435
HELOTIALES	457
Helvella	480
macropus	480
acetabulum	481
atra	*481*
crispa	482
elastica	481
ephippium	*480*
lacunosa	482
Helvellaceae	480
Hemileccinum	*289*
Hemipholiota	209
heteroclita	209
Hemistropharia	210
albocrenulata	210
Hericiaceae	349
Hericium	349
cirrhatum	351
coralloides	350
erinaceus	349
Heterobasidion	399
insulare	*399*
orientale	399
Hohenbuehelia	125
reniformis	125
Holtermannia	450
corniformis	450
Holtermanniaceae	450
HOLTERMANNIALES	450
Holwaya	471
mucida	*471*
mucida subsp. nipponica	471
Humaria	494
hemisphaerica	494
Hyaloscyphaceae	464
Hydnaceae	352
Hydnangium	*437*
carneum	*437*
Hydnellum caeruleum	360
aurantiacum	361
concrescens	*361*
suaveolens	*360*
Hydnobolites	499
cerebriformis	499
Hydnum	352
repandum	353
repandum var. album	352
rufescens	*354*
umbilicatum	354
Hydropus	144
nigrita	144
Hygrocybe	45
caespitosa	*61*
calyptriformis	54
cantharellus	59
ceracea	64
chlorophana	65
coccinea	64
coccineocrenata	*59*
conica var. chloroides	48
conica var. conica	47
cuspidata	47
flavescens	*65*
hahashimensis	*63*
ingrata	46
marchii	55
miniata	59
nitida	*68*
nitrata	45
olivaceoviridis f. hirasanensis	50
olivaceoviridis f. olivaceoviridis	49
ovina	*46*
pantoleuca	54
punicea	55
sp.	51
sp.	52
sp.	53
sp.	56
sp.	57
sp.	58
sp.	60
sp.	61
sp.	62
sp.	63
Hygrophoraceae	29
Hygrophoropsis	254
aurantiaca	254
bicolor	*254*
Hygrophorus	29
aureus	36
calophyllus	38
camarophyllus	38
camarophyllus var. calophyllus	*38*
chrysodon	29
eburneus	*34*

fagi	*32*
hypothejus	35
hypothejus f. *pinetorum*	*35*
hypothejus var. *aureus*	*36*
lucorum	37
nemoreus	33
olivaceoalbus	*37*
persoonii	37
poetarum	31
russula	30
sp.	32
sp.	34
speciosus	*37*
Hymenochaetaceae	410
HYMENOGASTRALES	434
Hymenopellis	131
orientalis var. *margaritella*	132
orientalis var. *orientalis*	131
Hymenostilbe	505
odonatae	505
Hypholoma	206
capnoides	207
fasciculare	208
lateritium	206
sublateritium	*206*
Hypocrea	507
cerebriformis	507
peltata	*507*
Hypocreaceae	506
HYPOCREALES	506
Hypomyces	508
hyalinus	508
chrysospermus	509
penicillatus	510
subiculosus	509
Hypomycetaceae	508
Hypsizygus	75
marmoreus	76
ulmarius	75

I

Imaia	500
gigantea	500
Infundibulicybe	85
gibba	85
Inocybe	220
fastigiata	*220*
geophylla var. *geophylla*	221
geophylla var. *lilacina*	222
geophylla var. *violacea*	221
kobayasii	222
maculata	220
rimosa	*220*
umbratica	223
Inonotus	410
scaurus	411
obliquus	410
radiatus	411
Ionomidotis	468
frondosa	*468*
irregularis	468
sp.	469
Ischnoderma	383
benzoinum	383
resinosum	383

J

Jansia	431
borneensis	431

K

Kobayasia	433
nipponica	433
Kretzschmaria	513
deusta	513
Kuehneromyces	219
mutabilis	219

L

Laccaria	80
amayhystina	80
bicolor	80
vinaceoavellanea	81
Lachnum	*464*
virgineum	*464*
Lacrymaria	197
lacrymabunda	197
Lactarius	312
acris	316
akahatsu	318
aspideus	313
chrysorrheus	315
deterrimus	318
gerardii	*311*
glauscens	*309*
hatsudake	317
hygropholoides	*310*
laeticolor	317
ochrogalactus	*311*
piperatus	*308*
porninsis	314
pterosporus	316
pubescens	312
quietus	314
subplinthogalus	315
subvellereus	*309*
subzonarius	*314*
torminosus	312
uvidus	313
volemus	*310*
Lactifluus	308
gerardii	311
glaucescens	309
hygrophoroides	310
lignyotus	*311*
ochrogalactus	311
piperatus	308
subvellereus	309
vellereus	*309*
volemus	310
Laetiporus	378
cremeiporus	378
montanus	379
sulphureus	*379*
sulphureus var. *miniatus*	*378*
versisporus	379
Lanopila	*423*
Leccinellum	291
crocipodium	292
pseudoscabrum	291
Leccinum	282
aurantiacum	290
chromapes s.l.	282
eximium	283
extremiorientale	*288*
hortonii	289
nigrescens	*292*
scabrum	290
subglabripes	*289*
variicolor	291
versipelle	289
griseum	*291*
Lentaria	329
albovinacea	*329*
sp.	329
Lentinellaceae	321
Lentinellus	321
cochleatus	321
ursinus	321
Lentinula	120
edodes	120
Lentinus	27
suavissimus	27
Lenzites	388
betulinus	388
Leotia	467
chlorocephala f. *chlorocephala*	*467*
lubrica f. *lubrica*	467
stipitata	467
Leotiaceae	465
Lepiota	190
acutesquamosa	*189*
castanea	190
clypeolaria	*190*
magnispora	190
ventriosospora	*190*
Lepista	86
graveolens	86
nuda	86
ricekii	87
sordida	87
Leucoagaricus	184
americanus	184
rubrotinctus	184
Leucocoprinus	185
birnbaumii	185
bresadolae	*184*
cepaestipes	186
fragilissimus	186
Leucocybe	73
connata	73
Leucopaxillus	116
giganteus	117
septentrionalis	116
Leucopholiota	114
decorosa	114
Limacella	173
illinita	173
Lycoperdaceae	423
LYCOPERDALES	420
Lycoperdon	424
caudatum	*425*
echinatum	425
foetidum	*426*
nigresucensu	426
perlatum	424
pyriforme	425
spadiceum	426
Lyophyllum	69
decastes	69
fumosum	72
nigrescens	*144*
semitale	74
shimeji	71
sp.	73
sykosporum	74
Lysurus	432

mokusin —— 432
mokusin f. *sinensis* —— *432*

M

Macrolepiota —— 183
   procera —— 183
Macrotyphula —— 331
   fistulosa —— 331
   juncea —— 331
Marasmius —— 136
   siccus —— 137
   aurantioferrugineus —— 138
   cohaerens —— 137
   maximus —— 138
   pulcherripes —— 136
Megacollybia —— 134
   clitocyboidea —— 134
   platyphylla —— *134*
Melanoleuca —— 117
   melaleuca —— 119
   polioleuca —— 118
   verrucipes —— 117
Melanoporia —— 400
   castanea —— 400
Melastiza —— 494
   chateri —— 494
Meripilus —— 376
   giganteus —— 376
Meruliaceae —— 345
Merulius —— *345*
Microglossum —— 460
   viride —— 460
Microstoma —— 478
   floccosum —— 478
   macrosporum —— 479
Mitrula —— 460
   paludosa —— 460
Morchella —— 486
   conica —— 488
   esculenta var. *esculenta* —— 488
   esculenta var. *rotunda* —— 487
   esculenta var. *umbrina* —— 487
   patula —— *488*
   semilibera —— 488
Morchellaceae —— 485
Mucidula —— *129*
   brunneomarginata —— 130
   mucida —— *129*
   mucida var. *asiatica* —— *129*
   mucida var. *venosolamellata* —— 129
Multiclavula —— 330
   mucida —— 330
Multifurca —— 298
Mutinus —— 430
   bambusinus —— 431
   caninus —— 430
   caninus f. *septentrionalis* —— *430*
Mycena —— *139*
   acicula —— 143
   alphitophora —— 139
   amygdalina —— *140*
   crocata —— 140
   filopes —— *140*
   haematopus —— 141
   luteopallens —— *143*
   osmundicola —— *139*
   pelianthina —— 141
   polygramma —— 140
   pura —— 142
   rosea —— 142
   sp. —— 143
Mycoacia —— *343*
Mycogone —— 511
   cervina —— 511
   rosea —— 511
Mycoleptodonoides —— 356
   aitchisonii —— 356

N

Naematoloma —— *206*
   sublateritium —— *206*
Neobulgaria —— 466
   pura —— 466
   pura var. *foliacea* —— *466*
Neofavolus —— 368
   alveolaris —— 368
Neolentinus —— 27
   lepideus —— 28
   sp. —— 27
Nidulariaceae —— 418
NIDULARIALES —— 418

O

Octavianina —— 436
   asterospora —— *435*
   japonimontana —— 436
Oligoporus —— *380*
Omphalotus —— 78
   japonicus —— 78
Onnia —— *411*
Ophiocordyceps —— 504
   ferruginosa —— 504
   nutans —— 504
   rubiginosiperitheciata —— *504*
Ossicaulis —— 83
   lignatilis —— *83*
   sp. —— 83
Ostropaceae —— 456
OSTROPALES —— 456
Otidea —— 496
   alutacea —— 496
Oudemansiella —— *129*
   platyphylla —— *134*
Oxyporus —— 401
   corticola —— 401

P

Paecilomyces —— 505
   tenuipes —— 505
Panellus —— 128
   stipticus —— 128
Panus —— 25
   conchatus —— 26
   lecomtei —— 25
   torulosus —— *26*
Panus rudis —— *25*
Parasola —— 198
   leiocephala —— *198*
   plicatilis —— 198
Paraxerula —— 131
   hongoi —— 132
Paxillaceae —— 252
Paxillus —— 252
   involutus —— 252
Perenniporia —— 401
   fraxinea —— 401
Peziza —— 489
   ammophila —— 491
   arvernensis —— 489
   badia —— 490
   praetervisa —— 490
Pezizaceae —— 489
PEZIZALES —— 473
Phaeolepiota —— 193
   aurea —— 193
Phaeolus —— 386
   schweinitzii —— 386
Phaeomarasmius —— 219
   erinaceellus —— 219
Phallaceae —— 427
PHALLALES —— 427
Phallus —— 427
   costatus —— 428
   costatus var. *epigaeus* —— 428
   duplicatus —— 429
   impudicus —— 429
   indusiatus —— *430*
   rubrovolvatus —— 430
   tenuis —— 427
Phellinus —— 412
   acontextus —— 412
Phellodon —— 361
   niger —— 361
Phlebia —— 345
   tremellosa —— 345
Phlogiotis —— *445*
   helvelloides —— *445*
Pholiota —— 211
   adiposa —— 214
   albocrenulata —— *210*
   alnicola —— *215*
   astragalina —— 216
   aurivella —— 214
   destruens —— *209*
   flammans —— 215
   highlandensis —— 216
   lenta —— 217
   lubrica —— 217
   malicola var. *macropoda* —— 215
   microspora —— *211*
   nameko —— 211
   populnea —— *209*
   sp. —— 212
   sp. —— 218
   spumosa —— *218*
   squarrosa —— 212
   squarrosoides —— 213
   terrestris —— 213
Phylloporus —— 266
   bellus —— 266
   bellus var. *cyanescens* —— *267*
   cyanescens —— 267
Phyllotopsis —— 20
   nidulans —— 20
Physalacria —— 139
   cryptomeriae —— 139
Piptoporus —— 384
   betulinus —— 384
   quercinus —— 384
   soloniensis —— 385
Pleurocybella —— 121
   porrigens —— 121
Pleurotaceae —— 20
Pleurotus —— 21
   cornucopiae var. *citrinopileatus* —— 24
   djamor —— 25
   dryinus —— 21

ostreatus	22
pulmonarius	23
salmoneostramineus	*25*
Plicaturopsis	343
crispa	343
Pluteaceae	174
Pluteus	176
atricapillus	*177*
atromarginatus	178
aurantiorugosus	181
cervinus	176
cervinus var. albus	*177*
leoninus	178
pantherinus	179
petasatus	180
thomsonii	181
tricuspidatus	*178*
umbrosus	179
Podoscyphaceae	347
Podostroma	506
cornu-damae	506
Polyporaceae	368
Polyporellus	*370*
Polyporus	369
arcularius	370
badius	371
brumalis	370
squamosus	369
tuberaster	372
Ponticulomyces	133
kedrovayae	133
Porphyrellus	284
fumosipes	284
Postia	380
caesia	380
tephroleuca	380
Protocrea	510
pallida	510
Protodaedalea	442
foliacea	442
hispida	*442*
Protophallaceae	433
Psathyrella	198
candolleana	198
multissima	199
piluliformis	199
velutina	*197*
Pseudoclitocybe	115
cyathiformis	115
Pseudocolus	432
schellenbergiae	432
Pseudohydnum	445
gelatinosum	445
Pseudomerulius	253
curtisii	253
Pterula	333
fusispora	*333*
multifida	333
subulata	*333*
Ptychoverpa	485
bohemica	485
Pulveroboletus	270
auriflammeus	270
ravenelii	270
Pycnoporus	387
cinnabarinus	387
coccineus	*387*
Pyronemataceae	492
Pyrrhoderma	399

sendaiense	399

R

Radulomyces	343
copelandii	343
Ramaria	337
apiculata	*338*
botrytis s.l.	337
cf. eumorpha	340
cyanocephala	*340*
flava s.l.	339
formosa s.l.	339
fumigata	338
stricta	338
Ramariaceae	337
Ramariopsis	330
kuntzei	330
Retiboletus	274
fuscus	274
griseus	274
ornatipes	276
Rhizina	484
undulata	484
Rhizopogon	438
luteolus	*438*
roseolus	438
rubescens	*438*
succosus	438
superiorensis	*438*
Rhodocollybia	121
butyracea	122
maculata	121
prolixa	*122*
prolixa var. distorta	122
Rhodocybe	*244*
Rhodophyllaceae	242
Rhodotus	146
palmatus	146
Rickenella	115
fibula	115
Roseofomes	*397*
Rossbeevera	*435*
eucyanea	*435*
Rozites	*225*
Rugiboletus	288
extremiorientalis	288
Rugosomyces	77
ionides	77
Russula	296
aurata	*307*
aurea	307
bella	304
chloroides	297
compacta	299
crustosa	305
cyanoxantha	303
delica	296
densifolia	*297*
earlei	302
eburneoareolata	306
emetica s.l.	306
flavida	304
foetens s.l.	300
foetens var. subfoetens	*300*
grata	301
laurocerasi	*301*
neoemetica	*306*
nigricans	297
ochricompacta	*298*

ochrocompacta	298
pseudointegra	*307*
rubescens	299
sanguinea	307
senis	301
sororia	302
sp.	437
subfoetens	*300*
vesca	303
virescens	305
viridirubrolimbata	*305*
Russulaceae	296

S

Sarcodon	362
aspratus	362
imbricatus	363
scabrosus	364
squamosus	363
Sarcomyxa	126
edulis	126
serotinus	*127*
sp.	127
Sarcoscypha	477
coccinea	477
hosoyae	*477*
kuixoniana	*477*
occidentalis.	*477*
vassiljevae	477
Sarcoscyphaceae	475
Sarcosomataceae	473
Schizophyllaceae	320
Schizophyllum	320
commune	320
Scleroderma	415
areolatum	416
bovista	415
cepa	416
citrinum	*415*
verrucosum	*416*
Sclerodermataceae	415
SCLERODERMATALES	414
Scleromitrula	463
shiraiana	463
Sclerotiniaceae	462
Scutellinia	493
badio-berbia	*493*
scutellata	493
Scutigeraceae	365
Sparassidaceae	348
Sparassis	348
crispa	348
latifolia	*348*
Spathularia	461
flavida	461
velutipes	*461*
Sphaerobolaceae	418
Sphaerobolus	418
stellatus	418
Spongipellis	387
delectans	387
Squamanita	192
odorata	193
umbonata	192
Stereaceae	344
Stereopsis	347
burtianum	347
Stereum	344
hirsutum	344

ostrea	344
Strobilomyces	293
confusus	293
strobilaceus	293
Strobilurus	135
ohshimae	136
stephanocystis	135
Stropharia	204
aeruginosa	205
rugosoannulata	204
rugosoannulata f. lutea	205
Strophariaceae	204
Suillus	260
americanus	264
bovinus	265
cavipes	260
granulatus	264
grevillei	262
laricinus	261
luteus	263
paluster	261
spraguei	262
tomentosus	263
viscidipes	266
viscidus	261
Sutorius	272

T

Taiwanoporia	381
roseotincta	381
Tapinella	253
atrotomentosa	253
panuoides	253
Tectella	128
patellaris	128
Terfezia	500
Terfeziaceae	499
Thelephora	358
anthocephala	359
aurantiotincta	358
japonica	359
palmata	359
sp.	359
terrestris	359
Thelephoraceae	358
Trametes	389
conchifer	389
elegans	390
gibbosa	390
glabrata	391
hirsuta	391
pubescens	391
versicolor	390
Trametopsis	392
cervina	392
Tremella	446
fimbriata	449
foliacea	449
fuciformis	446
mesenterica	450
pulvinaris	448
sp.	447
sp.	448
Tremellaceae	446
TREMELLALES	446
Trichaptum	394
abietinum	394
biforme	394
fuscoviolaceum	394

Trichoglossum	458
hirsutum f. hirsutum	458
walteri	459
Tricholoma	91
aestuans	95
atrosquamosum	97
aurantiipes	93
auratum	94
bakamatsutake	99
cingulatum	103
equestre	94
flavovirens	94
fulvum	104
imbricatum	105
japonicum	92
matsutake	101
muscarium	96
orirubens	98
pardinum	98
portentosum	95
psammopus	104
radicans	103
robustum	102
saponaceum var. saponaceum	91
saponaceum var. squamosum	91
sejunctum	96
squarrulosum	97
sulphureum	92
ustale	105
vaccinum	105
virgatum	97
Tricholomataceae	69
Tricholomopsis	88
decora	89
flammula	89
rutilans	88
Tricholosporum	90
porphyrophyllum	90
Tuber	497
borchii	497
indicum	498
sp.	497
Tuberaceae	497
TUBERALES	497
TULOSTOMATALES	417
Turbinellus	341
floccosus	341
fujisanensis	341
Turmalinea	434
sp.	434
Tylopilus	282
alboater	286
castaneiceps	287
ferrugineus	287
fumosipes	284
neofelleus	284
nigropurpureus	286
otsuensis	286
rigens	285
sp.	283
virens s.l.	282
Tyromyces	380
chioneus	380

U

Urula	473
craterium	473
Ustulina	513
deusta	513

maxima	513
vulgaris	513

V

Verpa	486
digitaliformis	486
Vibrissea	456
truncorum	456
Volvariella	175
bombycina	175
hypopithys	175
speciosa var. gloiocephala	174
subtaylori	175
Volvopluteus	174
gloiocephala	174

W

Wolfiporia	368
cocos	368
Wynnea	475
americana	476
americana	476
gigantea	475

X

Xanthoconium	280
affine	280
Xerocomus	268
nigromaculatus	268
obscurebrunneus	268
sp.	269
subtomentosus	268
Xeromphalina	144
campanella	144
Xerula	131
Xylaria	513
magnoliae	514
carpophila	514
longipes	513
polymorpha	513
Xylariaceae	512
XYLARIALES	512

あとがき

　本書を刊行することを企画したのは青森県きのこ会発足25周年に当たる5年前だった。筆者により青森県産きのこ目録は5年ごとに刊行されており、写真もきのこ写真で定評のある手塚豊氏をはじめ青森県きのこ会会員皆様のご協力を仰げばそう困難なものでもないだろうと考えた。しかし、その判断がきわめて甘いものだったと実感させられるのに時間はかからなかった。

　まず、写真についてである。3～400種程度の写真であればきのこに興味を持っている方であれば到達するにそんなに時間のかかる数ではないが、それを超える写真となると、頻繁な調査ができる行動力と類似種との区別が可能な観察力が求められる上に、手塚氏を超える写真というプレッシャーもあってなかなか集まらなかった。また、「良い写真の掲載」と「広く会員の写真を採用したい」という相反する現実にも直面することとなった。結局何とか使える写真が手元に集まったのはようやく5年目に入ってからだった。

　次に、分類体系についてである。「はじめに」で述べたとおり、近年の分子系統学的な研究の急速な進展に伴い、従来の形態学的特徴に重点を置いて組み立てられてきた分類体系の大幅な見直しと変更が行われるようになってきたことである。しかも、本書では読者の使い勝手を優先したため、掲載順は従来の分類体系によることとしながら、新しい分類体系による所属を解説に加えたのであるが、さらに学名の変更の理由等についても触れたため、これが二重、三重の負担となった。特に、学名については近年の目まぐるしい分類研究の進展に伴い、執筆に時間がかかればかかるほどその間の新たな研究が発表され、その度に内容の修正が必要となってそれこそ鼬ごっこの状態で困難を極めた。

　そんな中、5年目を迎えた当会設立30周年になってようやく刊行の運びとなった訳であるが、これも偏に故大谷吉雄博士や故本郷次雄博士、顧問の原田幸雄博士、長澤栄史先生、そして細矢剛博士、服部力博士に長年にわたってご指導をいただいてきた賜物であり、感謝申し上げる次第である。

　今思えば、大谷先生にはクロムラサキハナビラタケをきっかけに上京のたびにご自宅に押しかけ、子嚢菌類の世界について教えていただいた。丁度そのころ先生は日本菌類誌をご執筆中であり、今後に予定されていた盤菌類部門についてお手伝いを頼まれていたが刊行も叶わず他界されてしまった。先生がご来青の際にご同行され、まだ学生だった細矢剛先生にはその後引き続き子嚢菌類のご指導をいただくこととなった。本郷先生には長澤先生のご紹介により先生のご自宅で行われていた勉強会であるHONGOS会に参加させていただき、全国のアマ・プロの研究者との交流のきっかけとなった。特に筆者は日本の最北からの参加者ということもあり、先生のご自宅に泊めていただいていろいろと勉強させていただき、ヌメリガサ科研究を始めるきっかけとなった。その当時ご指導いただいて出版した「青森のきのこ」も早いもので刊行から

20年を迎えようとしている。先生が他界されてからHONGOS会は自然消滅したが、その勉強会で知り合った服部力先生には、その後機会あるごとに硬質菌についてご教示いただくこととなった。原田先生には地元の縁もあって、菌類全般についてご指導いただくと共に、弘前大学ご在職中は顕微鏡観察の機会を与えていただいた。今回本書に掲載した顕微鏡写真の大半はそのとき撮影したものである。長澤先生には県内の菌類調査、その後のナラタケ類の調査でご来青されたのをきっかけにご指導いただくことになったが、日本菌学会フォーレや当会の観察会でご来青される度に野山をご同行させていただき、ハラタケ類だけでなく子嚢菌類についてまで事あるごとに教えをいただくことができた。

　今回の刊行は何と言っても本書全体の監修を引き受けていただいた長澤先生、子嚢菌類について助言と監修協力をいただいた細矢先生、そして硬質菌について研究指導と監修協力をいただいた服部先生のお力添えによるものであり、この場をお借りして心から感謝申し上げたい。

　また、故伊藤進氏、故新山正俊氏らが中心となって活動された青森県きのこ会およびその会員の皆様には調査に当たってご協力いただいたが、特に手塚豊氏、江口一雄氏、笹孝氏、横沢利昭氏には八甲田の山々を長年にわたって一緒に調査し、多数の本県および日本未記録種の発見につながったほか、常盤俊之氏からは県内の旧ヒポミケスキン科の調査資料の提供をいただいた。

　写真については今回、手塚豊氏、笹孝氏、安藤洋子氏らから多数のご協力が得られ、そのほかの多くの会員からもご提供をいただいた。

　さらに会員以外のたくさんの方からも標本や情報の提供をいただいたが、刊行にあたってご協力いただいた方のご芳名をあげて感謝の気持ちとしたい。

　自然が豊できのこの種類が多い本県にとって、本書で取り扱った種は一部に過ぎないが、どうか本書の刊行をきっかけに本県にも若い研究者があらわれ、より一層きのこ研究が発展することを期待したい。

　最後に、八甲田調査の拠点として研究の場を快く提供していただいた田代平高原のレストハウス箒場、顕微鏡観察の機会を与えていただいた弘前大学農学生命科学部および青森県産業技術センター林業研究所、本県産をまとめた初めての本格的なきのこ図鑑を出したいという筆者の趣旨をご理解いただき、快く出版をお引き受けいただいた㈲アクセス二十一出版および複雑なレイアウトや度重なる校正にもかかわらずご丁寧に応じていただいた同社担当者の皆様には心より感謝申し上げたい。

　　　2017年8月

　　　　　　　　　　　　　　　　　　　　　　　著　者　工　藤　伸　一

引用文献

Alan E. Bessette, Orson K. Miller, Jr. Arleen R. Bessette, Hope H. Miller, 1995. Mushrooms of Noth America in Color. A Field Guide Companion to Seldom-illustrated Fungi. Syracuse University Press.

Bas C., Kuyper TH.W., Noordeloos M.E., Vellinga E.C. 1988-1999. Flora Agaricina Neerlandica 1-4, A. A. Balkema.

Boertmann D., 1995. The Genus *Hygrocybe*. Fungi of Northern Europe, Vol. 1. Danish Mycological Society.

Boertmann D., 2010. The Genus *Hygrocybe*. 2nd revised edition. Danish Mycological Society.

Breitenbach J., Kranzlin, F., 1984-2005. Fungi of Switzerland, Vol. 1-6. Verlag Mycologia.

Candusso M., 1997. Hygrophorus s. l. Libreria Basso, Alassio.

Hesler L. H. & Smith, A. H., 1963. North American species of *Hygrophorus*. University of Tennessee.

Jenkins David T., 1986. *Amanita* of North America. Mad River Press.

Kirk P. M., Cannon P. F., Mimter D. W., Stalpers J. A., 2008. Dictionary of the Fungi, 10th Edition, CABI.

Michael W. Beug, Alan E. Bessette, Arleen R. Bessette, 2014. Ascomycete Fungi of Nortth America, Austin.

Paul Sterry, Barry Hughes, 2009. Collins complete guide to British Mushrooms & Toadstools, Collins.

　　　※　国外の文献等については、一般に入手可能な書籍に限定して紹介した。

本郷次雄監修，1994. 山渓フィールドブックス⑩　きのこ．山と渓谷社．

Hongo T., 1978. Higher fungi of the Bonin Islands Ⅱ．Rept. Tottori Mycol. Inst. 16：59-65.

池田良幸，2013. 新版　北陸のきのこ図鑑．橋本確文堂．

今関六也・本郷次雄編，1957. 原色日本菌類図鑑．保育社．

今関六也・本郷次雄編，1965. 続原色日本菌類図鑑．保育社．

今関六也・本郷次雄編，1987. 原色日本新菌類図鑑Ⅰ．保育社．

今関六也・本郷次雄編，1989. 原色日本新菌類図鑑Ⅱ．保育社．

今関六也・大谷吉雄・本郷次雄編，2011. 山渓カラー名鑑　増補改訂新版　日本のきのこ．山と渓谷社．

伊藤誠哉，1955. 日本菌類誌　第2巻　担子菌類　第4号．養賢堂．

伊藤誠哉，1959. 日本菌類誌　第2巻　担子菌類　第5号．養賢堂．

勝本謙，2010. 日本産菌類集覧．日本菌学会関東支部．

工藤伸一，2005. 八甲田ブナ帯の高等菌類についてⅠ．甲葦塾菌葦研究会．

工藤伸一，2009. 東北きのこ図鑑．家の光協会．

工藤伸一，2010. 青森県産きのこ目録　2009年版．甲葦塾菌葦研究会．

工藤伸一・手塚豊，1992. 青森県産ナラタケ（*Armillaria mellea*）の分類について．青森県きのこ会発足5周年記念号別冊．工藤伸一．

工藤伸一・手塚豊・米内山宏，1998. 青森のきのこ．グラフ青森．

工藤伸一・長沢栄史，1998．日本新産種 *Tricholoma cingulatum*（ツバササクレシメジ－新称）について．菌蕈研究所研究報告 36：16-20．

工藤伸一・長沢栄史，2003．青森県で再発見されたヤチヒロヒダタケ *Armillaria ectypa* について．菌蕈研究所研究報告 41：26-34．

長澤栄史，2015．二つのオオボタンタケについて．菌蕈 10：12-16．

長沢栄史監修，2003．フィールドベスト図鑑 14．日本の毒きのこ．学習研究社．

長沢栄史・有田郁夫，1998．*Hypsizygus ulmarius*（シロタモギタケ）および *H. marmoreus*（ブナシメジ）について．菌蕈研究所研究報告第 26：71-78．

長沢栄史・工藤伸一，1992．日本新産種 *Creolophus cirrhatus*（フサハリタケ－新称）について．菌蕈研究所研究報告 30：69-74．

Nagasawa E. & Redhead S. A., 1988. A new edible agaric from Japan: *Clitocybula esculenta*, Rep. Tottori Mycol Inst. 26：1-5.

成田伝蔵・菅原光二，1990．新版青森県のきのこ．東奥日報社．

日本菌学会東北支部編，2001．東北のキノコ．無明舎出版．

大谷吉雄，1956．八甲田山麓菌蕈類採集記録．青森林友 89：4-7．

大谷吉雄，1982．興味深い日本産チャワンタケ 2 種について．日本菌学会会報 23：379-381．

佐々木廣海・木下晃彦・奈良一秀，2016．地下生菌識別図鑑．誠文堂新光社．

幼菌の会編，2001．カラー版きのこ図鑑．家の光協会．

Yukio Harada & Shin-ichi Kudo, 2000. *Microstoma macrosporum* stat. nov., a new taxonomic treatment of a vernal discomycete（Sarcoscyphaceae, Pezizales）Mycoscience 41：275-278.

著者等紹介

監 修

長澤栄史（ながさわ　えいじ）

1948年生。鳥取市在住。（一財）日本きのこセンター菌蕈研究所特別研究員。元鳥取大学農学部特任教授。青森県きのこ会顧問。専門分野は菌類分類学。特にハラタケ目については第一人者。主な著書に「原色日本新菌類図鑑Ⅰ・Ⅱ」（共著、保育社）、「日本の毒きのこ」（監修、学習研究社）、「増補改訂版日本のきのこ」（監修、山と渓谷社）など。

監修協力（50音順）

服部　力（はっとり　つとむ）

1965年生。つくば市在住。（国研）森林研究・整備機構　森林総合研究所勤務、農学博士。専門分野は多孔菌類の分類。著書に「きのこ図鑑」（共著、家の光協会）、「増補改訂版日本のきのこ」（共著、山と渓谷社）など。本書ではヒダナシタケ類について監修協力。

細矢　剛（ほそや　つよし）

1963年生。つくば市在住。国立科学博物館植物研究部勤務、博士（理学）。専門は子嚢菌類の分類。著書に「菌類のふしぎ」（責任編集、東海大学出版部）、「増補改訂版日本のきのこ」（監修、山と渓谷社）など。本書では子嚢菌類について監修協力。

編・解説・写真

工藤伸一（くどう　しんいち）

1951年生。青森市在住。青森県きのこ会会長。甲蕈塾菌蕈研究会主宰。日本菌学会会員、2012年日本菌学会教育文化賞受賞。北日本のヌメリガサ科の分類を専門とするアマチュア研究家。著書に「青森のきのこ」（共著、グラフ青森）、「きのこ図鑑」（共著、家の光協会）、「日本の毒きのこ」（共著、学習研究社）、「東北きのこ図鑑」（家の光協会）など。

写 真

手塚　豊（てづか　ゆたか）

1951年生。青森市在住。青森県きのこ会副会長。ネイチャーフォトグラファー。著書に「青森のきのこ」（共著、グラフ青森）、「東北きのこ図鑑」（写真、家の光協会）など。

笹　孝（ささ　たかし）

1951年生。八戸市在住。青森県きのこ会副会長。日本菌学会東北支部会会員。

安藤洋子（あんどう　ようこ）

1953年生。東京都在住。青森県きのこ会きのこ指導鑑定員。日本菌学会会員。「きのこ図鑑」（共著、家の光協会）、「日本の毒きのこ」（共著、学習研究社）など。

著者・協力者等一覧

● 監　　修
　　長澤栄史

● 監修協力（50音順）
　　服部力　細矢剛

● 編・解説・写真
　　工藤伸一

● 写　　真
　　手塚豊　笹孝　安藤洋子

● 写真協力（50音順）
　　江口一雄　小泉辰幸　常盤俊之　花田正巳　横沢利昭

● 写真提供（50音順）
　　河井大輔　工藤啓子　鈴木義孝　玉川えみ那　土屋慧　八矢藤昭　細矢剛
　　長澤栄史　名部みち代　丹羽春美　三ツ谷順子　湯口竹幸

● 調査協力（50音順）
　　青森県きのこ会会員　故荒内義行　故伊藤進　河井大輔　桐越達行　工藤瑛利子
　　工藤啓子　神孫作　鈴木富夫　田辺哲彦　玉川えみ那　千葉勝幸　外崎正贇成
　　故新山正俊　丹羽春美　松澤篤悦　三上京一

● 協　　力
　　江口一雄　長内哲男　葛西豊　桐越達行　佐藤清吉　佐藤浩美　白山弘子
　　鈴木義孝　津川欣一　常盤俊之　名部光男　橋屋誠　原田幸雄　湯口竹幸
　　横沢利昭（以上50音順）
　　甲蕈塾菌蕈研究会　弘前大学農学生命科学部　青森県産業技術センター林業研究所
　　レストハウス箒場　又兵衛の茶屋　銅像茶屋　蔦温泉旅館　浅虫温泉旅館柳の湯

● イラスト
　　工藤大祐　小林恭子

● 編集協力
　　工藤啓子　工藤大祐

● 本文・装丁デザイン
　　アクセス二十一出版有限会社

● DTP製作
　　ワタナベサービス株式会社

Macrofungi of Aomori
青森県産きのこ図鑑

2018年4月　初版　第2刷発行

監　修	長澤栄史　Eiji Nagasawa
著　者	工藤伸一　Shin-ichi Kudo
発行所	アクセス二十一出版有限会社
	〒030-0802　青森県青森市本町一丁目2-5
	電話　017-777-1418
印　刷	ワタナベサービス株式会社

定価はカバーに表示してあります。

本書の一部または全部を著作権法上で定める範囲を越え、
無断で複写、複製、転載することは禁じられています。
落丁・乱丁はお取り替え致します。

©2017 Shin-ichi Kudo　　Printed in Japan
ISBN978-4-900912-12-0　　C0661